高 等 学 校 教 材

无机、分析和物理化学实验

Inorganic，Analytical and Physical Chemistry Experiments

高明慧　编著

化学工业出版社
·北京·

本教材是在《无机化学实验》、《分析化学实验》和《物理化学实验》基础上进行改革与重组后合并的一本实验教材，它既保留了经典重要的实验内容，又吸收了近年来化学研究和实验教学改革的最新成果。全书由8章正文、58个精选实验和10个附录组成。内容包括：化学实验基础知识、常用仪器设备使用方法、无机化学基本原理的基础实验、无机化学元素化合物性质实验、物质分离鉴定与提纯制备实验、分析化学定量基础实验、分析化学定量综合实验和物理化学实验。

本教材不仅适用于综合性大学、理工科院校和高等师范院校类化学专业本科生使用，而且也适用于与化学密切相关的交叉学科如生物、医药、冶金、轻工、食品、农林、材料科学与工程、环境科学与工程等各专业本科生的化学实验教材，同时也可供研究人员、相关教师和实验室人员参考。

图书在版编目（CIP）数据

无机、分析和物理化学实验/高明慧编著. —北京：化学工业
出版社，2013.3
高等学校教材
ISBN 978-7-122-16593-0

Ⅰ.①无…　Ⅱ.①高…　Ⅲ.①无机化学-化学实验-高等学校-
教材②分析化学-化学实验-高等学校-教材③物理化学-化学实验-
高等学校-教材　Ⅳ.①O6-3

中国版本图书馆 CIP 数据核字（2013）第 031951 号

责任编辑：杨　菁　　　　　　　　文字编辑：刘莉珺
责任校对：蒋　宇　　　　　　　　装帧设计：关　飞

出版发行：化学工业出版社（北京市东城区青年湖南街 13 号　邮政编码 100011）
印　　刷：北京市振南印刷有限责任公司
装　　订：三河市宇新装订厂
787mm×1092mm　1/16　印张 15½　字数 403 千字　2013 年 6 月北京第 1 版第 1 次印刷

购书咨询：010-64518888（传真：010-64519686）　售后服务：010-64518899
网　　址：http://www.cip.com.cn
凡购买本书，如有缺损质量问题，本社销售中心负责调换。

定　　价：34.00 元

前　言

我国著名化学家戴安邦院士指出，通过实验，可以更好地掌握化学知识和技能，训练科学思维，培养科学精神和品德，适应化学学科的发展，满足培养应用型人才的需要。本教材是实验教学改革的成果，改革是一个不断完善的过程，希望通过实验教学改革，实验教材建设，提高高等院校的实验教学水平，培养更多综合素质好，实验技能高的化学专业人才。

全书由八章正文、58个精选实验和10个附录组成。各学校可根据教学大纲进行取舍。正文按照化学实验基础知识、常用仪器设备使用方法、无机化学基本原理的基础实验、无机化学元素化合物性质实验、物质分离鉴定与提纯制备实验、分析化学定量基础实验、分析化学定量综合实验和物理化学实验的顺序编写。第一章化学实验基础知识涵盖了10个方面，是学生必须了解掌握的基础化学实验知识。第二章常用仪器设备使用方法移至正文，作为单独章节，有利于学生提前预习，介绍了12种无机化学实验、分析化学实验和物理化学实验中使用的实验仪器设备。第三章～第八章将58个难易程度不同的实验融会贯通，实验内容按照由浅入深、循序渐进的原则编写，更注重系统性、规范性和通用性，有利于培养学生的实验操作能力，开拓学生的视野和知识面的扩大，提高学生综合分析问题、解决问题和创新思维能力的培养。10个附录是最新版的常用数据附录，数据全面准确，能满足学生在实验中随时查阅。本教材突出的特色是：

1. 编著者根据实验教学经验编写完成，所编的58个实验是在多年实验教学中选用或试用过的内容，教学效果良好。编著者对每个实验都进行了研究、试做和改进，讲解得清晰透彻，说出了实验重点，实验内容新颖、新意，有许多创新。

2. 按照实验目的→实验原理→仪器、药品及材料→实验步骤→思考题→注意事项等顺序编写。物理化学实验还增加了数据处理和教学讨论。注意事项是实验内容的精华，将每个实验学生易混淆、不清楚和常犯的错误都做了强调，这样可避免学生实验失败，提前掌握实验的关键。

3. 实验内容选择编排更为科学合理。它不是各部分简单组合，而是在充分优化实验内容基础上，注重各部分联系渗透，减少重复。删除一些过时、陈旧、重复性差、现象不明显和实验室很难操作实现的实验。

4. 精选的实验都是为学生开出的实用性实验，内容贴近生产、生活和科研实际，充分考虑到学生今后的发展。基础实验为学生打下夯实基本实验操作技能，综合性实验为学生今后的学习、科研乃至走向社会奠定基础。

感谢南京航空航天大学薛建军教授、姬广斌教授、曹洁明教授、佟浩博士和黄现礼博士对本书出版给予的支持和帮助，并提出了许多宝贵的意见。

由于编著者学术水平有限和撰写时间仓促，不周及不当之处在所难免，恳请同行专家批评指正。

编著者

2012 年 9 月

于南京航空航天大学

目　录

第一章

化学实验基础知识

一、实验室安全知识

在化学实验中，常常会使用一些易燃、易爆、有腐蚀性和剧毒的化学药品，以及时刻都要接触水、火和电，所以实验安全非常重要，决不能麻痹大意。实验前一定要预习，充分了解每次实验中所用到的化学药品的性能以及可能存在的各种各样的危险。实验过程中要集中精力，将安全放在首要位置，经常保持警惕，消灭各种不安全的因素和隐患，并及时妥善地处理所发生和发现的各种意外事故，把损失减小到最低程度。请同学们严格遵守以下操作规程和安全守则。

（1）实验室内严禁吸烟、饮食和打闹。

（2）水、电、气使用完毕立即关闭。实验室所有药品、仪器不得带出室外。

（3）洗液、浓酸、浓碱具有强腐蚀性，应避免溅落在皮肤、衣服和书本上，更应防止溅入眼睛里。

（4）能产生有刺激性或有毒气体（如 H_2S、Cl_2、SO_2 等）的实验应在通风橱内进行。有机溶剂（如苯、丙酮、乙醚等）易燃，使用时要远离火源，最好在通风橱内进行操作。

（5）加热、浓缩液体时要十分小心。加热试管时，不要将试管口对着自己或别人，也不要俯视正在加热的液体，以免液体溅出。浓缩液体时，特别是有晶体出现之后，要不停地搅拌，不能离开。

（6）当需要借助于嗅觉判别气体时，决不能用鼻子直接对着试剂瓶口或试管口嗅闻气体，应用手轻拂气体，把少量气体搧向自己再闻。更不允许用手直接拿取固体药品。

（7）有毒试剂（如氰化钾、汞盐、铅盐、钡盐、重铬酸钾等）不得入口或接触伤口，也不能随便倒入下水道，应统一回收处理。在不了解化学药品性质时，禁止任意混合各种试剂药品，以免发生意外事故。

（8）实验完毕，应将实验室整理干净，检查水、电、气等是否关闭，洗净双手后才能离开实验室。

（9）灭火常识。物质燃烧需要空气和一定的温度，所以通过降温或者将燃烧的物质与空气隔绝，能达到灭火的目的。可采取：

① 停止加热和切断电源，防止火势蔓延。

② 用湿布、石棉布或沙子灭火。

③ 使用灭火器等器具灭火。

（10）实验室中一般伤害的简单救护。

① 割伤：首先挑出伤口异物，然后涂上红药水或紫药水，再用纱布包扎，必要时送医

院诊治。

② 烫伤：切忌用水冲洗，可在烫伤处涂抹烫伤药（如红花油），不要把烫的水泡挑破，严重者送医院治疗。

③ 酸伤：先用大量水冲洗，然后用饱和碳酸氢钠溶液或稀氨水冲洗，最后再用水冲洗。

④ 碱伤：先用大量水冲洗，然后用3%～5%醋酸溶液或3%硼酸溶液冲洗，最后再用水冲洗。

⑤ 吸入溴蒸气、氯气、氯化氢、硫化氢、一氧化碳等有毒气体后，应立即离开实验室，转移到空气新鲜的地方。

⑥ 触电：迅速切断电源，如不能切断电源，要用木棍挑开电线或戴上绝缘橡皮手套，使触电者脱离电源，切不可用手去拉触电者。把触电者转移到空气新鲜的地方，解开衣服，使其全身舒展，必要时进行人工呼吸等急救措施。

⑦ 中毒：误吞毒物，最常用的急救方法是给中毒者先服催吐剂如肥皂水，或给予面粉和水、鸡蛋白、牛奶、食用油等缓和刺激，然后用手指伸入喉部以促使呕吐，立即送医院治疗。若有毒物质溅入眼睛或皮肤上，都要用大量水冲洗。

二、实验室"三废"处理

实验室实际上是一个典型的小型污染源，尤其是城区和居民区附近的实验室对环境危害特别大。因为很多实验室的下水道与居民的下水道相通，实验中产生的污染物常有腐蚀性、剧毒性和致癌性物质的存在，这类污染物直接通过下水道排放会形成交叉污染，最后流入河中或者渗入地下，危害人体健康和安全，所以实验室的"三废"处理工作是实验室的重要组成部分。实验室的污染物种类复杂、品种多、毒害大，应根据具体情况，分别制订处理方案。污染物的一般处理原则是：分类收集、存放，分别集中处理。尽可能采用废物回收或固化、焚烧处理。在实际工作中选择合适的方法进行检测，尽可能减少废物量、减少污染。最终废弃物排放应符合国家有关环境排放标准。

（一）废气处理

产生少量有毒气体的实验应在通风橱内进行，通过排风设备排到室外，避免污染室内空气。通风橱排气口应保证对外排气不影响附近居民的身心健康为原则，排气口朝向应避开居民点并有一定的高度，使之易于扩散。产生毒气量大的实验必须备有吸收或处理装置，如二氧化碳、氮氧化物、二氧化硫、氯气、硫化氢、氟化氢等可用导管通入碱液中，使其大部分被吸收后再排出，一氧化碳可点燃转成二氧化碳，可燃性有机废液可在燃烧炉中通入氧气使之完全燃烧。

（二）废液处理

（1）低浓度含酚废液加次氯酸钠或漂白粉使酚氧化为二氧化碳和水。高浓度含酚废液用乙酸丁酯萃取，重新蒸馏回收酚。

（2）浓度较稀的氰化物废液，先用氢氧化钠溶液调节pH值在10以上，再加入3%的高锰酸钾使氰化物氧化分解。氰化物含量高的废液用碱性氧化法处理，即pH值在10以上再加入次氯酸钠使氰化物氧化分解。

（3）含汞盐的废液先调节pH值在8～10，加入过量硫化钠，使其生成硫化汞沉淀，再加入共沉淀剂硫酸亚铁，硫酸亚铁将水中的悬浮物硫化汞微粒吸附而共沉淀，排除清液，残渣再制成汞盐或深埋。但需注意的是该操作一定要在通风橱内进行。

（4）铬酸洗液如失效变绿，可浓缩冷却后加入高锰酸钾粉末氧化，用砂芯漏斗滤去二氧化锰沉淀后即可重新使用。失效的废洗液用废铁屑还原残留的Cr^{6+}为Cr^{3+}，再用废碱液中

和成低毒的 $Cr(OH)_3$ 沉淀。

（5）含砷废液中加入氧化钙，调节 pH 值为 8，生成砷酸钙和亚砷酸钙沉淀，或调节 pH 值在 10 以上，加入硫化钠与砷反应，生成难溶、低毒的硫化物沉淀。

（6）含铅、镉的废液，用消石灰将 pH 值调至 8～10，使 Pb^{2+}、Cd^{2+} 生成 $Pb(OH)_2$ 和 $Cd(OH)_2$ 沉淀，再加入硫酸亚铁作为共沉淀剂，产生的残渣深埋于地下。

（7）综合废水处理。互不作用的废液混合后可用铁粉处理，调节 pH＝3～4，加入铁粉，搅拌 30min，再用碱调节 pH≈9，继续搅拌 10min，加入高分子混凝剂进行沉淀。排放清液，沉淀物按废渣处理。

（8）有机溶剂的回收。实验用过的有机溶剂有些可以回收。回收有机溶剂通常先在分液漏斗中洗涤，将洗涤后的有机溶剂进行蒸馏或分馏处理加以精制、纯化。整个回收过程应在通风橱中进行。回收所得有机溶剂纯度较高，可供实验室重复使用。如乙醚，将乙醚废液置于分液漏斗中，先用水洗一次、中和后用 0.5％高锰酸钾溶液洗至紫色不褪，再用水洗，接着用 0.5％～1％硫酸亚铁溶液洗涤，以除去过氧化物。水洗后用氯化钙干燥、过滤、蒸馏，收集 33.5～34.5℃馏分使用。其他废液，如氯仿、乙醇、四氯化碳等都可以通过水洗后再用试剂处理，最后通过蒸馏收集沸点附近的馏分，得到可再用的溶剂。

（三）固体废物处理

实验中出现的固体废物不能随便乱扔，以免发生事故。能放出有毒气体或能自燃的危险废物不能丢进废品箱内或排入下水管道中。不溶于水的固体废物不能直接倒入垃圾桶，必须将其在适当的地方烧掉或用化学方法处理成无害物。碎玻璃和其他有棱角的锐利废料，不能丢进废纸篓内，应收集于特殊废品箱内处理。

（四）国外实验室污染治理现状

在国外有专门的实验室废弃物处理站来集中收集处理，实验室废弃物集中处理站的管理严格、规范，安全环保意识极强。专门地点集中、专门房间、专门容器存放，专门人员管理，严格分区、分类，集中送特殊废品处理场处理。各种废弃物由各实验室分类上交后，处理站要对上交来的废弃物称重后将信息存入计算机，再分类放到规定地方。例如，报废放射源、废机油、废化学试剂、化学合成"三废物"、化学品废弃容器等都分类存放。废弃物集中处理站设施完备、先进，安全可靠。为防止集中后的地下渗漏二次污染，设计时将处理站地下全部用水泥整体浇注。危险化学品、放射源存放在专门房间，有安全监控、排风系统。废弃物集中处理站的费用由政府每年的经费预算中列支。另一方面，可回收废品被收购后所得资金则用于废弃物集中处理站的进一步发展。

三、实验室用水的质量要求、制备和检验

1. 实验室用水的质量要求

国家标准 GB 6682—2008《分析实验室用水规格和试验方法》中明确了实验室用三个等级净化水的规格和相应的质量检验方法，应根据实验工作的不同要求选用不同等级的水。

一级水用于制备标准水样或超痕量物质分析；二级水用于精确分析和研究工作；三级水用于一般实验工作，也就是通常所说的去离子水或蒸馏水。常用蒸馏法、离子交换法和电渗析法制备实验室用水。

2. 制备

（1）蒸馏法 目前使用的蒸馏器的材质有玻璃、金属铜和石英等，蒸馏法只能除去水中非挥发性杂质，而不能除去溶解于水中的气体。

（2）**离子交换法** 用离子交换法制取的实验用水称为去离子水，目前多采用阴、阳离子交换树脂的混合床装置来制备。该法的优点是制备的水量大、成本低，除去离子的能力强。缺点是设备与操作较复杂，不能除去非电解质杂质，而且有微量树脂溶在水中。

（3）**电渗析法** 电渗析法是在离子交换技术基础上发展起来的一种方法。它是在外电场作用下，利用阴、阳离子交换膜对溶液中离子的选择性透过而使溶液中溶质与溶剂分开，从而达到净化水的目的。该法除去杂质的效果较差，水质较差，只适用于一般要求不太高的分析工作。

实验室用水的质量检验项目主要有：pH 值、电导率、可氧化物、吸光度、硅酸盐、氯化物和金属离子。一般三级实验用水只测定去离子水或蒸馏水的 pH 值和电导率。

3. 检验

（1）**pH 值** 由于空气中 CO_2 可溶于水，通常使去离子水或蒸馏水的 pH 值小于 7，规定 pH 值在 6.5～7.5 之间都为合格。取两支试管各加入 10mL 水，一支试管中加 2 滴 0.2％甲基红，不得显红色；另一支试管中加 2 滴 0.2％溴百里酚蓝，不得显蓝色。

（2）**电阻率** 水的电阻率越高，表示水中的杂质离子越少，水的纯度越高。25℃时，一般去离子水或蒸馏水的电阻率为 1.0×10^6～$10 \times 10^6 \Omega \cdot cm$ 之间都为合格。电阻率大于 $10 \times 10^6 \Omega \cdot cm$ 的水为高纯水，高纯水应保存在石英或塑料容器中。

（3）**可氧化物** 同时取 100mL 水分别于 2 只烧杯中，一只加 5mL 2 mol/L H_2SO_4 和 1mL 0.01mol/L $KMnO_4$，盖上表面皿，煮沸 5min，与另一只不加试剂的等体积水作比较，溶液所呈淡红色不得完全褪去。

（4）**吸光度** 于 254nm 处在紫外分光光度计上，以 1cm 比色皿中的水为参比，测定 2cm 比色皿中水的吸光度不得大于 0.01。

（5）**硅酸盐** 取 10mL 水于烧杯中，加入 5mL 4mol/L HNO_3 和 5mL 5％钼酸铵，放置 5min 后加入 5mL 10％ Na_2SO_3，观察是否出现蓝色，如出现蓝色则不合格。

（6）**氯化物** 取 20mL 水于烧杯中，加 1 滴 4mol/L HNO_3 酸化后，再加 2 滴 0.1mol/L $AgNO_3$，若出现白色乳状物，则不合格。

（7）**金属离子** 取 20mL 水于烧杯中，加入 5mL NH_3-NH_4Cl 缓冲溶液和绿豆粒大小的铬黑 T 固体指示剂，摇匀，如呈现蓝色，说明 Cu^{2+}、Pb^{2+}、Zn^{2+}、Fe^{3+}、Ca^{2+}、Mg^{2+} 等阳离子含量甚微，水合格。如呈现紫红色（或酒红色），则水不合格。

四、玻璃仪器的洗涤和使用

（一）玻璃仪器的洗涤

玻璃仪器清洁与否直接影响实验结果的准确性和精密性，因此，必须十分重视玻璃仪器的洗涤，洗涤方法概括起来有以下三种。

（1）**用水刷洗** 用于洗去水溶性物质，同时洗去附着在仪器上的灰尘等。

（2）**用去污粉或合成洗涤剂刷洗** 用于清洗形状简单，能用刷子直接刷洗的玻璃仪器，如烧杯、试剂瓶、锥形瓶等一般的玻璃仪器。去污粉由碳酸钠、白土和细沙等混合而成。将要洗涤的玻璃仪器先用少量水润湿，再用刷子蘸些去污粉擦洗。利用碳酸钠的碱性除油污，白土的吸附作用和细沙的摩擦作用增强了对玻璃仪器的洗涤效果。玻璃仪器经擦洗后，用自来水冲掉去污粉颗粒，再用蒸馏水荡洗 3 遍，以除去自来水中带来的杂质离子。洗净的玻璃仪器倒置时应不留水珠和油花，否则需重新洗涤。洗净的玻璃仪器也不能用纸或抹布擦干，以免脏物或纤维留在器壁上而污染玻璃仪器。玻璃仪器应倒置在干净的仪器架上，切记不能倒置在实验台上。

（3）用洗液洗涤　主要用于清洗不易或不应直接刷洗的玻璃仪器，如吸管、容量瓶等，也可用于长久不用的玻璃仪器或刷子刷不掉的污垢等。先用洗液浸泡 15min 左右，再用自来水冲净残留在器壁上的洗液，最后用蒸馏水润洗 3 遍。

洗液有强酸性氧化剂洗液（即传统常规铬酸洗液）、碱性高锰酸钾洗液、纯酸洗液、纯碱洗液、有机溶剂、RBS 洗液（北美地区化学实验室普遍使用，代替铬酸洗液）。

铬酸洗液的配制：称取 10g 工业纯 $K_2Cr_2O_7$ 于 500mL 烧杯中，用少许水溶解，在不断搅拌下慢慢地加入 200mL 工业纯浓硫酸，待 $K_2Cr_2O_7$ 全部溶解并冷却后，将其贮存在磨口细口试剂瓶中。

铬酸洗液为暗红色液体，若变为绿色说明已失效，应倒入废液桶中，绝不能倒入下水道，以免腐蚀金属管道。不要认为铬酸洗液是万能的，能洗去任何污垢，如被 MnO_2 污染的玻璃仪器用铬酸洗液是无效的，可用草酸、盐酸或酸性 Na_2SO_3 等还原剂来洗涤。

洗净的玻璃仪器器壁应能被水均匀润湿而无条纹，无水珠附着在上面。玻璃仪器经蒸馏水冲净后，残留水分用指示剂检查应为中性。洗净后的玻璃仪器应立即干燥，干燥方法有控干、烘干、吹干和烤干，每次实验都应使用清洁干燥的玻璃仪器。

（二）玻璃仪器的使用

1. 量筒、量杯

量筒、量杯是实验室中常用的度量液体体积的容量仪器。读取容积时，注意使视线与仪器内液体的弯月面的最低处保持同一水平。弯月面最低点与刻度线水平相切的刻度为液体体积的读数，如图 1-1 所示。量筒或量杯不能作精确测量，只能用来测量液体的大致体积。

2. 移液管和吸量管

移液管和吸量管用来准确地移取一定体积的溶液。常用的移液管中间有一膨胀部分的玻璃管，管颈上部刻有一圈标线。在一定温度下，管颈上端标线至下端出口间的容积是一定的，如 50mL、25mL、10mL、5mL 等不同规格。移液管量取液体的体积是固定的，而吸量管有分刻度，可量取非整数体积的液体，注意吸量管取溶液的准确度不如移液管。

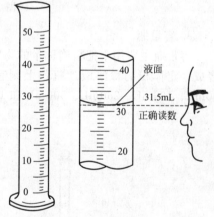

图 1-1　量筒、量杯及其读数法

移液管和吸量管使用前，通常要先依次分别用铬酸洗液、自来水和去离子水洗净，并且用少量要移取的溶液润洗 2～3 次，以保证所移溶液的浓度不变。一般洗涤移液管或吸量管用小烧杯盛放洗涤液，用洗耳球使移液管或吸量管从小烧杯中吸入少量洗涤液，用双手把移液管或吸量管端平，并水平转动移液管或吸量管，使管内洗涤液润洗移液管或吸量管内壁，然后把洗过的洗涤液从移液管或吸量管下端出口放出。

使用移液管移取溶液时，一般是用右手大拇指和中指拿住移液管管颈上端，把移液管下端管口插入装有要移取的溶液中，左手拿洗耳球，先把洗耳球内空气挤出，然后把洗耳球的出口尖端紧压在移液管上端管口上，慢慢松开紧握洗耳球的左手，使移取的溶液吸入移液管内，见图 1-2（a）。当移液管内溶液液面升高到移液管上端管颈刻度标线以上时，立即拿开洗耳球，并马上用右手食指按住移液管上端管口。将移液管离开液面，靠在器壁上，然后稍微放松食指，同时用大拇指和中指转动移液管，使移液管内液面慢慢下降，直至管内溶液的弯月面与管颈上端刻度标线相切，见图 1-2（b），立即用食指按紧移液管上端管口，使溶液不再流出。把装满溶液的移液管垂直放入已洗净的锥形瓶中，使移液管下端出口紧靠在锥形瓶内壁上，锥形瓶略倾斜，松开食指，让移液管内溶液自然流入锥形瓶中，见图 1-2（c）。当移液管内溶液流完后，还需停留约 15s，然后将移液管从锥形瓶中拿开。此时移液管下端出口处还会剩余少量溶液，不可用洗耳球将它吹入锥形瓶中，因为在校正它的容积刻度时，已除去了剩余少量溶液的体积。当使用标有"吹"字的移液管时，则必须把管内的残液吹入锥形瓶中。吸量管的使用同移液管。

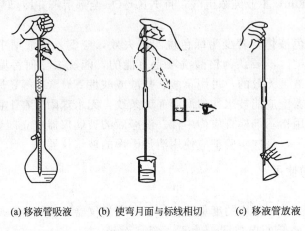

(a) 移液管吸液　　(b) 使弯月面与标线相切　　(c) 移液管放液

图 1-2　移液管的使用方法

3. 容量瓶

容量瓶主要用来把精确称量的物质准确地配制成一定体积的溶液，或将浓溶液准确地稀释成一定体积的稀溶液。瓶颈上刻有环形标线，瓶上标有容积和标定时的温度，通常有 50mL、100mL、250mL、500mL 和 1000mL 等规格，形状如图 1-3（a）所示。

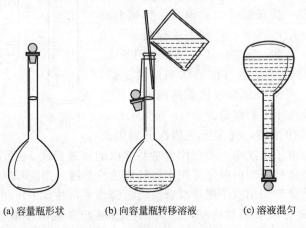

(a) 容量瓶形状　　(b) 向容量瓶转移溶液　　(c) 溶液混匀

图 1-3　容量瓶的使用方法

容量瓶使用前同样应洗到不挂水珠，使用时用细玻璃绳将瓶塞系在瓶颈上，以防瓶塞与瓶口弄错引起漏水。

当用固体配制一定体积的准确浓度的溶液时，通常将准确称量的固体放在小烧杯中，先用少量蒸馏水溶解后，再转移到容量瓶内。转移时烧杯嘴紧靠玻璃棒，玻璃棒下端紧靠瓶颈内壁，慢慢倾斜烧杯，使溶液沿玻璃棒顺瓶壁流下，如图 1-3（b）所示。溶液流完后，将烧杯沿玻璃棒轻轻上提，同时将烧杯直立，使附在玻璃棒与烧杯嘴之间的溶液流回到烧杯中。再用蒸馏水洗涤烧杯内壁几次，洗涤液如上法转入容量瓶内。然后用蒸馏水洗下瓶颈上附着的溶液，当加水至容积一半时，摇荡容量瓶使溶液混合均匀，应注意不要让溶液接触瓶塞及瓶颈磨口部分，继续加水至弯月面下沿与环形标线相切。用一只手的食指压住瓶塞，另一只手的大、中、食三个指头顶住瓶底边缘，倒转容量瓶，使瓶内气泡上升到顶部，剧烈振摇数秒，再倒转过来，如此反复数次，使溶液充分混匀，如图 1-3 （c）所示。

当用浓溶液配制稀溶液时，先用移液管或吸量管吸取准确体积的浓溶液放入容量瓶中，再按上述方法稀释至标线，上下混匀。

容量瓶不能放在烘箱中烘烤，也不能用任何加热的方法来加速容量瓶中药品的溶解。长期不用的溶液不要放置在容量瓶中，应将其转移至洁净干燥或经该溶液润洗过的试剂瓶中保存。

4. 锥形瓶

锥形瓶是圆锥形的平底玻璃瓶，见图 1-4，有 25mL、50mL、250mL 等各种规格。滴定分析中通常用锥形瓶盛放用移液管准确移取的被滴定的溶液，同时锥形瓶便于滴定操作中作圆周转动，使从滴定管中滴入的溶液与被滴定溶液均匀混合，充分反应，而不使溶液溅出瓶外。滴定分析时，对锥形瓶的洗涤要求与滴定管、移液管不完全相同，洗涤锥形瓶只需依次用去污粉（或洗涤液）、自来水、去离子水洗净即可，不需用所装溶液润洗。

5. 滴定管

滴定管是滴定分析中用来准确测量管内流出液体体积的一种量具。通常，它能准确测量到 0.01mL。常用滴定管的体积一般为 50mL 和 25mL，滴定管上的刻度每一大格为 1mL，每一小格为 0.1mL，两刻度线之间可以估读出 0.01mL。滴定管刻度值与常用的量筒不同，滴定管从上到下刻度值增加。

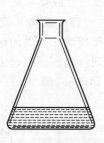

图 1-4　锥形瓶

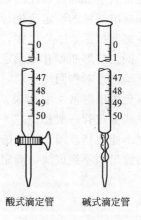

酸式滴定管　　碱式滴定管

图 1-5　滴定管

一般滴定管分为酸式滴定管和碱式滴定管，它们的差别在于管的下端。酸式滴定管下端连接玻璃旋塞，可以控制管内溶液逐滴流出。酸式滴定管用来测量酸性溶液或氧化性溶液，不能用于碱性溶液，这是因为碱性溶液腐蚀磨口的玻璃旋塞，时间长了就会使旋塞粘住。碱性溶液应使用碱式滴定管，碱式滴定管的下端由橡皮管连接玻璃管嘴，见图 1-5，橡皮管内装有一个玻璃圆球代替旋塞。用大拇指和食指轻轻往一边挤压玻璃圆球旁边的橡皮管，使管内形成一条窄缝，溶液即从玻璃管嘴中滴出。碱式滴定管不能用来测量氧化性溶液（如 $KMnO_4$、I_2 溶液），否则橡皮管会与这些溶液反应而粘住。

在使用酸式滴定管前，通常先检查其玻璃旋塞是否漏水。如果发现漏水或者旋转不灵活，应把玻璃旋塞取下，洗净后用碎滤纸片把水吸干再涂凡士林，其方法：①凡士林涂的位置。套：小涂大不涂。塞：大涂小不涂。这样可避开中间小孔。②涂上很薄一层凡士林，再把玻璃旋塞插入栓管中。③向同一方向旋转几周，使凡士林均匀涂布，如图 1-6 所示，再用橡皮圈套在玻璃旋塞末端凹槽内，以防旋塞脱落，最后再检查装好的旋塞是否漏水。如碱式滴定管漏水，应更换橡皮管或玻璃珠。

　　洗净的滴定管内壁应完全被水润湿而不挂水珠，所以在滴定开始前，对于酸式滴定管应首先用少量铬酸洗液（如 50mL 滴定管，用约 10～15mL）加入滴定管中洗涤（为何碱式滴定管不能用铬酸洗液?），用双手端平滴定管让管内溶液全部浸润滴定管内壁后，再让溶液通过活塞下面部分管嘴内壁，最后把洗液全部放出。然后依次分别用自来水、去离子水洗净，再用少量（滴定管体积的 1/4～1/3）标准溶液润洗 2～3 次，以保证装入滴定管内的标准溶液的浓度不会改变。最后把标准溶液装入滴定管到上端刻度 0.00 以上，这时必须注意滴定

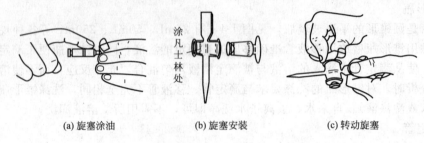

(a) 旋塞涂油　　　　　(b) 旋塞安装　　　　　(c) 转动旋塞

图 1-6　旋塞涂凡士林、安装和转动的方法

管下段是否存在气泡，气泡在滴定过程中会引起较大误差，必须把滴定管下端的气泡赶出。如是酸式滴定管可用手迅速反复多次地打开旋塞，使溶液冲出带走气泡。如是碱式滴定管可用两指挤压稍高于玻璃珠所在处，使溶液从管口喷出，气泡亦随之而排出，如图 1-7 所示。

　　用装好标准溶液的滴定管进行滴定分析时，对于酸式滴定管一般都用左手大拇指、食指和中指捏住旋塞把手，手心空握，见图 1-8，转动旋塞时应注意不要让手掌顶出旋塞而造成漏液。右手握住锥形瓶颈并使滴定管管尖伸入瓶内，一边滴入溶液，一边向同一方向（顺时针）旋转摇动锥形瓶作圆周运动，如图 1-9 所示，使瓶内溶液充分混合，发生反应。不可前后振荡，以免溅出溶液，引起误差。整个滴定过程中，左手一直不能离开旋塞而让溶液自流。对于碱式滴定管一般都是左手拇指在前，食指在后，捏挤玻璃珠外面的橡皮管，溶液便可流出，但不能捏挤玻璃珠下面的橡皮管，否则会在管嘴出现气泡。滴定速度不可过快，要使溶液逐滴流出而不连成线，滴定速度一般为 10 mL/min，即 3～4 滴/s。

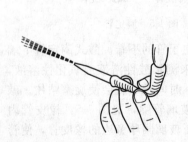  

图 1-7　碱式滴定管排气泡　　　图 1-8　酸式滴定管操作方法　　　图 1-9　滴定操作方法

　　滴定过程中，要注意观察标准溶液的滴落点。开始滴定时，离终点很远，滴入标准溶液时一般不会引起可见的变化，但滴到后来，滴落点周围会出现暂时性的颜色变化而当即消

失，随着离终点愈来愈近，颜色消失渐慢，在接近终点时，新出现的颜色暂时地扩散到较大范围，但转动锥形瓶 1～2 圈后仍完全消失。此时应不再边滴边摇，而应滴一滴摇几下。通常最后滴入半滴，溶液颜色突然变化而且半分钟内不褪色，则表示终点已达到。滴加半滴溶液时，可慢慢控制旋塞，使液滴悬挂管尖而不滴落，用锥形瓶内壁将液滴擦下，再用洗瓶以少量蒸馏水将之冲入锥形瓶中。

滴定过程中，尤其临近终点时，应用洗瓶将溅在瓶壁上的溶液洗下去，以免引起误差。

读取从滴定管中放出溶液的体积。对于无色或浅色溶液，视线应与管内溶液弯月面最低点保持水平，读出相应的刻度值。对于深色溶液（如 $KMnO_4$），则应观察溶液液面最上缘，读数必须准确到 0.01mL。为了减少测量误差，每次滴定应从 0.00 开始或从接近零刻度的任一刻度开始，即每次都用滴定管的同一段体积。

6. 烧杯中液体的加热

所盛液体的体积应不超过烧杯容积的 1/3。加热前，要先将烧杯外壁上的水擦干，再放在石棉网上加热。

7. 试管中液体的加热

所盛液体的量不应超过试管高度的 1/3。加热时应该用试管夹夹住试管的中上部，如图 1-10 所示。试管口不能对着自己或别人，以免加热时迸溅到脸上，造成烫伤。加热时应使液体受热均匀，先加热液体的中上部，再慢慢移动试管，热及下部，然后不时地振荡试管，从而使液体各部分均匀受热，以免试管内部液体因局部沸腾而迸溅，造成烫伤。

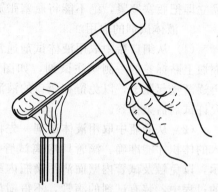

图 1-10　加热试管内的液体

五、化学试剂的规格和取用

（一）化学试剂的规格

我国化学试剂属于国家标准的标有 GB 代号，属于化工部标准的标有 HG 或 HGB（暂行）代号。常见试剂的质量分为优级纯、分析纯、化学纯和生物试剂四种规格。详见表 1-1。

表 1-1　我国化学试剂的等级及标志

级别	一级	二级	三级	—
纯度分类	优级纯（保证试剂）	分析纯（分析试剂）	化学纯	生物试剂
标签颜色	绿色	红色	蓝色	咖啡色或玫红色
符号	GR	AR	CP	BR
应用范围	精确分析和研究工作	一般分析和科研	工业分析和实验教学	生化实验

此外还有一些特殊要求的试剂，如"高纯"试剂、"色谱纯"试剂、"光谱纯"试剂和"放射化学纯"试剂等，这些都在标签上注明。本着节约原则，应根据实验要求，选用不同规格的试剂。既不超规格引起浪费，又不随意降低规格影响分析结果的准确性，所以实验工作者应该对试剂规格有正确的认识。在一般分析工作中，通常要求使用分析纯试剂。本书实验中使用的试剂一般均为分析纯试剂，以后不再另行说明。

（二）化学试剂的取用

1. 固体试剂的取用

（1）一般都用药匙来取用固体试剂。药匙的两端有大小不同的两个匙，分别用于取大量固体和少量固体。注意药匙的清洁和干燥，以避免固体试剂被污染，最好专匙专用。用玻璃棒制作的小玻璃勺可长期存放于盛有固体试剂的小广口瓶中，无须每次洗涤。

（2）往试管中加入固体试剂时，也可将药品放在对折的纸片上，再伸进试管的 2/3 处。如固体颗粒较大，可放在干燥洁净的研钵中研碎。研钵中固体试剂的量不应超过研钵容量的 1/3。

（3）取固体试剂称量前，先看清标签，再打开瓶盖和瓶塞，将瓶塞反放在实验台上。然后用干燥洁净的药匙取固体试剂放在称量纸上称量，但对于具有腐蚀性、强氧化性和易潮解的固体试剂应放在玻璃容器内称量。根据称量精度的要求，可分别选择台秤或分析天平称量固体试剂，用称量瓶称量时，应用减量法操作。多取的固体试剂不能放回原试剂瓶，取完药品立即把瓶塞塞紧，绝不能将瓶塞张冠李戴。

2. 液体试剂的取用

（1）从细口瓶中取用液体试剂通常用倾注法。先将瓶塞取下，然后反放在实验台上，手握瓶上贴标签的一侧倾注试剂，如图 1-11 所示，倾出所需量后，将瓶口在容器上靠一下，再逐渐竖起瓶子，以免留在瓶口的液滴流到瓶的外壁。如有试剂流到瓶外要及时擦净，绝不允许试剂沾染标签。

（2）从滴瓶中取用液体试剂。先将液体试剂吸入滴管，滴入试管时滴管要垂直，这样滴入的体积才能准确。滴管口应离试管口 5mm 左右，不得将滴管插入试管中，如图 1-12 所示，以免触及试管内壁而沾污滴瓶内药品。滴管只能专用，用后立即放回原滴瓶。使用滴管的过程中，装有试剂的滴管，不得横放或滴管口向上倾斜，以免液体流入滴管的橡皮帽中。试管实验中，可用计算滴数的办法来估计取用液体的量，一般滴管，16~20 滴液体约为 1mL。

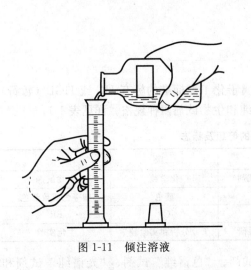

图 1-11　倾注溶液

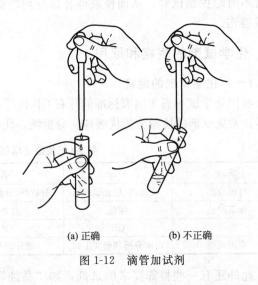

(a) 正确　　　　(b) 不正确

图 1-12　滴管加试剂

六、定量和定性分析滤纸的规格

滤纸有定性滤纸和定量滤纸两种。无机定性实验中常用定性滤纸，定量分析实验中，如要求滤纸连同沉淀一起灼烧后再称质量，就用定量滤纸。定量滤纸又称为"无灰"滤纸，在灼烧后一般每张滤纸的灰分不超过 0.1mg。

滤纸按空隙大小分为快速、中速和慢速三类。胶状沉淀宜选用快速滤纸过滤，粗晶型沉淀宜选用中速滤纸过滤，细晶型沉淀宜选用慢速滤纸过滤。

各种定性和定量分析滤纸在滤纸盒上用白带（快速）、蓝带（中速）、红带（慢速）作为分类标志。滤纸外形有圆形和方形两种。常用的圆形滤纸有 $\phi7$、$\phi9$ 和 $\phi11$ 等规格。方形滤纸有 $30cm \times 30cm$ 和 $60cm \times 60cm$ 等规格。定量和定性分析滤纸的规格见表 1-2。

表 1-2 定量和定性分析滤纸的规格

项 目	单位	定量滤纸			定性滤纸		
		快速（白带）	中速（蓝带）	慢速（红带）	快速	中速	慢速
质量	g/m²	75	75	80	75	75	80
过滤测定示例		$Fe(OH)_3$	$ZnCO_3$	$BaSO_4$	$Fe(OH)_3$	$ZnCO_3$	$BaSO_4$
水分	%	<7	<7	<7	<7	<7	<7
灰分	%	<0.01	<0.01	<0.01	<0.15	<0.15	<0.15
含铁量	%	—	—	—	<0.003	<0.003	<0.003
水溶性氯化物	%	—	—	—	<0.02	<0.02	<0.02

注：表中硫酸钡为热溶液。

七、重量分析五个步骤的操作技术

重量分析法是将待测组分经沉淀→过滤→沉淀洗涤→干燥或灼烧→称重等以测定其含量的方法。现将五个步骤的操作技术分述如下。

（一）沉淀

沉淀操作是重量分析法的首要环节，是将待测组分以难溶化合物的形式由水相中分离出来的技术。

1. 沉淀的形成

沉淀的溶解度必须很小以保证待测组分完全分离。

沉淀反应是否完全，可根据溶液中待测组分的残留量来衡量，通常要求其不得超过 0.0001g，即小于分析天平的称量允许误差。

同离子效应、盐效应、酸效应、络合效应，以及温度、介质、晶体结构等均影响沉淀的溶解度。为保证结果的准确性，在沉淀操作中常增加沉淀剂用量、适当调整溶液酸度、降低强电解质含量等方法以降低沉淀的溶解度。

通常沉淀的溶解度随温度升高而加大，所以在操作中应控制反应温度，避免沉淀损失。

2. 沉淀的类型

在沉淀反应中，沉淀的形成过程是由构晶离子经过核作用产生晶核，再生长为沉淀微粒，沉淀微粒经聚集生成无定型沉淀，或经定向排列生成晶型沉淀。

无定型沉淀颗粒小，排列杂乱无序，结构疏松，体积庞大，不易沉降。

晶型沉淀颗粒大，排列整齐，结构紧密，体积较小，易于沉降。

一般沉淀的溶解度越大就越易生成晶型沉淀。沉淀的溶解度越小，形成的颗粒也越小而更易于生成无定型沉淀。

3. 沉淀的条件

在合理的稀溶液中进行沉淀。溶液的相对饱和度低就容易获得易滤、易洗的大颗粒晶型沉淀，减少共沉淀现象，但也并不是溶液越稀越好，溶液太稀，沉淀溶解所引起的损失将超过允许的分析误差。

在缓慢滴加沉淀剂并在不断搅拌的条件下进行沉淀，以减少局部过浓现象，避免生成大量晶核而产生颗粒较小、纯度又低的沉淀。

在热溶液中进行沉淀，能增加沉淀的溶解度而降低溶液中局部过饱和现象，易于获得大颗粒的晶型沉淀。

沉淀析出后与母液共同静置充分陈化，使小晶粒逐渐溶解，大晶粒逐渐长大，不完整的晶粒逐渐转化为较完整的晶粒，亚稳态沉淀逐渐转化为稳态沉淀。

控制溶液的 pH 值，可使难溶的氢氧化物完全沉淀。

利用均匀沉淀法改变沉淀条件以获得所需的沉淀类型。

（二）过滤

过滤是用滤纸将溶液和沉淀分开。其方法通常有常压过滤、减压过滤和热过滤。

1. 常压过滤

常压过滤如图 1-13 所示。滤纸通常按四折法折叠，如图 1-14 所示。即先将滤纸整齐地对折，然后再对折。记住第二次不要折死，将锥体打开，放入漏斗，如上边缘不密合可改变折叠的角度，使滤纸与漏斗密合，此时再折死。打开三层的一面对准漏斗出口短的一面，食指按紧三层的一面，用洗瓶吹入少量蒸馏水以润湿滤纸，轻轻按滤纸，使滤纸锥体上部与漏斗间无气泡，滤纸锥体下部与漏斗内壁形成缝隙。然后加水至滤纸边缘，此时漏斗颈应全部充满水并形成水柱。

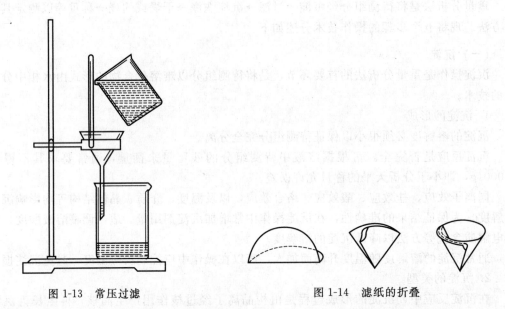

图 1-13　常压过滤　　　　　　　　图 1-14　滤纸的折叠

分离沉淀应先用倾析法转移大量溶液至漏斗中，让沉淀尽可能地留在烧杯内。这样可避免沉淀过早堵塞滤纸小孔而影响过滤速度。倾入溶液时，应让溶液沿着玻璃棒流入漏斗中，玻璃棒应直立，下端对着三层厚滤纸一边，并尽可能接近滤纸，但不要与滤纸接触。再用倾析法洗涤沉淀 3~4 次。

"倾析法"是待沉淀静置沉降后将上层清液倾入另一容器中使沉淀与溶液分离的过程，其目的是少留溶液以便在容器内进行沉淀的初步洗涤。最后将少量溶液与沉淀集中倾于滤纸的中心部位。

过滤时应注意：①液面应低于滤纸边缘 1cm 左右；②过滤完毕容器壁上附着的少量沉淀应用洗涤液并用小片滤纸或淀帚轻轻洗擦，直至确认全部洗净为止；③较稳定的沉淀可提高溶液温度以增加滤速；④在保证不穿滤的情况下，可用减压抽滤以提高滤速，但绝不允许翻动滤纸或用玻璃棒搅拌以提高滤速；⑤过滤时滤纸与漏斗壁间勿存有气泡，而且漏斗下支管管口紧贴在滤液容器壁上，这样既可提高滤速，又可防止滤液迸溅而造成的损失。

2. 减压过滤

减压过滤也称吸滤，以前常用玻璃制的三通进行吸滤，因浪费自来水，目前多采用循环水式真空泵。过滤前先剪好滤纸，滤纸不能折叠，因折叠处在减压过滤时很容易透滤。滤纸的大小应比布氏漏斗内径略小而又能将漏斗的孔全盖上为宜。每个学生都应具备只用眼睛观察漏斗就能将滤纸剪好的技能。

减压过滤如图 1-15 所示。把剪好的滤纸放在布氏漏斗内，先用少量水润湿，再开真空泵使滤纸贴紧布氏漏斗。溶液转移同常压过滤。结束后先拔下抽滤瓶的胶管，再取下布氏漏斗，用玻璃棒撬起滤纸边，取下滤纸和沉淀。滤液从瓶口倒出，绝不能从侧口倒出，以免污染滤液。

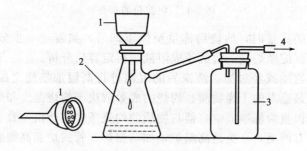

图 1-15　减压过滤

1—布氏漏斗；2—抽滤瓶；3—缓冲瓶；4—接真空泵

强酸性、强碱性和强腐蚀性溶液应用熔砂玻璃漏斗过滤，但熔砂玻璃漏斗不适合过滤碱性太强的物质。

3. 热过滤

如溶液中溶质在冷却后易析出结晶，同时实验要求溶质在过滤时保留在溶液中，则应采用热过滤。

（三）沉淀洗涤

沉淀洗涤如图 1-16 所示。为除去沉淀表面上吸附的杂质，需对沉淀进行洗涤，根据沉淀反应的条件和沉淀的性质选择洗涤剂的原则如下：

（1）用冷的沉淀剂的稀溶液洗涤晶型沉淀，以减少其溶解度。

（2）用有机溶剂洗涤易水解的沉淀。

（3）用含有少量电解质的水溶液（如铵盐）加热后洗涤胶状沉淀，可防止胶溶。

洗涤过程

图 1-16　洗涤沉淀

（4）通常先在原沉淀容器中洗涤沉淀 3～5 次，每次都用倾析法过滤，尽可能滗净溶液，勿使倾出的沉淀弥漫在滤纸上。在容器中最后一次洗涤沉淀时，应将溶液搅浑连同沉淀一起向滤纸上作定量转移。

（5）在滤纸上洗涤沉淀时，应从滤纸边沿稍下部位置开始，按螺旋形向下移动，使沉淀集中在滤纸锥体下部。按少量多次的原则待前一次液体流尽，再做下一次洗涤。

（6）洗涤效果按沉淀条件进行检验。如：洗至流出液无色；洗至流出液不呈酸性或碱性；洗至流出液中检不出某种离子。

（四）干燥或灼烧

用玻璃棒把带有沉淀的滤纸三层部分掀起，再将其取出，打开成半圆形，自上向下折叠，再自右向左卷成小包，如图 1-17 所示。将滤纸包层数较多的一面向上，放入已恒重的坩埚中。先小火烘干再炭化，炭化时只能冒烟不能着火，如着火用坩埚盖盖住使之熄灭，千万不能吹灭，以免沉淀飞溅。滤纸全部炭化后再升高温度使之灰化，烧去一切可以烧掉的炭质，最后放入马弗炉中灼烧。

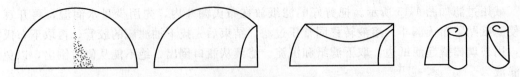

图 1-17 沉淀包的折叠

当仅需测定沉淀的质量时，灼烧后称量至恒重即可。如需进一步分析沉淀的各组分含量，必须将已干燥的沉淀经灼烧、溶解使成溶液，再定容后分析。

灼烧就是将固体物质或经过滤、洗涤后的沉淀进行高温加热使之脱水、除掉挥发性杂质、烧去有机物得到最稳态的干燥物质。灼烧的成效取决于灼烧温度和灼烧方法，通常以灼烧后的残渣是否达到恒重为标准。空容器与物质的灼烧条件应严格一致。

灼烧的设备通常有两类，一类是高温炉，如马弗炉、管式炉和高频感应加热炉；另一类是加热灯，如煤气灯、酒精喷灯等。

灼烧的容器有瓷坩埚、金属坩埚和铂坩埚等。

（五）称重

称重是使用分析天平直接准确计量物质质量的操作。在确定天平精度的条件下，提高分析准确度的关键是选择合适的称样量和使用正确的称量方法。

1. 称样量的选择

选择合适的称样量是保证重量分析准确性的重要条件之一。例如，一般万分之一分析天平的称量误差为 $\pm 0.2 mg$，为使称量的相对误差小于 0.1%，则合适的称样量为：

$$称量相对误差 = \frac{称量绝对误差}{称样量} \times 100\%$$

$$称样量 = \frac{称量绝对误差}{称量相对误差} = \frac{0.0002}{0.1\%} = 0.2 g$$

所以，要保证分析结果误差在 0.1% 范围内，称样量就不得少于 $0.2 g$。同理，要准确称量最后得到的沉淀质量也应符合这个条件。

2. 称量方法的选择

在常规分析中，通常采用常规称量法、固定量称量法和减量称量法。

常规称量法就是按天平操作规程先称空容器质量，加样品于该容器中再称重，前后两次称重之差即为样品的准确量。

固定量称量法用于准确称取指定质量的样品。即先称空容器质量，再将样品慢慢加入容器中至所需量。

减量称量法多用于称量易吸水、易氧化或能与二氧化碳发生反应的物质，并可连续称取样品。先称装有样品的容器质量，再称从容器中倾出一定量样品后的质量，前后两次称重之差即为样品的准确量。

3. 称量误差

称量误差包括被称物性状变化、环境因素变动、天平和砝码的影响、空气浮力的影响和操作误差等。其中被称物性状变化包括被称物表面吸附水分引起的称量误差、被称物性质引起的称量误差和被称物温度未彻底平衡等。

八、蒸发和浓缩、结晶和重结晶

（一）蒸发和浓缩

在物质的提纯与制备实验中，蒸发和浓缩一般在水浴锅上进行。如溶液很稀，而且物质对热的稳定性又比较好，可直接先放在电炉上用小火加热蒸发，记住要在电炉上放石棉网。控制加热温度，以防溶液暴沸、迸溅而造成损失，然后再放在水浴锅上加热蒸发。水分不断蒸发，溶液逐渐浓缩，当蒸发浓缩到一定程度后冷却，即可析出晶体。蒸发浓缩的程度与溶质溶解度的大小、有无结晶水和对晶粒大小的要求有关。通常溶质的溶解度越大，晶体又不含结晶水，对晶粒的要求越小，则蒸发浓缩的时间就长一些，蒸得就干一些。反之就短些、稀些。在定量分析实验中也常常通过蒸发浓缩来减少溶液的体积，同时又保持不挥发成分的损失。常用的蒸发容器是蒸发皿，蒸发皿内所盛放溶液的体积不得超过其容积的 2/3。

（二）结晶和重结晶

结晶就是晶体从溶液中析出的过程。它是物质提纯与制备的重要方法之一。结晶时要求溶质的浓度达到饱和，要使溶质的浓度达到饱和，一般有两种方法。一种是蒸发法，即通过蒸发浓缩使蒸气逸出，减少一部分溶剂使溶液达到饱和而析出晶体，该法主要用于溶解度随温度变化而变化不大的物质。另一种是冷却法，即通过降低温度使溶液冷却达到饱和而析出晶体，该法主要用于溶解度随温度下降而明显减小的物质。有些物质的提纯与制备需将两种方法结合使用。

晶体颗粒的大小与结晶条件有关，所以在实验操作中应根据需要控制结晶条件，以便得到大小合适的晶体颗粒。如溶质溶解度小，或溶液浓度高，或溶剂蒸发速度快，或溶液冷却快，即析出细小的晶体颗粒。反之，即可析出较大的晶体颗粒。

重结晶就是第一次得到的晶体纯度不符合要求，然后再将其溶于溶剂中，再进行蒸发浓缩（或冷却）、析出晶体的反复操作过程。它也是物质提纯与制备的重要方法之一。有些物质的提纯与制备需经过几次重结晶才能完成。它适用于溶解度随温度变化而有显著变化的物质。

九、误差和数据处理

（一）误差
1. 真值

在某一时刻、某一位置或状态下，某量的效应体现出的客观值或实际值称为真值。真值包括理论真值、约定真值和相对真值。

（1）理论真值 如三角形内角之和等于180°。

（2）约定真值 由国际计量大会定义的单位值。

（3）相对真值 标准器（包括标准物质）给出的数值。

2. 误差

由于被测量的数值形式通常不能以有限位数表示，又由于认识能力的不足和科学水平的限制，测量值与其真值并不完全一致，表现在数值上的这种差异即为误差。误差按其产生的原因和性质分为系统误差、随机误差和过失误差。

（1）系统误差　又称为恒定误差、可测误差或偏倚。指在多次测量同一量时，其测量值与真实值之间误差的绝对值和符号保持恒定，或在改变测量条件时，测量值常表现出按某一确定规律变化的误差。

实验或测量条件一经确定，系统误差就获得一个客观上的恒定值，多次测量的平均值也不能减弱它的影响。

产生的原因：方法误差、仪器误差、试剂误差、操作误差和环境误差。

消减的方法：仪器校准、空白实验、标准物质对比分析和回收率实验。

（2）随机误差　又称为偶然误差或不可测误差，它是由测量过程中各种随机因素的共同作用造成的。在实际测量条件下，多次测量同一量时，误差的绝对值和符号的变化，时大时小，时正时负，以不可测定的方式变化。

随机误差遵从正态分布，特点为：有界性、单峰性、对称性和抵偿性。

产生的原因：由能够影响测量结果的许多不可控或未加控制的因素的微小波动引起的。它可视为大量随机因素导致的误差的叠加。

减小的方法：严格控制实验条件，正确地执行操作规程和增加测量次数。

（3）过失误差　又称为粗差，它是分析者在测量过程中发生的不应有的错误而造成的，无一定的规律可循。

含有过失误差的测量数据，经常表现为离群数据，可按照离群数据的统计检验方法将其剔除。

过失误差一经发现必须及时纠正。消除过失误差的关键是提高分析人员的业务素质和工作责任感，不断提高其理论和技术水平。

3. 误差的表示方法

（1）绝对误差　为测量值（单一测量值或多次测量值的均值）与真值之差。测量结果大于真值时，误差为正，反之为负。

$$绝对误差＝测量值－真值$$

（2）相对误差　为绝对误差与真值的比值，常以百分数表示。

$$相对误差＝绝对误差÷真值$$

（3）绝对偏差　为某一测量值（x_i）与多次测量值的均值（$\overline{x}$）之差，以 d_i 表示。

$$d_i = x_i - \overline{x}$$

（4）相对偏差　为绝对偏差与均值的比值，常以百分数表示。

$$相对偏差＝d_i÷\overline{x}$$

（5）平均偏差　为绝对偏差的绝对值之和的平均值，以 $\overline{d}$ 表示。

$$\overline{d} = \frac{1}{n}\sum_{i=1}^{n}|d_i| = \frac{1}{n}(|d_1| + |d_2| + \cdots + |d_n|)$$

（6）相对平均偏差　为平均偏差与测量均值的比值，常以百分数表示。

$$相对平均偏差＝\overline{d}÷\overline{x}$$

（7）极差　为一组测量值内的最大值与最小值之差，又称为范围误差或全距，以 R 表示。

$$R = x_{max} - x_{min}$$

（8）差方和　又称为离均差平方和或平方和，指绝对偏差的平方之和，以 S 表示。

$$S = \sum_{i=1}^{n}(x_i - \overline{x})^2 = \sum_{i=1}^{n}d_i^2$$

（9）方差 以 s^2 或 V 表示。

$$s^2 = \frac{1}{n-1}\sum_{i=1}^{n}(x_i - \overline{x})^2 = \frac{1}{n-1}S$$

（10）标准偏差 又称为标准差，以 s 或 SD 表示。

$$s = \sqrt{\frac{1}{n-1}\sum_{i=1}^{n}(x_i - \overline{x})^2} = \sqrt{s^2} = \sqrt{\frac{1}{n-1}S}$$

（11）相对标准偏差 又称为变异系数，是标准偏差与其均值的比值，常用百分数表示，相对标准偏差记为 RSD，变异系数记为 CV。

$$RSD(CV) = \frac{s}{\overline{x}} \times 100\%$$

（二）名词解释

1. 准确度

准确度常用以度量一个特定分析程序所获得的分析结果（单次测定值或重复测定值的均值）与假定的或公认的真值之间的符合程度。一个分析方法或分析系统的准确度是反映该方法或该测量系统存在的系统误差和随机误差的综合指标，它决定着这个分析结果的可靠性。

准确度用绝对误差或相对误差表示。

准确度的评价方法：标准物质分析、回收率测定和不同方法的比较。

2. 精密度

精密度是使用特定的分析程序在受控条件下重复分析均一样品所得测定值之间的一致程度。它反映了分析方法或测量系统存在的随机误差的大小。测量结果的随机误差越小，测量的精密度越高。

精密度常用极差、平均偏差和相对平均偏差、标准偏差和相对标准偏差表示。标准偏差在数理统计中属于无偏估计量而常被采用。

为满足某些特殊需要，常用平行性、重复性和再现性作为精密度的专用术语。

3. 灵敏度

灵敏度指某方法对单位浓度或单位量待测物质变化所致的响应量的变化程度。它可以用仪器的响应量或其他指示量与对应的待测物质的浓度或量之比来描述。如分光光度法常以标准曲线的斜率来度量灵敏度。一个分析方法的灵敏度可因实验条件的变化而改变，在一定的实验条件下，灵敏度具有相对的稳定性。

分光光度法中常用的摩尔吸光系数 ε，是指当测量光程为 1cm，待测物质浓度为 1mol/L 时，相应于待测物质的吸光系数。ε 越大，方法的灵敏度越高。

4. 空白实验

空白实验指除用水代替样品外，其他所加试剂和操作步骤均与样品测定完全相同的操作过程。空白实验应与样品测定同时进行。

样品分析的响应值如吸光度和峰高等，通常不仅是样品中待测物质的响应值，还包括其他所有因素，如试剂中的杂质、器皿、环境以及操作过程中污染等的响应值。由于影响空白值的各种因素大小经常变化，为了解这些因素的综合影响，在分析样品的同时，每次均应做空白实验。空白实验所得的结果称为空白实验值。

实验用水应符合要求，其中待测物质的浓度应低于所用方法的检出限。否则将增大空白实验值及其标准偏差而影响实验结果的精密度和准确度。

5. 标准曲线

标准曲线是描述待测物质浓度或量与相应的测量仪器响应量或其他指示量之间的定量关系的曲线。标准曲线包括"工作曲线"（标准溶液的分析步骤与样品分析步骤完全相同）和"标准曲线"（标准溶液的分析步骤与样品分析步骤相比有所省略，如省略样品的前处理）。

某方法标准曲线的直线部分所对应的待测物质浓度或量的变化范围，称为该方法的线性范围。

标准曲线的绘制如下：

① 配制在测量范围内的一系列已知浓度的标准溶液。

② 按照与样品测定完全相同的分析步骤测定各浓度标准溶液的响应值。

③ 选择适当的坐标纸，以响应值为纵坐标，浓度或量为横坐标，将测量数据标在坐标纸上植点。

④ 通过各点绘制一条合理的曲线。在样品分析中，通常选用它的直线部分。

⑤ 标准曲线的点阵符合要求时，亦可用最小二乘法的原理计算回归方程。

6. 检出限

检出限为某特定分析方法在给定的置信度内可从样品中检出待测物质的最小浓度或最小量。所谓"检出"是指定性检出，即判定样品中存有浓度高于空白的待测物质。

7. 方法的适用范围

方法的适用范围为某特定方法具有可获得响应的浓度范围。在此范围内可用于定性或定量的目的。

8. 测定限

测定限为定量范围的两端，分别为测定上限和测定下限。

测定上限指在限定误差能满足预定要求的前提下，用特定方法能够准确地定量测定待测物质的最大浓度或量。对没有或消除了系统误差的特定分析方法的精密度要求不同，测定上限也有所不同。

测定下限指在测定误差能满足预定要求的前提下，用特定方法能够准确地定量测定待测物质的最小浓度或量。在没有或消除了系统误差的前提下，它受精密度要求的限制。通常分析方法的精密度要求越高，测定下限高于检出限越多。常以 3.3 倍检出限浓度作为测定下限。

9. 最佳测定范围

最佳测定范围亦称为有效测定范围，指在限定误差能够满足预定要求的前提下，特定方法的测定下限至测定上限之间的浓度范围。在此范围内能够准确地定量地测定待测物质的浓度或量。最佳测定范围应小于方法的适用范围。测量结果的精密度越高，相应的最佳测定范围就越小。

（三）有效数字和数值计算

1. 有效数字

有效数字由全部确定数字和一位不确定数字构成。

有效数字构成的数值如测定值与通常数学上的数值在概念上是不同的。如 21.5、21.50 和 21.500 在数学上都视为同一数值，但如用于表示测定值，它所反映的测定结果的准确程度是不相同的。

有效数字用于表示测量结果，指测量中实际能测得的数字，即表示数字的有效意义。一个由有效数字构成的数值，其倒数第二位以上的数字应该是可靠的或确定的，只有末位数字是可疑的或不确定的。

有效数字构成的测定值必然是近似值，所以测定值的运算应按照近似计算规则进行。

数字"0"，当它用于表示小数点的位置，而与测定的准确程度无关时，不是有效数字。当它用于表示与测定的准确程度有关的数值大小时，就是有效数字。这与"0"在数值中的位置有关。

(1) 第一个非零数字前的"0"不是有效数字，如：

0.0489	三位有效数字
0.0009	一位有效数字

(2) 非零数字中的"0"是有效数字，如：

2.0076	五位有效数字
4202	四位有效数字

(3) 小数中最后一个非零数字后的"0"是有效数字，如：

2.3200	五位有效数字
0.870%	三位有效数字

(4) 以"0"结尾的整数，有效数字的位数难以判断，如：48900可能是三位、四位或五位有效数字。在此情况下，应根据测定值的准确程度改写成指数形式，如：

4.89×10^4	三位有效数字
4.890×10^4	四位有效数字
4.8900×10^4	五位有效数字

2. 数值的进舍修约规则

(1) 拟舍弃数字的最左一位数字小于5时，则舍去，即保留的各位数字不变。如：

将12.3289修约到一位小数，得12.3

将12.3289修约成两位有效数字，得12

(2) 拟舍弃数字的最左一位数字大于5或虽等于5而其后并非全部为0的数字时，则进1，即保留的末位数字加1。如：

将1268修约到"百"位数，得 13×10^2

将1268修约成三位有效数字，得 127×10

将20.504修约到"个"位数，得21

(3) 拟舍弃数字的最左一位数字是5，右边无数字或皆为0时，若所保留的末位数字为奇数则进1，为偶数则舍弃。如：

将0.075修约成一位有效数字，得0.08

将2.050修约成两位有效数字，得2.0

(4) 负数修约时，先将它的绝对值按上述规则进行修约，然后在修约值前面加上负号。如：

将 -485 修约成两位有效数字，得 -48×10

(5) 拟修约数字应在确定修约位数后一次修约获得结果，而不应多次按上述规则连续修约。如：

将25.4546修约成两位有效数字，得25

不应将 $25.4546 \rightarrow 25.455 \rightarrow 25.46 \rightarrow 25.5 \rightarrow 26$，得26

3. 记数规则

(1) 记录测量数据时，只保留一位可疑，即不确定的数字。

(2) 表示精密度通常只取一位有效数字。测定次数很多时，方可取两位有效数字，而且最多只取两位有效数字。

(3) 在数值计算中，当有效数字位数确定后，其余数字一律按修约规则舍去。

（4）在数值计算中，某些倍数、分数、不连续物理量的数目，以及不经测量而完全根据理论计算或定义得到的数值，其有效数字的位数可视为无限。这类数值在计算中需要几位就写几位有效数字。

（5）测量结果的有效数字所能达到的位数不能低于方法检出限的有效数字所能达到的位数。

4. 近似计算规则

（1）加法和减法　　进行加法和减法运算时，其和或差的有效数字决定于绝对误差最大的数值，即最后结果的有效数字与各个加、减数中的小数点后位数最少者相同。如：

$$508.4 - 438.63 + 13.046 - 6.0548 = 76.7$$

（2）乘法和除法　　进行乘法和除法运算时，其积或商的有效数字决定于相对误差最大的数值，即最后结果的有效数字与各数中有效数字位数最少的数相同，而与小数点后的位数无关。如：

$$2.35 \times 3.642 \times 3.3576 = 28.7$$

（3）乘方和开方　　进行乘方和开方运算时，最后结果的有效数字与原数相同，即原数有几位有效数字，计算结果就可以保留几位有效数字。如：

$$6.54^2 = 42.8$$

$$\sqrt{7.39} = 2.72$$

（4）对数和反对数　　进行对数运算时，所取对数的尾数应与真数有效数字位数相同。反之，尾数有几位，真数就取几位。如：

$$pH = 4.74, \ 则 \ c(H^+) = 1.8 \times 10^{-5} \, mol/L$$

（5）平均值　　求四个或四个以上准确度接近的近似值的平均值时，其有效数字可增加一位。如：

$$\frac{3.77 + 3.70 + 3.79 + 3.80 + 3.72}{5} = 3.756$$

十、实验目的、方法和要求

（一）化学实验目的

化学是一门实践性很强的学科。化学实验是化学理论教学不可缺少的重要组成部分。学生通过独立地实验操作、实验现象观察、实验数据记录与处理、分析实验结果、撰写实验报告等各方面的训练而获得感性认识，可对所学到的基本概念与基本理论进行验证、巩固、深化和提高。使学生正确地掌握化学实验的基本操作技能，正确地使用仪器测量实验数据，正确地处理所得数据和表达实验结果。培养学生的创新能力和独立思考、分析问题、解决问题的能力，培养学生实事求是、严谨认真的科学态度。树立严格的"量"的概念，掌握物理化学原理，并具有灵活运用其原理的能力。为后续课程的学习、未来独立从事科学研究和提高实际工作能力打下良好的基础。

（二）化学实验方法

学生要独立完成实验任务，达到教学大纲的要求，实验效果与正确的学习态度和学习方法密切相关，应抓住下面三个环节。

1. 预习

预习是实验前必须完成的准备工作，是做好实验的前提，但是，这个环节往往没有引起学生的足够重视，甚至不预习就进实验室，对实验目的、原理和内容不清楚，结果浪费时间和药品，还损坏了仪器设备。为了确保实验质量，实验前任课教师要检查每个学生的预习情况，对没有预习或预习不合格者，任课教师有权不让学生参加本次实验，学生应听从教师的安排。预习应达到下面 6 点要求：

（1）认真阅读实验教材和有关参考资料。

（2）明确实验目的、了解实验原理、熟悉实验内容和步骤，做到心中有数。

（3）预习有关的基本实验操作、仪器构造和使用方法、实验注意事项。

（4）估计实验中可能发生的现象和预期结果。

（5）掌握实验数据的处理方法和计算公式。

（6）写出预习报告。预习报告是进行实验的依据，因此预习报告应简明扼要，包括简要的原理、主要的实验步骤（用框图或箭头表示）、设计一个记录实验现象和数据的原始表格。

2. 实验

实验是培养学生独立工作和思维敏锐能力的重要环节，必须认真、独立完成。应做到以下 3 点要求：

（1）按照实验教材上规定的方法、步骤、试剂用量和加入顺序，认真操作，仔细观察实验现象，耐心等待，一丝不苟，如实而详细地将实验现象和数据真实地记录在预习报告中。不能随意涂改实验数据，更不能只拣"好"的实验数据，这是养成良好科学习惯的必需素质，对深入了解实验内容和发现问题大有益处。

（2）在实验中如遇到实验现象或结论与理论不相符合，力求自己解决。首先认真分析操作过程，检查试剂是否加错、试剂浓度是否正确、是否严格按照书上的操作顺序。自己实在解决不了，为了正确说明问题，应在教师指导下重做或补充进行某些实验，养成自觉探究、解决问题的习惯。

（3）养成良好的科学习惯，遵守实验室工作规则。实验过程中应始终保持桌面布局合理、环境整齐和清洁。实验结束后，每个人首先清洗自己用过的玻璃仪器，摆放好试剂架上的试剂瓶和其他物品，整理并擦干净台面上仪器，最后清洁桌面、地面和水槽，经指导老师检查合格后再离开实验室。

3. 实验报告

实验报告是每次实验的记录、概括和总结，它反映了学生的学习态度、知识水平和实验操作能力，必须及时、独立和严肃认真地如实填写。合格的实验报告应包括以下 5 部分内容。

（1）实验目的和简要的实验基本原理。

（2）实验内容或步骤要求简明扼要，采用表格、框图、符号等形式来清晰明确地表示，千万不能全盘抄书。

（3）实验现象和数据记录。实验现象要表达正确，数据记录要根据所用仪器的精密度，保留正确的有效数字。

（4）给予简明解释、结论和数据处理。化学现象的解释最好写出主要反应方程式，另加文字简要叙述。结论要精练、完整和表达清晰。若数据处理使用图表，图表要规范合理、最后数据计算结果要准确。物理化学实验报告的重点是数据处理和结果讨论。

（5）问题讨论。对实验中遇到的问题提出自己的看法，或分析产生误差的原因，或对实验方法、实验内容等提出改进，或写出自己的心得体会。此项内容的评分作为实验附加分的依据。

（三）化学实验要求

（1）实验前认真预习实验内容，弄清实验目的、原理、步骤、试剂药品性质、仪器使用方法和实验注意事项，并撰写预习报告。提前 10min 进实验室，在指定位置进行实验，离开实验室必须经实验老师允许。

（2）遵守实验室安全规则，接受老师指导。翔实而准确地记录实验现象和数据，实验过程中应始终保持实验室整洁和安静，做到有条不紊、节约药品、爱护仪器和注意安全。损坏仪器要按规定及时赔偿，不准在实验室内吃东西和喝水，实验过程中应防止腐蚀、有毒试剂溅到皮肤上，如出现意外应及时处理。

（3）实验结束后将自己记录的实验现象和数据交实验老师检验。打扫实验室卫生，将实验操作台、试剂瓶、试剂架等整理打扫干净，实验老师检查合格后才能离开实验室。

（4）按时交实验报告，实验报告格式要规范或按实验老师的要求写，文字简明，结论明确，书写认真，最好能写出自己的独立见解作为实验报告的亮点。

第二章

常用仪器设备使用方法

一、TG328B 半自动电光分析天平

准确称量物体的质量是化学实验中最基本的操作之一，在许多化学实验中，往往需要准确称量物体质量到 0.1mg，这就需要选用精确度高的精密分析天平。电光天平是常用的一种分析天平，有半机械加码和全机械加码两种。TG328B 半自动电光分析天平如图 2-1 所示。

(一) 原理

杠杆原理：动力×动力臂＝阻力×阻力臂。对等臂天平而言，物体的质量＝砝码的质量。也就是天平平衡时，由已知质量的砝码来确定（衡量）被称物体的质量。TG328B 半自动电光分析天平的最大称量载荷为 200g，可精确到 0.1mg。

图 2-1 TG328B 半自动
电光分析天平

(二) 主要构件

(1) 天平梁 通常称为横梁，梁上有 3 个三棱形的玛瑙刀，刀与刀之间的距离为 7cm，中间的刀口向下，用来支承天平梁，称为支点刀。左右两边刀口向上，用来悬挂秤盘，称为承重刀。玛瑙刀口的尖锐程度决定天平的灵敏度，直接影响称量的精确程度，所以使用天平时最重要的是注意保护天平的刀口。梁的两端装有两个平衡螺钉（调零点）、指针和重心球（调节天平灵敏度）。

(2) 空气阻尼装置 也称速停装置，由内外相互罩合而不接触的阻尼内筒和阻尼外筒构成，它利用筒内空气的阻力产生的阻尼作用，阻止天平的摆动使其迅速地达到平衡。

(3) 秤盘和砝码 天平有两个秤盘，左盘放被称物体，右盘放砝码。砝码盒内装有 1～100g 砝码，其中有两个 20g 的砝码（其质量有微小的差别），一个代"﹡"号，一个不代"﹡"号，称量时尽量取不代"﹡"号的那个砝码。10～990mg，通过旋转指数盘自动增减圈形砝码，指数盘外圈"0.xg"即小数点后第一位；指数盘内圈"0.0xg"即小数点后第二位。10mg 以下由投影屏读出，即小数点后第三位和第四位。

(4) 升降旋钮 是控制天平工作状态和休止状态的旋钮，也称天平的开关，使用时左手掌心向上，向右轻轻转动升降旋钮，天平处于工作状态；向左轻轻转动升降旋钮，天平处于休止状态。

（5）光学投影屏　用来读取 10mg 以下的读数（即小数点后第三和第四位的读数），记住投影屏的光带总是向着重的方向移动。

（6）微动调节杆　也称为拨杆，当天平零点（即空载平衡点）偏离零位时，可用拨杆微调到零位，在称量过程中不能再移动拨杆。

（三）使用方法

（1）调水平。检查天平是否水平，可观察天平立柱后的水准仪是否在水平位置。天平水平时，可观察到天平箱内水准仪的小圆珠在中间，哪边重，小圆珠就往哪边偏。应在教师指导下通过调节垫脚螺钉，使天平成水平位置。

（2）检查天平横梁、秤盘、吊耳的位置是否正常，转动升降旋钮，使梁轻轻落下，观察指针摆动是否正常，秤盘上若有灰尘，应用软毛刷轻轻拂净。

（3）检查砝码盒中砝码是否齐全，有无缺少，8 个圈码所钩位置是否合适，有无脱落。

（4）调节天平零点。天平的零点即空载天平处于平衡状态时指针的位置。光学读数天平零点的测定：接通电源，轻轻地向右转动升降旋钮，慢慢地打开（启动）天平，天平在不载重的情况下，检查投影屏上的标尺位置。若零点不与投影屏上的标线重合，小范围可通过拨杆调节，挪动投影屏的位置，使其重合。若相差较大时通过天平梁上的平衡螺钉调节，以调节空载盘的位置。

（5）天平灵敏度的测定。天平的灵敏度（感量）是指在天平一个盘上多增加一个额外质量（一般是增加 1mg）时天平梁的倾斜度。通常以指针偏移的格数来衡量，指针移的格数越多，则天平的灵敏度越高。天平的灵敏度很大程度上取决于天平梁上 3 个接触点的摩擦情况。3 个玛瑙刀口的棱边越锋利，玛瑙平板越光滑，即它们之间摩擦力越小，天平的灵敏度就越高，所以，长期使用的天平灵敏度就会逐渐下降。此外，天平的负重不同，也会影响到它的灵敏度，通常灵敏度是随负重的增加而降低。一般灵敏度过低，会降低称量的准确度，若天平的灵敏度过高，又会使天平变得不稳定，增加摆动周期。

$$灵敏度 = \frac{指针偏移的格数}{1mg}$$

调节天平的零点与投影屏上的标线重合，在天平盘上放一个校准过的 10mg 砝码，再开动天平测定平衡点，标尺应移动 98～102 个小格，即在 9.8～10.2mg 范围内，此时天平灵敏度符合要求，否则，应调节灵敏度。

（6）物体的称量。打开天平的侧门，将已在台秤天平上粗略称量过的物体放在左盘的中央，相当质量的砝码放在右盘的中央，关好两侧门。左手掌心向上慢慢地向右转动升降旋钮（注意刚开始称量时，升降旋钮不要开到底），观察投影屏上指针偏移情况，并根据指针偏移情况增减砝码，1g 以上取砝码盒内的砝码，1g 以下通过旋转指数盘自动加减，直到投影光屏上的刻线与标尺投影上某一读数重合并静止在 10mg 内的读数为止（整个操作左手不离升降旋钮，右手不离操纵砝码）。加砝码的原则：由大到小加砝码，中间截取加圈码。

① 直接称量法　用一条干净的纸条拿取被称物放入天平的秤盘，然后去掉纸条，在砝码盘上加砝码，用砝码直接与被称物平衡，此时，砝码所标示的质量就等于被称物的质量。如烧杯、表面皿、坩埚等一般都采用直接称量法。

② 增量法（又称固定质量称量法）　将盛物容器放于天平的秤盘，在砝码盘上加适当的砝码使之平衡，得到盛物容器重 W_0，然后在砝码盘上添加与所称试样等重的砝码，用牛角勺取试样加于盛物容器中，直至天平达到平衡，此时，砝码总重 W，则称取的样品质量为 $W - W_0$。此法一般用来称量规定质量的试样（如基准物质），该称量操作的速度很慢，适于称量不易吸潮、在空气中能稳定存在的粉末状或小颗粒样品。

注意：若不慎加入试剂超过指定质量，应先关闭升降旋钮，用牛角勺取出并弃去多余试剂，千万不能放回原试剂瓶中，也不能将试剂散落于天平盘等容器以外的地方。重复上述操作，直至试剂质量符合指定要求为止。

③ 减量法（又称递减称量法） 将适量试样装入称量瓶中，用纸条缠住称量瓶放于天平托盘上，称得称量瓶及试样质量为 W_1。然后用纸条缠住称量瓶，从天平盘上取出，举放于容器上方，瓶口向下稍倾，用纸捏住称量瓶盖，轻敲瓶口上部，使试样慢慢落入容器中，当倾出的试样接近所需要的质量时，慢慢地将称量瓶竖起，再用称量瓶盖轻敲瓶口下部，使瓶口的试样集中到一起，盖好瓶盖，放回到天平盘上称量，得 W_2。两次称量之差就是试样的质量，如此继续进行，可称取多份试样。

$$第一份：试样重＝W_1－W_2(g)$$
$$第二份：试样重＝W_2－W_3(g)$$
$$第三份：试样重＝W_3－W_4(g)$$

此法一般用来连续称取几个试样，其量允许在一定范围内波动，也用于称取易吸湿、易氧化或易与二氧化碳反应的试样。

（7）完整、准确地将所称物体质量的数据记在记录本上。

（8）休止天平，取出物体和砝码，将指数盘还原。

（9）再次调节零点，在 2 小格以内，该称量精度在范围内，如在 5 格以上，须重新称量。

（10）关掉电源，罩上天平罩。最后登记天平使用的情况记录。

（四）注意事项

（1）天平在使用之前，先用软毛刷清扫天平。检查天平是否处于正常状态，天平是否水平，检查和调节天平的零点。

（2）开动或关闭天平要缓慢平稳，以免损坏玛瑙刀口。

（3）待称物不能直接放在天平盘上，而应放在干净的称量容器如表面皿、称量瓶、称量纸内。吸湿性强、易挥发和具有腐蚀性的样品必须装在密闭容器中称量。

（4）称量时左手手心向上不离开升降旋钮，右手加减砝码或旋转指数盘自动加减圈形砝码。

（5）读数时关好天平门，门开着或关不严因空气对流，读数不精确。

（6）加减砝码或取放称量物时，一定要关掉天平，目的是保护刀口，因这时天平梁和盘托被托起，刀口与平板脱离，光源切断。

（7）天平的前门不能随意打开，整个称量过程中，取放物体或加减砝码，只能打开天平左右侧门，当两边质量接近时，必须在天平门完全关闭后，才能转动升降旋钮进行称量。

（8）待称物的质量不得超过该天平的最大负荷。

（9）加减砝码时，应轻轻转动砝码指数盘，防止砝码跳落、互相碰撞。

（10）被称物的温度和天平室温度应一致，不允许称量过热或过冷物品。

二、FA1604 型电子天平

电子天平是新一代天平，是根据电磁力平衡原理，直接称量，全量程不需砝码。放上称量物后，在几秒钟内即达到平衡，显示读数，称量速度快，精度高。电子天平的支撑点用弹性簧片取代机械天平的玛瑙刀口，用差动变压器取代升降旋钮装置，用数字显示代替指针刻度式。因而，电子天平具有使用寿命长、性能稳定、操作简便和灵敏度高的特点。此外，电子天平还具有自动校正、自动去皮、超载指示、故障报警等功能以及具有质量电信号输出功能，而且可与打印机、计算机联用，进一步扩展其功能，如统计称量的最大值、最小值、平均值以及标准偏差等。由于电子天平具有机械天平无法比拟的优点，尽管其价格较贵，但也会越来越广泛地应用于各个领域并逐步取代机械天平。

电子天平按结构可分为上皿式和下皿式两种，秤盘在支架上面为上皿式，秤盘吊挂在支架下面为下皿式，目前，广泛使用的是上皿式电子天平。尽管电子天平种类繁多，但其使用方法大同小异，具体操作可参看各仪器的使用说明书。下面以上海天平仪器厂生产的FA1604 型电子天平（160g/0.1mg）为例，如图 2-2 所示，简单介绍电子天平的使用方法。

图 2-2　FA1604 型
电子天平

（1）水平调节。观察水平仪，如水平仪水泡偏移，需调整水平调节脚，使水泡位于水平仪中心。

（2）预热。接通电源，预热至规定时间后，开启显示器进行操作。

（3）开启显示器。轻按 ON 键，显示器全亮，约 2s 后，显示天平的型号，然后是称量模式 0.0000，读数时应关上天平门。

（4）天平基本模式的选定。天平一般为"通常情况"模式，并具有断电记忆功能。使用时若改为其他模式，使用后一经按 OFF键，天平即恢复"通常情况"模式。称量单位的设置等可按说明书进行操作。

（5）校准。天平安装后，第一次使用前，应对天平进行校准。因存放时间较长、位置移动、环境变化或未获得精确测量，天平在使用前一般都应进行校准操作。FA1604 型电子天平采用外校准（有的电子天平具有内校准功能），由 TAR 键清零及 CAL 减、100g 校准砝码完成。

（6）称量。按 TAR 键，显示为零后，置称量物于秤盘上，待数字稳定即显示器左下角的"0"标志消失后，即可读出称量物的质量值。

（7）去皮称量。按 TAR 键清零，置容器于秤盘上，天平显示容器质量。再按 TAR 键，显示零，即去除皮重。再将称量物置于容器中，或将称量物（粉末状物或液体）逐步加入容器中直至达到所需质量，待显示器左下角"0"消失，这时显示的是称量物的净质量。将秤盘上的所有物品拿开后，天平显示负值，按 TAR 键，天平显示 0.0000g。若称量过程中秤盘上的总质量超过最大载荷（FA1604 型电子天平为 160g）时，天平仅显示上部线段，此时应立即减小载荷。

（8）称量结束后，若较短时间内还使用天平（或其他同学还使用天平）一般不要按OFF 键关闭显示器。实验全部结束后，关闭显示器，切断电源，若短时间内（例如 2h 内）还使用天平，可不必切断电源，再用时可省去预热时间。若当天不再使用天平，应拔下电源插头。

三、pHS-3C 型酸度计

雷磁 pHS-3C 型精密酸度计又称为 pH 计，如图 2-3 所示，其使用方法如下。

（1）打开电源开关，按"pH/mV"键，使仪器进入 pH 测量状态（pH 指示灯亮）。

（2）按"温度"按钮，调至并显示为溶液温度值（此时温度指示灯亮），然后按"确认"键，仪器确定溶液温度后回到 pH 测量状态。

（3）将用蒸馏水清洗过并吸干的 pH 复合电极插入 pH＝6.86 的 pH 标准缓冲溶液中，待读数稳定后按"定位"键（此时 pH 指示灯慢闪烁，表明仪器在定位标定状态）调至该温度下标准溶液的 pH 值，然后按"确认"键，使仪器回至pH 测量状态（pH 指示灯停止闪烁）。

（4）将用蒸馏水清洗过并吸干的 pH 复合电极插入pH＝4.00（或 pH＝9.18）的 pH 标准缓冲溶液中，待读数稳定后按"斜率"键（此时 pH 指示灯快闪烁，表明仪器在斜率标定状态）调至该温度下标准溶液的 pH 值，然后按"确认"键，使仪器回至 pH 测量状态（pH 指示灯停止闪烁），标定完成。

图 2-3　pHS-3C 型酸度计

（5）用蒸馏水清洗电极并吸干后即可对被测溶液进行测量。

（6）如果被测溶液温度与标定溶液的温度不一致，用温度计测量出被测溶液的温度，然后按"温度"键，使仪器显示为被测溶液的温度值，然后再按"温度"键，即可对被测溶液进行测量。

（7）pH 计标定错误后补救措施

① 如果在标定过程中操作失误或按键按错而使仪器测量不正常，可关闭电源，然后按住"确认"键再开启电源，使仪器恢复初始状态，然后重新标定。

② 标定后，"定位"键及"斜率"键不能再按，如果触动此键，此时仪器 pH 指示灯闪烁，请不要按"确认"键，而是按"pH/mV"键，使仪器重新进入 pH 测量即可，而无需再进行标定。

③ 标定的缓冲溶液一般第一次用 pH＝6.86 的溶液，第二次用接近被测溶液 pH 值的缓冲溶液，如被测溶液为酸性时，缓冲溶液应选 pH＝4.00；如被测溶液为碱性时则选 pH＝9.18 的缓冲溶液。

四、721 型分光光度计

（一）原理（朗伯-比尔定律）

光是一种电磁波，具有一定的波长和频率。可见光的波长范围在 400～760nm，紫外光为 200～400nm，红外光为 760～500000nm。可见光因波长不同呈现不同颜色，这些波长在一定范围内呈现不同颜色的光称单色光。太阳或钨丝等发出的白光是复合光，是各种单色光的混合光。利用棱镜可将白光分成按波长顺序排列的各种单色光，即红、橙、黄、绿、青、蓝、紫等，这就是光谱。有色物质溶液可选择性地吸收一部分可见光的能量而呈现不同颜色，而某些无色物质能特征性地选择紫外光或红外光的能量。物质吸收由光源发出的某些波长的光可形成吸收光谱，由于物质的分子结构不同，对光的吸收能力不同，因此每种物质都有特定的吸收光谱，而且在一定条件下其吸收程度与该物质的浓度成正比，分光光度法就是利用物质的这种吸收特征对不同物质进行定性或定量分析的方法。在比色分析中，当一束单色光照射溶液时，入射光强度愈强，溶液浓度愈大，液层厚度愈厚，溶液对光的吸收愈多，它们之间的关系，符合物质对光吸收的定量定律，即朗伯-比尔定律。这就是分光光度法用于物质定量分析的理论依据。

721 型分光光度计如图 2-4 所示，它由光源、分光系统、测量系统和接收显示系统组成。光源灯由电子稳压装置供电；分光系统是仪器的核心，由狭

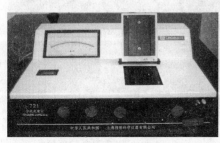

图 2-4　721 型分光光度计

缝、准直径和棱镜组成；测量系统由推拉架、比色皿架和暗箱组成；接收显示系统由光电管接收，经电子线路放大，再由电表指示。

（二）使用方法

（1）仪器应放在坚固平稳的工作台上，室内保持干燥，无强光射入。

（2）仪器未接电源前，电表指针必须置于"0"刻度线，否则需要旋动电表上的校正螺丝进行调节。

（3）接通电源，打开仪器开关，掀开样品室暗箱盖，预热15min。

（4）根据所需波长旋转波长调节器旋钮。

（5）选择适当的灵敏度挡。灵敏度有五挡，是逐渐增加的，"1"挡最低，其选择的原则是，使空白溶液能调到透光率100%的情况下，尽可能采用低灵敏度挡。所以测定时，首先调到"1"挡上，灵敏度不够时再逐渐升高，但换挡后，必须重调"0"和"100%"。

（6）将空白液及测定液分别倒入比色皿3/4处，用擦镜纸擦净外壁，放入样品室内，使空白管对准光路。

（7）打开比色皿暗箱盖，光路自动切断，调节零点调节器，使读数盘指针指向 $T=$"0"处。

（8）盖上暗箱盖，光路接通，调节"100%"调节器，使光100%透过。

（9）重复调节"0"和"100%"，待指针稳定后，轻轻拉动比色皿座架拉杆，使待测的有色溶液进入光路，此时表头指针所指示的即为该有色溶液的吸光度值。

（10）比色测量完毕，关闭开关，拔下电源插头，取出比色皿洗净，放回原处，样品室用软布擦净，盖好比色皿暗箱盖，罩好仪器。

（三）注意事项

（1）比色皿一定要洗净，使用时不能拿透光面，放在比色皿架上时，一定要放正，不能倾斜，使用完毕，及时洗净放回原处。

（2）仪器使用半年左右或搬动后，要校正波长。

（3）仪器在预热、间歇期间，要将比色皿暗箱盖打开，以防光电管受光时间过长而"疲劳"。

（4）仪器连续使用时间不宜超过2h，最好是休息半小时后再使用。

五、DDS-307 型电导率仪

DDS-307 型电导率仪如图 2-5 所示，它是实验室测量水溶液电导率必备的仪器，其使用方法如下。

（一）开机

（1）电源线插入仪器电源插座，仪器必须有良好接地。

（2）按电源开关，接通电源，预热 30min 后，进行校准。

（二）校准

仪器使用前必须进行校准。将"选择"开关量程选择开关旋钮指向"检查"，"常数"补偿调节旋钮指向"1"刻度线，"温度"补偿调节旋钮指向"25"度线，调节"校准"调节旋钮，使仪器显示

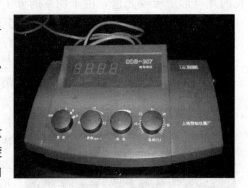

图 2-5　DDS-307 型电导率仪

$100.0\mu S/cm$，至此校准完毕。

（三）测量

（1）在电导率测量过程中，正确选择电导电极常数，对获得较高的测量精度是非常重要的。可配用的常数为0.01、0.1、1.0、10四种不同类型的电导电极。学生应根据测量范围参照表2-1选择相应常数的电导电极。

表 2-1　测量范围和相应常数的电导电极

测量范围/$(\mu S/cm)$	推荐使用常数的电导电极	测量范围/$(\mu S/cm)$	推荐使用常数的电导电极
0~2	0.01,0.1	2000~20000	1.0,10
2~200	0.1,1.0	20000~200000	10
200~2000	1.0		

注：对常数为1.0、10类型的电导电极有"光亮"和"铂黑"两种形式，镀铂电极习惯称作铂黑电极，对光亮电极其测量范围为$0\sim300\mu S/cm$为宜。

（2）电极常数的设置方法　目前电导电极的电极常数为0.01、0.1、1.0、10四种不同类型，但每种类型电极具体的电极常数值，制造厂均粘贴在每支电导电极上，根据电极上所标的电极常数值调节仪器面板"常数"补偿调节旋钮到相应的位置。

① 将量程选择开关旋钮指向"检查"，"温度"补偿调节旋钮指向"25"度线，调节"校准"调节旋钮，使仪器显示$100.0\mu S/cm$。

② 调节"常数"补偿调节旋钮使仪器显示值与电极上所标数值一致。

a. 电极常数为$0.01025cm^{-1}$，则调节常数补偿调节旋钮，使仪器显示值为102.5。（测量值＝读数值×0.01）。

b. 电极常数为$0.1025cm^{-1}$，则调节常数补偿调节旋钮，使仪器显示值为102.5。（测量值＝读数值×0.1）。

c. 电极常数为$1.025cm^{-1}$，则调节常数补偿调节旋钮，使仪器显示值为102.5。（测量值＝读数值×1）。

d. 电极常数为$10.25cm^{-1}$，则调节常数补偿调节旋钮，使仪器显示值为102.5。（测量值＝读数值×10）。

（3）温度补偿的设置

① 调节仪器面板上"温度"补偿调节旋钮，使其指向待测溶液的实际温度值，此时，测量得到的将是待测溶液经过温度补偿后折算为25℃下的电导率值。

② 如果将"温度"补偿调节旋钮指向"25"刻度线，那么测量的将是待测溶液在该温度下未经补偿的原始电导率值。

（4）常数、温度补偿设置完毕，应将量程选择开关旋钮，按表2-2置合适位置。在测量过程中，如显示值熄灭时，说明测量值超出量程范围，此时，应切换量程选择开关旋钮至上一挡量程。

表 2-2　选择开关位置与量程范围

序号	选择开关位置	量程范围/$(\mu S/cm)$	被测电导率/$(\mu S/cm)$
1	Ⅰ	0~20.0	显示读数×C
2	Ⅱ	20.0~200.0	显示读数×C
3	Ⅲ	200.0~2000	显示读数×C
4	Ⅳ	2000~20000	显示读数×C

注：C为电导电极常数值。例：当电极常数为0.01时，C=0.01；当电极常数为0.1时，C=0.1；当电极常数为1.0时，C=1.0；当电极常数为10时，C=10。

（四）注意事项

（1）在测量高纯水时应避免污染，最好采用密封、流动的测量方式。

（2）因温度补偿系采用固定的 2% 的温度系数补偿的，故对高纯水测量尽量采用不补偿方式进行测量后查表。

（3）为确保测量精度，电极使用前应用小于 $0.5\mu S/cm$ 的蒸馏水（或去离子水）冲洗两次，然后再用被测试样冲洗三次方可测量。

（4）电极插头座绝对防止受潮，以造成不必要的测量误差。

（5）电极应定期进行常数标定。

六、SWC-Ⅱ数字贝克曼温度计

（一）结构特点

数字贝克曼温度仪是一种用来精密测量体系始态和终态温度变化差值的数字温度温差测量仪。面板如图 2-6 所示，其结构是通过一个非线性传感器微变量测量补偿线路实现的。该线路采用双恒流源、非线性传感器、固定电阻、高阻抗差动放大器组件和线性补偿电阻以及零调电位器组成。该温度温差测量仪解决了实验室的高精度温度温差测量，由于它具有测温度和测温差两种功能，因此在实验中可用它代替水银式贝克曼温度计。其主要特点如下。

图 2-6　SWC-Ⅱ数字贝克曼温度计面板图

（1）该仪器测量精度高，测量范围广。水银式贝克曼温度计温度测量只可在 $-20℃$ 至 $+120℃$ 范围内使用，而数字贝克曼温度计可在 $-50℃$ 至 $+150℃$ 使用，温度测量分辨率可以达到 $0.01℃$；温差（相对温度）测量范围可以达到 $199.99℃$；温差测量分辨率为 $0.001℃$。

（2）操作简单方便，安全可靠。还可和微机直接结合完成温度、温差的检测、控制自动化。

（二）使用方法

（1）操作实验前的准备

① 将仪器后面板的电源线插入 220V 电源。

② 检查探头编号（应与仪器后盖编号相符），并将其和后盖的"Rt"端子对应连接紧（槽口对准）。

③ 将探头插入被测物中深度应大于 50mm，打开电源开关。

（2）温度测量

① 按面板"温度-温差"按钮，使仪器处于温度测量状态，此时温度计显示的温度值为待测物的实际温度（数值后有℃符号），读取该温度作为基温。

② 按面板"测量-保持"按钮，使仪器处于测量状态（"测量"指示灯亮）。

③ 根据基温值，调节"基温选择"旋钮于适当的挡位。

（3）温差测量

① 按面板"温度-温差"按钮，使仪器处于温差测量状态，此时温度计显示的温度值为贝克曼温度（数值后无℃符号），在此条件下可进行温差测量。

② 按面板"测量-保持"按钮，使仪器处于测量状态（"测量"指示灯亮）。

③ 按待测物的实际温度调节"基温选择"旋钮于适当的挡位，使读数的绝对值尽可能小，例如，待测物的实际温度为15℃左右，则将"基础温度选择"置于20℃位置，此时显示器显示−5.000℃左右。

（三）保持功能的操作

当温度和温差的变化太快无法读数时，为方便记录数据，可使用"保持"功能。按面板"测量-保持"按钮，使仪器处于保持状态（"保持"指示灯亮），仪器显示按键时刻的温度值，记录数据后，再按下"测量-保持"按钮，使仪器恢复到测量状态（"测量"指示灯亮），跟踪测量。

（四）注意事项

（1）本仪器仅适用于220V电源。

（2）作温差测量时，"基温选择"在一次测量中不允许换挡。

（3）当跳跃显示"00000"时，表明仪器测量已超量程，检查被测物的温度或传感器是否接好。仪器数字不变，可检查仪器是否处于"保持"状态。

七、DP-AW 精密数字压力计

该仪器可取代水银 U 形管压力计，无汞污染，安全可靠。仪器线路采用全集成电路芯片设计方案，具有重量轻、体积小、耗电省、稳定性好等特点。数据直观，使用方便。仪器选用精密差压传感器，将压力信号转换为电信号。此微弱信号经过低漂移、高精度的集成运算放大器放大后，转成数字信号。仪器的数字显示采用高亮度 LED，字型美，亮度高。如图 2-7 所示。

（1）将数字压力计与压力源（正压或疏空）用橡胶管连接，接通电源，仪表显示初始状态。

（2）"单位"键。选择所需要的计量单位。初始状态 kPa 指示灯亮，LED 显示为计量单位的压力值；按一下 单位 键，mmHg 指示灯亮，LED 显示以 mmHg 为计量单位的压力值；按一下 单位 键，mmH$_2$O指示灯亮，LED 显示以 mmH$_2$O 为计量单位的压力值。

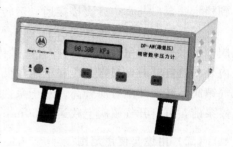

图 2-7　DP-AW 精密数字压力计

（3）气密性检查。缓缓加压至满量程，观察数字压力计显示值变化情况，若显示值稳定，说明传感器及其检测系统无泄漏。确认无泄漏后，泄压至零，并在全量程反复预压 2～3 次，方可正式测试。

（4）"采零"。在测试前必须按一下"采零"键，使仪表自动扣除传感器零压力值，以消除仪表系统的零点漂移，LED 显示为"0000"，保证测试时显示值为被测介质的实际压力值。

（5）测试。仪表采零后接通被测量系统，进行加压（或疏空）测试，此时仪表显示值即为被测系统的压力差值。

（6）"复位"键。按下此键，可重新启动 CPU，仪表即可返回初始状态。一般用于死机时，在正常测试中，不应按此键。

（7）关机。实验完毕，先将被测系统泄压后，再关掉电源开关。

八、2XZ-1 型旋片式真空泵

（一）结构与使用

2XZ-1 型旋片式真空泵如图 2-8 所示，它利用有两块能滑动旋片的转子，偏心的装在定子腔内，并且分割了进、排气口。旋片借弹簧的弹力作用，使旋片与定子腔壁紧密接触，而将定子腔分成两个部分。因此当转子带动旋片在定子腔内旋转时，对进气口方面的腔室逐渐扩大容积，吸入气体。另一方面是对已吸入的气体压缩，由排气阀排出，而达到抽除气体获得真空的目的。

图 2-8　2XZ-1 型旋片式真空泵

（1）查看油位以停泵时注油到油标 2/3 处为宜，过低对排气阀不能起油封作用，影响真空度，过高可能会引起通大气启动时喷油。运转时油位应有所降低，停泵油位应有所升高。油泵用清洁的真空泵油，从加油孔加入时，任选择一加油螺塞，油宜经过滤（用泵进气口过滤也可），以免杂物进入，堵塞进油孔。加油完毕，应旋上螺塞。推荐采用石化行业标准 SH 0528—92 矿物油型真空泵油，如果性能要求允许，稍低亦可采用运动黏度稍低的牌号，如 Vg22、Vg46 等。

（2）泵可在通大气或任何真空度下一次启动。

（3）环境温度较高时，油的温度升高，黏度下降，饱和蒸气压增大，会引起极限真空略有所下降，特别是用热偶计测得的全压强，加强通风散热可改善泵性能。

（4）检查泵的极限真空，以压缩式水银真空计为准，如真空计经充分预抽校验，泵温达到稳定，泵口与真空计直接接通，运转 30min 内将达到极限真空。

（5）如相对湿度较高或被抽气体含有较多可疑性蒸气时，接通被抽容器后，宜打开气镇阀帽后（外气镇室温渗气），拧开气镇内针阀（内气针高温渗气）。因气镇压阀的特殊设计，内外气镇打开时，极限分压和全压较低，对于泵性能要求允许稍低的用户，可完全连续打开气镇阀运转，油温有所升高。对于泵性能要求较高的用户，运转 20～40min 后关闭气镇阀。停泵前，可打开气镇阀空载运转 30min，以延长泵油寿命。

（二）用途与使用范围

（1）真空泵是用来对密封容器抽除气体获得真空的基本设备。

（2）真空泵在环境温度 10～40℃范围内和泵进口压强小于 10mmHg 条件下，允许长时间连续工作。

（3）真空泵不适用抽除含氧过高、有毒、有爆炸性、对金属能腐蚀、对泵油起化学作用，以及含有颗粒尘埃的气体，也不适用把气体从一个容器输送到另一个容器做输送泵用。

（4）通大气不得超过 3min，防止喷油。

（5）开、关真空泵前，均应将其与大气接通。

（三）维修与保养

（1）第一次加油时应加到油标中线以上。

（2）泵及四周环境保持清洁，防止杂物进入泵内。

（3）杂物进入泵内，应及时换油，放出污油。开泵加入少量新油清洗后放出。再加清洁 SY 1634-701 号真空泵油，旋上加油塞即可。

（4）关泵前要先将系统通大气（否则将出现油倒吸）。

九、KWL-08 可控升降温电炉

该仪器可满足各种可用试管加热实验，具有独立加热和冷却系统，可自行控制升温和降温速度，也可和 SWKY 数字控温仪配套使用，实现自动升温，防止温度过冲。

采用"内控"系统控制温度的使用方法如下。

（1）将面板控制开关置于"内控"位置。

（2）将温度传感器置于样品管中，放置高度以传感器高温端点与试样高度距离最近为佳。

（3）将电炉面板开关置于"开"的位置，接通电源，调节"加热量调节"旋钮对炉子进行升温。

（4）当炉温接近所需温度时，适当调节"加热量调节"旋钮，降低加热电压，使炉内升温趋缓，必要时开启"冷风量调节"使炉膛升温平缓，以保证达到所需温度时基本稳定，避免温度过冲影响实验顺利进行。

（5）降温时，首先将"加热量调节"旋钮逆时针旋至底位（关断炉子的加热电源），然后调节"冷风量调节"旋钮来控制降温速度。

（6）为使炉内降温均匀，请耐心用"加热量调节"和"冷风量调节"两旋钮配合调节来实现。用"内控"虽可实现对炉温的控制，但易产生较大的温度过冲。采用外控（即用 SWKY 数字控温仪）

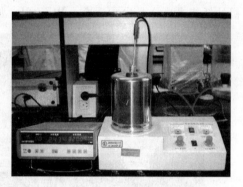

图 2-9　SWKY 数字控温仪与
KWL-08 可控升降温电炉

实现自动控温就较理想。一般采用 SWKY 数字控温仪与 KWL-08 可控升降温电炉配套使用，如图 2-9 所示，使用方法见下面 SWKY 数字控温仪。

十、SWKY 型数字控温仪

仪器采用自整定 PI 技术对系统温度进行控制，并进行非线性补偿，有效防止温度过冲。

（1）将传感器（Pt100）、加热器分别与后盖板的"传感器插座"、"加热器电源"对应连接。

（2）将～220V 电源线接入后盖板上的电源插座。

（3）按技术要求的插入深度，将传感器插入到被测物中。一般插入深度≥50mm。

（4）打开电源开关。显示初始状态，如：

00	020.0℃	320.0℃

其中，实时温度一般显示为室温，320.0℃为系统初始设置温度。"置数"指示灯亮。

（5）设置控制温度。按"工作/置数"键，使控温仪处于置数状态（置数指示灯亮）。依次按"×100"、"×10"、"×1"、"×0.1"设置"设定温度"的百、拾、个及小数位的数字，每按动一次，显数码按 0～9 依次递增，至设置到所需"设定温度"的值，设置完毕，再按"工作/置数"键，转换到工作状态。工作指示灯亮。

注意：置数工作状态时，仪器不对加热器进行控制。

（6）若需隔一段时间观察记录，可按"工作/置数"键，置数灯亮，按定时增、减键设置所需间隔的定时时间。有效调节范围：10～99s。时间倒数至零，蜂鸣器鸣响，鸣响时间为 5s。若无需定时提醒功能，将时间调至 00～09s。时间设置完毕，再按"工作/置数"键，切换到工作状态，"工作"指示灯亮。

（7）实验结束后，关闭电炉和数字控温仪的电源。

十一、WZZ-2B 型自动旋光仪

旋光仪是测定物质旋光度的仪器，通过对样品旋光度的测定，可以分析确定物质的浓度、含量及纯度等。WZZ-2 型自动旋光仪采用光电自动平衡原理，进行旋光测量，测量结果由数字显示，它既保持了 WZZ-1 型自动指示旋光仪稳定可靠的优点，又弥补了它的读数不方便的缺点，具有体积小、灵敏度高，没有误差，读数方便等特点。对目视旋光仪难以分析的低旋光度样品也能适应。WZZ-2B 型自动旋光仪如图 2-10 所示，其使用方法如下。

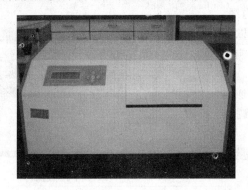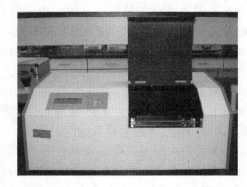

图 2-10　WZZ-2B 型自动旋光仪

（1）将仪器电源插头插入 220V 交流电源，并将接地线可靠接地。

（2）向上打开电源开关（右侧面），这时钠光灯在交流工作状态下启辉，经 5min 钠光灯激活后，钠光灯才发光稳定。

（3）向上打开光源开关（右侧面），仪器预热 20min（若光源开并扳上后，钠光灯熄灭，则再将光源开关上下重复扳动 1～2 次，使钠光灯在直流下点亮，为正常）。

（4）按"测量"键，这时液晶屏应有数字显示。注意：开机后"测量"键只需按一次，如果误按该键，则仪器停止测量，液晶屏无显示。用户可再次按"测量"键，液晶屏重新显示，此时需重新校零（若液晶屏已有数字显示，则不需按测量键）。

（5）将装有蒸馏水或其他空白溶剂的旋光管放入样品室，盖上箱盖，待示数稳定后，按"清零"键。旋光管中若有气泡，应先让气泡浮在凸颈处。通光面两端的雾状水滴，应用软布揩干，旋光管螺帽不宜旋得过紧，以免产生应力，影响读数。旋光管安放时应注意标记位置和方向。

（6）取出旋光管。将待测样品注入旋光管，按相同的位置和方向放入样品室内，盖好箱盖，仪器将显示出该样品的旋光度，此时指示灯"1"点亮。注意：旋光管内腔应用少量被测试样冲洗 3～5 次。

（7）按"复测"键一次，指示灯"2"点亮，表示仪器显示的是第一次复测结果，再次按"复测"键，指示灯"3"点亮，表示仪器显示第二次复测结果。按"123"键，可切换显示各次测量的旋光度值。按"平均"键，显示平均值，指示灯"AV"点亮。

（8）如样品超过测量范围，仪器在±45°处来回振荡。此时，应取出旋光管，仪器即自动转回零位。可将试样稀释一倍再测。

（9）仪器使用完毕后，应依次关闭光源、电源开关。

（10）钠灯在直流供电系统出现故障不能使用时，仪器也可以在钠灯交流供电（光源开关不向上开启）的情况下测试，但仪器的性能可能略有降低。

（11）当放入小角度样品（小于±5°）时，示数可能变化，这时只要按"复测"键钮，就会出现新数字。

十二、SDC-Ⅱ数字电位差综合测试仪

SDC-Ⅱ数字电位差综合测试仪如图 2-11 所示，首先用电源线将仪表后面板的电源插座与～220V 电源连接，打开电源开关（ON），预热 15min 再进入下一步操作。

（一）内标法为基准进行测量

（1）校验

① 将"测量选择"旋钮置于"内标"。

② 将"10^0"位旋钮置于"1"，"补偿"旋钮逆时针旋到底，其他旋钮均置"0"。此时，"电位指标"显示"1.00000"V。若显示小于"1.00000"V 可调节补偿电位器以达到显示"1.00000"V。若显示大于"1.00000"V 应适当减小"$10^0 \sim 10^{-4}$"旋钮，使显示小于"1.00000"V 再调节补偿电位器以达到"1.00000"V。

图 2-11 SDC-Ⅱ数字电位差综合测试仪

③ 待"检零指示"显示数值稳定后，按 采零 键，此时，"检零指示"应显示"0000"。

（2）测量

① 将"测量选择"置于"测量"。

② 用测试线将被测电动势按"+"、"-"极性与"测量插孔"连接。

③ 调节"$10^0 \sim 10^{-4}$"五个旋钮，使"检零指示"显示数值为负且绝对值最小。

④ 调节"补偿旋钮"，使"检零指示"显示为"0000"，此时，"电位显示"数值即为被测电动势的值。

注意：测量过程中，若"检零指示"显示溢出符号"OUL"说明"电位指示"显示的数值与被测电动势值相差过大。

（二）外标法为基准进行测量

（1）校验

① 将已知电动势的标准电池按"+"、"-"极性与"外标插孔"连接。

② 将"测量选择"旋钮置于"外标"。

③ 调节"$10^0 \sim 10^{-4}$"五个旋钮和"补偿"旋钮，使"电位指示"显示的数值与外标电池数值相同。

④ 待"检零指示"数值稳定后，按 采零 键，此时，"检零指示"显示为"0000"。

（2）测量

① 拔出"外标插孔"的测试线，再用测试线将被测电动势按"＋"、"－"极性接入"测量插孔"。

② 将"测量选择"置于"测量"。

③ 调节"$10^0 \sim 10^{-4}$"五个旋钮，使"检零指示"显示数值为负且绝对值最小。

④ 调节"补偿旋钮"，使"检零指示"显示为"0000"，此时，"电位显示"数值即为被测电动势的值。

最后关机，首先关闭电源开关（OFF），然后拔下电源线。

第三章

无机化学基本原理基础实验

实验 1　Zn 和 CuSO₄ 反应热的测定

一、实验目的

1. 学习用量热计测定物质化学反应热的简单方法。
2. 巩固有关热力学基本知识的理解。
3. 熟悉化学实验室常用仪器的基本操作。

二、实验原理

在化学反应过程中，除了发生物质的变化外，还有能量的传递。通常遇到的是化学能与热能间的转化，例如，燃料燃烧释放出热量，燃烧 1kg 石油发热量达 $4×10^4$ kJ，而煤矸石仅有 $8×10^3$ kJ。

在恒压下发生化学反应时，体系吸收或放出的热量为恒压反应热（也称为反应的热效应），用 ΔH 表示。规定体系吸收热量时，ΔH 为正值；体系放出热量时，ΔH 为负值。本实验测定锌粉和硫酸铜溶液反应的热效应：

$$Zn+CuSO_4 =\!=\!= ZnSO_4+Cu \quad \Delta H=-216.8kJ/mol$$

这个反应是放热反应，每摩尔 $CuSO_4$ 与 Zn 反应放出 216.8kJ 热量。

测定反应热的方法很多。本实验是在一个保温杯式量热计中进行的，如图 3-1 所示。反应放出的热量一方面将引起量热计中溶液温度的升高，另一方面也使量热计的温度相应提高，根据反应前后溶液温度的变化和溶液的比热容，即可求得它的反应热 ΔH：

$$\Delta H=-\frac{\Delta TcV\rho+\Delta TC_p}{n}$$

式中　ΔH——反应热，kJ/mol；

ΔT——溶液终了温度与起始温度的差，K；

c——溶液的比热容，J/(g·K)；

V——$CuSO_4$ 溶液的体积，mL；

ρ——溶液的密度，g/mL；

n——$CuSO_4$ 物质的量，mol；

C_p——量热计的热容，J/K。

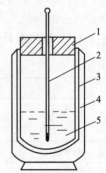

图 3-1　反应热测
定装置示意图

1—保温杯盖；

2—温度计；

3—真空隔热层；

4—保温杯外壳；

5—$CuSO_4$ 溶液

本实验采用保温杯式量热计。对于常温下水溶液中进行的反应，保温杯式量热计适用。对于气体或反应后升温很高的反应，保温杯式量热计就不适用了，而应采用弹式量热计。

三、仪器、药品及材料

仪器：保温杯式量热计、温度计、台秤、药匙、洗瓶、电炉（或恒温水浴锅）、50mL 移液管、100mL 烧杯、50mL 量筒、洗耳球。

药品：0.2mol/L $CuSO_4$、锌粉。

材料：秒表、称量纸。

四、实验步骤

1. 量热计热容的测定

（1）用量筒量取 50mL 蒸馏水，倒入量热计中，盖好后适当摇动，约 2min 待系统达到热平衡后，记录温度 t_1（精确到 0.1℃）。

（2）在 100mL 烧杯中加入 50mL 蒸馏水，加热到高于 t_1 30℃左右，静置 1~2min，待热水系统温度均匀后，记录温度 t_2（精确到 0.1℃）。

（3）尽快将热水倒入量热计中，盖好后不断地摇荡量热计，并立即计时和记录水温，每隔 30s 记录一次温度，直到温度上升到最高点，再继续测定 4min。用外推法求得最高温度 t_3，计算量热计热容 C_p。

（4）将上述实验重复一次。作温度-时间图，用外推法求最高温度 t_3，并计算量热计热容 C_p。取两次实验结果的平均值。实验数据记录在表 3-1 中。

2. 锌与硫酸铜反应热的测定

（1）用台秤称取 2g 锌粉。

（2）用 50mL 移液管准确移取 0.2mol/L $CuSO_4$ 溶液 50.00mL 于量热计中，注意温度计要插入溶液中，但不要碰到杯底。盖好盖子，沿桌面轻轻摇动量热计，使 $CuSO_4$ 溶液与量热计的温度达到平衡。每隔 30s 记录一次温度，约 1~2min 待系统温度平衡后，取其平均值作为反应前的温度 t_1。注意动作要轻，以免溶液溢出量热计。

（3）迅速加入已称好的 2g 锌粉，并立即盖好盖子，不断沿桌面轻轻摇动量热计，使锌粉和硫酸铜溶液充分反应，并每隔 30s 记录一次温度，直到温度上升到最高点后，再继续测定 4min。用作图外推法求得反应后溶液的最高温度 t_2。实验数据记录在表 3-1 中。

表 3-1　Zn 和 $CuSO_4$ 反应热测定的原始实验数据

	C_p			ΔH	
时间/min	温度/℃		时间/min	温度/℃	
冷水温度	$t_1 =$ ＿＿＿ ℃，$T_1 =$ ＿＿＿ K			＿＿＿、＿＿＿、＿＿＿	
热水温度	$t_2 =$ ＿＿＿ ℃，$T_2 =$ ＿＿＿ K		反应前温度平均值	$t_1 =$ ＿＿＿ ℃，$T_1 =$ ＿＿＿ K	
0.5			0.5		
1.0			1.0		
1.5			1.5		
2.0			2.0		
2.5			2.5		
3.0			3.0		
3.5			3.5		
4.0			4.0		
4.5			4.5		

续表

C_p			ΔH		
5.0			5.0		
...			...		
作图外推得最高温度	$t_3 = \underline{\qquad}$℃, $T_3 = \underline{\qquad}$ K		外推得反应后最高温度	$t_2 = \underline{\qquad}$℃, $T_2 = \underline{\qquad}$ K	

$$C_p = \frac{\left[(T_2 - T_3) - (T_3 - T_1) \right] \times 50 \times 1.00 \times 4.184}{T_3 - T_1}$$

$$\Delta T = T_2 - T_1$$

$$\Delta H = -\frac{\Delta Tc \cdot V\rho + \Delta TC_p}{n}$$

(4) 计算反应热 ΔH，相对误差，并分析产生误差的原因。

五、思考题

1. 测定量热计热容时，需测定哪些实验数据？

2. 测定锌粉和硫酸铜溶液反应热时，需测定哪些实验数据？

六、注意事项

1. 量热计的热容是指量热计温度升高 1℃ 所需热量。在测定反应热之前必须先确定所用量热计的热容。测定的方法是：在量热计中加入一定量（如 50mL）温度为 t_1 的冷水，再加入相同量温度为 t_2 的热水，测混合后水的最高温度 t_3，已知水的比热容为 4.184J/(g·K)，则：

$$热水失热(J) = (T_2 - T_3) \times 50 \times 1.00 \times 4.184$$

$$冷水得热(J) = (T_3 - T_1) \times 50 \times 1.00 \times 4.184$$

$$量热计得热(J) = (T_3 - T_1) \times C_p$$

因为热水失热与冷水得热之差即为量热计得热，所以

$$C_p(J/K) = \frac{\left[(T_2 - T_3) - (T_3 - T_1) \right] \times 50 \times 1.00 \times 4.184}{T_3 - T_1}$$

2. 根据公式计算反应热 ΔH。反应后溶液的比热容近似取水的比热容为 4.184J/(g·K)；反应后溶液的密度近似取水的密度为 1g/mL，严格应用密度计测定实验室准备好的 0.2mol/L $CuSO_4$ 溶液的密度。

3. 实验的关键是求 ΔT。我们实验测得的 ΔT 并不能真正地反映该反应体系所引起的真正热效应，必须通过作图外推得到混合时间 $t = 0$ 时的 ΔT。为什么要外推有两方面的因素：①由于反应后溶液的温度需要一段时间才能升到最高值，而本实验所用简易量热计并不是严格的绝热系统，因为在这段时间里，量热计不可避免地会与周围环境发生少量热交换。为了校正由此所造成测定 ΔT 的偏差，需要用图解法确定体系温度变化的最大值 ΔT。②温度计有滞后效应，比如在一杯冷水里加入 100℃ 的热水，假设混合时的水温是 60℃。如果你插入一根温度计，温度计的温度不可能立刻上升到 60℃，而是慢慢地上升，当温度计的温度上升到最高值时，水的温度已没有 60℃，也就是温度计不可能测出 60℃，最高也就是 50 多摄氏度，其中损失的温度只有通过外推。如何外推？即以测得的温度为纵坐标，时间为横坐标，用坐标纸作温度-时间图，当温度上升到最高点后，再继续测后面的几个点（8 个），根据后面几个点的走势，按虚线外推到刚开始混合 $t = 0$ 时，也就是刚加锌粉的那一瞬间，其所对应的温度与初始温度之差就是该反应体系温度变化的最大值 ΔT。这个外推得到的 ΔT 值能较客观地反映出反应热效应所引起的真正温差，如图 3-2 所示。

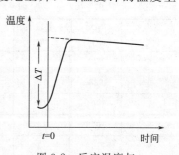

图 3-2 反应温度与
时间变化的关系

实验 2　摩尔气体常数 R 的测定

一、实验目的

1. 学会一种测定摩尔气体常数 R 的方法和操作。
2. 巩固理想气体状态方程式和气体分压定律。

二、实验原理

$$Mg + H_2SO_4 \Longrightarrow MgSO_4 + H_2 \uparrow$$

一定量金属镁条和过量的稀硫酸反应，置换出一定量的氢气，在一定的温度和压力下，可以测出反应所产出的氢气体积，根据理想气体状态方程式 $pV = nRT$，即可算出摩尔气体常数 R（假设在实验条件下，氢气服从理想气体的行为）。

$$R = \frac{p_{H_2} V_{H_2}}{n_{H_2} T}$$

式中　p_{H_2}——氢气的分压，根据分压定律，$p_{H_2} = p - p_{H_2O}$，其中 p 表示实验时的大气压；

$\quad p_{H_2O}$——实验温度下水的饱和蒸气压；

$\quad V_{H_2}$——氢气的体积，即量气管内混合气体体积的变化值，也就是反应后与反应前量气管水面的刻度差；

$\quad n_{H_2}$——氢气的物质的量，mol，可根据所称得的镁条质量计算，$n_{H_2} = \frac{W_{Mg}}{M_{Mg}}$（$M_{Mg} = 24.31g/mol$）；

$\quad T$——实验时的热力学温度，$T = t + 273.15$，即实验时的摄氏温度（气温）加上 273.15。

因为氢气是在水面上收集的，在封闭的管子里，除了氢气外，还混有水蒸气，所以氢气的分压等于实验时的大气压减去实验温度下水的饱和蒸气压，不同温度下水的饱和蒸气压见表 3-2。

这样即可得到摩尔气体常数 R 的实验值。$R_{理论} = 8.314 J/(mol \cdot K)$，通过与理论值比较，可算出实验的相对误差。

$$相对误差 = \frac{R_{实验} - R_{理论}}{R_{理论}}$$

表 3-2　不同温度下水的饱和蒸气压

室温 t /℃	p_{H_2O} /Pa	室温 t /℃	p_{H_2O} /Pa	室温 t /℃	p_{H_2O} /Pa	室温 t /℃	p_{H_2O} /Pa	室温 t /℃	p_{H_2O} /Pa
5	872	11	1312	17	1937	23	2809	29	4005
6	935	12	1403	18	2064	24	2984	30	4242
7	1001	13	1497	19	2197	25	3168	31	4492
8	1073	14	1599	20	2339	26	3361	32	4754
9	1148	15	1705	21	2487	27	3565	33	5030
10	1228	16	1817	22	2645	28	3780	34	5320

三、仪器、药品及材料

仪器：铁架台、量气管、水平管、小试管、玻璃棒。

药品：2mol/L H_2SO_4、镁条。

材料：硅胶管、砂纸、橡皮塞。

四、实验步骤

1. 精确称取一根质量在 0.0200～0.0300g 范围内的镁条。

2. 如图 3-3 所示装好仪器。

3. 向水平管内加入自来水，使量气管水面的刻度等于或略低于"0"位置。（为什么量气管水面的刻度不一定在"0"位置？）

4. 气密性检查。装上小试管，将水平管上移（或下移）一段距离，量气管的液面会略有上升（或下降）。如果不漏气，2～3min 达到平衡后，量气管上升（或下降）后的液面始终会低于（或高于）水平管的液面，而且液面高度不再变化。如果漏气，量气管的液面会逐渐上升，水平管的液面会逐渐下降，最后两边的液面会趋于同一高度，这时要仔细检查漏气原因（经常是橡皮塞没有塞紧，可将橡皮塞沾点水增加气密性），继续按照上面的方法检查直到不漏气为止。

5. 取下小试管，加入 5mL 2mol/L H_2SO_4，将试管旋转 180°，将镁条蘸少量水后贴在试管另一边，用玻璃棒将镁条推入试管中部，小心地装上小试管，并塞紧橡皮塞，再次检查是否漏气。如果不漏气，将水平管放到原来的位置，使水平管和量气管的水面处于同一高度，这时准确地记下量气管内水的弯月面最低点的读数 V_1。（为什么要使两管处于同一液面高度读取读数？）

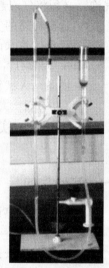

图 3-3 摩尔气体
常数测定
的装置图

6. 提高试管底部，使镁条滑入硫酸中反应，反应所产生的氢气进入量气管，把量气管中的水压入水平管，为了避免量气管内压力过大，在量气管液面下降的同时，水平管也相应地下移，使两管的液面大体上保持同一高度。反应停止后，待试管冷却至室温，移动水平管，使两管的液面处于同一水平位置后，再准确地记下量气管内水的弯月面最低点的读数 V_2。V_2-V_1 就是该反应所产生的氢气体积。实验数据记录在表 3-3 中。

表 3-3 摩尔气体常数 R 测定的原始实验数据

精确称取一根镁条的质量 W_{Mg}/g	
氢气物质的量 n_{H_2}/mol	
反应后量气管内液面读数 V_2/mL	
反应前量气管内液面读数 V_1/mL	
产生的氢气体积 V_{H_2}/mL	
室温/℃	
T/K	
实验时的大气压力/Pa	
室温下水的饱和蒸气压 p_{H_2O}/Pa	
氢气的分压 p_{H_2}/Pa	
摩尔气体常数 $R/$ [J/ (mol·K)]	
相对误差	

五、思考题

1. 计算摩尔气体常数 R 实验值时需要测定哪些数据？

2. 镁条与稀硫酸反应后，为什么要等小试管冷却到室温时再读取量气管液面读数？

3. 如果实验装置漏气、或镁条装入小试管时碰到硫酸、或量气管和硅胶管内的气泡没有赶净，对实验结果有何影响？请一一说明。

六、注意事项

1. 向水平管里加水后，应检查量气管、水平管以及硅胶管连接处是否有气泡，如果有气泡，必须将气泡赶净，否则测定结果 R 会偏高。

2. 这套简易的实验装置在测定过程中不能漏气，否则测定结果 R 会偏低。

3. 读量气管水面读数时，应将量气管和水平管处于同一液面高度，否则要进行换算。

4. 反应结束后，必须等小试管冷却到室温再读取量气管水面读数，否则测定结果 R 会偏高。

5. 镁条贴入试管时不能碰到硫酸，否则测定结果 R 会偏低。

实验 3 固体氯化铵标准摩尔生成焓的测定

一、实验目的

1. 学会用量热计测定固体氯化铵标准摩尔生成焓的简单方法。

2. 加深对 Hess 定律的理解。

3. 掌握作图外推法求真实温差的原理和方法。

4. 进一步巩固化学实验室常用仪器的基本操作。

二、实验原理

盐类的溶解通常包含两个同时进行的过程：一是晶格的破坏，为吸热过程；二是离子的溶剂化，即离子的水合作用，为放热过程。溶解焓则是这两个过程热效应的总和，因此，盐类的溶解过程最终是吸热还是放热，是由这两个热效应的相对大小所决定的。在恒压下发生化学反应时，体系吸收或放出的热量为反应热（也称为反应的热效应），用 ΔH 表示。规定体系吸收热量，ΔH 为正值；体系放出热量，ΔH 为负值。

热力学标准状态下由稳定单质生成 1mol 化合物时的反应焓变称为该化合物的标准摩尔生成焓。标准摩尔生成焓一般可通过测定有关反应热而间接求得。

本实验用保温杯式量热计，见图 3-4。分别测定氨水与盐酸反应的中和热和固体氯化铵的溶解热，再根据已知氨水和盐酸标准摩尔生成焓的数据，由 Hess 定律计算求得固体氯化铵的标准摩尔生成焓。

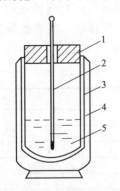

图 3-4 反应热测定
装置示意图

1—保温杯盖；2—温度计；

3—真空隔热层；

4—保温杯外壳；

5—NH$_4$Cl 溶液

$$NH_3(aq) + HCl(aq) === NH_4Cl(s) \longrightarrow NH_4Cl(aq)$$

$$NH_3(aq) + HCl(aq) === NH_4Cl(aq) \qquad \Delta H_{中和}$$

$$NH_4Cl(s) \longrightarrow NH_4Cl(aq) \qquad \Delta H_{溶解}$$

反应放出（或吸收）的热量一方面将引起量热计中溶液温度的

升高（或降低），另一方面也使量热计的温度相应地提高（或降低），只要测出量热计系统温度的改变值 ΔT 和量热计系统的热容 C_p，即可计算出反应的热效应，对于放热反应：

$$\Delta H = -\frac{\Delta T c V \rho + \Delta T C_p}{n}$$

式中　ΔH——反应热（或熔变），J/mol；

　　　ΔT——反应终了温度与起始温度的差，K；

　　　　c——反应后溶液的比热容，本实验取水的比热容 4.184J/(g·K)；

　　　　V——反应后溶液的体积，mL；

　　　　ρ——反应后溶液的密度，g/mL；

　　　　n——被测物质的量，mol；

　　　C_p——量热计的热容，J/K。

"量热计的恒压热容"指量热系统在恒压下温度升高 1℃所需的热量。在测定反应热之前必须先确定所用量热计的热容值，测定的方法是：在量热计中加入 50mL 温度为 T_1 的冷水，再加入相同量温度为 T_2 的热水，测混合后水的最高温度 T_3，已知水的比热容为 4.184J/(g·K)，则：

$$\text{热水失热(J)} = (T_2 - T_3) \times 50 \times 1.00 \times 4.184$$
$$\text{冷水得热(J)} = (T_3 - T_1) \times 50 \times 1.00 \times 4.184$$
$$\text{量热计得热(J)} = (T_3 - T_1) \times C_p$$

因为热水失热与冷水得热之差即为量热计得热，所以

$$C_p(\text{J/K}) = \frac{[(T_2 - T_3) - (T_3 - T_1)] \times 50 \times 1.00 \times 4.184}{T_3 - T_1}$$

实验的关键是求 ΔT。由于反应后溶液的温度需要一段时间才能升到最高值（或降到最低值），而实验所用简易量热计并不是严格的绝热系统，在这段时间里，量热计不可避免地会与周围环境发生少量热交换。为了校正这些因素所造成测定 ΔT 的偏差，需要用图解法确定体系温度变化的最大值 ΔT。即以测得的温度为纵坐标，时间为横坐标绘图，见图 3-5，按虚线外推到开始混合的时间（$t=0$），求出体系温度变化的最大值 ΔT。这个外推得到的 ΔT 值能较客观地反映出反应热效应所引起的真实温度变化。

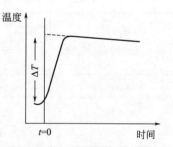

图 3-5　反应温度与
时间变化的关系

三、仪器、药品及材料

仪器：保温杯式量热计、温度计、台秤、药勺、洗瓶、恒温水浴锅、100mL 烧杯、50mL 量筒、100mL 量筒。

药品：1.5mol/L HCl、1.5mol/L $NH_3·H_2O$、NH_4Cl（s）。

材料：称量纸、秒表。

四、实验步骤

1. 量热计热容的测定

（1）用量筒量取 50mL 去离子水于量热计中，盖好后适当摇荡量热计约 2min，待系统达到热平衡后，记录温度 t_1。

（2）将恒温水浴锅中的去离子水加热到高于 t_1 30℃左右，并记录温度 t_2。然后用量筒从恒温水浴锅中量取 50mL 去离子水并尽快倒入量热计中，盖好后不断地摇荡量热计，并立即计时和记录水温，每隔 15s 记录一次温度，直到温度上升到最高点，再继续测定 3min。作温度-时间关系图，用外推法求最高温度 t_3，并计算量热计系统的热容 C_p。

2. 氨水与盐酸反应中和热的测定

洗净量热计，用量筒量取 50mL 1.5mol/L $NH_3 \cdot H_2O$ 于量热计中，每隔 30s 记录一次温度，适当摇荡量热计约 2min，待系统达到热平衡后，取其温度的平均值记为 t_1。然后迅速加入 50mL 1.5mol/L HCl 于量热计中，盖好后不断地摇荡量热计，每隔 15s 记录一次温度，直到温度上升到最高点，再继续测定 3min。作温度-时间关系图，用作图外推法求得反应的最高温度 t_2。得 ΔT，计算出氨水与盐酸反应的中和热 $\Delta H_{中和}$。

3. 固体氯化铵溶解热的测定

洗净量热计，用量筒量取 100mL 去离子水于量热计中，每隔 30s 记录一次温度，适当摇荡量热计约 2min，待系统达到热平衡后，取其温度的平均值记为 t_1。然后迅速加入 4g 固体氯化铵于量热计中，盖好后不断地摇荡量热计，使固体氯化铵溶解，每隔 15s 记录一次温度，直到温度下降到最低点，再继续测定 3min。作温度-时间关系图，用作图外推法求得反应降低的最低温度 t_2。得 ΔT，计算出固体氯化铵的溶解热 $\Delta H_{溶解}$。

以上实验数据均记录在表 3-4 中。

表 3-4 固体氯化铵标准摩尔生成焓测定的原始实验数据

量热计热容 C_p		氨水与盐酸反应中和热 $\Delta H_{中和}$		固体氯化铵溶解热 $\Delta H_{溶解}$	
时间/s	温度/℃	时间/s	温度/℃	时间/s	温度/℃
冷水温度	$t_1 = $____℃ $T_1 = $____K	1.5mol/L $NH_3 \cdot H_2O$ 50mL 于量热计中	____、____ ____、____	100mL 去离子 水于量热计中	____、____、____ ____、____、____
热水温度	$t_2 = $____℃ $T_2 = $____K	氨水与盐酸反应前 温度平均值	$t_1 = $____℃ $T_1 = $____K	反应前温 度平均值	$t_1 = $____℃ $T_1 = $____K
15		15		15	
30		30		30	
45		45		45	
60		60		60	
75		75		75	
90		90		90	
105		105		105	
130		130		130	
145		145		145	
160		160		160	
…		…		…	
作图外推得 最高温度	$t_3 = $____℃ $T_3 = $____K	作图外推得反 应最高温度	$t_2 = $____℃ $T_2 = $____K	作图外推得反 应最低温度	$t_2 = $____℃ $T_2 = $____K
$C_p = \dfrac{[(T_2 - T_3) - (T_3 - T_1)] \times 50 \times 1.00 \times 4.184}{T_3 - T_1}$		$\Delta T = T_2 - T_1$ $\Delta H = -\dfrac{\Delta T c V \rho + \Delta T C_p}{n}$			

五、思考题

1. 氨水与盐酸反应的中和热和固体氯化铵的溶解热之差，是哪一个反应的热效应？
2. 为什么放热反应的温度-时间关系图的后半段逐渐下降，而吸热反应则相反？
3. 计算实验的相对误差，分析产生误差的原因。

六、注意事项

1. 已知 $NH_3 \cdot H_2O(aq)$ 和 $HCl(aq)$ 的标准摩尔生成焓分别为 $-80.29kJ/mol$ 和 $-167.159kJ/mol$。注意计算生成固体氯化铵时反应所放出的热量，一定要折算成单位摩尔所放出的热量，然后再根据 Hess 定律，计算固体氯化铵的标准摩尔生成焓。

2. 由于 $NH_4Cl(aq)$ 浓度很小，所以可做如下近似处理：①反应前后溶液的体积不变；②氨水与盐酸反应的中和热只能使量热计和水的温度升高；③固体氯化铵的溶解热只能使量热计和水的温度降低。

3. 每做完一个实验都要将量热计清洗干净。

实验 4 化学反应速率与活化能的测定

一、实验目的

1. 验证浓度、温度及催化剂对化学反应速率的影响。
2. 测定 $(NH_4)_2S_2O_8$ 与 KI 的反应速率、反应级数和速率系数。
3. 根据 Arrhenius 方程，掌握作图法求反应的活化能。
4. 培养综合应用基础知识的能力。

二、实验原理

水溶液中 $(NH_4)_2S_2O_8$ 和 KI 的氧化还原反应为：

$$S_2O_8^{2-}(aq) + 3I^-(aq) \!=\!\!=\!\!= 2SO_4^{2-}(aq) + I_3^-(aq) \quad （反应慢） \tag{1}$$

实验能测定的速率是在一段时间内反应的平均速率，该反应的平均反应速率为：

$$\overline{V} = -\frac{\Delta c(S_2O_8^{2-})}{\Delta t} = kc_0^\alpha(S_2O_8^{2-}) \cdot c_0^\beta(I^-)$$

式中 $\overline{V}$——反应的平均反应速率；

$\Delta c(S_2O_8^{2-})$——Δt 时间内 $(NH_4)_2S_2O_8$ 的浓度变化；

$c_0(S_2O_8^{2-})$——$(NH_4)_2S_2O_8$ 的起始浓度；

$c_0(I^{-1})$——KI 的起始浓度；

k——反应的速率系数；

α——反应物 $(NH_4)_2S_2O_8$ 的反应级数；

β——反应物 KI 的反应级数；

$\alpha+\beta$——该反应的总反应级数。

实验关键是怎样测出 Δt 时间内 $S_2O_8^{2-}$ 的浓度变化？为了测出 Δt 时间内 $S_2O_8^{2-}$ 的浓度变化，在 $(NH_4)_2S_2O_8$ 与 KI 混合前，先在 KI 溶液中加入已知浓度和一定体积的 $Na_2S_2O_3$ 和淀粉溶液，淀粉作为指示剂，指示 $Na_2S_2O_3$ 完全反应所需要的时间。这样 $(NH_4)_2S_2O_8$ 与

KI 反应所产生的 I_3^- 会立即与 $S_2O_3^{2-}$ 反应生成无色的 $S_4O_6^{2-}$ 和 I^-。

$$2S_2O_3^{2-}(aq) + I_3^-(aq) = S_4O_6^{2-}(aq) + 3I^-(aq) \quad (反应快) \tag{2}$$

反应式(2)几乎是瞬间完成，比反应式(1)快得多。所以观察不到碘与淀粉反应呈现的特征蓝色。也就是说，在反应开始的一段时间内，溶液是无色的，一旦 $Na_2S_2O_3$ 完全反应，反应式(2)不再进行，而反应式(1)还再进行，那么 $(NH_4)_2S_2O_8$ 与 KI 反应所产生的 I_3^- 就立即与淀粉作用，使溶液呈现出特有的蓝色。

由反应式(1)和式(2)的关系可知：

$$\Delta c(S_2O_8^{2-}) = \frac{1}{2}\Delta c(S_2O_3^{2-})$$

由于在 Δt 时间内 $S_2O_3^{2-}$ 已全部反应，所以 $\Delta c(S_2O_3^{2-})$ 实际上就是反应开始时 $Na_2S_2O_3$ 的浓度，即 $-\Delta c(S_2O_3^{2-}) = c_0(S_2O_3^{2-})$。在该实验中，由于每份混合溶液中 $Na_2S_2O_3$ 的起始浓度都相同，因而 Δt 时间内 $S_2O_3^{2-}$ 的浓度变化也是相同的。这样，只要测出从开始反应到溶液变蓝所需的时间 Δt，就可以算出该温度下反应的平均反应速率：

$$\overline{V} = -\frac{\Delta c(S_2O_8^{2-})}{\Delta t} = -\frac{\Delta c(S_2O_3^{2-})}{2\Delta t} = \frac{c_0(S_2O_3^{2-})}{2\Delta t}$$

怎样求 $(NH_4)_2S_2O_8$ 的反应级数 α 和 KI 的反应级数 β？按照初始速率法测定不同初始浓度下的反应速率，就可以得到反应的反应级数 α 和 β。由实验 1、2、3，先固定 KI 的浓度，改变 $(NH_4)_2S_2O_8$ 的初始浓度，测定 $(NH_4)_2S_2O_8$ 不同初始浓度下的反应速率，即可得到 $(NH_4)_2S_2O_8$ 的反应级数 α。由实验 1、4、5，再固定 $(NH_4)_2S_2O_8$ 的浓度，改变 KI 的初始浓度，测定 KI 不同初始浓度下的反应速率，即可得到 KI 的反应级数 β，$(\alpha + \beta)$ 就是该反应的总反应级数。再由

$$k = \frac{V}{c_0^\alpha(S_2O_8^{2-}) \cdot c_0^\beta(I^{-1})} \tag{3}$$

即可求出各个实验的反应速率系数 k。

活化能指化学反应中，使普通分子变成活化分子所需提供的最低限度的能量。在一定温度下，活化能越大，反应速度越慢；反之，活化能越小，反应速度越快。

根据 Arrhenius 方程：

$$\lg k = A - \frac{E_a}{2.303RT} \tag{4}$$

式中　E_a——反应的活化能，J/mol；

　　　R——摩尔气体常数，8.314J/(mol·K)；

　　　T——热力学温度，K；

　　　A——$A = \lg k_0$，k_0 为 $E_a = 0$ 时的速率系数。

测定不同温度下的 k 值，以 $\lg k - \frac{1}{T}$ 作图，可得一条直线，直线的斜率为：$-\frac{E_a}{2.303R}$，即可求得反应的活化能 E_a。

Cu^{2+} 可以加快 $(NH_4)_2S_2O_8$ 与 KI 的反应速率，Cu^{2+} 的加入量不同，加快的反应速率也不相同。

三、仪器、药品及材料

仪器：恒温水浴锅、磁力搅拌器、50mL 烧杯、10mL 量筒、5mL 量筒、玻璃棒。

药品：0.2mol/L $(NH_4)_2S_2O_8$、0.2mol/L KI、0.05mol/L $Na_2S_2O_3$、0.2mol/L KNO_3、

0.2mol/L（NH₄）₂SO₄、0.2%淀粉、0.02mol/L Cu(NO₃)₂。

材料：坐标纸、秒表。

四、实验步骤

1. 浓度对反应速率的影响，求反应级数、速率系数

图 3-6　反应速率测定装置

按表 3-5 所列各反应物试剂用量用量筒分别准确量取，混合在各编号的烧杯中，把烧杯放在磁力搅拌器上搅拌使溶液混合均匀，如图 3-6 所示。注意：(NH₄)₂S₂O₈ 最后加入，当加入 (NH₄)₂S₂O₈ 溶液时，立即计时，等溶液变蓝时停止计时，记下反应时间 Δt 和室温。计算每个实验的反应速率 V。由实验 1、2、3 的数据，依据初始速率法求出 α。由实验 1、4、5 的数据，依据初始速率法求出 β，即可得到总反应级数 (α+β)。由公式（3），求出各个实验的反应速率系数 k，同时将计算结果填入表 3-5 中。

表 3-5　浓度对反应速率的影响　　　　　　　　室温：＿＿＿℃

实　验　编　号		1	2	3	4	5
试剂用量 V/mL	0.2mol/L (NH₄)₂S₂O₈	10.0	5.0	2.5	10.0	10.0
	0.2mol/L KI	10.0	10.0	10.0	5.0	2.5
	0.2mol/L KNO₃	0	0	0	5.0	7.5
	0.2mol/L (NH₄)₂SO₄	0	5.0	7.5	0	0
	0.05mol/L Na₂S₂O₃	3.0	3.0	3.0	3.0	3.0
	0.2%淀粉溶液	1.0	1.0	1.0	1.0	1.0
混合液中反应物的初始 浓度 c_0/(mol/L)	(NH₄)₂S₂O₈					
	KI					
	Na₂S₂O₃					
反应时间 Δt/s						
反应速率 V/[mol/(L·s)]						
速率系数 k/[(mol/L)$^{1-\alpha-\beta}$/s]						
α=		β=			α+β=	

2. 温度对反应速率的影响，求反应的活化能 E_a（本实验误差不超过 10%）

按 1 号烧杯试剂的用量分别测定高于室温 10℃、20℃ 和 30℃ 三种情况下的反应速率 V 和速率系数 k，实验结果填入表 3-6 中。

表 3-6　温度对反应速率的影响

实　验　编　号	1	6	7	8
反应温度 t/℃	室温	室温＋10℃	室温＋20℃	室温＋30℃
$\frac{1}{T}$/K⁻¹				
反应时间 Δt/s				
反应速率 V/[mol/(L·s)]				
速率系数 k/[(mol/L)$^{1-\alpha-\beta}$/s]				
lgk				

根据表 3-6 中每次实验的 k 和 T，以 $\lg k - \dfrac{1}{T}$ 作图（图的坐标值不要从 0 开始），由直线的斜率，即可求得反应的活化能 E_a。

3. 催化剂对反应速率的影响

在室温下，按 1 号烧杯试剂的用量进行实验，在 $(NH_4)_2S_2O_8$ 溶液加入混合溶液之前，先在混合溶液中分别滴入 1 滴、2 滴和 3 滴 0.02mol/L $Cu(NO_3)_2$ 溶液，其他操作同实验 1。分别测定各溶液的反应速率，实验结果记录在表 3-7 中。

表 3-7　催化剂对反应速率的影响

实　验　编　号	1	9	10	11
加入催化剂的滴数	0	1	2	3
反应时间 $\Delta t/s$				
反应速率 $V/[mol/(L \cdot s)]$				

由加入催化剂后的实验数据，你可得出何种结论？

五、思考题

1. 若不用 $S_2O_8^{2-}$ 而用 I^-（或 I_3^-）的浓度变化来表示该反应的速率，则 V 和 k 是否一样？

2. 实验中为什么可以由反应溶液出现蓝色的时间长短来计算反应速率？反应溶液出现蓝色后，反应是否就终止了？

3. 本实验 $Na_2S_2O_3$ 的用量过多或者过少，对实验结果有何影响？

4. 实验 2～5 号反应液中为什么要加入 KNO_3 或 $(NH_4)_2SO_4$ 溶液？

5. 取 $(NH_4)_2S_2O_8$ 试剂的量筒没有专用，对实验结果有何影响？

6. $(NH_4)_2S_2O_8$ 缓慢加入 KI 混合溶液中，对实验结果有何影响？

六、注意事项

1. 本实验对试剂有一定的要求。KI 溶液应为无色透明的溶液，不能使用有碘析出的浅黄色溶液。$(NH_4)_2S_2O_8$ 溶液要新配制，因为时间长了 $(NH_4)_2S_2O_8$ 易分解，如所配制的 $(NH_4)_2S_2O_8$ 溶液其 pH 值小于 3，说明该试剂已分解，不适合本实验使用。所用试剂中如混有少量 Cu^{2+}、Fe^{2+} 等杂质，对反应有催化作用，需滴加几滴 0.1mol/L EDTA 溶液。

2. 本实验成败的关键是所用溶液的浓度要准确，因此取用试剂的量筒千万不能混淆，以免污染试剂，从而改变了试剂的浓度。尤其是量取 $(NH_4)_2S_2O_8$ 的量筒必须专用，千万不能量取其他试剂。

3. 为了使每次实验中溶液的离子强度和总体积保持不变，在进行编号 2～5 的实验中所减少的 KI 或 $(NH_4)_2S_2O_8$ 的用量可分别用 0.2mol/L KNO_3 和 0.2mol/L $(NH_4)_2SO_4$ 溶液来补足。

4. 因本实验在 Δt 时间内反应物的浓度变化很小，所以近似地用平均反应速率代替初始反应速率 V_0。

5. 做温度对反应速率影响的实验时，KI、$Na_2S_2O_3$ 和淀粉三种试剂的混合溶液以及 $(NH_4)_2S_2O_8$ 溶液要分别加热至所需的温度。温度计必须分开，不能搞混。反应时也要保持所需的反应温度。

6. 加试剂顺序：$KI \rightarrow Na_2S_2O_3 \rightarrow$ 淀粉溶液 $\rightarrow$ 加 $(NH_4)_2S_2O_8$（计时）$\rightarrow$ 蓝色（停止计时）。

实验 5　醋酸标准溶液浓度标定及解离常数的测定

Ⅰ. pH 法

一、实验目的

1. 加深对弱电解质解离平衡的理解。
2. 了解 pHS-3C 型酸度计的原理及其使用。
3. 掌握标定醋酸标准溶液浓度以及用 pH 计测定醋酸解离度和解离平衡常数。

二、实验原理

HAc 是一元弱酸，在水溶液中存在下列解离平衡（忽略水的解离）：

$$HAc(aq) + H_2O(l) \Longrightarrow H_3O^+(aq) + Ac^-(aq)$$

初始浓度 　　　c_0 　　　　　　　 0 　　　 0

平衡浓度 　　$c_0 - x$ 　　　　　　 x 　　　 x

$$K_a^{\ominus}(HAc) = \frac{[H^+][Ac^-]}{[HAc]} = \frac{x^2}{c_0 - x}$$

在一定温度下，用 pH 计测定五种已知浓度的 HAc 溶液的 pH 值，根据 $pH = -\lg[H^+]$，求出 $[H^+]$，即 x，将 x 代入上式，即可求得五个对应的 $K_a^{\ominus}(HAc)$，取其平均值，即为该温度下 HAc 的解离平衡常数。解离平衡常数是温度的函数，在一定的温度下，解离平衡常数值近似地为一常数，在 $10 \sim 30℃$ 范围内，$K_a^{\ominus}(HAc) = 1.76 \times 10^{-5}$。本实验测定的 $K_a^{\ominus}(HAc)$ 在 $1.0 \times 10^{-5} \sim 2.0 \times 10^{-5}$ 范围内为合格。温度一定时，浓度增大，解离度降低。

三、仪器、药品及材料

仪器：pHS-3C 型酸度计、pH 复合电极、100mL 的烧杯 5 只（分别编为 1、2、3、4、5 号）、酸式滴定管、碱式滴定管、玻璃棒、洗瓶、250mL 锥形瓶、25mL 移液管、洗耳球。

药品：0.1000mol/L HAc 标准溶液（待标定）、0.1000mol/L NaOH 标准溶液（实验室给出准确浓度）、甲基橙指示剂、pH = 4.00 和 pH = 6.86 的 pH 标准缓冲溶液。

材料：碎滤纸。

四、实验步骤

1. 0.1000mol/L 醋酸标准溶液浓度的标定

同时准确地取三份已知准确浓度的 NaOH 标准溶液 25.00mL 分别于 3 只 250mL 锥形瓶中，加 2 滴甲基橙指示剂，用待标定的醋酸溶液滴定至溶液刚出现橙红色，轻轻摇荡后半分钟内不褪色即为滴定终点，根据下面的计算公式，即可计算出待标定的醋酸标准溶液的准确浓度。实验数据记录在表 3-8 中。

$$c_{NaOH}V_{NaOH} = c_{HAc}V_{HAc}$$

式中　c_{NaOH}——NaOH 标准溶液的浓度，mol/L；

　　　V_{NaOH}——取 NaOH 标准溶液的体积，25.00mL；

　　　V_{HAc}——标定时所消耗的 HAc 溶液的体积，mL。

表 3-8　标定醋酸标准溶液的原始实验数据

项　　目	测定次数		
	①	②	③
c_{NaOH}/（mol/L）			
移取 NaOH 标准溶液的体积/mL	25.00	25.00	25.00
HAc 溶液终读数/mL			
HAc 溶液初读数/mL			
V_{HAc}/mL			
c_{HAc}/（mol/L）			
$\overline{c}_{HAc}$			
相对平均偏差			

2. 配制不同浓度的醋酸溶液

（1）取 5 只洁净干燥小烧杯依次编成 1～5 号。

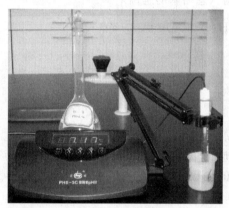

图 3-7　pHS-3C 型酸度计

（2）从酸式滴定管中分别向 1、2、3、4、5 号小烧杯中准确地放入 3.00mL、6.00mL、12.00mL、24.00mL、48.00mL 已知准确浓度的 HAc 标准溶液。

（3）用碱式滴定管分别向上述烧杯中依次准确地放入 45.00mL、42.00mL、36.00mL、24.00mL、0.00mL 的蒸馏水，并用玻璃棒将烧杯中的溶液搅拌均匀。

3. 不同浓度醋酸溶液 pH 值的测定

用 pHS-3C 型酸度计分别依次测定 1～5 号烧杯中醋酸溶液的 pH 值，并如实地将实验数据填入表 3-9 中。pHS-3C 型酸度计如图 3-7 所示。

表 3-9　实验结果

温度＿＿＿＿＿℃，醋酸标准溶液的浓度＿＿＿＿＿mol/L

烧杯编号	HAc/mL	H_2O/mL	[HAc]	pH 值	$[H^+]$	解离度 α	$K_a^{\ominus}$（HAc）
1	3.00	45.00					
2	6.00	42.00					
3	12.00	36.00					
4	24.00	24.00					
5	48.00	0.00					
$\overline{K}_a^{\ominus}$（HAc）=				标准偏差 s=			

由于实验误差，实验测得的 5 个 $K_a^{\ominus}$（HAc）可能不完全相同，取其平均值并计算其标准偏差 s。

五、思考题

1. 烧杯是否必须烘干？如果搅拌结束后玻璃棒上带出了部分溶液对测定结果有无影响？

2. 用 pHS-3C 型酸度计测定溶液的 pH 值时，各用什么标准溶液定位？

3. 测定不同浓度 HAc 溶液的 pH 值时，为什么要按由稀到浓的顺序？

4. 不同浓度的 HAc 溶液的解离度 α 是否相同，为什么？

5. 使用酸度计的主要步骤有哪些？

六、注意事项

1. pH 复合电极要轻拿轻放，避免损坏。每次测量前都要清洗干净并用滤纸吸干。实验结束后电极上塞上盛有饱和氯化钾的塑料帽。

2. 测定 pH 值之前，烧杯必须洗涤干净并干燥。

Ⅱ. 缓冲溶液法

一、实验目的

1. 学会用 pH 计测定缓冲溶液 pH 值的方法来测定弱电解质 HAc 的解离平衡常数。

2. 学习溶液的配制以及移液管、容量瓶和 pH 计的正确使用。

二、实验原理

酸性缓冲溶液 pH 值的计算公式：

$$pH = pK_a^{\ominus}(HAc) - \lg \frac{c(HAc)}{c(Ac^-)} = pK_a^{\ominus}(HAc) - \lg \frac{c_0(HAc)}{c_0(NaAc)}$$

在 HAc 和 NaAc 组成的缓冲溶液中，由于同离子效应，当解离达到平衡时，溶液中 $c(HAc) \approx c_0(HAc)$，$c(Ac^-) \approx c_0(NaAc)$。由于溶液是由等浓度的 HAc 和 NaAc 组成的缓冲溶液，所以 $pH = pK_a^{\ominus}(HAc)$。用酸度计测定等浓度 HAc 和 NaAc 混合溶液的 pH 值，即可得到弱电解质 HAc 的解离平衡常数。

三、仪器、药品及材料

仪器：pHS-3C 型酸度计、pH 复合电极、50mL 烧杯 4 只、洗瓶、洗耳球、50mL 容量瓶 3 个、10mL 刻度吸管、25mL 移液管、10mL 量筒。

药品：0.10mol/L HAc、0.10mol/L NaOH、1% 酚酞指示剂、标准缓冲溶液（pH = 4.00；pH = 6.86）。

材料：碎滤纸。

四、实验步骤

1. 配制不同浓度的 HAc 溶液

用 4 号烧杯盛 0.10mol/L HAc 溶液，用 10mL 刻度吸管从 4 号烧杯中分别吸取 5.00mL、10.00mL HAc 溶液于 1 号、2 号容量瓶中，用 25mL 移液管从 4 号烧杯中吸取 25.00mL HAc 溶液于 3 号容量瓶中，分别用蒸馏水定容至刻度，上下混匀。

2. 配制等浓度 HAc 和 NaAc 混合溶液及 pH 值的测定（由稀到浓）

用 10mL 量筒量取 1 号容量瓶中已知浓度的醋酸溶液 10mL 于 1 号烧杯中，加 2 滴 1% 酚酞指示剂，用滴管滴入 0.10mol/L NaOH 溶液至溶液变成淡粉红色且半分钟内不褪色。再用 10mL 量筒量取 1 号容量瓶中已知浓度的醋酸溶液 10mL 于 1 号烧杯中，用玻璃棒混合均匀。用 pH 计测定 1 号烧杯中等浓度 HAc 和 NaAc 混合溶液的 pH 值。再根据反对数即可求得 HAc 的解离平衡常数。实验数据记录在表 3-10 中。

　　按照上述步骤，用2号、3号容量瓶中已知浓度的醋酸溶液和0.10mol/L醋酸溶液，分别在2号、3号和4号烧杯中配制等浓度 HAc 和 NaAc 混合溶液，并分别测定其 pH 值。实验数据和计算结果均记录在表 3-10 中。

　　由于仪器自身的误差和配制溶液的误差，实验结果可能不完全相同，最后取其平均值作为实验结果，并计算相对误差和标准偏差 s。

$$相对误差 = \frac{K_{HAc实验} - K_{HAc理论}}{K_{HAc理论}}$$

$$s = \sqrt{\frac{1}{n-1} \sum_{i=1}^{n} (K_{HAc,i} - \overline{K}_{HAc})^2}$$

表 3-10　等浓度 HAc 和 NaAc 混合溶液 pH 值的测定

实验编号	吸取 0.10mol/L HAc 溶液的体积/mL	[HAc]	pH 值	$K_a^{\ominus}$(HAc)
1	5.00			
2	10.00			
3	25.00			
4	50.00			

$\overline{K}_a^{\ominus}$(HAc)=	相对误差=	标准偏差 s=

五、思考题

　　1. 分析该实验产生误差的主要来源。

　　2. 实验所用的容量瓶是否要用 0.10mol/L 醋酸溶液润洗？烧杯是否要润洗？

六、注意事项

　　1. 烧杯保持干燥，操作时溶液不能溅到外面。

　　2. 四个烧杯在同一台仪器上测定其 pH 值。

实验 6　分光光度法测定碘化铅溶度积常数

一、实验目的

　　1. 掌握分光光度法测定溶度积常数的原理和方法。

　　2. 学会 721 型分光光度计的使用。

二、实验原理

　　碘化铅是难溶电解质，在它的饱和溶液中存在着沉淀-溶解平衡：

$$PbI_2(s) \Longrightarrow Pb^{2+}(aq) + 2I^-(aq)$$

其溶度积常数：

$$K_{sp}^{\ominus}(PbI_2) = [c(Pb^{2+})][c(I^-)]^2$$

　　在一定温度下，只要测出 PbI_2 饱和溶液中 $c(I^-)$ 和 $c(Pb^{2+})$，就可以求得 $K_{sp}^{\ominus}(PbI_2)$。

　　实验采用分光光度法测定 PbI_2 的溶度积常数。原理是在酸性条件下用 $NaNO_2$ 将 I^- 氧化为 I_2，I_2 在水溶液中呈棕黄色，这样就可以用 721 型分光光度计测定其吸光度。以测得的吸光度 A 为纵坐标，以相应的 $c(I^-)$ 浓度为横坐标，绘制 A-$c(I^-)$ 标准曲线。由标准曲线

可查出对应的 $c(I^-)$，这样即可得到饱和溶液中 $c(I^-)$。再根据 $Pb(NO_3)_2$ 溶液和 KI 溶液的初始浓度及沉淀反应中 Pb^{2+} 与 I^- 的化学计量关系，计算出饱和溶液中 $c(Pb^{2+})$。这样即可计算出 PbI_2 的溶度积常数。

$$2KI+2NaNO_2+4HCl \longrightarrow I_2+2NO\uparrow+2KCl+2NaCl+2H_2O$$

$$Pb(NO_3)_2+2KI \longrightarrow PbI_2\downarrow+2KNO_3$$

三、仪器、药品及材料

仪器：721 型分光光度计、2cm 比色皿、10mL 比色管、比色管架、5mL 刻度吸管 4 支 [分别贴上 0.0035mol/L KI、0.035mol/L KI、水、0.015mol/L Pb(NO₃)₂ 标签]、2mL 刻度吸管 4 支 [分别贴上 0.020mol/L NaNO₂，1 号、2 号、3 号 PbI₂ 饱和溶液标签]、小漏斗、洗瓶、洗耳球。

药品：6.0mol/L HCl、0.015mol/L Pb(NO₃)₂、0.035mol/L KI、0.0035mol/L KI、0.020mol/L NaNO₂。

材料：滤纸、镜头纸。

四、实验步骤

1. 绘制 A-$c(I^-)$ 标准曲线

取 5 支干净、干燥的 10mL 比色管，按表 3-11 用 5mL 刻度吸管分别加入 1.00mL、1.50mL、2.00mL、2.50mL、3.00mL 0.0035mol/L KI 溶液，加去离子水使每个比色管中溶液的总体积为 4.00mL，再分别加入 2.00mL 0.020mol/L NaNO₂ 溶液及 1 滴 6.0mol/L HCl 溶液。摇匀后，分别倒入 2cm 比色皿中。以水为参比溶液，在 525nm 波长下分别测定各溶液的吸光度 A。以测得的吸光度 A 为纵坐标，以相应的 $c(I^-)$ 浓度为横坐标，绘制出 A-$c(I^-)$ 标准曲线。实验数据记录在表 3-11 中。

表 3-11 绘制 A-$c(I^-)$ 标准曲线的原始实验数据

比色管编号	$V(KI)$/mL	$V(H_2O)$/mL	$c(I^-)\times10^{-4}$	吸光度 A
1	1.00	3.00		
2	1.50	2.50		
3	2.00	2.00		
4	2.50	1.50		
5	3.00	1.00		

2. 制备 PbI_2 饱和溶液和吸光度 A 的测定

（1）取 3 支干净、干燥的 10mL 比色管，按表 3-12 用 5mL 刻度吸管分别加入 0.015mol/L Pb(NO₃)₂ 溶液、0.035mol/L KI 溶液和去离子水，使每个比色管中溶液的总体积为 10.00mL。

（2）塞紧比色管塞，上下摇匀 2min，静置 1min 后过滤。

（3）另取 3 支干净、干燥的 10mL 比色管，接取上述制得的含有 PbI₂ 固体的饱和溶液的滤液，弃去沉淀。

（4）分别用 2mL 的刻度吸管吸取上述 1 号、2 号和 3 号 PbI₂ 饱和溶液 2.00mL 于另外 3 支干净、干燥的 10mL 比色管中，再分别加入 2.00mL 去离子水和 2.00mL 0.020mol/L NaNO₂ 溶液，最后再滴入 1 滴 6.0mol/L HCl 溶液。上下摇匀后，分别倒入 2cm 比色皿中，以水作参比溶液，在 525nm 波长下测定各溶液的吸光度 A。实验数据的记录、处理和计算均填在表 3-12 中。

表 3-12　PbI$_2$ 饱和溶液的制备和吸光度 A 的测定

比色管编号	1	2	3
$V[Pb(NO_3)_2]$/mL	5.00	5.00	5.00
$V(KI)$/mL	3.00	4.00	5.00
$V(H_2O)$/mL	2.00	1.00	0.00
$V_总$/mL	10.00	10.00	10.00
稀释后溶液的吸光度 A			
由标准曲线查得 $c(I^-)$/(mol/L)			
平衡时饱和溶液中 $c(I^-)$/(mol/L)			
初始 $c(Pb^{2+})$/(mol/L)			
初始 $c(I^-)$/(mol/L)			
变化中 $c(I^-)$/(mol/L)			
变化中 $c(Pb^{2+})$/(mol/L)			
平衡时饱和溶液中 $c(Pb^{2+})$/(mol/L)			
$K_{sp}^{\ominus}(PbI_2)$			
$\overline{K_{sp}^{\ominus}}(PbI_2)=$		标准偏差 $s=$	

五、思考题

1. 如果使用湿的比色管配制标准曲线溶液和 PbI$_2$ 饱和溶液，对实验结果分别产生什么影响？

2. 比色时间过长，对测定的吸光度有无影响。

3. 写出使用 721 型分光光度计的简单步骤。

六、注意事项

1. 制得的含有 PbI$_2$ 固体的饱和溶液一定要干过滤。

2. 配制 A-c（I$^-$）标准曲线用 0.0035mol/L KI 溶液；配制 PbI$_2$ 饱和溶液用 0.035mol/L KI 溶液。

3. 吸每种溶液都要用相应的刻度吸管，千万不能混淆。

实验 7　银氨配离子配位数和稳定常数的测定

一、实验目的

1. 掌握配位平衡和沉淀-溶解平衡原理测定 $[Ag(NH_3)_n]^+$ 的配位数 n 和稳定常数 $K_f^{\ominus}$（稳）的方法。

2. 熟练掌握滴定管的使用和滴定操作。

3. 练习作图法处理实验数据。

二、实验原理

在硝酸银溶液中加入过量氨水，即生成稳定的 $[Ag(NH_3)_n]^+$。再往溶液中逐滴滴入溴化钾溶液，直到刚刚开始出现淡黄色的 AgBr 沉淀（或混浊）为止。这时混合溶液中同时存在着如下的配位平衡和沉淀-溶解平衡。

$$Ag^+(aq)+nNH_3(aq)\rightleftharpoons[Ag(NH_3)_n]^+(aq) \tag{1}$$

$$K_f^{\ominus}(稳) = \frac{[Ag(NH_3)_n]^+}{[Ag^+] \cdot [NH_3]^n}$$

$$AgBr(s) \Longrightarrow Ag^+(aq) + Br(aq) \tag{2}$$

$$K_{sp}^{\ominus} = [Ag^+] \cdot [Br^-]$$

配位平衡加沉淀-溶解平衡即式(1)+式(2)得：

$$nNH_3(aq) + AgBr(s) \Longrightarrow [Ag(NH_3)_n]^+(aq) + Br^-(aq)$$

$$K^{\ominus} = \frac{[Ag(NH_3)_n]^+ \cdot [Br^-]}{[NH_3]^n} = K_f^{\ominus}(稳) \cdot K_{sp}^{\ominus} \tag{3}$$

式(3)中$[Ag(NH_3)_n]^+$、$[Br^-]$和$[NH_3]$均为平衡浓度，可近似地按以下方法计算求得。

假设在氨水大大过量的条件下，系统中只生成单核配离子$[Ag(NH_3)_n]^+$和 AgBr 沉淀，没有其他副反应发生。每份混合溶液中最初取用的 $AgNO_3$ 溶液的体积 V_{Ag^+} 均相同，浓度为$[Ag^+]_0$。每份加入的过量氨水和 KBr 溶液的体积分别为 V_{NH_3} 和 V_{Br^-}，其浓度分别为$[NH_3]_0$和$[Br^-]_0$，混合溶液的总体积为 $V_总$，则混合并达到平衡时：

$$[Ag(NH_3)_n]^+ = \frac{[Ag^+]_0 \cdot V_{Ag^+}}{V_总} \tag{4}$$

$$[Br^-] = \frac{[Br^-]_0 \cdot V_{Br^-}}{V_总} \tag{5}$$

$$[NH_3] = \frac{[NH_3]_0 \cdot V_{NH_3}}{V_总} \tag{6}$$

将式(4)、式(5)、式(6)代入式(3)，整理后得：

$$V_{Br^-} = \frac{K_f^{\ominus}(稳) \cdot K_{sp}^{\ominus} \cdot (\frac{[NH_3]_0}{V_总})^n}{\dfrac{[Ag^+]_0 \cdot V_{Ag^+}}{V_总} \cdot \dfrac{[Br^-]_0}{V_总}} \times V_{NH_3}^n \tag{7}$$

式(7)等号右边除 $V_{NH_3}^n$ 外，其余各项均为已知量或常数，故式(7)可改写为：

$$V_{Br^-} = K' \times V_{NH_3}^n \tag{8}$$

将式(8)两边取对数得直线方程：$\lg V_{Br^-} = n\lg V_{NH_3} + \lg K'$

以 $\lg V_{Br^-}$ 为纵坐标，$\lg V_{NH_3}$ 为横坐标作图，求出该直线的斜率 n，取最接近的整数，即得$[Ag(NH_3)_n]^+$的配位数 n。由直线在 $\lg V_{Br^-}$ 纵坐标轴上的截距为 $\lg K'$，这样就求出了 K'，再根据式(7)，即可求得 $K_f^{\ominus}(稳)$。

三、仪器、药品及材料

仪器：125mL 锥形瓶、10mL 移液管、20mL 量筒、50mL 量筒、25mL 酸式滴定管、滴定台。

药品：2.0mol/L $NH_3 \cdot H_2O$、0.01000mol/L $AgNO_3$ 标准溶液、0.01000mol/L KBr 标准溶液。

材料：坐标纸。

四、实验步骤

1. 用 10mL 移液管准确地取 0.01000mol/L $AgNO_3$ 溶液 10.00mL 于锥形瓶中，再分别加入蒸馏水 20.0mL 和 2.0mol/L $NH_3 \cdot H_2O$ 20.0mL，混合均匀，然后在不断振荡下，从酸式滴定管中逐滴滴入 0.01000mol/L KBr 标准溶液，直到刚产生的 AgBr 沉淀（或混浊）不再消失即为滴定终点。将滴定时消耗的 KBr 标准溶液的体积 V_{Br^-} 记录在表 3-13 中，并计算

出溶液的总体积 $V_\text{总}$。

2. 用同样方法按表 3-13 的用量重复上述操作 6 次。在进行重复操作中，当滴定接近终点时应加入适量蒸馏水，继续滴定至终点，使溶液的总体积与第一次测定的总体积基本相同，记录滴定终点时所消耗的 KBr 标准溶液的体积 V_{Br^-}。

以 $\lg V_{Br^-}$ 为纵坐标，$\lg V_{NH_3}$ 为横坐标作图，求出直线的斜率 n，即得 $[Ag(NH_3)_n]^+$ 的配位数 n。直线在纵坐标轴上的截距为 $\lg K'$，这样就求出了 K'，再根据式（7），即可求得 $K_f^\ominus$（稳）。

表 3-13 $[Ag(NH_3)_n]^+$ 的配位数 n 和 $K_f^\ominus$（稳）测定的实验数据

实验编号	V_{Ag^+}/mL	V_{NH_3}/mL	V_{Br^-}/mL	V_{H_2O}/mL	$V_\text{总}$/mL	$\lg V_{NH_3}$	$\lg V_{Br^-}$
1	10.00	20.0		20.0			
2	10.00	17.5		22.5			
3	10.00	15.0		25.0			
4	10.00	12.5		27.5			
5	10.00	10.0		30.0			
6	10.00	7.5		32.5			
7	10.00	5.0		35.0			

五、思考题

1. 在计算 $[Ag(NH_3)_n]^+$、$[Br^-]$ 和 $[NH_3]$ 平衡浓度时，为什么可以忽略生成 AgBr 沉淀时所消耗的 Ag^+ 和 Br^- 的浓度，同时也可以忽略 $[Ag(NH_3)_n]^+$ 解离出来的 Ag^+ 浓度，以及生成 $[Ag(NH_3)_n]^+$ 时所消耗的 NH_3 的浓度。

2. 测定 $[Ag(NH_3)_n]^+$ 的配位数 n 和稳定常数 $K_f^\ominus$（稳）的理论依据是什么？如何利用作图法处理实验数据。

3. 影响配合物稳定常数的因素有哪些？

4. 由 $K_f^\ominus$（稳）和初始浓度求 $[Ag(NH_3)_n]^+$、$[Br^-]$ 和 $[NH_3]$ 平衡浓度，并求出 $K^\ominus$。

5. $AgNO_3$ 溶液为什么要放在棕色瓶中？还有哪些试剂应放在棕色瓶中？

六、注意事项

1. 实验中所用的锥形瓶开始时必须是干燥的，而且在滴定过程中，也不要用水洗瓶壁。

2. $NH_3 \cdot H_2O$ 必须新标定，若放置过久要重新标定。

3. 本实验成功的关键是滴定终点混浊的观察和判断，1 号测定的准确性最为重要，可先练习 1～2 次，以熟悉滴定终点的判断。

4. 往锥形瓶中滴加溴化钾溶液时，要逐滴滴入，不能成线，同时要不断地摇动锥形瓶。当锥形瓶中刚产生的 AgBr 沉淀（或混浊）不再消失时要立即停止滴定，防止溴化钾溶液过量加入。

5. 作图法处理实验数据要：①选择合适的坐标系；②点要清晰；③求 n 时从线上取点。

实验 8　酸碱平衡

一、实验目的

1. 掌握同离子效应对弱酸、弱碱解离平衡移动的影响。

    2. 掌握盐类水解反应及平衡移动的基本原理。

    3. 掌握缓冲溶液的配制和缓冲性能。

    4. 学会试管实验的基本操作。

二、实验原理

    强电解质在水中全部解离，弱电解质在水中部分解离。在弱电解质溶液中，加入与弱电解质含有相同离子的易溶强电解质，解离平衡就向生成弱电解质的方向移动，使弱电解质的解离度降低，这种效应称为同离子效应。

    由弱酸-弱酸盐（如 HAc 和 NaAc）或弱碱-弱碱盐（如 $NH_3 \cdot H_2O$ 和 NH_4Cl）组成的溶液，加入少量的强酸或强碱时，溶液的 pH 值仅有微小变化。这种具有保持溶液 pH 值相对稳定性能的溶液称为缓冲溶液。

    缓冲溶液的缓冲能力与组成缓冲溶液的浓度有关，浓度越大，其缓冲能力也越强。同时也与构成弱酸与它的共轭碱（或弱碱与它的共轭酸）的比值有关，当比值接近 1 时，缓冲能力最强。

    强酸强碱盐在水中不发生水解反应。其他各类盐在水中均发生水解而使溶液呈酸性或碱性。强酸弱碱盐水解溶液呈酸性；强碱弱酸盐水解溶液呈碱性；弱酸弱碱盐水解溶液的酸碱性取决于相应弱酸弱碱的相对强弱。有些盐水解后只能改变溶液的 pH 值，有些盐水解后既能改变溶液的 pH 值又能产生沉淀或气体。盐类水解同样也受到同离子效应的影响。加入水解产物可抑制水解反应，稀释水解盐溶液或提高温度可促进水解反应。

三、仪器、药品及材料

    仪器：试管、试管架、试管夹、玻璃棒、药匙、酒精灯、洗瓶。

    药品：0.1mol/L HAc、1mol/L HAc、0.1mol/L $NH_3 \cdot H_2O$、2mol/L $NH_3 \cdot H_2O$、0.1mol/L $MgCl_2$、1mol/L Na_2CO_3、1mol/L $FeCl_3$、1mol/L NaCl、1mol/L NH_4Ac、1mol/L HCl、6mol/L HCl、1mol/L NaAc、1mol/L NaOH、NaAc（s）、NH_4Cl（s）、$SbCl_3$（s）、甲基橙指示剂、酚酞指示剂。

    材料：pH 试纸。

四、实验步骤

    1. 同离子效应

    （1）在两支试管中各加入 1mL 0.1mol/L HAc 溶液和 1 滴甲基橙指示剂，混匀，观察溶液颜色。在其中一支试管中加入少量固体 NaAc，观察溶液颜色变化，并解释该现象。

    （2）在一支试管中加入 1mL 0.1mol/L $NH_3 \cdot H_2O$ 溶液和 1 滴酚酞指示剂，混匀，观察溶液颜色。再加入少量固体 NH_4Cl，观察溶液颜色变化，并解释该现象。

    （3）在两支试管中各加入 1mL 0.1mol/L $MgCl_2$ 溶液，其中一支试管中加入少量固体 NH_4Cl，然后分别在这两支试管中各加入 1mL 2mol/L $NH_3 \cdot H_2O$ 溶液，观察这两支试管中发生的变化有何不同，并解释该现象。

    2. 盐类水解

    （1）取四支试管分别加入 1mol/L Na_2CO_3、1mol/L $FeCl_3$、1mol/L NaCl、1mol/L NH_4Ac 溶液各 0.5mL，用 pH 试纸测定其酸碱性，说出哪些盐发生了水解反应，写出离子反应方程式。

    （2）取少量 $SbCl_3$ 固体于试管中，加入 1mL 去离子水，有何现象？用 pH 试纸测其酸碱性，滴加 6mol/L HCl 使溶液刚好澄清，再加水稀释又有何现象？用平衡移动原理解释这一现象，写出反应方程式。

（3）在试管中加入 1mL 1mol/L NaAc 溶液和 1 滴酚酞指示剂，观察溶液的颜色，再将试管中溶液加热至沸腾，溶液的颜色有何变化？解释该现象。

3. 缓冲溶液的配制和性质

（1）在小烧杯中加入 5mL 1mol/L HAc 溶液和 5mL 1mol/L NaAc 溶液配制成 pH=4.0 的缓冲溶液，用 pH 试纸测定其 pH 值，并与理论值比较。

（2）将上述缓冲溶液分在两支试管中，一份滴入 1 滴 1mol/L HCl，另一份滴入 1 滴 1mol/L NaOH，用 pH 试纸分别测定其 pH 值。

（3）取两支试管各加入 1mL 去离子水，用 pH 试纸测定其 pH 值，一支试管中加入 1 滴 1mol/L HCl，另一支试管中加入 1 滴 1mol/L NaOH，再用 pH 试纸分别测定其 pH 值。

根据上述实验结果，请说明缓冲溶液的缓冲性能。

五、思考题

1. 什么是同离子效应？哪几个实验验证了同离子效应？
2. 影响盐类水解的因素有哪些？
3. 缓冲溶液 pH 值的决定因素是什么？

六、注意事项

1. 如何取固体试剂参见本书第一章五（二）1；如何取液体试剂参见本书第一章五（二）2；取试剂时千万不能相互污染。
2. 正确使用 pH 试纸。
3. 注意酒精灯的正确使用。

实验 9　配位化合物性质和沉淀溶解平衡

一、实验目的

1. 了解配合物的生成和组成、配离子与简单离子的区别以及配离子的稳定性。
2. 了解配位平衡与其他平衡之间的关系。
3. 理解沉淀生成与溶解、分步沉淀及沉淀转化的条件。
4. 学习电动离心机的使用和离心分离的操作方法。

二、实验原理

1. 配位化合物

由中心离子与配位体按一定的组成和空间构型以配位键结合而形成的化合物称为配位化合物（简称配合物）。配合物的形成过程是一个可逆反应，例如：$Cu^{2+} + 4NH_3 \rightleftharpoons [Cu(NH_3)_4]^{2+}$。增加配位剂（如 NH_3）的浓度，该平衡就向生成配离子的方向移动；降低配位剂的浓度，平衡就向配离子解离的方向移动。

配合物一般可分成内界和外界两个组成部分。中心离子和配位体组成配合物的内界，在配合物的化学式中一般用方括号表示内界，方括号以外的部分为外界。内界和外界以离子键结合，在水溶液中完全解离。配位体在水溶液中分步解离，其行为类似于弱电解质。配位体在溶液中稳定性的高低可通过配位体稳定常数的大小来反映。对于同类型的配合物，$K_{稳}$（稳）数值愈大，配合物的稳定性就愈好。

在一个配合物的溶液中，加入一种可以与中心离子结合生成难溶物的沉淀剂，就会导致溶液中未配位的金属离子的浓度降低，促进配离子的解离。反之，一种配位剂若能与金属离子结合生成稳定的配合物，并且此配合物是易溶性的，则加入足量的配位剂就可以使该金属离子的难溶盐溶解。若先加入配位剂而后加入沉淀剂，就可以阻止沉淀的生成。沉淀剂与配位剂对金属离子的竞争结果取决于相应难溶物的 K_{sp} 和相应配离子的 $K_{稳}$ 的相对大小。

有些配合物具有较高的稳定性，有些配合物的稳定性较差。大部分配合物都具有颜色。配合物中心原子的配位数有大有小。配位数不同的配合物其空间构型也不同，因而各种配合物的性质存在着很大的差别。

2. 沉淀-溶解平衡

在难溶强电解质晶体的饱和溶液中，难溶强电解质与溶液中相应离子间的多相离子平衡，称为沉淀-溶解平衡。各离子浓度幂的乘积为一常数，称为溶度积常数 K_{sp}。各离子浓度幂的乘积，称为反应商 Q：

$$A_mB_n(s) \rightleftharpoons mA^{n+}(aq) + nB^{m-}(aq)$$

$$K_{sp} = [A^{n+}]^m \cdot [B^{m-}]^n$$

$$Q = (A^{n+})^m \cdot (B^{m-})^n$$

沉淀的生成和溶解可以根据溶度积规则来判断：

$Q > K_{sp}$，溶液为过饱和溶液，平衡向生成沉淀的方向移动，直到形成该温度下的饱和溶液而达到新的平衡，有沉淀生成。

$Q = K_{sp}$，溶液为饱和溶液，饱和溶液与沉淀物处于动态平衡状态，没有沉淀生成。

$Q < K_{sp}$，溶液为不饱和溶液，若体系中有固体存在，平衡就向沉淀溶解的方向移动，直到形成该温度下的饱和溶液而达到新的平衡，沉淀溶解。

溶液 pH 的改变、配合物的形成或发生氧化还原反应，都会引起难溶电解质溶解度的改变。

对于相同类型的难溶电解质，应根据 K_{sp} 的相对大小判断沉淀的先后顺序，通常 K_{sp} 小的先沉淀。对于不同类型的难溶电解质，则要计算确定哪个需要的沉淀剂的浓度小，哪个就先沉淀。

两种沉淀间相互转化的难易程度可根据沉淀转化反应的标准平衡常数确定。

三、仪器、药品及材料

仪器：点滴板、试管、试管架、酒精灯、电动离心机。

药品：2mol/L HCl、2mol/L H_2SO_4、6mol/L HNO_3、3% H_2O_2、2mol/L NaOH、2mol/L $NH_3 \cdot H_2O$、6mol/L $NH_3 \cdot H_2O$、0.1mol/L KBr、0.02mol/L KI、0.1mol/L KI、2.0mol/L KI、0.1mol/L K_2CrO_4、0.1mol/L KSCN、0.1mol/L NaCl、0.1mol/L Na_2S、0.1mol/L Na_2H_2Y、0.1mol/L $Na_2S_2O_3$、1mol/L NH_4Cl、0.1mol/L $MgCl_2$、0.1mol/L $CaCl_2$、0.1mol/L $Pb(NO_3)_2$、0.01mol/L $Pb(NO_3)_2$、0.1mol/L $CoCl_2$、0.1mol/L $FeCl_3$、0.1mol/L $AgNO_3$、0.1mol/L $NiSO_4$、0.1mol/L $NH_4Fe(SO_4)_2$、0.1mol/L $K_3[Fe(CN)_6]$、0.1mol/L $BaCl_2$、0.1mol/L $CuSO_4$、1% 丁二酮肟、酚酞指示剂、（Ba^{2+}、Zn^{2+}、Fe^{3+}、Ag^+）混合液。

材料：pH 试纸。

四、实验步骤

1. 配离子与简单离子、复盐的区别

取三支试管分别滴加 2 滴 0.1mol/L $K_3[Fe(CN)_6]$ 溶液、0.1mol/L $NH_4Fe(SO_4)_2$ 溶液和 0.1mol/L $FeCl_3$ 溶液，再分别滴加 2 滴 0.1mol/L KSCN 溶液，观察三支试管中溶液颜色的变化，并解释该现象。

2. 配离子的生成

（1）简单配合物的生成　取 1mL 0.1mol/L $CuSO_4$ 溶液，逐滴加入 2mol/L $NH_3 \cdot H_2O$ 至生成的沉淀消失变为深蓝色的溶液。将此溶液分为两份，一份逐滴少量加入 2mol/L NaOH 溶液，另一份逐滴少量加入 0.1mol/L $BaCl_2$ 溶液，观察现象。指出硫酸四氨合铜的内界、外界、中心离子和配位体。

（2）螯合物的生成　在白色点滴板上滴入 2 滴 0.1mol/L $NiSO_4$ 溶液、1 滴 6mol/L $NH_3 \cdot H_2O$ 和 1 滴 1% 的丁二酮肟酒精溶液，观察生成沉淀的颜色。此反应可用来鉴定 Ni^{2+}。

3. 配合物的稳定性

在一支离心试管中加入 5 滴 0.1mol/L $AgNO_3$ 溶液和 5 滴 0.1mol/L NaCl 溶液，离心分离，弃去清液，然后加入 6mol/L $NH_3 \cdot H_2O$ 至沉淀刚好溶解。

在上述溶液中加 1 滴 0.1mol/L NaCl 溶液，观察是否有白色的 AgCl 沉淀生成，再加 1 滴 0.1mol/L KBr 溶液，观察沉淀的颜色，继续加入 0.1mol/L KBr 溶液，至不再产生沉淀为止。离心分离，弃去清液，在沉淀中加入 0.1mol/L $Na_2S_2O_3$ 溶液，振荡试管至沉淀刚好溶解为止。

往上述溶液中加 1 滴 0.1mol/L KBr 溶液，观察是否有淡黄色的 AgBr 沉淀生成，再加 1 滴 0.1mol/L KI 溶液，观察 AgI 沉淀的颜色，继续加入 0.1mol/L KI 溶液，至不再产生沉淀为止。离心分离，弃去清液，在沉淀中加入 2mol/L KI 溶液，振荡试管至沉淀刚好溶解为止。

根据以上实验结果，比较 AgCl、AgBr、AgI 的 K_{sp} 大小以及 $[Ag(NH_3)_2]^+$、$[Ag(S_2O_3)_2]^{3-}$ 和 $[AgI_2]^-$ 配离子稳定性的大小。

4. 配合物形成时溶液 pH 的改变

取两支试管分别加入 0.1mol/L $CaCl_2$ 溶液和 0.1mol/L Na_2H_2Y 溶液各 1mL，各加入 1 滴酚酞指示剂，两支试管均用 1mol/L $NH_3 \cdot H_2O$ 调到溶液刚刚变红。再把两溶液混合后，溶液的颜色有何变化？说明溶液 pH 值减少的原因。

5. 配合物形成时中心离子氧化还原性的改变

（1）在试管中加入 5 滴 0.1mol/L $CoCl_2$ 溶液和 5 滴 3% H_2O_2，H_2O_2 能否把 Co^{2+} 氧化成 Co^{3+}？

（2）在试管中加入 5 滴 0.1mol/L $CoCl_2$ 溶液，滴加 6mol/L $NH_3 \cdot H_2O$ 至沉淀溶解，再滴加 3% H_2O_2，观察溶液颜色的变化。此时钴的氧化数是多少？形成氨配合物对 Co^{2+} 的还原性有何影响。

由上述（1）和（2）两个实验可以得出何结论？

6. 沉淀的生成与溶解（自行设计实验）

先制取 $Mg(OH)_2$、PbI_2 和 PbS 沉淀，然后按下面要求将它们分别溶解，写出反应方程式。

（1）利用生成弱电解质的方法溶解 $Mg(OH)_2$ 沉淀。

（2）利用生成配离子的方法溶解 PbI_2 沉淀。

（3）利用氧化还原反应的方法溶解 PbS 沉淀。

7. 分步沉淀（强调：慢慢滴加并不断振荡试管）

在离心试管中加入 2 滴 $0.1mol/L$ Na_2S 溶液和 2 滴 $0.1mol/L$ K_2CrO_4 溶液，用去离子水稀释至 5mL，摇匀。滴入 1 滴 $0.1mol/L$ $Pb(NO_3)_2$ 溶液，观察生成沉淀的颜色，离心分离。然后再向清液中继续滴加 $0.1mol/L$ $Pb(NO_3)_2$ 溶液，将会出现什么颜色的沉淀？根据溶度积数据解释，并写出有关反应方程式。

8. 沉淀的转化

取 2 滴 $0.1mol/L$ $AgNO_3$ 溶液，加入 2 滴 $0.1mol/L$ K_2CrO_4 溶液，有何种颜色的沉淀生成？离心分离，弃去清液，向沉淀中逐滴加入 $0.1mol/L$ NaCl 溶液，有何现象？解释原因。

9. 沉淀-配位溶解法分离混合阳离子

某溶液中含有 Ba^{2+}、Ag^+、Fe^{3+}、Zn^{2+} 四种离子，试设计方法分离之。写出有关反应方程式。

$$\begin{cases} Ba^{2+}(aq) \\ Ag^+(aq) \\ Fe^{3+}(aq) \\ Zn^{2+}(aq) \end{cases} \xrightarrow{?} \begin{cases} \cdots\cdots(aq) \\ \cdots\cdots(aq) \\ \cdots\cdots(aq) \\ \cdots\cdots(s) \end{cases} \xrightarrow{?} \begin{cases} \cdots\cdots(aq) \\ \cdots\cdots(aq) \\ \cdots\cdots(s) \end{cases} \xrightarrow{?} \begin{cases} \cdots\cdots(s) \\ \cdots\cdots(s) \end{cases} \xrightarrow{?} \begin{cases} \cdots\cdots(aq) \\ \cdots\cdots(s) \end{cases}$$

五、思考题

1. 比较 $[FeCl_4]^-$、$[Fe(NCS)_6]^{3-}$ 和 $[FeF_6]^{3-}$ 的稳定性（查配离子的标准稳定常数）。

2. 比较 $[Ag(NH_3)_2]^+$、$[Ag(S_2O_3)_2]^{3-}$ 和 $[AgI_2]^-$ 的稳定性。

3. KSCN 溶液检查不出 $K_3[Fe(CN)_6]$ 溶液中的 Fe^{3+}，是否表明溶液中无游离的 Fe^{3+} 存在？

4. 如何正确地使用电动离心机？

六、注意事项

1. 进行本实验时，凡是生成沉淀的步骤，沉淀量要少，即以刚生成沉淀为宜。凡是使沉淀溶解的步骤，加入溶液的量以能使沉淀刚好溶解为宜。因此溶液必须逐滴加入，且边加边振荡试管。若试管中溶液量太多，可在生成沉淀后，先离心分离弃去清液，再继续进行实验。

2. 离心试管不能直接加热，可采用水浴加热。普通试管不能放入离心机使用。

实验 10　电化学基础——氧化还原反应

一、实验目的

1. 加深理解电极电势与氧化还原反应的关系。

2. 了解浓度、酸度、温度和催化剂对氧化还原反应的影响。

3. 了解原电池的装置、学会用酸度计测定电动势以及浓度对电极电势的影响。

二、实验原理

参加反应的物质间有电子转移或偏移的化学反应称为氧化还原反应。氧化还原反应是物质得失电子的过程，反映在元素氧化数发生变化。还原剂失去电子被氧化，元素的氧化值增大。氧化剂得到电子被还原，元素的氧化值减小。氧化还原反应是同时进行的，其中得失电子数相等。

物质氧化还原能力的大小可以根据相应电对电极电势的高低来判断。电极电势越高，电对中氧化型物质的氧化能力越强。电极电势越低，电对中还原型物质的还原能力越强。根据电极电势的高低可以判断氧化还原反应的方向。当氧化剂电对的电极电势大于还原剂电对的电极电势时，反应能正向自发进行。

由电极反应的能斯特（Nernst）方程式可以看出浓度对电极电势的影响，298.15K 时，

$$E = E^{\ominus} + \frac{0.0592V}{z} \lg \frac{c(氧化型)}{c(还原型)}$$

溶液的 pH 会影响某些电对的电极电势或氧化还原反应的方向。介质的酸碱性也会影响某些氧化还原反应的产物。例如，在酸性、中性和强碱性溶液中，MnO_4^- 的还原产物分别为 Mn^{2+}、MnO_2 和 MnO_4^{2-}。溶液的浓度、温度和催化剂均影响氧化还原反应的速率。

原电池是利用氧化还原反应将化学能转变为电能的装置。以饱和甘汞电极为参比电极，与待测电极组成原电池，用电位差计（或酸度计）可测定原电池的电动势，然后计算出待测电极的电极电势。同样，也可以用酸度计测定铜-锌原电池的电动势。当生成配合物时，会引起电极电势和电动势发生改变。

三、仪器、药品及材料

仪器：雷磁 pH-3S 型酸度计、酒精灯、水浴锅、饱和甘汞电极、锌电极、铜电极、试管、试管架、点滴板、50mL 烧杯。

药品：2mol/L H_2SO_4、2mol/L HAc、2mol/L HNO_3、浓 HNO_3、0.1mol/L $H_2C_2O_4$、3% H_2O_2、2mol/L NaOH、6mol/L $NH_3 \cdot H_2O$、0.1mol/L $MnSO_4$、0.1mol/L $AgNO_3$、0.1mol/L KI、0.1mol/L KIO_3、0.1mol/L KBr、0.1mol/L $K_2Cr_2O_7$、0.01mol/L $KMnO_4$、0.1mol/L Na_2SO_3、锌粒、淀粉溶液、$(NH_4)_2S_2O_8$(s)、0.1mol/L $FeSO_4$、0.1mol/L $FeCl_3$、0.005 mol/L $CuSO_4$、1.0mol/L $ZnSO_4$。

材料：砂纸、导线、含饱和 KCl 的盐桥。

四、实验步骤

1. 电极电势与氧化还原反应

（1）取 1 支试管加入 1mL 0.1mol/L KI 溶液和 5 滴 0.1mol/L $FeCl_3$ 溶液，有何现象？再加入 1mL 淀粉溶液，振荡试管，溶液颜色有何变化？写出反应方程式。

（2）用 0.1mol/L KBr 溶液代替 0.1mol/L KI 溶液重复上述实验，能否发生反应？

由上述实验，比较 $E^{\ominus}(Fe^{3+}/Fe^{2+})$、$E^{\ominus}(Br_2/Br^-)$ 和 $E^{\ominus}(I_2/I^-)$ 电对电极电势的相对大小，指出最强的氧化剂和最强的还原剂。

2. 常见的氧化剂与还原剂的反应

（1）在试管中加入 1mL 0.1mol/L KI 溶液和数滴 2mol/L H_2SO_4 溶液，混匀，再逐滴加入 3% H_2O_2 溶液，观察现象，指出反应的氧化剂与还原剂。

（2）在试管中加入 1mL 0.01mol/L $KMnO_4$ 溶液和数滴 2mol/L H_2SO_4 溶液，混匀，

再逐滴加入 3％ H_2O_2 溶液，观察现象，指出反应的氧化剂与还原剂。

（3）在试管中加入 5mL 0.1mol/L $K_2Cr_2O_7$ 溶液和 2 滴 2mol/L H_2SO_4 溶液，混匀，再逐滴加入 0.1mol/L Na_2SO_3 溶液，观察现象，指出反应的氧化剂与还原剂。

（4）在试管中加入 5mL 0.1mol/L $K_2Cr_2O_7$ 溶液和 2 滴 2mol/L H_2SO_4 溶液，混匀，再逐滴加入 0.1mol/L $FeSO_4$ 溶液，观察现象，指出反应的氧化剂与还原剂。

3. 影响氧化还原反应的因素

（1）浓度对氧化还原反应速率及产物的影响　取两支试管各放入一粒锌粒，分别加 1mL 浓 HNO_3 和 2mol/L HNO_3 溶液，观察所发生的现象：①它们的反应速率有何不同。②它们的反应产物有何不同。

（2）酸度对氧化还原反应速率的影响　取两支试管各加入 1mL 0.1mol/L KBr 溶液，再分别各加 10 滴 2mol/L H_2SO_4 和 2mol/L HAc 溶液，最后再分别滴入 1 滴 0.01mol/L $KMnO_4$ 溶液，观察并比较两支试管中紫红色褪色的快慢。写出反应方程式。

（3）酸碱性对氧化还原反应产物的影响　在白色点滴板的三个孔穴中各滴入 1 滴 0.01mol/L $KMnO_4$ 溶液，分别滴入 1 滴 2mol/L H_2SO_4 溶液、1 滴蒸馏水和 1 滴 2mol/L NaOH 溶液，最后再分别滴入 1 滴 0.1mol/L Na_2SO_3 溶液。观察产物有何不同。写出反应方程式。

（4）酸碱性对氧化还原反应方向的影响　在一支试管中加入 10 滴 0.1mol/L KIO_3 溶液与 10 滴 0.1mol/L KI 溶液，混匀，观察溶液有无变化。再滴入几滴 2mol/L H_2SO_4 溶液，溶液有何变化。再滴入 2mol/L NaOH 溶液使溶液呈碱性，又有何现象产生。

（5）温度对氧化还原反应速率的影响　在两支试管中各加入 1 滴 0.01mol/L $KMnO_4$ 溶液、3 滴 2mol/L H_2SO_4 溶液和 1mL 0.1mol/L $H_2C_2O_4$ 溶液。将其中一支试管放入 80℃ 水浴锅中加热，另一支试管不加热，观察两支试管中溶液褪色的快慢，解释现象并写出反应方程式。

（6）催化剂对氧化还原反应速率的影响　在试管中加入 2 滴 0.1mol/L $MnSO_4$ 溶液和 1mL 2mol/L H_2SO_4 溶液，再加入少量固体过二硫酸铵，充分振荡混匀后分成两份。一份溶液中加 1 滴 0.1mol/L $AgNO_3$ 溶液，另一份溶液中未加 0.1mol/L $AgNO_3$ 溶液，水浴锅中加热后静置片刻，观察两支试管中溶液颜色有何不同，写出反应方程式。

4. 原电池电动势的测定

（1）在 50mL 烧杯中加入 25mL 1.0mol/L $ZnSO_4$ 溶液，然后插入饱和甘汞电极和锌电极，组成原电池。将甘汞电极用导线与 pH 计的"＋"极相连，锌电极用导线与 pH 计的"－"极相接。用 pH 计的"mV"挡，测量其电动势，计算 $E^{\ominus}(Zn^{2+}/Zn)$。（已知饱和甘汞电极的 $E=0.2415V$）

（2）在另一个 50mL 烧杯中加入 25mL 0.005mol/L $CuSO_4$ 溶液，插入铜电极，与（1）中的锌电极组成原电池，两烧杯中的溶液用含饱和 KCl 的盐桥连接，将铜电极用导线与 pH 计的"＋"极相接，锌电极用导线与 pH 计的"－"极相接，测量其电动势，计算 $E(Cu^{2+}/Cu)$ 和 $E^{\ominus}(Cu^{2+}/Cu)$。

（3）向 0.005mol/L $CuSO_4$ 溶液中滴入过量 6mol/L $NH_3 \cdot H_2O$ 至生成的沉淀溶解，形成深蓝色透明溶液 $[Cu(NH_3)_4]^{2+}$ 为止，再测量其电动势，计算 $E([Cu(NH_3)_4]^{2+}/Cu)$。

（4）再向 1.0mol/L $ZnSO_4$ 溶液中滴入过量 6mol/L $NH_3 \cdot H_2O$ 至生成的沉淀溶解形成 $[Zn(NH_3)_4]^{2+}$，测量其电动势，计算 $E([Zn(NH_3)_4]^{2+}/Zn)$。

比较以上四次测定结果，说明浓度对电极电势的影响。

五、思考题

1. 为什么 $K_2Cr_2O_7$ 能氧化浓盐酸中的氯离子，而不能氧化 NaCl 溶液中的氯离子？

2. H_2O_2 为什么既可作氧化剂又可作还原剂？写出有关电极反应，并说明 H_2O_2 在什么情况下可作氧化剂，在什么情况下可作还原剂。

3. 浓度、温度和催化剂对氧化还原反应的速率有何影响？在标准电位表上电位差值大的两电位，其氧化还原反应的反应速率是否一定很快？

4. 饱和甘汞电极与标准甘汞电极的电极电势是否相等？

5. 计算原电池$(-)$ Ag | AgCl(s) | KCl(0.01mol/L)‖AgNO₃(0.01mol/L) | Ag$(+)$（盐桥为含饱和 NH_4NO_3 溶液）的电动势。

六、注意事项

1. 盐桥的制法：称取 1g 琼脂，放在 100mL KCl 饱和溶液中浸泡一会儿，在不断搅拌下，加热煮成糊状，趁热倒入 U 形玻璃管中（管内不能留有气泡，否则会增加电阻），冷却即成。更为简便的方法可用 KCl 饱和溶液装满 U 形玻璃管中，两管口以小棉花球塞住（管内不能留有气泡），作为盐桥的使用。

2. 电极的处理：作为电极的锌片、铜片要用细砂纸擦干净，以免增大电阻。

3. 浓 HNO_3 与 Zn 反应有刺激性气体 NO_2 产生，必须在通风橱中进行。

第四章

无机化学元素化合物性质实验

实验 11　s 区元素（碱金属和碱土金属）

一、实验目的

1. 比较碱金属和碱土金属的活泼性。
2. 比较碱土金属氢氧化物的溶解性。
3. 比较镁、钙、钡的碳酸盐、硫酸盐、铬酸盐和草酸盐的溶解性。
4. 观察焰色反应并掌握其实验方法。

二、实验原理

钠在空气中燃烧生成过氧化钠。镁在空气中燃烧生成 MgO 和 Mg_3N_2，Mg_3N_2 遇水能生成氢氧化物，并放出氨气。碱金属和碱土金属（除铍外）都能与水反应生成氢氧化物同时放出氢气。反应的激烈程度随着金属性的增强而加剧。碱金属和碱土金属密度较小，由于它们易与空气或水反应，所以应保存在煤油或液体石蜡中以隔绝空气和水。

碱金属的绝大多数盐类均易溶于水。碱土金属的碳酸盐均难溶于水。

碱金属和碱土金属盐类的焰色反应特征颜色见表 4-1。

表 4-1　焰色反应特征颜色

盐类	锂	钠	钾	钙	锶	钡
颜色特征	红	黄	紫	橙	洋红	绿

三、仪器、药品及材料

仪器：镊子、瓷坩埚、50mL 烧杯、试管、试管架、小刀、酒精灯、离心机。

药品：2mol/L H_2SO_4、2mol/L HCl、浓 HCl、2mol/L HAc、2mol/L NaOH、0.01mol/L $KMnO_4$、1.0mol/L NaCl、0.1mol/L $MgCl_2$、0.5mol/L Na_2CO_3、0.1mol/L $CaCl_2$、0.5mol/L $CaCl_2$、0.1mol/L $BaCl_2$、0.5mol/L $BaCl_2$、0.5mol/L K_2CrO_4、0.5mol/L Na_2SO_4、0.5mol/L $(NH_4)_2C_2O_4$、1.0mol/L KCl、1.0mol/L LiCl、0.5mol/L $SrCl_2$、钠(s)、1‰酚酞指示剂。

材料：碎滤纸片、红色石蕊试纸、镍铬丝、砂纸、镁条、蓝色的钴玻璃片。

四、实验步骤

1. 碱金属和碱土金属活泼性的比较

（1）金属钠在空气中的燃烧反应　用镊子取一小块（绿豆大小）金属钠，用滤纸吸干表面上的煤油，切去表面氧化膜，立即放入干燥的瓷坩埚中，加热到钠刚开始燃烧时停止加热，观察反应现象及其产物的颜色和状态。加 2mL 去离子水溶解产物，再加 2 滴 1% 酚酞指示剂，观察溶液颜色。加 1 滴 2mol/L H_2SO_4 溶液酸化后，再加 1 滴 0.01mol/L $KMnO_4$ 溶液，观察反应现象，写出有关反应方程式。

（2）镁条在空气中的燃烧反应　取一根镁条，用砂纸除去表面的氧化膜，用镊子夹住直接放在酒精灯中燃烧，观察燃烧情况和所得产物。将产物转移到试管中，加 1mL 去离子水，立即用湿润的红色石蕊试纸放在试管口检验逸出的气体，试液中再加 1 滴 1% 酚酞指示剂，观察溶液颜色，写出有关反应方程式。

（3）钠与水的反应　在烧杯中加约 20mL 去离子水，取绿豆大小金属钠，用滤纸吸干煤油，放入水中，观察反应情况，检验反应后水溶液的酸碱性。

（4）镁条与水的反应　取一小段干净的镁条，放入盛有蒸馏水的试管中，观察反应情况。将试管加热至沸腾，是否有反应现象，检验反应后水溶液的酸碱性。

同周期的碱土金属与水反应不如碱金属激烈。

2. 碱土金属氢氧化物溶解性的比较

在三支试管中分别加入 1mL 0.1mol/L $MgCl_2$ 溶液、0.1mol/L $CaCl_2$ 溶液和 0.1mol/L $BaCl_2$ 溶液，再各加入 1mL 2mol/L NaOH 溶液，观察沉淀生成。根据沉淀的多少，比较这三种氢氧化物的溶解性。

3. 盐类的溶解性

（1）镁、钙和钡碳酸盐的生成和性质　在三支离心试管中分别加入 1mL 0.1mol/L $MgCl_2$ 溶液、0.1mol/L $CaCl_2$ 溶液和 0.1mol/L $BaCl_2$ 溶液，再各加入 1mL 0.5mol/L Na_2CO_3 溶液，观察现象。离心分离，弃去清液，检验各沉淀物是否溶于 2.0mol/L HAc 溶液。

（2）镁、钙和钡硫酸盐的生成和性质　在三支离心试管中分别加入 1mL 0.1mol/L $MgCl_2$ 溶液、0.1mol/L $CaCl_2$ 溶液和 0.1mol/L $BaCl_2$ 溶液，再各加入 1mL 0.5mol/L Na_2SO_4 溶液，观察有无沉淀产生。如有沉淀产生，再分别检验沉淀是否溶于 2.0mol/L HAc 溶液和 2.0mol/L HCl 溶液。比较 $MgSO_4$、$CaSO_4$ 和 $BaSO_4$ 溶解度的大小。

（3）镁、钙和钡铬酸盐的生成和性质　在三支离心试管中分别加入 1mL 0.1mol/L $MgCl_2$ 溶液、0.1mol/L $CaCl_2$ 溶液和 0.1mol/L $BaCl_2$ 溶液，再各加入 1mL 0.5mol/L K_2CrO_4 溶液，观察有无沉淀产生。如有沉淀产生，再分别检验沉淀是否溶于 2.0mol/L HAc 溶液和 2.0mol/L HCl 溶液。

（4）镁、钙和钡草酸盐的生成和性质　在三支离心试管中分别加入 1mL 0.1mol/L $MgCl_2$ 溶液、0.1mol/L $CaCl_2$ 溶液和 0.1mol/L $BaCl_2$ 溶液，再各加入 1mL 0.5mol/L $(NH_4)_2C_2O_4$ 溶液，观察有无沉淀产生。如有沉淀产生，再分别检验沉淀是否溶于 2.0mol/L HAc 溶液和 2.0mol/L HCl 溶液。

4. 焰色反应

取一根镍铬丝顶端弯成小圆环，蘸上浓 HCl 溶液，在煤气灯的氧化焰上灼烧，直至火焰不再呈现任何颜色。然后用洁净的镍铬丝蘸取 1.0mol/L LiCl 溶液，在煤气灯的氧化焰中灼烧，观察火焰颜色。用上述同样的操作，分别观察 1.0mol/L NaCl 溶液、1.0mol/L

KCl 溶液、0.5mol/L CaCl$_2$ 溶液、0.5mol/L SrCl$_2$ 溶液和 0.5mol/L BaCl$_2$ 溶液的焰色反应。

五、思考题

1. 钠和镁的标准电极电势相差不大（分别为 -2.71V 和 -2.37V），为什么两者与水反应的激烈程度却大不相同？

2. 为什么 BaCO$_3$、BaCrO$_4$ 和 BaSO$_4$ 在 HAc 或 HCl 溶液中有不同的溶解情况？

3. 如何解释镁、钙、钡的氢氧化物和碳酸盐溶解度大小的递变规律？

六、注意事项

1. 未用完的金属钠碎屑不能乱丢，放回原瓶或放在少量酒精溶液中，使其缓慢反应消耗掉。

2. 镍铬丝最好不要混用，每进行一种溶液的焰色反应前，一定要蘸浓 HCl 溶液 2～3 次，在煤气灯的氧化焰上灼烧至火焰近无色。

3. 观察钾盐的焰色反应时，微量的 Na$^+$ 所产生的黄色火焰会遮蔽 K$^+$ 所显示的浅紫色火焰，为了防止黄色钠焰的掩盖，可通过蓝色的钴玻璃片观察 K$^+$ 的火焰。

实验 12　p 区元素 I（卤素和氧族元素）

一、实验目的

1. 掌握实验室制备卤素的方法、卤素单质氧化性和卤化氢还原性的递变规律。

2. 掌握卤酸盐和过二硫酸盐的氧化性。

3. 掌握过氧化氢、亚硫酸盐和硫代硫酸盐的性质。

4. 掌握 H$_2$O$_2$、S^{2-}、SO$_3^{2-}$、S$_2$O$_3^{2-}$、Cl$^-$、Br$^-$、I$^-$ 的鉴定。

二、实验原理

卤素的价电子构型为 ns^{2}np^5，容易得到一个电子生成卤化物。所以，卤素都是很活泼的非金属，而且其非金属性从上到下逐渐增强，其氧化数通常是 -1。卤素还能生成含氧酸，其含氧酸中氧化数分别为 $+1$、$+3$、$+5$、$+7$。卤素单质都是氧化剂，氧化性的强弱次序为：Cl$_2$＞Br$_2$＞I$_2$。卤素离子都是还原剂，还原性的强弱次序为：I^{-1}＞Br^{-1}＞Cl^{-1}。

卤素分子都是非极性分子，所以易溶于非极性溶剂中。

HBr 和 HI 能分别将浓 H$_2$SO$_4$ 还原为 SO$_2$ 和 H$_2$S。Br$^-$ 能被 Cl$_2$ 氧化为 Br$_2$，Br$_2$ 在 CCl$_4$ 中呈棕黄色。I$^-$ 能被 Cl$_2$ 氧化为 I$_2$，I$_2$ 在 CCl$_4$ 中呈紫色，当 Cl$_2$ 过量时，I$_2$ 被进一步氧化为无色的 IO$_3^-$。

氧族元素价电子构型为 ns^{2}np^4，其中氧和硫为较活泼的非金属元素。在氧的化合物中 H$_2$O$_2$ 是一种淡蓝色的液体，不稳定易分解放出氧气，H$_2$O$_2$ 中氧的氧化态居中，所以 H$_2$O$_2$ 既有氧化性又有还原性。在酸性溶液中，H$_2$O$_2$ 能使 Cr$_2$O$_7^{2-}$ 生成深蓝色的 CrO$_5$。CrO$_5$ 能与乙醚或戊醇形成稳定的蓝色配合物，此方法可用于鉴定 H$_2$O$_2$。

$$4H_2O_2 + 2H^+ + Cr_2O_7^{2-} \longrightarrow 2CrO_5 + 5H_2O$$

硫化合物中，H_2S、S^{2-} 具有强还原性，而浓 H_2SO_4、$H_2S_2O_8$ 及其盐具有强氧化性。氧化数为 $+6 \sim -2$ 的硫的化合物既具有氧化性又具有还原性，但以还原性为主。大多数金属硫化物溶解度小，而且具有特征的颜色。

S^{2-} 鉴定的两种方法：在含有 S^{2-} 的溶液中加入稀盐酸，生成的 H_2S 气体能使湿润的醋酸铅试纸变黑。或在碱性溶液中，S^{2-} 与 $[Fe(CN)_5NO]^{2-}$ 反应生成紫色配合物：

$$S^{2-} + [Fe(CN)_5NO]^{2-} \longrightarrow [Fe(CN)_5NOS]^{4-}$$

SO_3^{2-} 与 $[Fe(CN)_5NO]^{2-}$ 反应生成红色配合物，加入饱和 $ZnSO_4$ 溶液和 $K_4[Fe(CN)_6]$ 溶液，会使红色明显加深。该方法用于鉴定 SO_3^{2-}。

硫代硫酸不稳定，因此硫代硫酸盐遇酸容易分解。$Na_2S_2O_3$ 常用作还原剂，它还能与某些金属离子形成配合物。$S_2O_3^{2-}$ 与 Ag^+ 反应能生成白色的 $Ag_2S_2O_3$ 沉淀，该沉淀能迅速分解为黑色的 Ag_2S 和 H_2SO_4，这一过程伴随溶液颜色由白色→黄色→棕色→黑色，该反应可鉴定 $S_2O_3^{2-}$。

$$2Ag^+ + S_2O_3^{2-} \longrightarrow Ag_2S_2O_3 \downarrow \text{（白色）}$$

$$Ag_2S_2O_3 \downarrow \text{（白色）} + H_2O \longrightarrow Ag_2S \downarrow \text{（黑色）} + H_2SO_4$$

过二硫酸盐是强氧化剂，在酸性条件下能将 Mn^{2+} 氧化为 MnO_4^-，有 Ag^+ 作催化剂时，反应速率增大。

三、仪器、药品及材料

仪器：酒精灯、水浴锅、离心机、玻璃棒，试管、试管架、点滴板。

药品：2mol/L H_2SO_4、6mol/L H_2SO_4、浓 H_2SO_4、2mol/L HCl、浓 HCl、2mol/L HNO_3、6mol/L HAc、2mol/L $NH_3 \cdot H_2O$、2mol/L NaOH、0.1mol/L NaCl、0.1mol/L KBr、0.1mol/L KI、0.1mol/L $K_2Cr_2O_7$、3% H_2O_2、0.1mol/L KIO_3、$ZnSO_4$（饱和溶液）、1% $Na_2[Fe(CN)_5NO]$、0.1mol/L $K_4[Fe(CN)_6]$、0.1mol/L $Na_2S_2O_3$、1% 淀粉溶液、0.1mol/L Na_2SO_3、0.1mol/L Na_2S、12%（NH_4）$_2CO_3$、0.1mol/L $AgNO_3$、0.1mol/L $MnSO_4$、CCl_4 溶液、0.1mol/L $Pb(NO_3)_2$、0.01mol/L 碘水、0.1mol/L $NaHSO_3$、$KClO_3$(s)、$K_2S_2O_8$(s)、KCl(s)、KBr(s)、KI(s)、MnO_2(s)、戊醇（或乙醚）、锌粉、氯水。

材料：pH 试纸、淀粉-碘化钾试纸、醋酸铅试纸、蓝色石蕊试纸、火柴。

四、实验步骤

1. 卤素的制备

在三支干燥的试管中分别加入绿豆粒大小的 KCl、KBr 和 KI 固体，再分别加入 2mL 2mol/L H_2SO_4 溶液和少量 MnO_2 固体，立即用湿润的淀粉-碘化钾试纸检验第一支试管中放出的气体是 Cl_2。第二、三支试管中分别加入 1mL CCl_4，观察 CCl_4 层的颜色变化，写出有关反应方程式。

2. 比较卤化氢的还原性

在三支干燥的试管中分别加入绿豆粒大小的 KCl、KBr 和 KI 固体，再分别加入 2 滴浓 H_2SO_4，观察试管中的变化。立即用湿润的蓝色石蕊试纸检验第一支试管口逸出的气体；立即用湿润的淀粉-碘化钾试纸检验第二支试管口逸出的气体；立即用湿润的醋酸铅试纸检验第三支试管口逸出的气体。比较三支试管的反应产物，列出 Cl^-、Br^-、I^- 还原性强弱的变化规律，写出有关反应方程式。

3. 卤酸盐的氧化性

（1）氯酸盐的氧化性

①取米粒大小的 $KClO_3$ 晶体于试管中，加入 3 滴浓盐酸，注意逸出气体的气味，检验气体产物，写出反应方程式并加以解释。

②取米粒大小的 $KClO_3$ 晶体于试管中，加入 2mL 去离子水溶解，然后加入 3 滴 $0.1mol/L$ KI 溶液和 $0.5mL$ 的 CCl_4，振荡试管，观察试管内水相和有机相的变化。再逐滴加入 $6mol/L$ H_2SO_4 溶液酸化，又有何变化？写出反应方程式。

（2）碘酸盐的氧化性

①取 5 滴 $0.1mol/L$ KIO_3 溶液于试管中，加 2 滴 $2mol/L$ H_2SO_4 溶液酸化后，再加 5 滴 CCl_4 和 $0.1mol/L$ $NaHSO_3$ 溶液 5 滴，摇荡试管，观察现象，写出反应方程式。

②取 $1mL$ $0.1mol/L$ KIO_3 溶液于试管中，加 2 滴 $2mol/L$ H_2SO_4 溶液酸化后，加 2 滴 1％的淀粉溶液，再滴入 $0.1mol/L$ Na_2SO_3 溶液，有何现象？若体系不酸化，又有何现象？若改变试剂的加入顺序，如先加 $0.1mol/L$ Na_2SO_3 溶液，最后滴入 $0.1mol/L$ KIO_3 溶液，又会有何现象？

4. Cl^-、Br^-、I^- 混合溶液的分离与鉴定

于离心试管中加 3 滴 $0.1mol/L$ NaCl 溶液、3 滴 $0.1mol/L$ KBr 溶液和 3 滴 $0.1mol/L$ KI 溶液，混匀后，加 2 滴 $2mol/L$ HNO_3 溶液酸化，再滴加 $0.1mol/L$ $AgNO_3$ 溶液至卤化银沉淀完全，离心分离，弃去清液，用去离子水洗涤沉淀 2 次。向卤化银沉淀中加 2mL 12％的 $(NH_4)_2CO_3$ 溶液充分搅拌后，离心分离，将清液倒入另一支干净的试管中，用 $2mol/L$ HNO_3 溶液酸化，如有白色沉淀产生，表示清液中有 Cl^- 的存在。向沉淀中加 1mL $6mol/L$ HAc 溶液和少量锌粉（或锌粒），加热，充分搅拌后，离心分离。吸取清液于另一支干净的试管中，加 $0.5mL$ CCl_4，再逐滴滴入氯水，边加边摇荡试管，并观察 CCl_4 层颜色的变化，如 CCl_4 层显紫红色则表示有 I^- 存在。继续加入氯水至紫红色褪去，CCl_4 层由紫红色变为棕黄色或黄色，表示有 Br^- 存在。写出主要反应方程式。

5. 过氧化氢的性质

（1）过氧化氢的氧化性　在离心试管中加入 1mL $0.1mol/L$ Na_2S 和 1mL $0.1mol/L$ $Pb(NO_3)_2$ 溶液，离心分离，弃取清液，水洗沉淀后加入 3％ H_2O_2 溶液，观察现象，写出反应方程式。

（2）过氧化氢的还原性　在试管中加入 1mL $0.1mol/L$ $AgNO_3$ 溶液，滴加 $2mol/L$ NaOH 溶液至有沉淀产生，再向试管中滴加 3％ H_2O_2 溶液，有何现象？观察产物颜色有无变化，再用带火星的火柴检验有何种气体产生。

（3）过氧化氢的催化分解　在两支试管中各加入 2mL 3％ H_2O_2 溶液，一支试管放在水浴锅上加热，有何现象？迅速用带火星的火柴放在试管口，有何变化？另一支试管中加少量固体 MnO_2，有何现象？迅速用带火星的火柴放在试管口，又有何变化？比较以上两种情况，说明 MnO_2 对 H_2O_2 的分解起什么作用，写出反应方程式。

（4）过氧化氢的鉴定　取 3％ H_2O_2 溶液和戊醇溶液（或乙醚）各 $0.5mL$ 于试管中，加入 2 滴 $2mol/L$ H_2SO_4 溶液酸化，然后加入 3 滴 $0.1mol/L$ $K_2Cr_2O_7$ 溶液，摇荡试管，观察水层和戊醇层的颜色变化，写出反应方程式。该反应可用于鉴定 H_2O_2。

6. S^{2-}、SO_3^{2-} 的鉴定

（1）在点滴板上加 1 滴 $0.1mol/L$ Na_2S 溶液和 1 滴 $2mol/L$ NaOH 溶液，再加 1 滴 1％ $Na_2[Fe(CN)_5NO]$ 溶液，观察现象，写出反应方程式。该反应可用于鉴定 S^{2-}。

（2）在试管中加 5 滴 0.1mol/L Na_2S 溶液和 5 滴 2mol/L HCl 溶液，立即用湿润的醋酸铅试纸检验试管口逸出的气体，写出反应方程式。该反应可用于鉴定 S^{2-}。

（3）在点滴板上加入饱和 $ZnSO_4$ 溶液、0.1mol/L $K_4[Fe(CN)_6]$ 溶液和 1% $Na_2[Fe(CN)_5NO]$ 溶液各 1 滴，再滴入 1 滴 2mol/L $NH_3 \cdot H_2O$ 溶液将溶液调至中性，最后加 1 滴 0.1mol/L Na_2SO_3 的溶液，用玻璃棒搅拌，观察现象，该反应可用于鉴定 SO_3^{2-}。

7. 硫代硫酸盐的性质

（1）硫代硫酸的性质　在试管中加入 5 滴 0.1mol/L $Na_2S_2O_3$ 溶液和 5 滴 2mol/L HCl 溶液，摇荡试管后静止片刻，观察现象，并立即用湿润的蓝色石蕊试纸检验试管口逸出的气体，写出反应方程式。

（2）硫代硫酸钠与 I_2 反应　取 5 滴 0.01mol/L 碘水，加 1 滴 1% 淀粉溶液，观察现象。再逐滴加入 0.1mol/L $Na_2S_2O_3$ 溶液，又有何变化？解释现象，写出反应方程式。

（3）硫代硫酸钠的配位反应　在试管中加入 0.5mL 0.1mol/L $AgNO_3$ 溶液，然后连续滴加 0.1mol/L $Na_2S_2O_3$ 溶液，边滴加边摇荡试管，直至生成的沉淀完全溶解，观察现象并解释。

（4）$S_2O_3^{2-}$ 的鉴定　在点滴板上加 1 滴 0.1mol/L $Na_2S_2O_3$ 溶液和 1 滴 0.1mol/L $AgNO_3$ 溶液，如有白色沉淀生成，并很快变为黄色、棕色，最后变为黑色，即表示有 $S_2O_3^{2-}$ 存在，该反应可鉴定 $S_2O_3^{2-}$。

8. 过二硫酸盐的氧化性

取 5 滴 0.1mol/L $MnSO_4$ 溶液于试管中，加 4mL 2mol/L H_2SO_4 溶液，混匀后将溶液分装在两支试管中，在两支试管中均加入等量的少量 $K_2S_2O_8$ 固体，一支试管中加入 1 滴 0.1mol/L $AgNO_3$ 溶液，另一支试管中不加入 1 滴 0.1mol/L $AgNO_3$ 溶液，两支试管均放在水浴锅中加热片刻，观察溶液颜色有何变化。

五、思考题

1. 从电极电位说明为什么作为氧化剂卤素单质的强弱次序为：$Cl_2 > Br_2 > I_2$；而作为还原剂卤化氢的强弱次序为：HI > HBr > HCl。

2. 实验室长期放置的 Na_2S 溶液和 Na_2SO_3 溶液会发生什么变化？

3. 向 $KClO_3$ 晶体中滴加浓盐酸和向 $KClO_3$ 晶体中滴加稀盐酸，产物有何不同？

4. 鉴定 $S_2O_3^{2-}$ 时，$AgNO_3$ 溶液应过量，若 $Na_2S_2O_3$ 过量会出现什么现象？

5. 过二硫酸盐的氧化性实验中，加 $AgNO_3$ 起什么作用？

六、注意事项

1. H_2S、SO_2 均为有毒气体，实验时应在通风橱中进行，实验室内也要注意通风换气。

2. 浓硫酸有很强的腐蚀性，使用时应特别小心。

3. 氯气剧毒且有强烈的刺激性气味，吸入人体会刺激喉管引起咳嗽，所以应在通风橱中进行操作。

4. 检验反应逸出的气体，必须把所用的试纸用水润湿后再立即放在试管口，绝不能直接投入试管内。

实验 13　p区元素 Ⅱ（硼族、碳族和氮族元素）

一、实验目的

1. 掌握硼酸盐、碳酸盐、硅酸盐和磷酸盐的主要性质。
2. 掌握硝酸、亚硝酸及其盐的主要性质。
3. 掌握 CO_3^{2-}、NH_4^+、NO_2^-、NO_3^-、PO_4^{3-} 的鉴定方法。

二、实验原理

硼砂的水溶液因水解而呈碱性。硼砂溶液与酸反应可析出硼酸。硼酸是一元弱酸，它在水溶液中的解离不同于一般的一元弱酸。硼酸是 Lewis 酸，它能与多羟基醇发生加合反应，使溶液的酸性增强。

金属的硅酸盐多数难溶或微溶。当一些金属盐的晶体投入到 Na_2SiO_3 溶液中时，立即在晶体表面形成一层难溶的硅酸盐膜，此膜有半透膜性质。溶液中的水靠渗透压穿过膜进入晶体内部，金属盐溶解则撑破硅酸盐膜，当盐溶液一遇到 Na_2SiO_3 又立即生成一层难溶膜。如此反复进行，就长出颜色各异的"石笋"，宛如一座"水中花园"。

鉴定 NH_4^+ 的常用方法有两种：一是 NH_4^+ 与 OH^- 反应，生成的 NH_3 气使红色的石蕊试纸变蓝；二是 NH_4^+ 与奈斯勒（Nessler）试剂（$K_2[HgI_4]$ 的碱性溶液）反应，生成红棕色沉淀。

亚硝酸极不稳定。亚硝酸盐溶液与强酸反应生成的亚硝酸分解为 N_2O_3 和 H_2O。N_2O_3 又能分解为 NO 和 NO_2。

亚硝酸盐中氮的氧化值为 $+3$，在酸性溶液中作氧化剂，一般被还原为 NO；与强氧化剂作用时生成硝酸盐，NO_2^- 又表现出还原性。

浓硝酸与金属反应主要生成 NO_2，稀硝酸与金属反应通常生成 NO，活泼金属能将稀硝酸还原为 NH_4^+。

NO_2^- 与 $FeSO_4$ 溶液在 HAc 介质中反应生成棕色的 $[Fe(NO)]^{2+}$，该方法用于鉴定 NO_2^-。

$$Fe^{2+} + NO_2^- + 2HAc \longrightarrow Fe^{3+} + NO + H_2O + 2Ac^-$$

$$Fe^{2+} + NO \longrightarrow [Fe(NO)]^{2+}$$

NO_3^- 与 $FeSO_4$ 溶液在浓 H_2SO_4 介质中反应生成棕色的 $[Fe(NO)]^{2+}$，该方法用于鉴定 NO_3^-，称为"棕色环"法。

$$3Fe^{2+} + NO_3^- + 4H^+ \longrightarrow 3Fe^{3+} + NO + H_2O$$

$$Fe^{2+} + NO \longrightarrow [Fe(NO)]^{2+}$$

NO_2^- 的存在干扰 NO_3^- 的鉴定，加入尿素并加热，可除去 NO_2^- 的干扰。

$$2NO_2^- + CO(NH_2)_2 + 2H^+ \longrightarrow 2N_2 + CO_2 + 3H_2O$$

PO_4^{3-} 与（NH_4）$_2MoO_4$ 溶液在硝酸介质中反应，生成黄色的磷钼酸铵沉淀。该反应可

用于鉴定 PO_4^{3-}。

三、仪器、药品及材料

仪器：点滴板、水浴锅、试管及试管架、酒精灯、玻璃棒、滤纸条、50mL 烧杯、洗瓶。

药品：6mol/L HCl、2mol/L HCl、浓 H_2SO_4、6mol/L H_2SO_4、2mol/L H_2SO_4、浓 HNO_3、2mol/L HNO_3、6mol/L HNO_3、2mol/L HAc、2mol/L NaOH、6mol/L $NH_3 \cdot H_2O$、0.1mol/L Na_2CO_3、1.0mol/L Na_2CO_3、0.1mol/L $NaHCO_3$、20% Na_2SiO_3、0.1mol/L NH_4Cl、0.1mol/L $NaNO_2$、1.0mol/L $NaNO_2$、0.1mol/L KI、0.01mol/L $KMnO_4$、0.1mol/L KNO_3、0.1mol/L Na_3PO_4、0.1mol/L Na_2HPO_4、0.1mol/L NaH_2PO_4、0.1mol/L $CaCl_2$、$Na_2B_4O_7 \cdot 10H_2O(s)$、$H_3BO_3(s)$、$Co(NO_3)_2 \cdot 6H_2O(s)$、$CaCl_2(s)$、$CuSO_4 \cdot 5H_2O(s)$、$ZnSO_4 \cdot 7H_2O(s)$、$Fe_2(SO_4)_3(s)$、$NiSO_4 \cdot 7H_2O(s)$、锌片、铜片、$FeSO_4 \cdot 7H_2O(s)$、$NaHCO_3(s)$、$Na_2CO_3(s)$、$MnSO_4(s)$、饱和石灰水、甘油、奈斯勒试剂、1%淀粉溶液、0.1mol/L $(NH_4)_2MoO_4$。

材料：pH 试纸、红色石蕊试纸、带导管的塞子、冰块。

四、实验步骤

1. 硼酸盐的性质

（1）在试管中加入约 1g 硼砂和 2mL 去离子水，微热使其溶解，冷却至室温用 pH 试纸测定溶液的 pH 值。然后加入用冰水冷冻过的 6mol/L H_2SO_4 溶液 1mL，片刻后观察现象。

（2）取约 0.5g 硼酸晶体于试管中，加 2mL 去离子水，观察溶解情况。加热再观察溶解情况。冷却至室温，用 pH 试纸测定其 pH 值。再向硼酸溶液中加入 2 滴甘油，混合均匀。再次测定溶液的 pH 值，写出反应方程式并加以解释。

2. 碳酸盐的性质

（1）碳酸盐的水解作用　用 pH 试纸分别测定 0.1mol/L Na_2CO_3 溶液和 0.1mol/L $NaHCO_3$ 溶液的 pH 值。

（2）碳酸盐的热稳定性　分别取少量 $NaHCO_3$ 和 Na_2CO_3 固体于试管中，分别加热，将生成的气体通入盛有饱和石灰水的试管中，观察饱和石灰水是否都变浑浊。为什么？

（3）CO_3^{2-} 的鉴定　在试管中加入 1mL 1.0mol/L Na_2CO_3 溶液，再加入 1mL 2mol/L HCl 溶液，立即将产生的气体通入饱和石灰水中。观察现象，写出反应方程式。

3. 硅酸盐的性质

（1）Na_2SiO_3 与酸反应　在试管中加入 1mL 20% 的 Na_2SiO_3 溶液，用 pH 试纸测定其 pH 值。加热后逐滴加入 6mol/L HCl 溶液，使溶液的 pH 值在 6～9 之间，观察硅酸凝胶的生成。

（2）"水中花园"实验　在 50mL 烧杯中加入约 25mL 20% 的 Na_2SiO_3 溶液，然后分散投入 $CaCl_2$、$CuSO_4 \cdot 5H_2O$、$ZnSO_4 \cdot 7H_2O$、$Fe_2(SO_4)_3$、$Co(NO_3)_2 \cdot 6H_2O$、$NiSO_4 \cdot 7H_2O$、$MnSO_4$ 和 $FeCl_3$ 晶体各一小粒，静置 1h 后观察现象。

4. NH_4^+ 的鉴定

（1）在试管中加入 1mL 0.1mol/L NH_4Cl 溶液和 1mL 2mol/L NaOH 溶液，微热，立即用湿润的红色石蕊试纸在试管口检验逸出的 NH_3 气。

（2）在滤纸条上加 1 滴奈斯勒试剂，代替红色石蕊试纸重复上述实验，观察现象。

5. 亚硝酸及其盐的性质

(1) 亚硝酸的生成与分解 把盛有 1mL 1mol/L NaNO₂ 溶液的试管放在冰水中冷却，然后滴加 6mol/L H₂SO₄ 溶液混合均匀，观察有无淡蓝色的亚硝酸生成。将试管从冰水中取出，室温放置一段时间，观察亚硝酸在室温下迅速分解，写出反应方程式。

(2) 亚硝酸盐的氧化性 取 2 滴 0.1mol/L KI 溶液于试管中加水稀释至 1mL，加数滴 2mol/L H₂SO₄ 溶液酸化后，滴入 2 滴 0.1mol/L NaNO₂ 溶液，观察现象。再加 2 滴 1% 淀粉溶液，又有何现象？写出反应方程式。

(3) 亚硝酸盐的还原性 取 1mL 0.01mol/L KMnO₄ 溶液于试管中，加数滴 2mol/L H₂SO₄ 溶液酸化，然后逐滴加入 0.1mol/L NaNO₂ 溶液，观察现象，写出反应方程式。

6. 硝酸的氧化性

(1) 在试管中放入 1 小块铜片，加入几滴浓硝酸，观察现象。迅速加水稀释，倒掉溶液，回收铜片，写出反应方程式。

(2) 在试管中放入 1 小块锌片，加入 1mL 2mol/L HNO₃ 溶液，观察现象。检验溶液中是否有 NH₄⁺ 生成，写出反应方程式。

7. NO₂⁻ 和 NO₃⁻ 的鉴定

(1) NO₂⁻ 的鉴定 取 1 滴 0.1mol/L NaNO₂ 溶液于试管中，加水稀释至 1mL，加少量 FeSO₄·7H₂O 晶体，摇荡试管使其溶解，再加数滴 2mol/L HAc 溶液，观察现象，写出反应方程式。

(2) NO₃⁻ 的鉴定 取 1mL 0.1mol/L KNO₃ 溶液，加入少量 FeSO₄·7H₂O 晶体、摇荡试管使其溶解。然后斜持试管，沿着管壁慢慢地滴入浓硫酸，由于浓硫酸密度比上述液体大，流入试管底部形成两层，这时可观察到两层液体界面处有一个"棕色环"。

8. 磷酸盐的性质

(1) 磷酸盐的酸碱性 取三支试管分别加入 0.1mol/L Na₃PO₄ 溶液、0.1mol/L Na₂HPO₄ 溶液和 0.1mol/L NaH₂PO₄ 溶液各 1mL，用 pH 试纸分别测定其 pH 值。解释这些溶液的酸碱性为何不同？

(2) 磷酸钙盐的生成和性质 在三支试管中各加入 5 滴 0.1mol/L CaCl₂ 溶液，再分别滴加 0.1mol/L Na₃PO₄ 溶液、0.1mol/L Na₂HPO₄ 溶液和 0.1mol/L NaH₂PO₄ 溶液，观察有无沉淀生成。在没有沉淀生成的试管中再加几滴 6 mol/L NH₃·H₂O，又有何现象产生？最后在三支试管中各加入几滴 2mol/L HCl 溶液，又有何变化？解释现象。

(3) PO₄³⁻ 的鉴定 取 5 滴 0.1mol/L Na₃PO₄ 溶液，加 5 滴 6mol/L HNO₃ 和 5 滴 0.1mol/L (NH₄)₂MoO₄ 溶液，加热后观察现象，写出反应方程式。

五、思考题

1. 硼酸溶液中加入甘油后，为什么溶液酸性会增强？

2. 为什么不能用带磨口玻璃塞的器皿储存碱液？

3. 如何用简单的方法区别硼砂、碳酸钠和硅酸钠？

4. 鉴定 NH₄⁺ 时，为什么将奈斯勒试剂滴在滤纸上检验逸出的 NH₃ 气，而不是将奈斯勒试剂直接加到含 NH₄⁺ 的溶液中？

5. NO₂⁻ 也能起棕色环反应而干扰 NO₃⁻ 的鉴定，怎样消除 NO₂⁻ 对 NO₃⁻ 的干扰？

6. 用钼酸铵试剂鉴定 PO₄³⁻ 时为什么要在硝酸介质中进行？

六、注意事项

1. 为防止硝酸分解，最好盛在棕色瓶内，并放在阴暗、温度低的地方。瓶塞勿用橡皮塞，以防与硝酸蒸气作用变硬。

2. "水中花园"实验中，晶体要分开放。在景观生成过程中，不要挪动烧杯，以免破坏景观。实验完毕，立即洗净烧杯，以免溶液腐蚀烧杯。

3. 亚硝酸及其盐均有毒，注意勿引入口内！

4. 除一氧化二氮外，所有的氮氧化物均有毒，其中 NO_2 对人体危害最大。每升空气中不得超过 0.005g。由于硝酸的分解产物或还原产物多为氮的氧化物，所以涉及硝酸的反应均在通风橱内进行。

实验 14　主族金属元素（锡、铅、锑、铋）

一、实验目的

1. 掌握锡、铅、锑、铋低价态氢氧化物的酸碱性及其盐的水解性。
2. 掌握锡、铅、锑、铋化合物的氧化还原性。
3. 掌握锡、铅、锑、铋硫化物的溶解性和硫代酸盐的生成及性质。
4. 掌握 Pb^{2+} 难溶盐的生成与溶解。
5. 掌握 Sn^{2+}、Pb^{2+}、Sb^{3+}、Bi^{3+} 离子的鉴定方法。

二、实验原理

Sn、Pb、Sb、Bi 分别是周期表中第ⅣA、ⅤA族中的金属元素，它们是 p 区元素中有代表性的金属元素。Sn 和 Pb 原子的价层电子构型为 ns^2np^2，能形成氧化值为 +2 和 +4 的化合物。Sb 和 Bi 原子的价层电子构型为 ns^2np^3，能形成氧化值为 +3 和 +5 的化合物。

这些金属能形成两种价态的氢氧化物。低氧化态的氢氧化物中 $Sn(OH)_2$、$Pb(OH)_2$ 和 $Sb(OH)_3$ 都是两性氢氧化物，只有 $Bi(OH)_3$ 为碱性氢氧化物。相应低价态的盐除 Pb^{2+} 水解不显著外，Sn^{2+}、Sb^{3+} 和 Bi^{3+} 的盐在水溶液中都发生显著的水解反应，其水解产物为碱式盐沉淀，所以在配制它们的盐溶液时，应加入足够量相应的酸抑制碱式盐沉淀的生成。

从氧化值的稳定性来看，Sn^{4+} 的稳定性大于 Sn^{2+}，Pb^{2+} 的稳定性大于 Pb^{4+}，故 Sn^{2+} 的化合物具有较强的还原性。$SnCl_2$ 是实验室常用的还原剂，PbO_2 是常用的强氧化剂。例如，$SnCl_2$ 可将 $HgCl_2$ 还原为 Hg_2Cl_2，随着 $SnCl_2$ 溶液的加入，并进一步将 Hg_2Cl_2 还原为单质 Hg，出现灰黑色沉淀，这一反应可用来鉴定 Hg^{2+} 或 Sn^{2+}。在碱性介质中 $[Sn(OH)_4]^{2-}$（或 SnO_2^{2-}）的还原性更强，例如在碱性溶液中 SnO_2^{2-} 可将 Bi^{3+} 还原成黑色的金属铋，该反应可用于鉴定 Bi^{3+}。PbO_2 和 $NaBiO_3$ 都是强氧化剂，在硝酸介质中它们都能将 Mn^{2+} 氧化为 MnO_4^-，这两个反应都可用来鉴定 Mn^{2+}。Sb^{3+} 可以被 Sn 还原为单质 Sb，这一反应可用于鉴定 Sb^{3+}。

锡、铅、锑、铋各价态的硫化物（PbS_2 不存在）都具有如下特征的颜色：

$$SnS \quad SnS_2 \quad PbS \quad Sb_2S_3 \quad Bi_2S_3$$

棕色　　黄色　　黑色　　橙红色　　黑色

它们都难溶于水和稀盐酸，但能溶于较浓的盐酸。其中 SnS_2 和 Sb_2S_3 还能溶于 NaOH 溶液或 Na_2S 溶液，生成相应的硫代酸盐而溶解。硫代酸盐很不稳定，遇酸即分解为 H_2S 气体并生成相应的硫化物沉淀。

Pb^{2+} 有多种难溶盐，且有特征的颜色，如 $PbCrO_4$（黄）、PbI_2（黄）、$PbSO_4$（白）、PbS（黑），其中 $PbCrO_4$ 的 K_{sp} 最小，又有特征的颜色，故常用于鉴定 Pb^{2+}。

三、仪器、药品及材料

仪器：酒精灯、水浴锅、离心机、玻璃棒、试管、试管架、点滴板。

药品：2mol/L H_2SO_4、2mol/L HCl、6mol/L HCl、2mol/L HNO_3、6mol/L HNO_3、浓 HNO_3、2mol/L HAc、2mol/L NaOH、6mol/L NaOH、0.1mol/L $SnCl_2$、0.1mol/L $SnCl_4$、0.1mol/L Pb（NO_3）$_2$、0.1mol/L $SbCl_3$、0.1mol/L$BiCl_3$、0.1mol/L $HgCl_2$、0.1mol/L $MnSO_4$、0.1mol/L Na_2S、0.5mol/L Na_2S、0.1mol/L KI、2mol/L KI、0.1mol/L K_2CrO_4、NH_4Ac（饱和溶液）、0.1mol/L $AgNO_3$、2mol/L $NH_3 \cdot H_2O$、锡片、$SnCl_2$(s)、$SbCl_3$(s)、$BiCl_3$(s)、PbO_2(s)、$NaBiO_3$(s)。

材料：药匙。

四、实验步骤

1. 锡、锑、铋低价态盐的水解性

于三支试管中分别放入少量 $SnCl_2$、$SbCl_3$ 和 $BiCl_3$ 固体，加入 $1\sim2mL$ 去离子水，观察其水解情况。在水解产物中分别缓慢滴加 6mol/L HCl 溶液，沉淀是否溶解？再分别加水稀释，又有何变化？写出反应方程式。

2. 锡、铅、锑、铋低价态氢氧化物的酸碱性

往四支试管中分别加入 10 滴 0.1mol/L $SnCl_2$、0.1mol/L Pb(NO_3)$_2$、0.1mol/L $SbCl_3$ 和 0.1mol/L $BiCl_3$ 溶液，再向各试管中逐滴加入 2mol/L NaOH 溶液，制得白色沉淀。将沉淀各分成两份，用实验证明它们是否具有两性。写出反应方程式。

3. 锡、铅、锑、铋化合物的氧化还原性

（1）$SnCl_2$ 的还原性

①取 1 滴 0.1mol/L $HgCl_2$ 溶液，逐滴加入 0.1mol/L $SnCl_2$ 溶液，观察有何变化？随着 $SnCl_2$ 溶液的逐渐加入，又有什么变化？写出反应方程式。该反应可用于鉴定 Sn^{2} 或 Hg^{2+}。

②往亚锡酸钠溶液（自己配制）中，加入 0.1mol/L $BiCl_3$ 溶液，观察现象，写出反应方程式。该反应可用来鉴定 Bi^{3+}。

（2）PbO_2 的氧化性　取 2 滴 0.1mol/L $MnSO_4$ 溶液，加入 1mL 6mol/L HNO_3 溶液，然后加入少量 PbO_2 固体，微热后静置片刻，观察现象，写出反应方程式。

（3）$NaBiO_3$ 的氧化性　取 2 滴 0.1mol/L $MnSO_4$ 溶液，加入 1mL 6mol/L HNO_3 溶液，再加入少量固体 $NaBiO_3$，微热，观察现象，写出反应方程式。

（4）$SbCl_3$ 的氧化性　在一小片光亮的锡片上滴加 1 滴 0.1mol/L $SbCl_3$ 的溶液，观察锡片的颜色变化，写出反应方程式。该反应可用来鉴定 Sb^{3+}。

（5）$SbCl_3$ 的还原性　取 2 滴 0.1mol/L $SbCl_3$ 的溶液，加入 6mol/L NaOH 溶液至过量（得[$Sb(OH)_4$]$^-$），然后加 0.1mol/L $AgNO_3$ 和 2mol/L $NH_3 \cdot H_2O$ 的混合溶液（混合液为 [$Ag(NH_3)_2$]$^+$），加热，观察现象，写出反应方程式。该反应可用来鉴定 Sb^{3+}。

比较以上 5 个实验，你对锡、铅、锑、铋各价态的氧化还原性有何认识？

4. 锡、铅、锑、铋硫化物的生成与溶解

往五支离心试管中分别加入 1mL 0.1mol/L $SnCl_2$、0.1mol/L $SnCl_4$、0.1mol/L $Pb(NO_3)_2$、0.1mol/L $SbCl_3$ 和 0.1mol/L $BiCl_3$ 溶液，然后再分别滴入 0.1mol/L Na_2S 溶液、观察沉淀的颜色。离心分离，弃去清液，用少量蒸馏水洗涤沉淀 1～2 次，检验各沉淀能否溶于 2mol/L HCl 溶液？检验各沉淀能否溶于 6mol/L HCl 溶液？检验 SnS_2 和 Sb_2S_3 沉淀能否溶于 2mol/L NaOH 溶液？检验 SnS_2 和 Sb_2S_3 沉淀能否溶于 0.5mol/L Na_2S 溶液？如沉淀溶解，再用稀 HCl 酸化，观察又有何变化？写出反应方程式。比较它们硫化物的性质。

5. Pb^{2+} 难溶盐的生成与溶解

在四支试管中各加入 10 滴 0.1mol/L $Pb(NO_3)_2$ 溶液，然后分别加入 2mol/L HCl 溶液、2mol/L H_2SO_4 溶液、0.1mol/L KI 溶液和 0.1mol/L K_2CrO_4 溶液，观察沉淀的颜色。

（1）将第一支试管中的 $PbCl_2$ 沉淀连同溶液一起加热，沉淀是否溶解？再把溶液冷却，又有什么变化？说明之。

（2）检验第二支试管中的 $PbSO_4$ 沉淀能否溶于饱和 NH_4Ac 溶液？

（3）检验第三支试管中的 PbI_2 沉淀能否溶于 2mol/L KI 溶液？

（4）检验第四支试管中的 $PbCrO_4$ 沉淀能否溶于浓 HNO_3 或 6mol/L NaOH 溶液？

6. 混合离子的分离与鉴定

（1）取 0.1mol/L $SnCl_2$ 溶液和 0.1mol/L $Pb(NO_3)_2$ 溶液各 5 滴，混合后自己设计分离鉴定方案，并试验之，写出现象和反应方程式。

（2）取 0.1mol/L $SbCl_3$ 溶液和 0.1mol/L $BiCl_3$ 溶液各 5 滴，混合后自己设计分离鉴定方案，并试验之，写出现象和反应方程式。

五、思考题

1. 如何鉴别 $SnCl_4$ 和 $SnCl_2$？

2. 怎样配制 $SnCl_2$、$SbCl_3$ 和 $BiCl_3$ 溶液？怎样配取亚锡酸钠溶液？

3. SnS 能否溶于 Na_2S 溶液？哪些硫化物能溶于硫化钠溶液中？

4. 用 PbO_2、$NaBiO_3$ 与 $MnSO_4$ 溶液反应时为什么用硝酸酸化而不用盐酸酸化？

5. 比较锡、铅氢氧化物的酸碱性；比较锑、铋氢氧化物的酸碱性。

6. 比较锡、铅化合物的氧化还原性；比较锑、铋化合物的氧化还原性。

7. 总结锡、铅、锑、铋硫化物的溶解性，说明它们与相应的氢氧化物的酸碱性有何联系？

六、注意事项

1. 在 Na_2S 固体试剂中往往含有多硫化物。硫化钠溶液随着放置时间的延长，多硫化钠的含量会逐渐增加。Na_2S 溶液最好是现配制现用，其方法是在 2mol/L NaOH 溶液中通入 H_2S 气体，注意溶液与空气接触面尽量要小，否则会产生多硫化物。在通 H_2S 气体时应随时检查，是否产生了明显的多硫化物。其方法是取几滴现配制的 Na_2S 溶液，然后滴加 6mol/L HCl，如出现浑浊，说明 Na_2S 溶液中含有多硫化物，如没有出现浑浊，说明 Na_2S 溶液中没有多硫化物。

2. 实验 6（1）0.1mol/L $SnCl_2$ 溶液和 0.1mol/L $Pb(NO_3)_2$ 溶液混合后即生成白色的 $PbCl_2$ 沉淀，应将含有白色沉淀的混合溶液先水浴加热，待白色沉淀溶解后再进行 Sn^{2+} 和

Pb^{2+}的分离与鉴定。

实验 15　d 区元素 I（铬、锰、铁、钴、镍）

一、实验目的

1. 掌握铬、锰、铁、钴、镍氢氧化物的酸碱性和氧化还原性。
2. 掌握铬、锰、铁重要氧化态化合物的生成及各种氧化态之间的转化反应和条件。
3. 掌握铁、钴、镍配合物的生成和性质。
4. 掌握 Cr^{3+}、Mn^{2+}、Fe^{2+}、Fe^{3+}、Co^{2+}、Ni^{2+} 离子的鉴定方法。

二、实验原理

铬、锰、铁、钴、镍是周期系第四周期第ⅥB～Ⅷ族元素，它们都有可变的氧化态。铬以 +3 和 +6 为稳定；锰以 +2、+4、+6 和 +7 为常见；铁、钴、镍常见的氧化态为 +2 和 +3。

$Cr(OH)_3$ 是典型的两性氢氧化物。$Mn(OH)_2$ 和 $Fe(OH)_2$ 都很容易被空气中的 O_2 氧化，$Co(OH)_2$ 也能被空气中的 O_2 慢慢氧化。$Co(OH)_3$ 和 $Ni(OH)_3$ 通常分别由 $Co(Ⅱ)$ 和 $Ni(Ⅱ)$ 的盐在碱性条件下用强氧化剂（如溴水）氧化得到。Co^{3+} 和 Ni^{3+} 都具有强氧化性，$Co(OH)_3$、$Ni(OH)_3$ 与浓盐酸反应分别生成 $Co(Ⅱ)$ 和 $Ni(Ⅱ)$，并放出氯气。

酸性介质中，Cr^{3+} 和 Mn^{2+} 还原性都较弱，只有用强氧化剂才能将它们分别氧化为 $Cr_2O_7^{2-}$ 和 MnO_4^-。

Cr^{3+} 在碱性介质中具有较强的还原性，易被强氧化剂如 H_2O_2 氧化为黄色 CrO_4^{2-}。

Cr^{6+} 在酸性介质中具有较强的氧化性，铬酸盐和重铬酸盐在水溶液中有如下平衡：

$$2CrO_4^{2-} + 2H^+ \rightleftharpoons Cr_2O_7^{2-} + H_2O$$

在酸性介质中平衡向右移动；碱性介质中平衡向左移动。因 CrO_4^{2-} 与 $Cr_2O_7^{2-}$ 在溶液中存在平衡关系，又 Ag^+、Pb^{2+} 和 Ba^{2+} 重铬酸盐的溶解度比铬酸盐的溶解度大，因此，向 $K_2Cr_2O_7$ 溶液中加入 Ag^+、Pb^{2+} 和 Ba^{2+} 时，根据平衡移动规则，通常生成相应的铬酸盐沉淀。

在酸性介质中，铬酸盐和重铬酸盐都是强氧化剂，易被还原成 Cr^{3+}。$Cr_2O_7^{2-}$ 与 H_2O_2 反应能生成深蓝色的 CrO_5，CrO_5 在戊醇（或乙醚）中稳定，该反应可用来鉴定 $Cr_2O_7^{2-}$ 或 Cr^{3+}。

Mn^{6+} 的重要化合物是 K_2MnO_4，在强碱条件下，强氧化剂 $KMnO_4$ 能把 MnO_2 氧化成绿色的 MnO_4^{2-}，MnO_4^{2-} 只有在强碱溶液中才能稳定存在，在酸性或中性溶液中，MnO_4^{2-} 即发生歧化反应，生成紫色的 MnO_4^- 和棕黑色的 MnO_2。

Mn^{7+} 的重要化合物是 $KMnO_4$，它是一种强氧化剂，其还原产物随介质不同而不同。MnO_4^- 在酸性、中性和强碱性介质中的还原产物分别为 Mn^{2+}、MnO_2 沉淀和 MnO_4^{2-}。

在硝酸溶液中，Mn^{2+} 被 $NaBiO_3$ 氧化成紫色的 MnO_4^-，该反应可以鉴定 Mn^{2+}。

铁、钴、镍都具有较强的配位能力，能形成多种配合物，其中以钴最典型。常见的配体有 NH_3、CN^-、SCN^- 和 F^- 等。氨配合物的稳定性按 Fe^{3+}、Co^{2+} 和 Ni^{2+} 顺序增强。Fe^{2+} 和 Fe^{3+} 难以形成稳定的氨配合物，它们与氨水反应生成相应的氢氧化物沉淀。Co^{2+} 与氨形

成土黄色的 $[Co(NH_3)_6]^{2+}$，$[Co(NH_3)_6]^{2+}$ 易被空气中的氧氧化成红褐色的 $[Co(NH_3)_6]^{3+}$。Ni^{2+} 与氨的配合物 $[Ni(NH_3)_6]^{2+}$ 是稳定的，不存在 Ni^{3+} 的氨配合物。Fe^{3+} 与 SCN^- 形成血红色配合物 $[Fe(SCN)_n]^{3-n}$，该反应灵敏，常用来鉴定 Fe^{3+}。Co^{2+} 与 SCN^- 反应，生成不稳定的蓝色的 $[Co(NCS)_4]^{2-}$ 配合物，该配合物在丙酮等有机溶剂中较稳定，此反应可用于鉴定 Co^{2+}，但在鉴定前需将 Fe^{3+} 分离出去或掩蔽起来。Fe^{3+} 和 Fe^{2+} 都有很稳定的铁氰配合物，Fe^{3+} 与亚铁氰化钾 $K_4[Fe(CN)_6]$（黄血盐）溶液反应生成深蓝色沉淀或溶胶（普鲁氏蓝 Prussian）。Fe^{2+} 与铁氰化钾 $K_3[Fe(CN)_6]$（赤血盐）溶液反应也生成深蓝色沉淀或溶胶（藤氏蓝 Turnbull's）。常用此反应鉴定 Fe^{3+} 和 Fe^{2+}。Ni^{2+} 在 pH=5~10 的介质中与丁二酮肟反应，生成鲜红色的螯合物沉淀，pH=7.5~8.1 定量沉淀。此沉淀溶于强酸、强碱和浓氨水，所以鉴定 Ni^{2+} 应在 NH_4^+ 存在的氨性介质中进行。Fe^{2+} 也有类似的反应，干扰 Ni^{2+} 的鉴定，应当预先除去。

三、仪器、药品及材料

仪器：酒精灯、水浴锅、离心机、试管、试管架、点滴板。

药品：2mol/L HCl、浓 HCl、2mol/L H_2SO_4、6mol/L HNO_3、2mol/L NaOH、6mol/L NaOH、40% NaOH、2mol/L $NH_3 \cdot H_2O$、0.1mol/L $MnSO_4$、0.1mol/L $CrCl_3$、0.1mol/L $K_2Cr_2O_7$、0.01mol/L $KMnO_4$、0.1mol/L $BaCl_2$、0.1mol/L $FeCl_3$、0.1mol/L $CoCl_2$、0.1mol/L $FeSO_4$、0.1mol/L Na_2SO_3、0.1mol/L KI、0.1mol/L $NiSO_4$、0.1mol/L $K_4[Fe(CN)_6]$、0.1mol/L $K_3[Fe(CN)_6]$、$MnO_2(s)$、$NaBiO_3(s)$、$FeSO_4 \cdot 7H_2O(s)$、KSCN(s)、戊醇（或乙醚）、3% H_2O_2、溴水、丙酮、1% 丁二酮肟酒精溶液、乙醇、1% 淀粉溶液、Cr^{3+} 和 Mn^{2+} 的混合液、Ni^{2+} 和 Fe^{3+} 的混合液。

材料：淀粉-碘化钾试纸、醋酸铅试纸、长滴管。

四、实验步骤

1. 铬、锰、铁、钴、镍氢氧化物的酸碱性及低价氢氧化物还原性和高价氢氧化物氧化性

（1）$Cr(OH)_3$ 的性质　在两支试管中各加入 5 滴 0.1mol/L $CrCl_3$ 溶液，然后逐滴加入 2mol/L NaOH 溶液，观察沉淀的颜色。向一支试管中加入 2mol/L HCl 溶液检验 $Cr(OH)_3$ 的碱性；向另一支试管中加入 2mol/L NaOH 溶液检验 $Cr(OH)_3$ 的酸性，观察现象，写出反应方程式。

（2）$Mn(OH)_2$ 的性质　在三支试管中各加入 5 滴 0.1mol/L $MnSO_4$ 溶液，然后逐滴加入 2mol/L NaOH 溶液至沉淀完全，观察沉淀的颜色。一份迅速检验 $Mn(OH)_2$ 是否呈碱性；一份迅速检验 $Mn(OH)_2$ 是否呈酸性；还有一份沉淀在空气中放置一段时间，观察沉淀颜色的变化并解释现象，写出反应方程式。

（3）$Fe(OH)_2$ 的性质　在一支试管中加入 2mL 去离子水和 2 滴 2mol/L H_2SO_4 溶液，煮沸片刻（为什么？），然后加入一小粒 $FeSO_4 \cdot 7H_2O$ 晶体使其溶解。同时在另一支试管中煮沸 1mL 2mol/L NaOH 溶液，冷却后用长滴管吸取 0.5mL NaOH 溶液，迅速插入 Fe^{2+} 溶液底部，慢慢地挤出 NaOH 溶液（整个操作都要避免将空气带入溶液），观察沉淀的颜色。将该沉淀分成三份，两份迅速检验 $Fe(OH)_2$ 酸碱性。第三份沉淀在空气中放置一段时间，观察沉淀颜色的变化，写出反应方程式。

（4）$Co(OH)_2$ 的性质　在三支试管中各加入 5 滴 0.1mol/L $CoCl_2$ 溶液，然后逐滴加入 2mol/L NaOH 溶液，注意观察所生成沉淀的颜色。迅速检验第一、第二支试管中 $Co(OH)_2$

的酸碱性。第三支试管中的沉淀在空气中放置一段时间，观察沉淀颜色有何变化，写出反应方程式。

(5) Ni(OH)$_2$ 的性质　在三支试管中各加入 5 滴 0.1mol/L NiSO$_4$ 溶液，然后逐滴加入 2mol/L NaOH 溶液，观察沉淀颜色。迅速检验第一、第二支试管中 Ni(OH)$_2$ 酸碱性。第三支试管中的沉淀在空气中放置一段时间，观察沉淀颜色是否变化，写出反应方程式。

根据以上实验结果，对 +2 价铁、钴、镍氢氧化物的酸碱性和还原性作一总结。

(6) Fe(OH)$_3$ 的性质　在两支试管中各加入 5 滴 0.1mol/L FeCl$_3$ 溶液，然后逐滴加入 2mol/L NaOH 溶液，观察沉淀的颜色和状态。向一支试管中加入 2mol/L HCl 溶液检验 Fe(OH)$_3$ 是否呈碱性；向另一支试管中加入 2mol/L NaOH 溶液检验 Fe(OH)$_3$ 是否呈酸性，观察现象，写出反应方程式。

(7) Co(OH)$_3$ 的性质　取 1mL 0.1mol/L CoCl$_2$ 溶液于试管中，加几滴溴水，再加入 2mol/L NaOH 溶液，观察所生成沉淀的颜色。离心分离，弃取清液，在沉淀中加入 0.5mL 浓 HCl，微热，立即用湿润的淀粉-碘化钾试纸检验试管口逸出的气体。解释该现象，写出反应方程式。

(8) Ni(OH)$_3$ 的性质　取 1mL 0.1mol/L NiSO$_4$ 溶液于试管中，加几滴溴水，再加入 2mol/L NaOH 溶液，观察沉淀的颜色。离心分离，弃取清液，在沉淀中加入 0.5mL 浓 HCl，立即用湿润的淀粉-碘化钾试纸检验试管口逸出的气体，写出反应方程式。

由实验 (6) ～ (8)，比较 +3 价铁、钴、镍氢氧化物的氧化性。

2. 铬化合物的重要性质

(1) Cr^{3+} 的还原性和 Cr^{3+} 的鉴定　在试管中加入 3 滴 0.1mol/L CrCl$_3$ 溶液，逐滴加入 6mol/L NaOH 溶液至生成的沉淀溶解，再滴加 3 滴 3％的 H$_2$O$_2$ 溶液，加热，观察溶液颜色的变化，解释现象并写出反应方程式。待试管冷却后，加 0.5mL 戊醇（或乙醚），然后慢慢地加入 6mol/L HNO$_3$ 溶液酸化，再补加 2 滴 3％的 H$_2$O$_2$ 溶液，摇荡试管，观察戊醇（或乙醚）层颜色，解释现象并写出反应方程式。此反应可鉴定 Cr^{3+} 或 Cr$_2$O$_7^{2-}$。

(2) Cr$_2$O$_7^{2-}$ 和 CrO$_4^{2-}$ 的相互转化

① 取 5 滴 0.1mol/L K$_2$Cr$_2$O$_7$ 溶液，滴加少许 2mol/L NaOH 溶液，观察溶液颜色的变化。再滴入 2mol/L H$_2$SO$_4$ 溶液酸化，又有何变化？解释现象，写出 Cr$_2$O$_7^{2-}$ 和 CrO$_4^{2-}$ 之间的平衡反应方程式。

② 在试管中加入 5 滴 0.1mol/L K$_2$Cr$_2$O$_7$ 溶液，再加入 5 滴 0.1mol/L BaCl$_2$ 溶液，有何现象产生？为什么得到的沉淀不是 BaCr$_2$O$_7$？

(3) Cr^{6+} 的氧化性

① 取 5 滴 0.1mol/L K$_2$Cr$_2$O$_7$ 溶液于试管中，加 5 滴 2mol/L H$_2$SO$_4$ 溶液酸化，再加入数滴 0.1mol/L Na$_2$SO$_3$ 溶液，观察溶液颜色变化，写出反应方程式。

② 取 5 滴 0.1mol/L K$_2$Cr$_2$O$_7$ 溶液于试管中，加 5 滴 2mol/L H$_2$SO$_4$ 溶液酸化，再滴加少量乙醇，微热，观察溶液由橙色变为什么颜色，写出反应方程式。该反应可根据颜色的变化，定性检查人呼出的气体和血液中是否含有酒精，以判断是否酒后驾车或酒精中毒。

3. 锰化合物的重要性质

(1) Mn^{4+} 化合物的生成　取 10 滴 0.01mol/L KMnO$_4$ 溶液，滴加 0.1mol/L MnSO$_4$ 溶液，观察是否有沉淀生成。

(2) Mn^{6+} 化合物的生成　取 1mL 0.01mol/L KMnO$_4$ 溶液于试管中，加入 1mL 40％

的 NaOH 溶液，再加入少量固体 MnO_2，加热后静置片刻，待 MnO_2 沉淀后，观察上层清液的颜色。取上层清液于另一支试管中，加 2mol/L H_2SO_4 溶液酸化，观察溶液颜色的变化和沉淀的生成。写出反应方程式。通过该实验说明 MnO_4^{2-} 的存在条件是什么？

（3）$KMnO_4$ 还原产物和介质的关系　在三支试管中各加入 2 滴 0.01mol/L $KMnO_4$ 溶液，再分别加 1 滴 2mol/L H_2SO_4 溶液、1 滴去离子水和 1 滴 2mol/L NaOH 溶液，然后各加 2 滴 0.1mol/L Na_2SO_3 溶液，观察各试管中发生的现象，写出反应方程式。说明 $KMnO_4$ 还原产物和介质的关系。

（4）Mn^{2+} 的鉴定　取 1mL 0.1mol/L $MnSO_4$ 于试管中，加 5 滴 6mol/L HNO_3 酸化（或 H_2SO_4，为什么不能用 HCl?），然后加少量 $NaBiO_3$ 固体，加热，如上层清液呈紫色，表示有 Mn^{2+} 存在。

4. 铁化合物的重要性质

（1）Fe^{2+} 的还原性　取 1mL 0.1mol/L $FeSO_4$ 溶液于试管中，加 2 滴 2mol/L H_2SO_4 溶液酸化，然后滴加 0.01mol/L $KMnO_4$ 溶液，观察溶液颜色的变化，写出反应方程式。

（2）Fe^{3+} 的氧化性　取 1mL 0.1mol/L $FeCl_3$ 溶液于试管中，加入 1mL 0.1mol/L KI 溶液，观察溶液颜色的变化。再加 1 滴 1% 的淀粉溶液，溶液颜色又有何变化？写出反应方程式。

（3）Fe^{2+} 配合物及鉴定　取 1 滴 0.1mol/L $FeSO_4$ 溶液于白色点滴板上，加 1 滴 2mol/L HCl 溶液酸化，然后加 1 滴 0.1mol/L $K_3[Fe(CN)_6]$（赤血盐）溶液，观察沉淀颜色，此反应可用来鉴定 Fe^{2+}。

（4）Fe^{3+} 配合物及鉴定　取 1 滴 0.1mol/L $FeCl_3$ 溶液于白色点滴板上，加 1 滴 2mol/L HCl 溶液酸化，然后加 1 滴 0.1mol/L $K_4[Fe(CN)_6]$（黄血盐）溶液，观察沉淀颜色，此反应可用来鉴定 Fe^{3+}。

5. 钴和镍的配合物及鉴定

（1）Co^{2+} 配合物及鉴定　取 1mL 0.1mol/L $CoCl_2$ 溶液于试管中，加入少量 KSCN 晶体，观察晶体周围的颜色。再加入 0.5mL 丙酮，观察水相和有机相的颜色，此反应可用来鉴定 Co^{2+}。

（2）Ni^{2+} 配合物及鉴定　取 1mL 0.1mol/L $NiSO_4$ 溶液于试管中，滴加 2mol/L $NH_3 \cdot H_2O$ 溶液，观察现象。再加 2 滴 1% 的丁二酮肟酒精溶液，溶液的颜色又有何变化？此反应可用来鉴定 Ni^{2+}。

6. 混合离子的分离与鉴定

（1）有一瓶含有 Fe^{3+} 和 Ni^{2+} 的混合溶液，先用分离示意图分离，再进行鉴定。

（2）有一瓶含有 Cr^{3+} 和 Mn^{2+} 的混合溶液，先用分离示意图分离，再进行鉴定。

五、思考题

1. 怎样分离混合溶液中的 Pb^{2+}、Fe^{3+} 和 Co^{2+}。
2. 哪个实验说明锰发生自身氧化还原反应？其介质条件如何？
3. Cr^{6+} 作氧化剂时的介质条件是什么？在选用介质时应考虑什么问题？
4. 在制备 $Fe(OH)_2$ 实验中，为什么蒸馏水和 NaOH 溶液都要预先煮沸以赶尽空气？
5. 用赤血盐 $K_3[Fe(CN)_6]$ 检验 Fe^{2+} 或用黄血盐 $K_4[Fe(CN)_6]$ 检验 Fe^{3+} 时，为什么要加 1 滴 2mol/L HCl？
6. 为什么 Fe^{3+} 比 Fe^{2+} 化合物稳定？

六、注意事项

1. Cr^{3+} 的还原性实验要在强碱条件下进行。

2. K_2MnO_4 存在于强碱溶液中，所以实验中要保证溶液足够的碱度。

3. 鉴定 Cr^{3+} 或 $Cr_2O_7^{2-}$ 实验中，最后加硝酸时要加足，使溶液呈酸性。

4. $KMnO_4$ 在酸性介质中被还原成无色的 Mn^{2+}，如溶液呈棕色，说明溶液酸度不够。

5. 溴水有较强的腐蚀性，应避免与皮肤接触；溴蒸气有很强的刺激作用，所以使用时应在通风橱中进行。

实验 16　d 区元素 Ⅱ（铜、银、锌、镉、汞）

一、实验目的

1. 掌握铜、银、锌、镉、汞氢氧化物和氧化物的酸碱性。

2. 掌握铜、银、锌、镉、汞氨合物的生成。

3. 掌握铜、银、锌、镉、汞硫化物的生成与溶解性。

4. 掌握 Cu^{2+}、Ag^+、Zn^{2+}、Cd^{2+}、Hg^{2+} 的鉴定方法。

二、实验原理

铜和银是周期系第ⅠB族元素，价层电子构型分别为 $3d^{10}4s^1$ 和 $4d^{10}5s^1$。铜的重要氧化值为 +1 和 +2，银主要形成氧化值为 +1 的化合物。

锌、镉、汞是周期系第ⅡB族元素，价层电子构型为 $(n-1)d^{10}ns^2$，它们都形成氧化值为 +2 的化合物，汞还能形成氧化值为 +1 的化合物。

$Zn(OH)_2$ 是两性氢氧化物。$Cu(OH)_2$ 两性偏碱，能溶于较浓的 NaOH 溶液。$Cu(OH)_2$ 的热稳定性差，受热分解为 CuO 和 H_2O。$Cd(OH)_2$ 是碱性氢氧化物。AgOH 和 $Hg(OH)_2$ 极易脱水变成相应的氧化物。

Cu^{2+}、Ag^+、Zn^{2+}、Cd^{2+}、Hg^{2+} 都能形成氨合物。$[Cu(NH_3)_2]^+$ 是无色的，易被空气中的 O_2 氧化为深蓝色的 $[Cu(NH_3)_4]^{2+}$。Cu^{2+}、Ag^+、Zn^{2+}、Cd^{2+}、Hg^{2+} 与适量氨水反应生成氢氧化物、氧化物或碱式盐沉淀，而后溶于过量的氨水。

Cu^{2+} 大都以 dsp^2 杂化轨道成键，形成平面正方形的内轨型配合物。Zn^{2+} 的配离子几乎以 sp^3 杂化轨道成键，形成四面体形的外轨型配合物。Ag^+ 和 Hg^{2+} 都能形成配位数为 2（sp 杂化轨道成键）的直线型和配位数为 4（sp^3 杂化轨道成键）的四面体型配合物。

Cu^{2+}、Ag^+、Zn^{2+}、Cd^{2+}、Hg^{2+} 与 Na_2S 溶液反应都能生成相应的硫化物。ZnS 能溶于稀 HCl。CdS 溶于浓 HCl。CuS 和 Ag_2S 溶于浓 HNO_3。HgS 溶于王水。

水溶液中的 Cu^+ 不稳定，易歧化为 Cu^{2+} 和 Cu。CuCl 和 CuI 等 Cu（Ⅰ）的卤化物难溶于水，通过加合反应可分别生成相应的配离子 $[CuCl_2]^-$ 和 $[CuI_2]^-$，它们在水溶液中较稳定。$CuCl_2$ 溶液与铜屑及浓 HCl 混合后加热可制得 $[CuCl_2]^-$，加水稀释时会析出 CuCl 沉淀。

三、仪器、药品及材料

仪器：酒精灯、水浴锅、离心机、试管、试管架、点滴板、50mL 烧杯。

药品：2mol/L HNO₃、浓HNO₃、2mol/L HCl、6mol/L HCl、浓HCl、2mol/LH₂SO₄、2mol/L HAc、2mol/L NaOH、6mol/L NaOH、2mol/L NH₃·H₂O、6mol/L NH₃·H₂O、0.1mol/L KI、2mol/L KI、0.1mol/L AgNO₃、0.1mol/L CuCl₂、0.1mol/L KBr、0.1mol/L NaCl、0.1mol/L Na₂S₂O₃、0.1mol/L K₄[Fe(CN)₆]、0.1mol/L Hg(NO₃)₂、0.1mol/L Na₂S、0.1mol/L SnCl₂、1mol/L NH₄Cl、0.1mol/L CuSO₄、0.1mol/L ZnSO₄、0.1mol/L CdSO₄、王水、铜屑（或铜粉）、1％淀粉溶液、10％葡萄糖、二苯硫腙的 CCl₄ 溶液。

四、实验步骤

1. 铜、银、锌、镉、汞氢氧化物或氧化物的生成和性质

（1）铜、锌、镉氢氧化物的生成和性质　分别取 5 滴 0.1mol/L CuSO₄ 溶液、0.1mol/L ZnSO₄ 溶液和 0.1mol/L CdSO₄ 溶液于三支试管中，然后滴加 2mol/L NaOH 溶液，观察现象。再将每个试管中的沉淀分成两份，一份滴加 2mol/L NaOH 溶液检验溶液的酸性，另一份滴加 2mol/L H₂SO₄（或 2mol/L HCl）溶液检验溶液的碱性。写出反应方程式。

（2）银和汞氧化物的生成和性质　分别取 5 滴 0.1mol/L AgNO₃ 溶液和 0.1mol/L Hg(NO₃)₂溶液于两支试管中，然后滴加 2mol/L NaOH 溶液，观察 Ag₂O 和 HgO 的颜色及状态（为什么不是 AgOH？Hg(OH)₂？）。再将每个试管中的沉淀分成两份，一份滴加 2mol/L NH₃·H₂O 溶液，另一份滴加 2mol/L HNO₃ 溶液，观察现象，写出反应方程式。

2. 铜、银、锌、镉、汞氨合物的生成

向五支分别盛有 5 滴 0.1mol/L CuSO₄ 溶液、5 滴 0.1mol/L AgNO₃ 溶液、5 滴 0.1mol/L ZnSO₄ 溶液、5 滴 0.1mol/L CdSO₄ 溶液和 5 滴 0.1mol/L Hg(NO₃)₂ 溶液的试管中逐滴加入 6mol/L NH₃·H₂O 溶液，观察沉淀生成，继续加入过量的 6mol/L NH₃·H₂O 溶液，又有何现象？（如沉淀不溶解，再加 1mol/L NH₄Cl 溶液）写出反应方程式。比较 Cu²⁺、Ag⁺、Zn²⁺、Cd²⁺、Hg²⁺ 与氨水反应有何不同。

3. 铜、银、锌、镉、汞硫化物的生成和性质

在五支离心试管中分别加入 0.1mol/L CuSO₄ 溶液、0.1mol/L AgNO₃ 溶液、0.1mol/L ZnSO₄ 溶液、0.1mol/L CdSO₄ 溶液和 0.1mol/L Hg(NO₃)₂ 溶液各 1mL，再各滴加 0.1mol/L Na₂S 溶液，观察沉淀的颜色。将每种沉淀分成四份：一份加 2mol/L HCl、一份加浓 HCl、一份加浓 HNO₃，还有一份加王水，观察溶解情况。根据实验结果，总结铜、银、锌、镉、汞硫化物的溶解性。

4. Cu（Ⅰ）化合物的生成和性质

（1）氧化亚铜的生成和性质　取 5 滴 0.1mol/L CuSO₄ 溶液，滴加过量的 6mol/L NaOH 溶液，使最初生成的蓝色沉淀溶解呈深蓝色溶液，再加入 1mL 10％葡萄糖溶液，摇匀，加热煮沸几分钟，有黄色沉淀产生进而变成暗红色的沉淀。离心分离，弃去清液，将沉淀洗涤后分成两份，一份加入 2mol/L H₂SO₄ 溶液，注意沉淀的变化，另一份加入 6mol/L NH₃·H₂O 溶液，观察溶液颜色的变化，静置一段时间后，溶液为什么会变成深蓝色。写出有关反应方程式。

（2）氯化亚铜的生成和性质　取 1mL 0.1mol/L CuCl₂ 溶液，加 1mL 浓盐酸和少量铜屑（或半匙铜粉），加热振荡直至溶液呈无色，取几滴上述溶液加入 3～5mL 蒸馏水中，如有白色沉淀产生，迅速把上述溶液倾入 30～50mL 蒸馏水中，将生成的白色 CuCl 沉淀洗涤至无蓝色为止。离心分离，弃去清液，将沉淀洗涤后分成两份，一份加入浓盐酸，观察有何变化。另一份加入 6mol/L NH₃·H₂O 溶液，观察又有何变化，写出有关反应方程式。

（3）碘化亚铜的生成和性质　取 5 滴 0.1mol/L $CuSO_4$ 溶液，滴加 0.1mol/L KI 溶液，观察现象。离心分离，向清液中加 1 滴 1% 的淀粉溶液，观察现象。向沉淀中滴加 2mol/L KI 溶液，观察现象。再将溶液加水稀释，观察又有何变化。写出有关反应方程式。

5．Ag（Ⅰ）系列实验

取 5 滴 0.1mol/L $AgNO_3$ 溶液于试管中，从 $AgNO_3$ 开始选用适当的试剂，依次实现下面的转化：$AgNO_3 \rightarrow AgCl(s) \rightarrow [Ag(NH_3)_2]^+ \rightarrow AgBr(s) \rightarrow [Ag(S_2O_3)_2]^{3-} \rightarrow AgI(s) \rightarrow [AgI_2]^- \rightarrow Ag_2S$，注意观察现象。写出有关反应方程式。

6．银镜反应

在一支干净的试管中加入 1mL 0.1mol/L $AgNO_3$，滴加 2mol/L $NH_3 \cdot H_2O$ 溶液至生成的沉淀刚好溶解，再加入 2mL 10% 葡萄糖溶液，放在水浴锅中加热 3～5min，观察现象。写出有关反应方程式。

7．Cu^{2+}、Ag^+、Zn^{2+}、Cd^{2+}、Hg^{2+} 的鉴定

（1）Cu^{2+} 的鉴定　取 1 滴 0.1mol/L $CuSO_4$ 溶液于白色点滴板上，加 1 滴 2mol/L HAc 溶液酸化，再加 1 滴 0.1mol/L $K_4[Fe(CN)_6]$ 溶液，若生成棕红色沉淀，表示有 Cu^{2+} 存在。

（2）Ag^+ 的鉴定　取 2 滴 0.1mol/L $AgNO_3$ 溶液于离心试管中，加 2 滴 2mol/L HCl 溶液，水浴锅加热，使沉淀聚集，离心分离。向沉淀中加入 6mol/L $NH_3 \cdot H_2O$ 使其完全溶解，再加 2mol/L HNO_3 溶液酸化，如有白色沉淀，表示有 Ag^+ 存在。

（3）Zn^{2+} 的鉴定　取 2 滴 0.1mol/L $ZnSO_4$ 溶液，加 5 滴 6mol/L NaOH 溶液，再加 0.5mL 二苯硫腙的 CCl_4 溶液，摇荡试管，水溶液层显粉红色，CCl_4 层由绿色变棕色，表示有 Zn^{2+} 存在。

（4）Cd^{2+} 的鉴定　取 2 滴 0.1mol/L $CdSO_4$ 溶液，加 2 滴 0.1mol/L Na_2S 溶液，有黄色的 CdS 沉淀生成，向沉淀中加入 6mol/L HCl 溶液，黄色的 CdS 沉淀溶解，再滴加 6mol/L NaOH 溶液以降低溶液酸度，又有黄色的 CdS 沉淀析出，表示有 Cd^{2+} 存在。

（5）Hg^{2+} 的鉴定　取 2 滴 0.1mol/L $Hg(NO_3)_2$ 溶液，加 2 滴 0.1mol/L $SnCl_2$ 溶液，有白色的 Hg_2Cl_2 沉淀生成，并逐渐转变为灰色或黑色，表示有 Hg^{2+} 存在。

五、思考题

1．用流程图分离和鉴定 Zn^{2+}、Cd^{2+}、Ba^{2+} 混合离子。

2．用流程图分离和鉴定 Cu^{2+}、Ag^+、Fe^{3+} 混合离子。

3．用流程图分离 AgCl、$PbCl_2$ 和 Hg_2Cl_2 混合沉淀。

4．总结铜、银、锌、镉、汞氢氧化物的酸碱性和稳定性。

5．总结铜、银、锌、镉、汞硫化物的溶解性。

6．实验 4（2）氯化亚铜的生成和性质。为什么不能用稀盐酸代替浓盐酸进行实验？能否用浓的氯化钠溶液代替浓盐酸进行实验？

六、注意事项

1．银镜反应实验，若试管不干净，往往生成黑色沉淀，得不到光亮的银镜。实验结束立即倒掉溶液，用 2mol/L HNO_3 溶液洗下试管壁上的 Ag。

2．$CuCl_2$ 溶液与铜屑在浓盐酸存在下加热，时间宜较长一些，否则现象不明显。加浓盐酸是使 CuCl 溶解生成配离子 $[CuCl_2]^-$，防止难溶的 CuCl 附着在铜的表面，阻止反应继

续进行。加热至溶液呈无色，若溶液显棕色，可能是 Cu^+ 和 Cu^{2+} 的二聚或多聚配离子，则需再加入铜粉。若溶液显蓝绿色，应先加少量浓盐酸后再加铜粉。

3. 汞盐为有毒物质，使用时要注意安全。

4. 制备 Cu_2O 实验，由于制备条件不同，Cu_2O 晶粒的大小各异，可呈现黄、橙、红等不同颜色。氢氧化亚铜（CuOH）也为黄色，但加热时即转变为红色 Cu_2O。

第五章

物质分离鉴定与提纯制备实验

实验 17　纸色谱法分离鉴定 Cu^{2+}、Fe^{3+}、Co^{2+} 和 Ni^{2+}

一、实验目的

　　1. 掌握纸色谱法分离 Cu^{2+}、Fe^{3+}、Co^{2+}、Ni^{2+} 的基本原理和实验操作方法。
　　2. 掌握比移值 R_f 的计算和应用。

二、实验原理

　　色谱分离法包括气相色谱法和液相色谱法，这种分离方法的特点是分离效率高，能将各种性质极为相似的组分分离，然后分别进行测定。这种方法是由一种流动相带着试样经过固定相，物质在两相之间进行反复的分配，由于物质的分配系数不同，移动速度也不相同，因而可达到相互分离的目的。

　　纸色谱又称为纸层析，简称 PC。它是在滤纸上进行的色层分析法。滤纸被看作是一种惰性载体，滤纸纤维素中吸附着水分或其他溶剂，在层析过程中不流动，是固定相。在层析过程中沿着滤纸流动的溶剂或混合溶剂是流动相，又称为展开剂。本实验用纸色谱法分离和鉴定溶液中的 Cu^{2+}、Fe^{3+}、Co^{2+} 和 Ni^{2+}。在滤纸下端滴上 Cu^{2+}、Fe^{3+}、Co^{2+}、Ni^{2+} 和未知混合溶液，将滤纸放入盛有盐酸和丙酮的溶液中，滤纸纤维素所吸附的水分是固体相，盐酸和丙酮溶液是流动相，又称为展开剂。由于毛细管作用，展开剂沿滤纸上升，当它经过混合离子试液时，试液中的每一组分均向上移动。由于混合离子各组分在固体相和流动相中具有不同的分配系数，也即在两相中具有不同的溶解度，在水相中溶解度较大的组分，向上移动的速度缓慢，在盐酸和丙酮溶剂中溶解度较大的组分随溶剂向上移动的速度较快。通过一段时间的反复分配，分配系数各不相同的组分得以分离。经分离展开后的组分可用不同的方法检出，并根据 R_f 值与纯物质对照进行鉴定。

　　比移值 R_f 与溶质在固定相和流动相内的分配系数有关，当层析纸、固定相、流动相和温度一定时，每种物质的 R_f 值为一定值。

$$R_f = \frac{h}{H}$$

式中　h——物质斑点中心距原点的垂直距离，cm；
　　　　H——展开剂前沿距原点的垂直距离，cm。

三、仪器、药品及材料

仪器：500mL 广口瓶、20mL 量筒、500mL 烧杯、镊子、30cm×50cm 搪瓷盘、喉头喷雾器。

药品：浓 HCl、浓 $NH_3 \cdot H_2O$、1.0mol/L $FeCl_3$、1.0mol/L $CoCl_2$、1.0mol/L $NiCl_2$、1.0mol/L $CuCl_2$、0.1mol/L $K_4[Fe(CN)_6]$、0.1mol/L $K_3[Fe(CN)_6]$、0.1mol/L Na_2S、丙酮。

材料：7.5cm×11cm 色层滤纸、普通滤纸、毛细管。

四、实验步骤

1. 准备层析纸

如图 5-1 所示，取一张 7.5cm×11cm 色层滤纸。以宽 7.5cm 的边为底边，用铅笔画 4 条间隔为 1.5cm 的竖线平行于 11cm 的长边，在滤纸上端 1cm 处和下端 2cm 处各画出一条与其底边平行的横线，再沿着 4 条竖线折叠成五棱柱体，最后在滤纸上端画好的各小方格内标出 Fe^{3+}、Co^{2+}、Ni^{2+}、Cu^{2+} 和未知混合溶液。

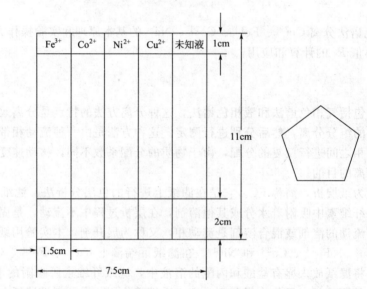

图 5-1　层析纸折叠示意图

2. 点样

取 5 根毛细管分别插入 1.0mol/L $FeCl_3$ 溶液、1.0mol/L $CoCl_2$ 溶液、1.0mol/L $NiCl_2$ 溶液、1.0mol/L $CuCl_2$ 溶液和未知混合溶液的试剂瓶内，用毛细管吸取相应溶液后，按所标明的样品名称，垂直触到层析纸下端横线的相应位置上，当层析纸上形成直径为 0.3~0.5cm 的圆形斑点时，立即提起毛细管。将点样后的层析纸置于通风处晾干。

3. 展开

在 500mL 广口瓶中加入 17mL 丙酮、2mL 浓 HCl 和 1mL 去离子水，配成展开液，盖好瓶盖充分混合展开剂。把点好样并晾干的层析纸放入展开瓶内，展开剂液面应略低于层析纸上铅笔线。仔细观察并记录各种离子在层析时显示的颜色和展开的速度。当展开剂前沿接近层析纸上端横线时停止色谱，用镊子取出层析纸，放在搪瓷盘中，用铅笔及时画下展开剂前沿的位置，于通风处自然晾干层析纸。

4. 斑点显色

若离子斑点颜色不清楚，可通过它们与不同物质反应而显示出不同颜色的方法来确定它们的位置。然后计算 R_f 值。本实验采用如下两种方法显色。

（1）将层析纸放在搪瓷盘中，先用浓氨水向层析纸上喷雾，使之润湿，再喷 0.1mol/L Na_2S 溶液，使之生成黑色硫化物，自然晾干层析纸，观察并记录斑点的颜色和位置。

（2）将层析纸放在搪瓷盘中，用喉头喷雾器向层析纸上喷洒 0.1mol/L $K_4[Fe(CN)_6]$ 溶液与 0.1mol/L $K_3[Fe(CN)_6]$ 溶液的等体积混合溶液，自然晾干层析纸，观察并记录斑点的颜色和位置。

5. 数据记录与处理

（1）记录各离子在层析时显示的颜色并填入表 5-1 中。

（2）用铅笔画下各斑点的轮廓，测量斑点中心位置离开基线原点的垂直距离 h；测量展开剂前沿离开基线原点的垂直距离 H，并将数据填入表 5-1 中。

（3）将 R_f 值的计算结果填入表 5-1 中。

（4）根据已知离子斑点的颜色和 R_f 值等对照试验，判断未知混合溶液中含有哪些离子。

表 5-1　离子斑点的颜色和 R_f 值

层析物质名称		Fe^{3+}	Co^{2+}	Ni^{2+}	Cu^{2+}	未知液
斑点颜色	层析时颜色					
	喷浓氨水显色					
	喷 Na_2S 显色					
	喷 $K_3[Fe(CN)_6]+K_4[Fe(CN)_6]$ 显色					
离子移动的距离 h/cm						
展开剂移动的距离 H/cm						
$R_f=\dfrac{h}{H}$						

五、思考题

1. 纸层析的原理是什么？主要步骤如何？
2. $CoCl_2$ 在丙酮溶液中应显示什么颜色？

六、注意事项

1. 点样毛细管切口要平。

2. 点样不能太多，以免展开后斑点扩散。

3. 先取一张普通滤纸做点样练习，反复练习几次，直到斑点直径在 0.3～0.5cm 范围内的斑点为止。

4. 只要实验条件相同，R_f 值的重复性就好，因此 R_f 值是纸上色谱法的重要数值。

实验 18　植物色素的提取和薄层色谱分析

一、实验目的

1. 学会植物天然色素的提取过程。

2. 掌握薄层色谱的分离原理及操作方法。

二、实验原理

绿色植物的叶茎中主要含有胡萝卜素（橙黄）、叶黄素（棕黄）、叶绿素 a（蓝绿）及叶绿素 b（黄绿），实验用石油醚和乙醇的混合溶剂为提取剂提取绿色植物中的上述天然色素，将提取液进行处理后用薄层色谱加以分离。

薄层色谱法是将吸附剂（1%的羧甲基纤维素钠和硅胶 G 的混合物）涂布在玻璃板上，将要分析的试样滴在薄层板的一端，待干后将薄层板放到盛有展开剂的展开室中。由于薄层板上固定相的毛细管作用，展开剂由下向上移动，又由于固定相对不同物质的吸附能力不同，当展开剂流过时，不同物质在吸附剂与展开剂之间发生不断地吸附、解吸、再吸附、再解吸等过程。易被吸附的物质移动得慢些也即上升的速度慢，难被吸附的物质移动得快些也即上升的速度快。经过一段时间的展开，从而达到不同物质彼此分离。展开结束，将薄层板取出，蒸发除去残余的展开剂，在固定相上可观察到不同组分的斑点。斑点位置比移值 R_f 表示如下：

$$R_f = \frac{原点至溶质斑点中心的距离}{原点至溶剂前沿的距离}$$

在相同条件下进行薄层分离时，某一组分的 R_f 值是一定的，因此可以根据 R_f 值进行定性鉴定。影响 R_f 值的因素很多，如固定相的厚度、吸附剂的种类、粒度、活化程度、流动相和固定相的含水量、展开剂的组成和配比、展开室内流动相蒸气的饱和程度、试样斑点的大小、层析缸的形状和大小、层析温度等。所以薄层色谱的 R_f 值重复性较差，因此在鉴定物质时，通常应将标准物与试样在同一薄层板上同时展开进行对照。

三、仪器、药品及材料

仪器：万分之一分析天平、烘箱、研钵、台秤、50mL 烧杯、25mL 量筒、100mL 容量瓶、125mL 分液漏斗、250mL 具磨口塞广口瓶、玻璃棒、干燥器。

药品：1%羧甲基纤维素钠、硅胶 G、无水硫酸钠、提取液（石油醚和乙醇的体积比为 2∶1）、展开剂（苯、丙酮、石油醚的体积比为 4∶3∶6）、100mg/L 的色素标准溶液。

材料：玻璃点样毛细管（0.3mm×100mm）、载玻片（7.5cm×2.5cm）、新鲜绿色植物叶片。

四、实验步骤

1. 制板

在 120mL 1%羧甲基纤维素钠（黏合剂）水溶液中加入 40g 硅胶 G（吸附剂），用玻璃棒搅拌调成均匀的糊状，再将此糊状物分别倒在 50 块干净并晾干的载玻片上，并用玻璃棒平铺均匀。涂好硅胶 G 的载玻片在室温放置过夜后，再放入烘箱中烘以驱除水分，进行"活化"。取出冷却后，放在干燥器中备用。

2. 天然色素的提取

称取 10g 绿色植物叶片放在研钵中研磨、捣碎，加 20mL 提取液，继续研磨数分钟，将提取液转移至 125mL 分液漏斗中。加入等体积水旋摇、静置、分层，弃去水层，有机层再用水洗涤 1~2 次（水洗的目的是洗涤乙醇及提取液中少量水溶物）。将上层有机层转入干燥的小烧杯中，加 2g 无水硫酸钠干燥脱水。

3. 点样

点样是薄层色谱分析中要求最严格的一步操作，点样后试液斑点直径宜小，定性分析约2～3mm，定量分析应更小。用玻璃毛细管吸取提取过的天然色素溶液，垂直地轻轻接触薄层板表面（注意勿损坏硅胶层），让试液扩展。如果色素浓度太稀，一次点样不够，可以在点样点处待溶剂挥发后再点第二次或第三次。点样量过大，易拖尾或扩散。点样量少，不易检出。点样点的起始线应距玻璃板底边 1cm 左右（用铅笔画一记号），两相邻斑点中心之间距离应大于 1.5cm。点样后，放置干燥。

4. 展开

在广口瓶内加入展开剂 5mL，盖好磨口塞，摇动，使其为溶剂蒸气所饱和而加速层析。将点好样的薄层板放入瓶中，使点有试样的一端浸入展开剂，但原点不能浸入展开剂中，另一端斜搁在广口瓶壁上，盖好展开瓶磨口塞。当溶剂前沿离薄层板上端约 1cm 时，取出薄层板，并在前沿线处用铅笔画一记号以确定前沿线位置。

薄层板溶剂挥发后量取原点至各斑点中心距离与原点至溶剂前沿线的距离，计算 R_f 值并与标准色素纯样品的 R_f 值进行比较。

五、思考题

1. 薄层色谱法属于液相色谱法，从分离机理讲它属于吸附色谱还是分配色谱？
2. 比移值 R_f 如何测定？其影响因素有哪些？
3. 为什么展开前应使展开室中空间为展开剂蒸气所饱和？

六、注意事项

1. 植物叶片在研钵中只需适当研磨，不可研磨得太烂而成糊状，否则会造成分离困难。
2. 本实验所用的石油醚，其沸程为 60～90℃。
3. 在分液漏斗中提取色素时应注意①排气；②应旋摇几下，不可振荡以防乳化。
4. 最理想的 R_f 值为 0.4～0.5；良好的分离 R_f 值在 0.15～0.75；如 R_f 值＜0.15 或＞0.75，则分离效果不好。
5. 为便于比较，提取的天然色素试样应和色素标准溶液同时点在同一薄层板的同一起始线上。

实验 19　混合阴离子未知溶液的定性鉴定

一、实验目的

1. 掌握常见阴离子 Cl^-、Br^-、I^-、NO_3^-、NO_2^-、SO_4^{2-}、SO_3^{2-}、$S_2O_3^{2-}$、S^{2-}、PO_4^{3-} 和 CO_3^{2-} 的有关性质。
2. 了解混合阴离子的鉴定方案并检出未知溶液中的阴离子。
3. 培养综合应用基础知识的能力。

二、实验原理

常见的阴离子有 Cl^-、Br^-、I^-、NO_3^-、NO_2^-、SO_4^{2-}、SO_3^{2-}、$S_2O_3^{2-}$、S^{2-}、PO_4^{3-} 和 CO_3^{2-} 共 11 种，这些阴离子的初步鉴定包括以下 6 个方面，见表 5-2。根据初步鉴定结果，推断可能存在的阴离子，然后做阴离子的个别鉴定。

表 5-2　阴离子的初步鉴定

阴离子	H_2SO_4 (2 mol/L)	$BaCl_2$ (1mol/L)	$AgNO_3$ (0.1 mol/L)	碘-淀粉 (强还原性阴离子)	0.01mol/L$KMnO_4$ (弱还原性阴离子)	KI-淀粉 (氧化性阴离子)
Cl^-			白色沉淀			
Br^-			淡黄色沉淀		褪色	
I^-			黄色沉淀		褪色	
NO_3^-						
NO_2^-	气泡				褪色	变蓝
SO_4^{2-}		白色沉淀				
SO_3^{2-}	气泡	白色沉淀		褪色	褪色	
$S_2O_3^{2-}$	气泡	白色沉淀或溶液	沉淀或溶液	褪色	褪色	
S^{2-}	气泡		黑色沉淀	褪色	褪色	
PO_4^{3-}		白色沉淀				
CO_3^{2-}	气泡	白色沉淀				

（1）pH 试纸测定试样的 pH 值　如果 pH<2，不稳定的 $S_2O_3^{2-}$ 不可能存在。如此时试样无臭味，易挥发的 S^{2-}、NO_2^- 和 SO_3^{2-} 也不可能存在。

（2）与 2mol/L H_2SO_4 的反应　试样中加入 2mol/L H_2SO_4 溶液并加热，如有气泡产生，则可能有 NO_2^-、SO_3^{2-}、$S_2O_3^{2-}$、S^{2-} 和 CO_3^{2-} 存在。

（3）与 $BaCl_2$ 溶液的反应　在中性或弱碱性试样中加入 1mol/L $BaCl_2$ 溶液，如有白色沉淀生成，则可能有 SO_4^{2-}、SO_3^{2-}、PO_4^{3-} 和 CO_3^{2-} 存在。$S_2O_3^{2-}$ 浓度大时才会产生 BaS_2O_3 沉淀。如没有白色沉淀生成，则不可能有 SO_4^{2-}、SO_3^{2-}、PO_4^{3-} 和 CO_3^{2-}，但 $S_2O_3^{2-}$ 不能确定。

（4）与 $AgNO_3$ 溶液的反应　试样中加入 0.1mol/L $AgNO_3$ 溶液，如有沉淀生成，加 2mol/L HNO_3 酸化，沉淀仍不消失，则可能有 Cl^-、Br^-、I^-、$S_2O_3^{2-}$ 和 S^{2-} 存在。如没有沉淀生成，则不可能有 Cl^-、Br^-、I^-、$S_2O_3^{2-}$ 和 S^{2-}。还可以由沉淀颜色初步判断含有哪些阴离子，如白色沉淀，则可能有 Cl^-；如淡黄色沉淀，则可能有 Br^-；如黄色沉淀，则可能有 I^-；如沉淀由白色→黄色→棕色→黑色，则可能有 $S_2O_3^{2-}$；如黑色沉淀，则可能有 S^{2-}。应注意 Ag^+ 与 Cl^-、Br^-、I^- 形成的浅色沉淀很容易被同时存在的黑色沉淀覆盖，所以要认真观察沉淀是否溶于或部分溶于 2mol/L HNO_3 溶液，以推断有没有 Cl^-、Br^- 和 I^- 存在的可能。

（5）还原性阴离子的鉴定　向酸化的试样中滴入 2 滴 0.01mol/L $KMnO_4$ 溶液，若紫红色褪去，则可能有 SO_3^{2-}、$S_2O_3^{2-}$、S^{2-}、Br^-、I^- 和 NO_2^- 存在。若紫红色不褪，则不可能有 SO_3^{2-}、$S_2O_3^{2-}$、S^{2-}、Br^-、I^- 和 NO_2^-。如果有还原性阴离子存在，则向试样中再加入碘-淀粉溶液，再进一步鉴定是否存在强还原性阴离子。强还原性阴离子 SO_3^{2-}、$S_2O_3^{2-}$ 和 S^{2-} 能被碘氧化，因此能使碘-淀粉溶液的蓝色褪去，如溶液蓝色褪去则可能有强还原性阴离子 SO_3^{2-}、$S_2O_3^{2-}$ 和 S^{2-} 的存在。

（6）氧化性阴离子的鉴定　向酸化的试样中加入 KI-淀粉溶液，摇荡试管，若溶液呈蓝色，则可能有 NO_2^- 存在。

三、仪器、药品及材料

仪器：酒精灯、水浴锅、离心机、玻璃棒、试管、试管架、点滴板。

药品：2mol/L H_2SO_4、浓 H_2SO_4、2mol/L HCl、6mol/L HCl、2mol/L HNO_3、6mol/L HNO_3、浓 HNO_3、2mol/L $NH_3·H_2O$、2mol/L NaOH、2mol/L HAc、$ZnSO_4$

（饱和溶液）、$Ba(OH)_2$（饱和溶液）、$1\% Na_2[Fe(CN)_5NO]$、$0.1mol/L K_4[Fe(CN)_6]$、$12\%（NH_4)_2CO_3$、$0.1mol/L AgNO_3$、$0.02mol/L Ag_2SO_4$、$1mol/L BaCl_2$、尿素（s）、$PbCO_3$（s）、$FeSO_4 \cdot 7H_2O$（s）、CCl_4、$3\% H_2O_2$、$0.1mol/L（NH_4)_2MoO_4$、$0.01mol/L KMnO_4$、I_2-淀粉溶液、KI-淀粉溶液、氯水、混合阴离子未知溶液。

材料：pH 试纸、醋酸铅试纸、带塞的导管。

四、实验步骤

1. 领取混合阴离子未知溶液，先进行初步鉴定，确定可能存在哪些阴离子，可能不存在哪些阴离子，然后再做阴离子的个别鉴定。

（1）Cl^- 的鉴定　取 10 滴试样于试管中，加入 5 滴 $2mol/L HNO_3$ 溶液（或 $6mol/L HNO_3$ 溶液）和 $1mL 0.1mol/L AgNO_3$ 溶液，有白色沉淀产生，水浴加热，离心分离。向沉淀中滴入 $2mol/L NH_3 \cdot H_2O$ 溶液 [或 $12\%（NH_4)_2CO_3$ 溶液]，水浴加热，摇荡使沉淀溶解，再加 2 滴 $2mol/L HNO_3$ 溶液，又有白色沉淀产生，表示有 Cl^- 存在。

$$Cl^- + Ag^+ \longrightarrow AgCl \downarrow_{白色}$$
$$AgCl \downarrow_{白色} + 2NH_3 \longrightarrow [Ag(NH_3)_2]^+ + Cl^-$$
$$[Ag(NH_3)_2]^+ + Cl^- + 2H^+ \longrightarrow AgCl \downarrow_{白色} + 2NH_4^+$$

（2）Br^- 的鉴定　取 10 滴试样于试管中，加 1 滴 $2mol/L H_2SO_4$ 和 $0.5mL CCl_4$，再逐滴加入氯水，边加边摇荡试管，若 CCl_4 层颜色呈红棕色，表示有 Br^- 存在。

$$2Br^- + Cl_2 \longrightarrow Br_2 + 2Cl^- （Br_2 在 CCl_4 层中呈红棕色）$$

若氯水过量，则生成 BrCl 而变为淡黄色。

$$Br_2 + Cl_2 \longrightarrow 2BrCl$$

（3）I^- 的鉴定　取 10 滴试样于试管中，加 1 滴 $2mol/L H_2SO_4$ 和 $0.5mL CCl_4$，再逐滴加入氯水，边加边摇荡试管，若 CCl_4 层颜色呈紫色，表示有 I^- 存在。

$$2I^- + Cl_2 \longrightarrow I_2 + 2Cl^- （I_2 在 CCl_4 层中呈紫色）$$

若氯水过量，紫色将褪至无色。因 I_2 能与过量氯水反应生成无色溶液。

$$I_2 + 5Cl_2 + 6H_2O \longrightarrow 2HIO_3 + 10HCl$$

（4）NO_3^- 的鉴定　Br^-、I^- 和 NO_2^- 干扰 NO_3^- 的鉴定。取 10 滴试样于试管中，加入 5 滴 $2mol/L H_2SO_4$ 溶液和 5 滴 $0.02mol/L Ag_2SO_4$ 溶液，此步的目的是去除 Br^- 和 I^- 的干扰，使 Br^- 和 I^- 生成沉淀后分离出去。在清液中加入尿素固体并加热，此步的目的是去除 NO_2^- 对鉴定 NO_3^- 的干扰。在溶液中加入少量 $FeSO_4 \cdot 7H_2O$ 晶体，摇荡试管使其溶解。然后斜持试管，沿管壁小心地滴加 $1mL$ 浓 H_2SO_4，静置片刻，若 H_2SO_4 层与水溶液层的界面处有"棕色环"出现，表示有 NO_3^- 存在。

$$2NO_2^- + CO(NH_2)_2 + 2H^+ \longrightarrow 2N_2 \uparrow + CO_2 \uparrow + 3H_2O$$

（NO_3^- 与 $FeSO_4$ 溶液在浓 H_2SO_4 介质中反应生成棕色的 $[Fe(NO)]^{2+}$）

$$3Fe^{2+} + NO_3^- + 4H^+ \longrightarrow 3Fe^{3+} + NO \uparrow + 2H_2O$$
$$Fe^{2+} + NO \longrightarrow [Fe(NO)]^{2+}$$

（5）NO_2^- 的鉴定　I^- 干扰 NO_2^- 的鉴定。取 10 滴试样于试管中，加入 10 滴 $0.02mol/L Ag_2SO_4$ 溶液，此步的目的是去除 I^- 的干扰，使 I^- 生成 AgI 沉淀后分离出去。在清液中加入少量 $FeSO_4 \cdot 7H_2O$ 晶体，摇荡试管使其溶解，再加入 10 滴 $2mol/L HAc$ 溶液，若溶液呈淡棕色，表示有 NO_2^- 存在。另一种鉴定方法是向除 I^- 后的酸化试样中加入 KI-淀粉溶液，摇荡试管，若溶液呈蓝色，则表示有 NO_2^- 存在。

NO_2^- 与 $FeSO_4$ 溶液在 HAc 介质中反应生成棕色的 $[Fe(NO)(H_2O)_5]^{2+}$ （简写为 $[Fe(NO)]^{2+}$）。

$$Fe^{2+}+NO_2^-+2HAc \longrightarrow Fe^{3+}+NO\uparrow+H_2O+2Ac^-$$
$$Fe^{2+}+NO \longrightarrow [Fe(NO)]^{2+}$$

（6）SO_4^{2-} 的鉴定　CO_3^{2-}、SO_3^{2-} 和 $S_2O_3^{2-}$ 干扰 SO_4^{2-} 的鉴定。取 10 滴试样于试管中，加 6mol/L HCl 溶液至无气泡产生，再多加 2 滴，此步的目的是去除 CO_3^{2-}、SO_3^{2-} 和 $S_2O_3^{2-}$ 的干扰。加 2 滴 1mol/L $BaCl_2$ 溶液，若生成白色沉淀，表示有 SO_4^{2-} 存在。

（7）SO_3^{2-} 的鉴定　S^{2-} 干扰 SO_3^{2-} 的鉴定。取 10 滴试样于试管中，加入固体 $PbCO_3$，若沉淀由白色变为黑色，则要再加 $PbCO_3$ 固体，直到沉淀呈灰色为止，此步的目的是去除 S^{2-} 的干扰。取 1 滴清液于点滴板上，加饱和 $ZnSO_4$ 溶液、0.1mol/L $K_4[Fe(CN)_6]$ 溶液和 1% $Na_2[Fe(CN)_5NO]$ 溶液各 1 滴，最后再加 1 滴 2mol/L $NH_3\cdot H_2O$ 将溶液调到中性（注意：酸性红色沉淀消失），用玻璃棒搅拌，若生成红色配合物或沉淀，表示有 SO_3^{2-} 存在。

（8）$S_2O_3^{2-}$ 的鉴定　S^{2-} 干扰 $S_2O_3^{2-}$ 的鉴定。取 1 滴除 S^{2-} 试样（方法同上）于点滴板上，加 1 滴 0.1mol/L $AgNO_3$ 溶液至生成白色沉淀，若沉淀颜色由白色→黄色→棕色→黑色，表示有 $S_2O_3^{2-}$ 存在。

$$S_2O_3^{2-}+2Ag^+ \longrightarrow Ag_2S_2O_3\downarrow_{白色}$$

$Ag_2S_2O_3\downarrow_{白色}$ 能迅速分解为 Ag_2S 和 H_2SO_4。这一过程伴随沉淀颜色由白色→黄色→棕色→黑色。

$$Ag_2S_2O_3\downarrow_{白色}+H_2O \longrightarrow Ag_2S\downarrow_{黑色}+H_2SO_4$$

（9）S^{2-} 的鉴定　S^{2-} 含量少时，取 1 滴试样于点滴板上，加 1 滴 2mol/L NaOH 溶液使溶液呈碱性，再加 1 滴 1% $Na_2[Fe(CN)_5NO]$ 溶液，若溶液呈紫色（即生成紫色的配合物 $[Fe(CN)_5NOS]^{4-}$），表示有 S^{2-} 存在。S^{2-} 含量多时，取 10 滴试样于试管中，加 2mol/L HCl 溶液酸化，试管口逸出的气体使湿润的醋酸铅试纸变黑，表示有 S^{2-} 存在。

$$S^{2-}+[Fe(CN)_5NO]^{2-} \longrightarrow [Fe(CN)_5NOS]^{4-}$$
$$S^{2-}+2HCl \longrightarrow 2Cl^-+H_2S\uparrow$$

（10）PO_4^{3-} 的鉴定　S^{2-}、SO_3^{2-} 和 $S_2O_3^{2-}$ 等还原性离子存在时，能使 Mo(Ⅵ) 还原成低氧化值化合物而破坏试剂，另外大量的 Cl^- 能降低反应的灵敏度。因此，要预先加浓 HNO_3，并水浴加热，以除去这些离子的干扰。取 10 滴试样于试管中，加 0.5mL 浓 HNO_3，在水浴锅上微热到 40～45℃，再加 1mL 0.1mol/L $(NH_4)_2MoO_4$ 试剂，若有黄色沉淀（磷钼酸铵）生成，表示有 PO_4^{3-} 存在。

$$PO_4^{3-}+12MoO_4^{2-}+24H^++3NH_4^+ \longrightarrow (NH_4)_3PO_4\cdot12MoO_3\cdot6H_2O\downarrow_{黄色}+6H_2O$$

（11）CO_3^{2-} 的鉴定　SO_3^{2-}、S^{2-} 和 $S_2O_3^{2-}$ 干扰 CO_3^{2-} 的鉴定。取 10 滴试样于试管中，加 10 滴 3% H_2O_2 溶液，水浴加热，以去除 SO_3^{2-}、S^{2-} 和 $S_2O_3^{2-}$ 对鉴定 CO_3^{2-} 的干扰，使之氧化为 SO_4^{2-}。再向溶液中加入 6mol/L HCl 溶液，立即用带导管的塞子塞紧试管口，将产生的气体通入 $Ba(OH)_2$ 饱和溶液，如有白色沉淀产生，表示有 CO_3^{2-} 存在。

$$SO_3^{2-}+H_2O_2 \longrightarrow SO_4^{2-}+H_2O$$
$$S^{2-}+4H_2O_2 \longrightarrow SO_4^{2-}+4H_2O$$

$$S_2O_3^{2-} + 4H_2O_2 \longrightarrow 2SO_4^{2-} + 2H^+ + 3H_2O$$

$$CO_3^{2-} + 2HCl \longrightarrow 2Cl^- + H_2O + CO_2 \uparrow$$

$$CO_2 \uparrow + Ba(OH)_2 \longrightarrow BaCO_3 \downarrow + H_2O$$

2. 给出鉴定结果，写出主要鉴定步骤和反应方程式。

五、思考题

1. 如试样显酸性，以上 11 种阴离子哪些阴离子不可能存在？
2. 鉴定 SO_4^{2-} 时，怎样除去 CO_3^{2-}、SO_3^{2-} 和 $S_2O_3^{2-}$ 的干扰？
3. 鉴定 NO_3^- 时，怎样除去 NO_2^-、Br^- 和 I^- 的干扰？

六、注意事项

1. 由于酸碱性和氧化还原性的限制，很多阴离子不能共存于同一溶液中。如 PbS 与 HCl 生成配合物 $H_2[PbCl_4]$，PbS 与 HNO_3 生成 $Pb(NO_3)_2$。共存于溶液中的各离子彼此干扰较少，而且许多阴离子有特征反应。

2. 由于阴离子间相互干扰较少，实际上许多离子共存的机会也较少，因此大多数阴离子一般都采用分别分析的方法，只有少数相互有干扰的离子才采用系统分析法，如 SO_3^{2-}、$S_2O_3^{2-}$、S^{2-}、Cl^-、Br^- 和 I^- 等。为了了解溶液中离子的存在情况，对阴离子进行系统分组还是必要的，但分组的主要目的不是用于离子分离，而是用于预先确定哪些离子可能存在。

3. 为了提高分析结果的准确性，应进行"空白试验"和"对照试验"。"空白试验"是以去离子水代替试样，而"对照试验"是用已知含有被检验离子的溶液代替试样。

4. 许多阴离子只在碱性溶液中存在或共存，一旦溶液被酸化，它们就会分解或相互间发生反应。酸性条件下易分解的有 NO_2^-、SO_3^{2-}、$S_2O_3^{2-}$、S^{2-} 和 CO_3^{2-}。酸性条件下氧化性阴离子 NO_2^-、NO_3^-、SO_3^{2-} 可与还原性阴离子 I^-、SO_3^{2-}、$S_2O_3^{2-}$、S^{2-} 发生氧化还原反应。还有些阴离子易被空气氧化，如 NO_2^-、S^{2-} 和 SO_3^{2-} 易被空气氧化成 NO_3^-、S 和 SO_4^{2-}，所以分析不当容易造成误差。

实验 20　混合阳离子未知溶液的定性鉴定

一、实验目的

1. 巩固无机化学理论知识及元素和其化合物的性质。
2. 掌握系统分析法分离分组混合阳离子。
3. 掌握常见二十余种阳离子的主要性质和鉴定方法。

二、实验原理

最常见的阳离子有二十余种，在阳离子的鉴定反应中，相互干扰的情况较多，很少采用分别分析法，通常采用系统分析法。即利用阳离子的某些共性先将它们分成几组，然后再根据它们的个性进行个别鉴定。本实验采用两酸两碱系统法，将最常见的二十余种阳离子分为六组，见图 5-2，分别进行分离鉴定。

两酸两碱系统法的步骤是：①用 HCl 溶液将能形成氯化物沉淀的 Ag^+、Pb^{2+} 和 Hg_2^{2+}

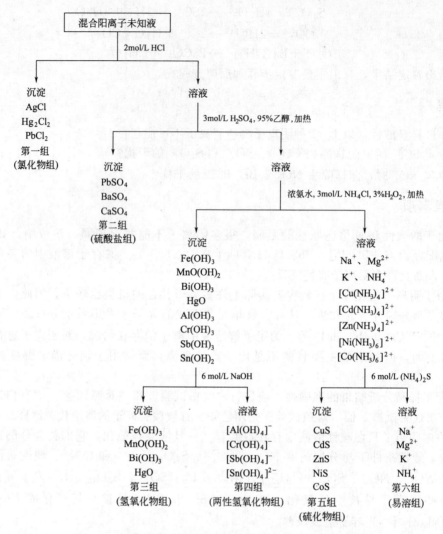

图 5-2　两酸两碱系统法分离混合阳离子未知溶液示意图

分离出来；②用 H_2SO_4 溶液将能形成难溶硫酸盐的 Ba^{2+}、Pb^{2+} 和 Ca^{2+} 分离出来；③用 $NH_3 \cdot H_2O$ 将溶液分为两组，一组是能形成氨配离子的 Cu^{2+}、Cd^{2+}、Zn^{2+}、Co^{2+} 和 Ni^{2+} 通过硫化物沉淀分离出来；另一组是将易溶的 Na^+、K^+、Mg^{2+} 和 NH_4^+ 分离出来；④NaOH溶液将剩余的离子进一步分成两组，一组是将能形成两性氢氧化物的 Al^{3+}、Cr^{3+}、Sn^{2+} 和 Sb^{3+} 分离出来；另一组是形成氢氧化物沉淀的 Fe^{2+}、Fe^{3+}、Bi^{3+}、Mn^{2+} 和 Hg^{2+}。分组之后再进行个别鉴定。

三、仪器、药品及材料

仪器：酒精灯、水浴锅、离心机、试管、试管架、点滴板。

药品：2mol/L HNO_3、6mol/L HNO_3、浓 HNO_3、2mol/L HCl、6mol/L HCl、浓 HCl、3mol/L H_2SO_4、6mol/L H_2SO_4、3mol/L HAc、6mol/L HAc、0.1mol/L Na_2S、1mol/L $(NH_4)_2S$、6mol/L $(NH_4)_2S$、2mol/L NaOH、6mol/L NaOH、2mol/L $NH_3 \cdot H_2O$、6mol/L $NH_3 \cdot H_2O$、浓 $NH_3 \cdot H_2O$、0.1mol/L KI、0.1mol/L $K_4[Fe(CN)_6]$、0.1mol/L NaF、0.1mol/L KSCN、3mol/L NH_4Cl、3mol/L NH_4Ac、0.1mol/L K_2CrO_4、 $(NH_4)_2C_2O_4$

（饱和溶液）、6mol/L Na_2CO_3、0.1mol/L $SnCl_2$、0.1mol/L $HgCl_2$、0.1mol/L $Zn(Ac)_2$·$UO_2(Ac)_2$、95％乙醇、0.1mol/L $Na_3[Co(NO_2)_6]$、3％ H_2O_2、KSCN(s)、丙酮、戊醇（或乙醚）、滴加奈斯勒试剂的滤纸条、锌粉、1％丁二酮肟、二苯硫腙的 CCl_4 溶液、Al 试剂、$NaBiO_3$(s)、锡片、镁试剂Ⅰ、EDTA（饱和溶液）、混合阳离子未知溶液。

材料：pH 试纸、红色石蕊试纸。

四、实验步骤

1. 第一组氯化物组阳离子的分离与鉴定

本组阳离子包括 Ag^+、Pb^{2+} 和 Hg_2^{2+}，它们的氯化物都不溶于水。但 $PbCl_2$ 溶于 NH_4Ac 和热水，AgCl 溶于氨水，这样即可分离本组离子并鉴定 Ag^+、Pb^{2+} 和 Hg_2^{2+}。在第一组沉淀中加入 5 滴 3mol/L NH_4Ac，水浴加热，趁热过滤，滤液用于 Pb^{2+} 鉴定。沉淀中加入 5 滴 6mol/L NH_3·H_2O 溶液，离心分离，清液用于 Ag^+ 鉴定。沉淀变为黑灰色，表示有 Hg_2^{2+} 存在。

$$\begin{cases} AgCl(s) \\ PbCl_2(s) \\ Hg_2Cl_2(s) \end{cases} \xrightarrow[\text{加热}]{3mol/L\,NH_4Ac} \begin{cases} [PbAc]^+(aq) \\ AgCl(s) \\ Hg_2Cl_2(s) \end{cases} \xrightarrow{6mol/L\,NH_3·H_2O} \begin{cases} [Ag(NH_3)_2]^+(aq) \\ [HgNH_2Cl+Hg](s) \end{cases}$$

（1）Pb^{2+} 鉴定　Ba^{2+}、Bi^{3+}、Hg^{2+} 和 Ag^+ 干扰 Pb^{2+} 鉴定。于滤液中加 2 滴 6mol/L H_2SO_4 溶液，加热使 Pb^{2+} 沉淀完全，离心分离。在沉淀中加入过量的 6mol/L NaOH 溶液，加热使 $PbSO_4$ 沉淀转化为 $[Pb(OH)_3]^-$，离心分离，此步的目的是去除 Ba^{2+}、Bi^{3+}、Hg^{2+} 和 Ag^+ 的干扰。在清液中加 2 滴 6mol/L HAc 溶液，再加 2 滴 0.1mol/L K_2CrO_4，如有黄色沉淀产生，且该沉淀溶于浓 HNO_3 或 NaOH 溶液，即表示溶液中含有 Pb^{2+}。

$$Pb^{2+}+CrO_4^{2-} \longrightarrow PbCrO_4 \downarrow_{黄色}$$
$$2PbCrO_4 \downarrow_{黄色} +2H^+（浓）\longrightarrow 2Pb^{2+}+Cr_2O_7^{2-}+H_2O$$
$$2PbCrO_4 \downarrow_{黄色} +3OH^- \longrightarrow [Pb(OH)_3]^- + CrO_4^{2-}$$

（2）Ag^+ 鉴定　于清液中加 5 滴 2mol/L HCl 溶液，水浴加热使 Ag^+ 沉淀完全，离心分离，将沉淀洗涤后加入 6mol/L NH_3·H_2O 溶液，沉淀溶解，再加 2 滴 2mol/L HNO_3 溶液，又有白色沉淀生成，表示有 Ag^+ 存在。或在清液中加入 2 滴 0.1mol/L KI 溶液，如有黄色沉淀生成，表示有 Ag^+ 存在。

$$AgCl \downarrow +2NH_3 \longrightarrow [Ag(NH_3)_2]^+ + Cl^-$$
$$[Ag(NH_3)_2]^+ + Cl^- +2H^+ \longrightarrow AgCl \downarrow +2NH_4^+$$
$$Ag^+ +KI \longrightarrow AgI \downarrow +K^+$$

（3）Hg_2^{2+} 鉴定　若沉淀变为黑灰色，表示有 Hg_2^{2+} 存在。

$$Hg_2Cl_2 +2NH_3 \Longrightarrow HgNH_2Cl(s,白)+Hg(l,黑)+NH_4Cl$$

无其他阳离子干扰。

2. 第二组硫酸盐组阳离子的分离与鉴定

$$\begin{cases} PbSO_4(s) \\ BaSO_4(s) \\ CaSO_4(s) \end{cases} \xrightarrow[\text{加热}]{3mol/L\,NH_4Ac} \begin{cases} [PbAc]^+(aq) \\ BaSO_4(s) \\ CaSO_4(s) \end{cases} \xrightarrow{6mol/L\,NaCO_3} \begin{cases} BaCO_3(s) \\ CaCO_3(s) \end{cases} \xrightarrow{3mol/L\,HAc} \begin{cases} Ba^{2+}(aq) \\ Ca^{2+}(aq) \end{cases}$$

（1）Pb^{2+} 鉴定　同上。

（2）Ba^{2+} 鉴定　Pb^{2+}、Hg^{2+} 和 Ag^+ 干扰 Ba^{2+} 鉴定。取上述分离过的溶液 2 滴于试管

中，加浓 $NH_3 \cdot H_2O$ 使溶液呈碱性，再加少量锌粉，水浴加热，离心分离，目的是使干扰离子还原成金属单质而除去。在清液中滴加 $6mol/L$ HAc 酸化并调节溶液的 pH＝4～5，加 2 滴 $0.1mol/L$ K_2CrO_4 溶液，水浴加热，若有黄色沉淀生成，表示有 Ba^{2+} 存在。离心分离，清液用于 Ca^{2+} 鉴定。

（3）Ca^{2+} 鉴定　上面的沉淀分离后，在清液中加入 2 滴饱和（NH_4）$_2C_2O_4$ 溶液，水浴加热后，慢慢地生成白色沉淀，表示有 Ca^{2+} 存在。

3. 第三组氢氧化物组阳离子的分离与鉴定

$$\begin{cases} Fe(OH)_3(s) \\ MnO(OH)_2(s) \\ Bi(OH)_3(s) \\ HgO(s) \end{cases} \xrightarrow{6mol/LHCl} \begin{cases} Fe^{3+}(aq) \\ Mn^{2+}(aq) \\ Bi^{3+}(aq) \\ Hg^{2+}(aq) \end{cases}$$

（1）Fe^{3+} 鉴定　取上述分离过的溶液 1 滴于点滴板上，加 1 滴 $2mol/L$ HCl 酸化，再加 1 滴 $0.1mol/L$ KSCN 溶液，若溶液呈红色，表示有 Fe^{3+} 存在。或取上述分离过的溶液 1 滴于点滴板上，加 1 滴 $2mol/L$ HCl 酸化，再加 1 滴 $0.1mol/L$ $K_4[Fe(CN)_6]$ 溶液，如立即生成蓝色沉淀（Turnbull's），表示有 Fe^{3+} 存在。

$$Fe^{3+} + nSCN^- \longrightarrow [Fe(NCS)_n]^{3-n} (n=1～6)$$

$$xFe^{3+} + xK^+ + x[Fe(CN)_6]^{4-} \longrightarrow [KFe(CN)_6Fe]_x \downarrow_{蓝色}$$

（2）Mn^{2+} 鉴定　取上述分离过的溶液 2 滴于试管中，加 1 滴 $6mol/L$ HNO_3 酸化，再加少量 $NaBiO_3$ 固体，水浴加热，如上层清液呈紫红色，表示有 Mn^{2+} 存在。

（3）Bi^{3+} 鉴定　Cu^{2+} 和 Cd^{2+} 干扰 Bi^{3+} 鉴定。取上述分离过的溶液 2 滴于试管中，加入浓 $NH_3 \cdot H_2O$，使 Bi^{3+} 生成 $Bi(OH)_3$ 沉淀，离心分离，弃取清液，此步的目的是除去 Cu^{2+} 和 Cd^{2+} 的干扰。洗涤沉淀，在沉淀中，再加少量新配制的 $Na_2[Sn(OH)_4]$ 溶液，如沉淀变黑，表示有 Bi^{3+} 存在。

$$SnCl_2 + 2NaOH \longrightarrow Sn(OH)_2 \downarrow_{白色} + 2NaCl$$

$$Sn(OH)_2 \downarrow_{白色} + 2NaOH \longrightarrow Na_2[Sn(OH)_4]$$

$$3[Sn(OH)_4]^{2-} + 2Bi(OH)_3 \longrightarrow 2Bi \downarrow_{黑色} + 3[Sn(OH)_6]^{2-}$$

在碱性溶液中 $[Sn(OH)_4]^{2-}$ 能把 Bi^{3+} 还原为黑色的金属铋。

（4）Hg^{2+} 鉴定　取上述分离过的溶液 2 滴于试管中，加 2 滴 $0.1mol/L$ $SnCl_2$，如有白色沉淀生成，并逐渐转变为灰色或黑色，表示有 Hg^{2+} 存在。

4. 第四组两性氢氧化物组阳离子的分离与鉴定

本组阳离子包括 Al^{3+}、Cr^{3+}、Sb^{3+} 和 Sn^{2+}，本组离子虽然不用分离，但鉴定时相互有干扰，应注意。

（1）Al^{3+} 鉴定　Cu^{2+}、Cr^{3+}、Ca^{2+}、Fe^{3+} 和 Bi^{3+} 干扰 Al^{3+} 鉴定。取第四组溶液 2 滴于试管中，加 $6mol/L$ NaOH 溶液至过量，再加 2 滴 3％ H_2O_2 溶液，水浴加热，离心分离，此步的目的是使 Fe^{3+} 和 Bi^{3+} 生成 $Fe(OH)_3$ 和 $Bi(OH)_3$ 而除去。加 $6mol/L$ HAc 酸化，调 pH＝6～7，加 2 滴铝试剂，摇荡试管后，放置片刻，加 $6mol/L$ $NH_3 \cdot H_2O$ 碱化，水浴加热，离心分离，此步的目的是除去 Cu^{2+}、Cr^{3+} 和 Ca^{2+} 干扰。用去离子水洗涤沉淀，如沉淀为红色，表示有 Al^{3+} 存在。

（2）Cr^{3+} 鉴定　取第四组溶液 2 滴于试管中，逐滴加入 $6mol/L$ NaOH（或 $2mol/L$ NaOH）溶液至过量，有亮绿色的 $[Cr(OH)_4]^-$ 生成。然后滴加 3％ H_2O_2 溶液，水浴加热，有黄色的 CrO_4^{2-} 生成。待试管冷却，再补加 2 滴 3％ H_2O_2 溶液，加 1mL 戊醇（或乙醚)，再慢慢滴入 6mol/L HNO_3 溶液，摇荡试管，如戊醇层呈蓝色，表示有 Cr^{3+} 存在。

$$Cr^{3+}+3OH^-\longrightarrow Cr(OH)_3\downarrow \text{灰绿色}$$

$$Cr(OH)_3\downarrow +OH^-\longrightarrow [Cr(OH)_4]^-\text{亮绿色}$$

$$2[Cr(OH)_4]^-+3H_2O_2+2OH^-\longrightarrow 2CrO_4^{2-}+8H_2O$$

$$2CrO_4^{2-}+2H^+\longrightarrow Cr_2O_7^{2-}+H_2O$$

$$Cr_2O_7^{2-}+4H_2O_2+2H^+\longrightarrow 2CrO(O_2)_2\text{深蓝色}+5H_2O$$

注意：溶液酸度应控制在 pH＝2～3，当酸度过大时，如 pH＜1

$$CrO(O_2)_2+12H^+\longrightarrow 4Cr^{3+}+7O_2+6H_2O$$

（3）Sb^{3+} 鉴定 Bi^{3+} 和 Hg_2^{2+} 干扰 Sb^{3+} 鉴定。取第四组溶液 2 滴于试管中，加 6mol/L $NH_3 \cdot H_2O$ 溶液碱化，加 2 滴 1mol/L $(NH_4)_2S$ 溶液，水浴加热，离心分离。在清液中加 6mol/L HCl 溶液酸化，水浴加热，离心分离，弃取清液，此步的目的是除去干扰离子 Bi^{3+} 和 Hg^{2+}。在沉淀中加 2 滴浓 HCl，水浴加热，使 Sb_2S_3 溶解，然后放入一小片光亮的锡片，锡片上出现黑色，表示有 Sb^{3+} 存在。

（4）Sn^{2+} 鉴定 取第四组溶液 2 滴于试管中，加 2 滴 0.1mol/L $HgCl_2$ 溶液，若有白色沉淀生成，再滴入 2 滴 0.1mol/L $SnCl_2$ 溶液，有黑色的单质汞析出，表示有 Sn^{2+} 存在。

5. 第五组硫化物组阳离子的分离与鉴定

$$\begin{Bmatrix}CuS(s)\\CdS(s)\\ZnS(s)\\NiS(s)\\CoS(s)\end{Bmatrix}\xrightarrow{2mol/LHCl}\begin{Bmatrix}CuS(s)\\CdS(s)\\Zn^{2+}(aq)\\Ni^{2+}(aq)\\Co^{2+}(aq)\end{Bmatrix}\xrightarrow{6mol/LHCl}\begin{Bmatrix}Cd^{2+}(aq)\\CuS(s)\end{Bmatrix}\xrightarrow{\text{浓 }HNO_3}\{Cu^{2+}(aq)$$

（1）Zn^{2+} 鉴定 取已加入 2mol/L HCl 分离过的第五组溶液 2 滴于试管中，加 5 滴 6mol/L NaOH 溶液使溶液呈强碱性，再加 0.5mL 二苯硫腙的 CCl_4 溶液，摇荡试管，如水溶液层显粉红色，CCl_4 层由绿色变为棕色。表示有 Zn^{2+} 存在。

（2）Ni^{2+} 鉴定 Fe^{2+}、Fe^{3+}、Cu^{2+} 和 Co^{2+} 干扰 Ni^{2+} 鉴定，加 EDTA 掩蔽。取已加入 2mol/L HCl 分离过的第五组溶液 2 滴于试管中，加 2 滴 2mol/L $NH_3 \cdot H_2O$ 使溶液处于弱碱性，再加 1 滴 1％丁二酮肟溶液，若生成鲜红色螯合物沉淀。表示有 Ni^{2+} 存在。

$$Ni^{2+}+2DMG\longrightarrow 2Ni(DMG)\downarrow\text{鲜红色}+2H^+$$

（3）Co^{2+} 鉴定 Fe^{3+} 和 Ni^{2+} 干扰 Co^{2+} 鉴定，加 NaF 掩蔽。取已加入 2mol/L HCl 分离过的第五组溶液 2 滴于试管中，加 1 滴 2mol/L HCl 使溶液呈酸性，滴入 2 滴丙酮，再加入少量 KSCN 晶体，若溶液呈鲜艳的蓝色，表示有 Co^{2+} 存在。

$$Co^{2+}+4SCN^-\longrightarrow [Co(SCN)_4]^{2-}（\text{蓝色}）$$

（4）Cd^{2+} 鉴定 取已加入 6mol/L HCl 分离过的第五组溶液 2 滴于试管中，加 2 滴 0.1mol/L Na_2S 溶液，有黄色的 CdS 沉淀生成，向沉淀中加入 6mol/L HCl 溶液，黄色的 CdS 沉淀溶解，再加 1 滴 6mol/L NaOH 溶液以降低溶液酸度，又有黄色的 CdS 沉淀析出，表示有 Cd^{2+} 存在。

$$CdS\downarrow\text{黄色}+4HCl\longrightarrow H_2[CdCl_4]+H_2S$$

（5）Cu^{2+} 鉴定 Fe^{3+} 干扰 Cu^{2+} 鉴定，加 NaF 掩蔽。取第五组最后分离过的溶液 1 滴于点滴板上，加 1 滴 0.1mol/L $K_4[Fe(CN)_6]$ 溶液，若生成红棕色的沉淀，表示有 Cu^{2+} 存在。

$$2Cu^{2+}+[Fe(CN)_6]^{4-}\longrightarrow Cu_2[Fe(CN)_6]\downarrow\text{棕红色}$$

6. 第六组易溶组阳离子的分离与鉴定

本组阳离子是 Na^+、K^+、Mg^{2+} 和 NH_4^+，它们是在阳离子分组后最后一步获得的，为避免阳离子分离中引入其他离子而对本组离子的鉴定结果产生干扰，所以鉴定本组阳离子时，最好取原阳离子未知溶液进行。

(1) Na^+ 鉴定　取原未知溶液 5 滴于试管中，加 $6mol/L$ $NH_3 \cdot H_2O$ 中和至碱性，再加入 $6mol/L$ HAc 溶液酸化，然后加 EDTA 掩蔽其他干扰离子。最后加 5 滴 $0.1mol/L$ $Zn(Ac)_2 \cdot UO_2(Ac)_2$，摇荡试管，放置片刻，如有淡黄色晶体状沉淀生成，表示有 Na^+ 存在。

(2) K^+ 鉴定　Fe^{3+}、Cu^{2+}、Co^{2+}、Ni^{2+} 和 NH_4^+ 干扰 K^+ 鉴定。取原未知溶液 5 滴于试管中，加 5 滴 $6mol/L$ NaOH 溶液，水浴加热，使 Fe^{3+}、Cu^{2+}、Co^{2+}、Ni^{2+} 变为氢氧化物沉淀，离心分离，除去干扰离子。在清液中滴入 $6mol/L$ HAc 将溶液调至呈中性或弱酸性，再加 2 滴 $0.1mol/L$ $Na_3[Co(NO_2)_6]$ 溶液，水浴加热数分钟，此步是除去 NH_4^+ 干扰。如有黄色沉淀生成，表示有 K^+ 存在。

(3) Mg^{2+} 鉴定　取原未知溶液 1 滴于点滴板上，加 2 滴 EDTA 饱和溶液以掩蔽干扰离子，加 1 滴镁试剂 I 和 1 滴 $6mol/L$ NaOH 溶液，如有蓝色沉淀生成，表示有 Mg^{2+} 存在。

(4) NH_4^+ 鉴定　取原未知溶液 5 滴于试管中，加入 $2mol/L$ NaOH 使溶液呈碱性，微热，如生成的气体使红色石蕊试纸变蓝，表示有 NH_4^+ 存在。或取原未知溶液 5 滴于试管中，加入 $2mol/L$ NaOH 使溶液呈碱性，微热，用滴加奈斯勒试剂（$K_2[HgI_4]$）的碱性溶液）的滤纸条检验逸出的气体，如滤纸条上有红棕色斑点出现，表示有 NH_4^+ 存在。

7. 领取混合阳离子未知溶液，利用两酸两碱系统法设计分离、鉴定步骤。

8. 给出未知溶液中所含阳离子的鉴定结果。写出主要反应方程式。

五、思考题

1. 写出你所鉴定的混合阳离子未知溶液的分离和鉴定方案。
2. 如果混合阳离子未知溶液呈碱性，哪些离子可能不存在？

六、注意事项

1. 在一般情况下，为了沉淀完全，加入的沉淀剂只需比理论计量过量 $20\% \sim 50\%$。沉淀剂过量太多，会引起较强的盐效应、配合物生成等副作用，反而增大了沉淀的溶解度。

2. 每次取 $0.5 \sim 1.0mL$ 未知溶液做实验。

3. 未知溶液中存在 Al^{3+} 时，一定要控制好沉淀条件，使沉淀完全。否则遗留到 Ni^{2+} 组，在 $pH=10$ 时，会有 $Al(OH)_3$ 沉淀，误认为是 NiS。

4. 分离后面几组时，若体积过大，可在蒸发皿中蒸发浓缩后再做。

5. 为了提高分析结果的准确性，应进行"空白实验"和"对照实验"。

6. 在混合离子分离过程中，为使沉淀老化需要加热，加热方法通常采用水浴锅加热。

7. 每步获得沉淀后，都要将沉淀用少量带有沉淀剂的稀溶液或去离子水洗涤 $1 \sim 2$ 次。

8. $PbCl_2$ 溶解度较大，并易溶于热水，在 Pb^{2+} 浓度大时才析出沉淀。

9. $CaSO_4$ 溶解度较大，只有当 Ca^{2+} 浓度很大时才析出沉淀。

10. 注意 $Fe(OH)_2$ 和 $Mn(OH)_2$ 还原性很强，在空气中极易被氧化成 $Fe(OH)_3$ 和 $MnO(OH)_2$。

11. 注意配离子 $[Co(NH_3)_6]^{2+}$ 不稳定，在空气中易被氧化成 $[Co(NH_3)_6]^{3+}$。

12. $BaSO_4$ 转化为 $BaCO_3$ 较难，可用 Na_2CO_3 溶液进行多次转化。

实验 21　粗盐的提纯及检验

一、实验目的

1. 掌握提纯粗盐的原理和方法。
2. 掌握加热、溶解、沉淀、常压过滤、减压过滤、蒸发浓缩、结晶和干燥等基本操作。
3. 掌握食盐中 Ca^{2+}、Mg^{2+} 和 SO_4^{2-} 的定性鉴定。

二、实验原理

粗盐中含有 Ca^{2+}、Mg^{2+}、K^+、SO_4^{2-} 等可溶性杂质和泥沙等不溶性杂质。要得到较纯净的食盐可用重结晶的方法，方法要点是将粗盐溶于水后，过滤除去不溶性杂质。可溶性杂质则用化学方法，加沉淀剂使之转化为难溶沉淀物，再用过滤的方法除去。通常先在粗盐溶液中加入过量的 $BaCl_2$ 溶液生成 $BaSO_4$ 沉淀而除去 SO_4^{2-}，即

$$Ba^{2+}+SO_4^{2-}\!\!=\!\!=\!\!=\!\!BaSO_4(s)$$

然后在溶液中加入饱和 Na_2CO_3 溶液，除去 Ca^{2+}、Mg^{2+} 和过量的 Ba^{2+}，即

$$Mg^{2+}+CO_3^{2-}\!\!=\!\!=\!\!=\!\!MgCO_3(s)$$
$$Ca^{2+}+CO_3^{2-}\!\!=\!\!=\!\!=\!\!CaCO_3(s)$$
$$Ba^{2+}+CO_3^{2-}\!\!=\!\!=\!\!=\!\!BaCO_3(s)$$

过量的 Na_2CO_3 溶液用 6mol/L HCl 溶液中和。粗盐中的 K^+ 与这些沉淀剂都不反应，仍留在溶液中。因为 KCl 的溶解度大于 NaCl，而且其含量又较少，所以将 NaCl 溶液加热蒸发浓缩成过饱和溶液时，冷却后即析出食盐。K^+ 未达饱和仍留在母液中，经减压抽滤即可得到较纯净的食盐。

三、仪器、药品及材料

仪器：台秤、100mL 烧杯、普通漏斗、布氏漏斗、吸滤瓶、真空泵、蒸发皿、50mL 量筒、石棉网、坩埚钳、电炉、恒温水浴锅、试管、试管架、玻璃棒、洗瓶。

药品：6mol/L HCl、6mol/L HAc、1mol/L $BaCl_2$、Na_2CO_3（饱和溶液）、$(NH_4)_2C_2O_4$（饱和溶液）、2mol/L $NH_3\cdot H_2O$、1mol/L NH_4Cl、0.1mol/L Na_2HPO_4、粗食盐。

材料：pH 试纸、滤纸、称量纸。

四、实验步骤

1. 粗食盐的提纯

（1）粗食盐的称量和溶解。在台秤上称取 5g 粗食盐，放入 100mL 烧杯中，加 25mL 去离子水，加热、搅拌使食盐溶解（不溶性杂质沉于底部）。

（2）除去 SO_4^{2-}。加热食盐水溶液至煮沸，边搅拌边逐滴加入约 2mL 1mol/L $BaCl_2$ 溶液。继续加热 5min，使沉淀小颗粒长成大颗粒而易于沉降。将烧杯从石棉网上取下，待沉淀沉降后，在上层清液中再滴入 1 滴 $BaCl_2$ 溶液，如清液变浑浊，则要继续加 $BaCl_2$ 溶液以除去剩余的 SO_4^{2-}。如清液不变浑浊，证明 SO_4^{2-} 已除尽。再用小火加热 3～5min，以使沉淀颗粒进一步长大而便于过滤。用普通漏斗过滤，保留滤液，弃去沉淀。

（3）除去 Mg^{2+}、Ca^{2+} 和 Ba^{2+}。将所得滤液加热至近沸，边搅拌边逐滴加入约 3mL 饱和的 Na_2CO_3 溶液，按上述方法检验 Mg^{2+}、Ca^{2+} 和 Ba^{2+} 是否除尽，继续用小火加热煮沸 5min，用普通漏斗过滤，保留滤液，弃去沉淀。

（4）除去过量的 CO_3^{2-}。将滤液加热搅拌，再逐滴加入 6mol/L HCl 溶液中和至溶液呈微酸性（pH＝4～5）。

（5）浓缩、结晶、减压过滤和干燥。将溶液放在电炉上用小火加热，蒸发浓缩到溶液呈稀糊状为止，切不可将溶液蒸干，将浓缩液冷却至室温。用布氏漏斗减压抽滤，尽量抽干。再将晶体转移到蒸发皿中，放在石棉网上，用电炉小火烘干。冷却后称其质量，计算产率。

2. 产品纯度的检验

称取粗食盐和提纯后的精盐各 1g，分别溶于 5mL 去离子水中，然后各分装于两支试管中，对下列离子进行定性检验。

（1）SO_4^{2-} 的检验。各取 5 滴溶液于试管中，分别加入 2 滴 6mol/L HCl 溶液和 2 滴 1mol/L $BaCl_2$ 溶液。比较两支试管中溶液产生沉淀的情况。

（2）Ca^{2+} 的检验。各取 5 滴溶液于试管中，分别加入 2 滴 6mol/L HAc 溶液和 2 滴饱和的 $(NH_4)_2C_2O_4$ 溶液。比较两支试管中溶液产生沉淀的情况。

（3）Mg^{2+} 的检验。各取 5 滴溶液于试管中，分别加入 2 滴 2mol/L $NH_3 \cdot H_2O$ 溶液、2 滴 1mol/L NH_4Cl 溶液和 2 滴 0.1mol/L Na_2HPO_4 溶液。比较两支试管中溶液产生沉淀的情况。

五、思考题

1. 检验产品纯度时，能否用自来水溶解食盐，为什么？
2. 本实验为什么要先加入 $BaCl_2$ 溶液，再加入饱和的 Na_2CO_3 溶液，最后加入盐酸溶液？能否改变这样的加入次序？
3. 蒸发前为什么要用盐酸将溶液调至 pH＝4～5？调至中性或弱碱性行吗？
4. 蒸发浓缩时能否把溶液蒸干，为什么？

六、注意事项

1. 溶解粗盐不能用过多的去离子水，以防蒸发浓缩时间过长。
2. 用普通漏斗过滤时尽量趁热过滤。
3. 用布氏漏斗减压抽滤时，可用双层滤纸以防止滤纸抽破。
4. 最后用电炉小火烘干产品，应烘炒至无白烟冒出。

实验 22　工业硫酸铜的提纯及产品等级检验

一、实验目的

1. 通过氧化反应和水解反应掌握提纯工业硫酸铜的方法。
2. 掌握分步沉淀及重结晶分离提纯物质的原理和方法。
3. 掌握定量分析——分光光度比色法检验产品中 Fe^{3+} 杂质的含量。

二、实验原理

粗硫酸铜晶体中的主要杂质是不溶性的物质和可溶性的物质如 Fe^{3+}、Fe^{2+} 和 Na^+ 等。

要分离 Fe^{3+} 比较容易，因为氢氧化铁的 $k_{sp}=2.8\times10^{-39}$，而氢氧化铜的 $k_{sp}=2.2\times10^{-20}$，即 Cu^{2+} 与 Fe^{3+} 可利用溶度积的差异，通过控制溶液 pH 值，达到分离的目的，称这种分离方法为分布沉淀法。从理论上看 Cu^{2+} 与 Fe^{2+}（氢氧化亚铁的 $k_{sp}=4.86\times10^{-17}$）也可以用分步沉淀法分离，但由于 Cu^{2+} 是主体，Fe^{2+} 是杂质，在进行分步沉淀时会产生共沉淀现象，达不到分离的目的。因此本实验是先用 H_2O_2 作氧化剂将 Fe^{2+} 在酸性条件下氧化成 Fe^{3+}，然后调节溶液的 pH=3.2～4.0，使之水解生成 $Fe(OH)_3$ 沉淀。在过滤时和其他不溶性的物质一起被除去，即用一次分步沉淀法分离，达到 Fe^{3+} 与 Cu^{2+} 分离的目的。从氧化还原反应可知，用 H_2O_2 作氧化剂的优点是不引入其他离子，多余的 H_2O_2 可用热分解去除而不影响后面分离。

$$2Fe^{2+}+H_2O_2+2H^+=\!=\!=2Fe^{3+}+2H_2O$$
$$Fe^{3+}+3H_2O=\!=\!=Fe(OH)_3(s)+3H^+$$

还有一些可溶性杂质用重结晶方法分离。根据物质的溶解度不同，特别是晶体的溶解度一般随着温度的降低而减小，当热的饱和溶液冷却时，待提纯的物质先以结晶析出，而少量可溶性杂质由于尚未达到饱和，仍留在母液中，通过减压抽滤将可溶性杂质分离，这就是重结晶分离可溶性杂质的原理。

三、仪器、药品及材料

仪器：台秤、万分之一分析天平、25mL 烧杯、10mL 量筒、石棉网、坩埚钳、蒸发皿、电炉、玻璃棒、微型漏斗及吸滤瓶、真空水泵、721 型分光光度计、洗耳球、10mL 刻度吸管、50mL 容量瓶、洗瓶。

药品：粗硫酸铜、2mol/L H_2SO_4、2mol/L HCl、1mol/L NaOH、1mol/L KSCN、3% H_2O_2、6mol/L $NH_3\cdot H_2O$、10μg/mL Fe^{3+} 标准溶液。

材料：$\phi7$ 定性滤纸、pH=0.5～5.0 的精密 pH 试纸、1cm 比色皿、擦镜纸。

四、实验步骤

1. 粗硫酸铜的提纯

(1) 除 Fe^{3+}。用台秤称取粗硫酸铜 2g 于 25mL 烧杯中，加入 8mL 去离子水，加热、搅拌使其溶解。加 2 滴 2mol/L H_2SO_4，在边加热边搅拌下滴加 2mL 3% H_2O_2，使 Fe^{2+} 氧化成 Fe^{3+}。将溶液加热至沸腾，搅拌 2min，边搅拌边滴加 1mol/L NaOH 溶液并调节溶液的 pH 值为 3.2～4.0。再加热片刻，其一使得 $Fe(OH)_3$ 沉淀加速凝聚；其二使得剩余的 H_2O_2 完全分解，静置，待 $Fe(OH)_3$ 沉淀沉降后，趁热用倾析法在微型漏斗和吸滤瓶上过滤，将滤液转移到干净的蒸发皿中。

(2) $CuSO_4\cdot5H_2O$ 晶体的制备。将蒸发皿中的滤液用 2mol/L H_2SO_4 调至 pH=1～2后，用电炉小火加热蒸发浓缩，直至溶液表面刚出现薄层结晶时，立即停止加热，让其自然冷却到室温（勿要用水冷却），慢慢地析出 $CuSO_4\cdot5H_2O$ 晶体。待蒸发皿底部用手摸感觉不到温热时，将晶体和母液转入已装好滤纸的抽滤瓶上进行抽滤。最后将抽干的晶体称重，计算产率。

2. 产品 $CuSO_4\cdot5H_2O$ 晶体中 Fe^{3+} 杂质的定量分析

(1) Fe^{2+} 氧化成 Fe^{3+}。精确称取 0.2000 克已提纯的硫酸铜晶体，放入小烧杯中，加 3mL 去离子水溶解试样，加 2 滴 2mol/L H_2SO_4、10 滴 3% H_2O_2，加热，使 Fe^{2+} 完全氧化成 Fe^{3+}，继续加热煮沸，使剩余的 H_2O_2 完全分解（若无小气泡产生，即可认为 H_2O_2 分解完全）。

（2）$Fe(OH)_3$ 沉淀生成。待溶液冷却后，逐滴加入 $6mol/L NH_3 \cdot H_2O$，先生成浅蓝色的沉淀，继续滴入 $6mol/L NH_3 \cdot H_2O$，直至沉淀完全溶解，呈深蓝色透明的溶液为止。此时，溶液中如有微量铁则生成 $Fe(OH)_3$ 沉淀。

$$Fe^{3+} + 3NH_3 \cdot H_2O \Longrightarrow Fe(OH)_3 + 3NH_4^+$$
$$2Cu^{2+} + SO_4^{2-} + 2NH_3 \cdot H_2O \Longrightarrow Cu_2(OH)_2SO_4 \downarrow + 2NH_4^+$$
$$Cu_2(OH)_2SO_4 + 8NH_3 \cdot H_2O \Longrightarrow 2[Cu(NH_3)_4]^{2+} + SO_4^{2-} + 2OH^- + 8H_2O$$

（3）测定 Fe^{3+} 杂质的含量。在微型漏斗和吸滤瓶上过滤，用去离子水洗涤滤纸上的蓝色至无蓝色，如有 $Fe(OH)_3$ 沉淀，则留在滤纸上（若 Fe^{3+} 杂质含量较高，滤纸上则有黄色或棕色沉淀），弃去滤液。用滴管滴入 $1.5mL$ 热的 $2mol/L HCl$ 洗涤滤纸上的沉淀，用 $5mL$ 量筒承接，加入 2 滴 $1mol/L KSCN$ 溶液，用水稀释至刻度，用 721 型分光光度计测定其吸光度 A，由 Fe^{3+} 标准曲线即可查得产品中 Fe^{3+} 杂质的含量，通过计算再对照表 5-3 即可确定产品等级。实验数据记录在表 5-4 中。

表 5-3　$CuSO_4 \cdot 5H_2O$ 产品等级与 Fe^{3+} 杂质的百分含量

产品等级	分析纯	化学纯
$Fe^{3+} \times 100$	0.003	0.02

3. $10\mu g/mL$ Fe^{3+} 标准溶液的配制

准确地称取 $0.0863g$ 硫酸高铁铵于小烧杯中，加少量水使之溶解，再加入 $50mL$ $(1+1)$ H_2SO_4 溶液，一起转入 $1000mL$ 容量瓶中，用去离子水稀释至刻度，摇匀。

4. Fe^{3+} 标准曲线的绘制

用 $10mL$ 刻度吸管分别吸取上述 $10\mu g/mL$ Fe^{3+} 标准溶液 $0.00mL$、$1.00mL$、$2.00mL$、$4.00mL$、$8.00mL$、$10.00mL$ 于 $50mL$ 容量瓶中，各加入 $15mL$ $2mol/L HCl$ 和 20 滴 $1mol/L$ $KSCN$ 溶液，用去离子水稀至刻度，摇匀。以空白（0 管）为参比溶液，在波长 $465nm$ 处，用 $1cm$ 比色皿，于 721 型分光光度计上分别测定各标准溶液的吸光度 A。以 A 为纵坐标，Fe^{3+} 的含量为横坐标，绘制 Fe^{3+} 标准曲线。实验数据记录在表 5-4 中。

表 5-4　绘制 Fe^{3+} 标准曲线及产品等级的实验数据

容量瓶编号	$10\mu g/mL$ Fe^{3+}/mL	Fe^{3+} 含量/μg	吸光度 A	$A - A_0$
1	0.00	0		
2	1.00	10.0		
3	2.00	20.0		
4	4.00	40.0		
5	8.00	80.0		
6	10.00	100.0		

Fe^{3+} 杂质吸光度 A：　　　　Fe^{3+} 杂质含量：　　　　产品等级：

五、思考题

1. 用重结晶法提纯 $CuSO_4 \cdot 5H_2O$ 时，为什么不能将滤液蒸干？

2. 粗硫酸铜中杂质 Fe^{2+} 为什么要氧化为 Fe^{3+} 除去？

3. 除 Fe^{3+} 时为什么要把溶液的 pH 值调节为 $3.2 \sim 4.0$？pH 值太大或太小有什么影响？而在蒸发前为什么又把溶液的 pH 值调节为 $1 \sim 2$？

4. 怎样鉴定提纯后硫酸铜的纯度？

5. 本实验为什么选用 H_2O_2 作氧化剂？

六、注意事项

1. 粗硫酸铜晶体要充分溶解。

2. $Fe(OH)_3$ 沉淀沉降后，千万不要用玻璃棒去搅动。掌握倾析法过滤的操作要领。

3. 用 1mol/L NaOH 溶液调节溶液的 pH＝3.2～4.0 或用 2mol/L H_2SO_4 溶液调节溶液的 pH＝1～2，应一边加，一边测 pH 值，以防过量。

4. 用电炉小火加热浓缩时，电炉上应加一个石棉网，蒸发浓缩千万不能加热过猛，以免液体飞溅而损失。

5. 抽滤时，用玻璃棒将 $CuSO_4 \cdot 5H_2O$ 晶体均匀地铺满滤纸，并轻轻地压紧晶体，尽可能除去晶体间夹带的母液，然后用小滤纸轻轻压在晶体层表面，吸去表层晶体上吸附的母液。取出晶体，摊在滤纸上，再覆盖一张滤纸，用手指轻轻挤压，吸干其中的剩余母液。将抽滤瓶中的母液倒入母液回收瓶中。

6. 抽滤操作结束后，先拔去抽滤瓶上的橡皮管，再关水泵，停止抽滤。

实验 23　硫酸亚铁铵的制备及含量测定

一、实验目的

1. 掌握复盐的制备方法。

2. 掌握水浴加热、蒸发、结晶和减压过滤的基本操作。

3. 掌握高锰酸钾滴定法测定硫酸亚铁铵产品的百分含量。

二、实验原理

过量的铁屑与稀硫酸反应得到 $FeSO_4$，$FeSO_4$ 再与等物质量的 $(NH_4)_2SO_4$ 作用，经过蒸发浓缩、冷却结晶和减压抽滤，便得到溶解度较小的 $(NH_4)_2Fe(SO_4)_2 \cdot 6H_2O$ 晶体。

$$Fe＋H_2SO_4(稀)＝\!=\!=FeSO_4＋H_2\uparrow$$
$$FeSO_4＋(NH_4)_2SO_4＋6H_2O＝\!=\!=(NH_4)_2Fe(SO_4)_2 \cdot 6H_2O$$

硫酸亚铁、硫酸铵和硫酸亚铁铵三种盐的溶解度数据见表 5-5。

表 5-5　三种盐的溶解度　　　　　　　　　　　　　　单位：g/100g H_2O

温度	10℃	20℃	30℃	40℃
$FeSO_4 \cdot 7H_2O$	37.0	48.0	60.0	73.3
$(NH_4)_2SO_4$	73.0	75.4	78.0	81.0
$(NH_4)_2Fe(SO_4)_2 \cdot 6H_2O$	17.2	36.5	45.0	53.0

从表中数据可知，在一定温度范围内，硫酸亚铁铵比组成它的各组分 $FeSO_4$ 和 $(NH_4)_2SO_4$ 的溶解度都要小，因而很容易从混合溶液中优先析出。

硫酸亚铁铵是一种复盐，它的商品名是莫尔盐，为浅绿色单斜晶体，能溶于水，但难溶于乙醇，在空气中比较稳定，不易被氧化，因此在定量分析中常用来配制亚铁离子的标准溶液。为了保持硫酸亚铁铵这种复盐分子结构不被破坏，在制备时应控制温度，使铵盐和结晶水不被破坏和流失，所以必须使用水浴锅控制温度不高于 80℃。而且在使用和保存中，也不能用烘干的方法，应在干燥器中存放。

硫酸亚铁铵产品百分含量的测定用高锰酸钾滴定法，在酸性介质中 Fe^{2+} 被 $KMnO_4$ 定

量地氧化为 Fe^{3+}，根据 $KMnO_4$ 标准溶液的浓度和滴定时所消耗的体积（mL），即可计算出产品的百分含量。

$$5Fe^{2+} + MnO_4^- + 8H^+ === 5Fe^{3+} + Mn^{2+} + 4H_2O$$

用分光光度比色法检验产品中杂质 Fe^{3+}，来确定产品硫酸亚铁铵的等级。

三、仪器、药品及材料

仪器：台秤、万分之一分析天平、微型锥形瓶、150mL 锥形瓶、电炉、玻璃棒、10mL 量筒、恒温水浴锅、蒸发皿、布氏漏斗、微型漏斗及吸滤瓶、真空水泵、表面皿、721 型分光光度计、酸式滴定管、10mL 刻度吸管、50mL 容量瓶。

药品：铁屑、1mol/L Na_2CO_3、3mol/L H_2SO_4、$(NH_4)_2SO_4$（s）、浓 H_3PO_4、2mol/L HCl、无水乙醇、0.02000mol/L 高锰酸钾标准溶液、1mol/L KSCN、10μg/mL Fe^{3+} 标准溶液。

材料：ϕ7 定性滤纸、pH 广泛试纸。

四、实验步骤

1. 铁屑除油污（如用纯铁粉可省去此步）

称取 0.5g 铁屑于微型锥形瓶中，加 1mol/L Na_2CO_3 溶液 5mL，小火加热 5min，并用玻璃棒不断搅拌，以除去铁屑表面的油污。用倾析法除碱液，水洗净铁屑。如铁屑上仍有油污，用 Na_2CO_3 溶液再煮一遍。

2. $FeSO_4$ 的制备

在无油污铁屑的锥形瓶中，加 3mol/L H_2SO_4 溶液 4mL，用水浴锅在通风处加热直至少有气泡冒出。在反应过程中应适当往锥形瓶和水浴锅中添加水，及时补充被蒸发掉的水分，以保持原体积。水浴锅温度控制在 80℃ 左右，趁热过滤，以免出现结晶，用少量热的去离子水洗涤残渣，滤液转入蒸发皿中。将锥形瓶中和滤纸上未反应的铁屑残渣用滤纸吸干后称重，计算实际参加反应的铁屑的质量。铁屑不必全部溶解，溶解大部分即可。防止 Fe^{2+} 氧化成 Fe^{3+}。

3. 硫酸亚铁铵的制备

在滤液中，加入等摩尔计算量的 $(NH_4)_2SO_4$ 固体，搅拌使其全部溶解。调节 pH＝1～2，在水浴锅中加热蒸发浓缩至液面出现一层晶膜，取下蒸发皿，自然冷却至室温，使 $(NH_4)_2Fe(SO_4)_2 \cdot 6H_2O$ 晶体析出（蒸发中不宜搅动）。用布氏漏斗减压抽滤，用少量无水乙醇洗去晶体表面所附着的水分，布氏漏斗再次减压抽滤，晶体转移至表面皿上晾干后称重，观察晶体色态，计算理论产量和产率。

4. 硫酸亚铁铵产品百分含量的测定

精确地称取 0.8000g 左右上述制备的硫酸亚铁铵产品于 150mL 锥形瓶中，加 50mL 已除氧的去离子水、3mol/L H_2SO_4 溶液 15mL 和 2mL 浓H_3PO_4，摇匀使试样溶解。从滴定管中放出 10mL 左右的高锰酸钾标准溶液于锥形瓶中，加热至 70～80℃，继续用高锰酸钾标准溶液滴定至溶液刚出现淡红色并 30s 内不褪色即为滴定终点。根据高锰酸钾标准溶液的浓度和滴定时所消耗的体积（mL），即可计算出产品的百分含量。

$$W(\%) = \frac{5c_{KMnO_4} \times V_{KMnO_4} \times 10^{-3} \times M}{m_{产品}} \times 100\%$$

式中　c_{KMnO_4}——高锰酸钾标准溶液的浓度，mol/L；

V_{KMnO_4}——滴定时所消耗的高锰酸钾标准溶液的体积，mL；

M——$(NH_4)_2Fe(SO_4)_2 \cdot 6H_2O$ 的摩尔质量，g/mol；

$m_{产品}$——所称产品的质量，g。

5. Fe^{3+} 杂质的定量分析

精确地称取约 0.2000g 上述制备的硫酸亚铁铵产品于小烧杯中，加 1mL 已除氧的去离子水使之溶解，再加 1.5mL 2mol/L HCl 溶液和 2 滴 1mol/L KSCN 溶液，最后用已除氧的去离子水稀释至 5mL，摇匀，于 721 型分光光度计上在波长 465nm 处用 1cm 比色皿测定其吸光度。再根据实验 22 绘制的 Fe^{3+} 标准曲线，即可查得 Fe^{3+} 杂质的含量，通过计算再对照表 5-6 即可确定产品等级。

表 5-6 硫酸亚铁铵产品等级与 Fe^{3+} 杂质的百分含量

产品等级	I	II	III
$Fe^{3+} \times 100$	0.005	0.01	0.02

以上实验数据均记录在表 5-7 中。

表 5-7 制备硫酸亚铁铵的原始实验数据

项 目	实验数据
称取铁屑的质量/g	
铁屑残渣的质量/g	
实际参加反应的铁屑质量/g	
称取固体 $(NH_4)_2SO_4$ 的质量/g	
产品硫酸亚铁铵的理论产量/g	
产品硫酸亚铁铵的实际产量/g	
产率/%	
精称硫酸亚铁铵产品用于百分含量测定的质量 $m_{产品}$/g	
c_{KMnO_4}/mol/L	
V_{KMnO_4}/mL	
产品的百分含量 W/%	
精称硫酸亚铁铵产品用于 Fe^{3+} 杂质定量分析的质量/g	
Fe^{3+} 杂质的吸光度 A	
Fe^{3+} 杂质的含量/μg	
产品硫酸亚铁铵的等级	

五、思考题

1. 实验中应采取什么措施防止 Fe^{2+} 被氧化？如你的产品含杂质 Fe^{3+} 较多请分析原因。
2. 制备硫酸亚铁和硫酸亚铁铵时，为什么都要采用水浴锅加热？
3. 不含氧气的去离子水怎样制取？
4. 能否将最后产物直接放在表面皿上加热干燥？为什么？
5. 制备硫酸亚铁铵时为什么要保持溶液呈强酸性？
6. 检验产品中 Fe^{3+} 杂质时，为什么要用不含氧的去离子水？
7. 为什么在配制硫酸亚铁铵溶液时要加浓硫酸？

六、注意事项

1. 减压过滤要点：①滤纸略小于漏斗内径，但又能盖没全部瓷孔；②布氏漏斗下端斜口应朝向吸滤瓶支管;③临用前先润湿滤纸,抽气使慢慢贴紧,再往漏斗内转移溶液;④先拔去连接吸滤瓶的橡皮管或布氏漏斗,再关掉连接水泵的开关;⑤尽量抽干样品,可压紧漏斗内样品。

2. 铁屑中含有杂质砷,所以在制备过程中有少量的有毒气体 AsH_3 放出,它能刺激和麻痹神经系统,所以应在通风橱中水浴锅加热。

3. 水浴蒸发硫酸亚铁铵时注意观察浓缩程度,加热浓缩时间不宜过长,出现晶膜即停止,再在室温下放置一段时间缓慢冷却,等待晶体析出、长大。

4. 最后一次抽滤时,将滤饼压实,不能用蒸馏水或母液洗晶体,应用无水乙醇洗涤晶体。

5. 提前将无氧蒸馏水制好。

6. 硫酸亚铁铵在制备和蒸发过程中不宜搅动。

7. 硫酸亚铁铵晶体自然晾干或真空干燥,千万不能加热干燥,因产品受热可脱去结晶水,影响准确性。

8. 调 pH=1~2 时可加数滴硫酸或氢氧化钠溶液。

实验 24 过氧化钙的制备及含量测定

一、目的要求

1. 掌握过氧化钙的制备原理和方法。
2. 巩固练习无机化合物制备的一些操作。
3. 学会过氧化钙的定性鉴定和含量测定。

二、实验原理

过氧化钙是一种新型的多功能无机化工产品,常温下是无色或淡黄色粉末,易溶于酸,难溶于水和乙醇等溶剂。过氧化钙在一定条件下可长期缓慢地释放出氧气,提供种子发芽所需要的氧气,因此可作为水稻种子粉衣剂,使水稻直播成为现实,不仅省工、省力,而且可增产。用过氧化钙处理大豆、棉花和玉米等农作物的种子,不仅促进种子发芽率,还增产 12% 以上,同时具有改良土壤、杀虫灭菌、促进植物新陈代谢等多种功效。过氧化钙在水产养殖中可提高溶解氧,降低化学耗氧量和氨氮,调节 pH 值和硬度,而且可以改善水质,是良好的供氧剂。用过氧化钙处理含 Cu^{2+}、Mn^{2+}、Cd^{2+} 等重金属离子的工业废水和印染有机废水,方法简单可靠,没有二次污染。过氧化钙用于果蔬保鲜,效果最佳。另外,还可用于冶金添加剂,橡胶补强剂等领域。从众多日益开发的应用领域看,过氧化钙的生产及应用具有广阔前景。

过氧化钙一般以钙盐(氯化钙、硝酸钙)或氢氧化钙与过氧化氢反应制得。因为过氧化氢的分解速度随着温度升高而迅速加快,因此,一般在 $-2~5℃$ 的低温下进行反应,在水溶液中析出 $CaO_2 \cdot 8H_2O$,再脱水干燥,即得产品。

本实验以氯化钙为原料,在低温和碱性条件下,与过氧化氢反应制备过氧化钙。

$$CaCl_2 + H_2O_2 + 2NH_3 \cdot H_2O + 6H_2O = CaO_2 \cdot 8H_2O(s) + 2NH_4Cl$$

从溶液中制得的过氧化钙含有结晶水,其结晶水的含量随着制备方法的不同而有所变化,最高可达 8 个结晶水。含结晶水的过氧化钙呈白色,在 $100~150℃$ 下脱水生成无水过氧化钙。

加热至 350℃左右，过氧化钙迅速分解，生成氧化钙，并放出氧气。反应方程式为：

$$2CaO_2 \xrightarrow{350℃} 2CaO + O_2(g)$$

三、仪器、药品及材料

仪器：台秤、五分之一分析天平、25mL 烧杯 2 个、5mL 量筒、冰水浴、玻璃棒、滴管、微型漏斗及吸滤瓶、真空水泵、洗瓶、表面皿、烘箱、干燥器、蒸发皿、石棉网、电炉、试管、火柴、100mL 锥形瓶、酸式滴定管、铁架台。

药品：无水氯化钙、30% H_2O_2、6mol/L $NH_3 \cdot H_2O$、无水乙醇、2mol/L HCl、0.01000 mol/L $KMnO_4$ 标准溶液（实验室标定提供准确浓度）、2mol/L H_2SO_4。

材料：$\phi7$ 定性滤纸、冰块、pH 试纸。

四、实验步骤

1. 过氧化钙的制备

在 25mL 小烧杯中，加入 2.5g 氯化钙，用 5mL 蒸馏水溶解，制成 $CaCl_2$ 溶液。在另一个 25mL 小烧杯中加入 6mL 30% H_2O_2 和 4mL 6mol/L $NH_3 \cdot H_2O$ 溶液，制成过氧化氢和氨水混合溶液。将上述制得的 $CaCl_2$ 溶液、过氧化氢和氨水混合溶液分别置于冰水中冷却。待溶液充分冷却后，在剧烈搅拌下将 $CaCl_2$ 溶液逐滴加入过氧化氢和氨水混合溶液中（滴加时溶液仍置于冰水浴中）。滴加结束后继续搅拌 15min 左右，并继续在冰水浴内放置 0.5h，观察白色的过氧化钙晶体的生成。然后减压抽滤，湿滤饼用少量冰水洗涤 2～3 次后，再用无水乙醇洗涤 2 次，将晶体抽干。抽干后的过氧化钙晶体放在表面皿上，于烘箱内在 120℃下烘 1h，得过氧化钙产品。将制得的产品放在干燥器中冷却、称重、计算产率。最后将产品转入干燥的小烧杯中，放入干燥器中备用。

将滤液转入蒸发皿中，用 2mol/L HCl 溶液调节 pH＝2～4，放在石棉网上用电炉小火加热浓缩，得副产品 NH_4Cl 晶体。

2. 过氧化钙的定性鉴定

取少量自制的过氧化钙固体于试管中，加热。将带有余烬的火柴伸入试管，观察实验现象。若火柴复燃则判断自制的产品为过氧化钙。

3. 过氧化钙含量的测定

$$5CaO_2 + 2MnO_4^- + 6H^+ + 2H_2O \Longrightarrow 5Ca(OH)_2 \downarrow + 2Mn^{2+} + 5O_2 \uparrow$$

准确称取自制的过氧化钙产品 0.0500g（精确到 0.1mg）于 100mL 锥形瓶中，加 10mL 蒸馏水润湿，再加入 2mL 2mol/L H_2SO_4，使产品完全溶解，用 0.01000 mol/L $KMnO_4$ 标准溶液滴定至刚出现淡粉红色 30s 内不褪色，即为终点。根据下面公式计算过氧化钙的含量。数据记录在表 5-8 中。

$$W(CaO_2) = \frac{5c_{KMnO_4} \times V_{KMnO_4} \times 10^{-3} \times M_{CaO_2}}{2m_{产品}} \times 100\%$$

式中　$W(CaO_2)$——产品中过氧化钙的百分含量，%；

$\quad c_{KMnO_4}$——高锰酸钾标准溶液的摩尔浓度，mol/L；

$\quad V_{KMnO_4}$——滴定时消耗的高锰酸钾标准溶液的体积，mL；

$\quad M_{CaO_2}$——CaO_2 的摩尔质量，g/mol；

$\quad m_{产品}$——精确称取产品过氧化钙的质量，g。

表 5-8　过氧化钙制备及含量测定的实验数据

项　目	实验数据
称取氯化钙的质量/g	
产品过氧化钙的理论产量/g	
产品过氧化钙的实际产量/g	
产率/%	
精称自制过氧化钙产品的质量 $m_{产品}$/g	
c_{KMnO_4}/(mol/L)	
V_{KMnO_4}/mL	
产品的百分含量 W/%	

五、思考题

1. 你认为上述制备方法还有哪些地方值得改进？
2. 测定过氧化钙含量还可用哪些方法？
3. 计算副产品 NH_4Cl 晶体的理论质量。

六、注意事项

1. 冰水浴应根据实验时的温度灵活控制，冬天宜水多于冰块，夏天宜冰块多于水。控制温度在 $-2 \sim 5℃$ 范围内。

2. 用于过氧化钙定性鉴定的试管必须干燥，并注意试管的正确加热方法。

3. 必须等 $CaCl_2$ 溶液、过氧化氢和氨水混合溶液充分冷却后，才能混合，而且要剧烈充分搅拌，在冰水浴中继续放置一段时间，观察过氧化钙的生成。

第六章

分析化学定量基础实验

实验 25　分析天平称量练习

一、实验目的

1. 掌握分析天平的基本结构、使用方法和注意事项。
2. 掌握直接称量法和递减称量法的基本操作。
3. 练习称量实物，用减量法称取基准物邻苯二甲酸氢钾 0.4~0.6g。

二、实验原理

杠杆原理：动力×动力臂＝阻力×阻力臂。对等臂天平而言，物体质量＝砝码质量。

三、仪器、药品及材料

仪器：TG328B 半自动电光分析天平、台秤、干燥器、50mL 烧杯、称量瓶。
药品：邻苯二甲酸氢钾（或碳酸钠）。
材料：称量纸、纸条或细白纱手套。

四、实验步骤

1. 直接称量练习
　　调好天平零点后，取两只洁净、干燥并编有 1 号和 2 号的 50mL 小烧杯先在台秤上粗称其质量。再将 1 号和 2 号烧杯依次放在分析天平左盘中央，在右盘中添加砝码，直至分析天平达到平衡，将称量结果记录在表 6-1 中。
2. 减量法称量练习
　　(1) 用纸条从干燥器中拿取盛有约 2g 邻苯二甲酸氢钾的称量瓶，先在台秤上粗称其质量，再于分析天平上准确称其质量，记为 W_1。
　　(2) 然后用纸条隔着手指取出称量瓶，右手指也隔着纸片打开称量瓶瓶盖，用瓶盖轻轻敲击称量瓶上部，使邻苯二甲酸氢钾落在 1 号烧杯中，估计取出的试样在 0.5g 左右时停止敲出。然后把称量瓶扶正，再用瓶盖轻轻敲瓶口几下，让样品落到瓶底，盖好称量瓶盖再次放进分析天平左盘中央准确称量，其质量记为 W_2。两次质量之差 (W_1-W_2)，就是所称样品的质量。同上操作，逐次称量，即可称出多份样品。

（3）若倒出的试样还少于 0.4g 应再次敲取，注意不应一下敲取过多，直至倒出的苯二甲酸氢钾在 0.4～0.6g 之间。将称量结果记录在表 6-2 中。

3. 直接称量练习

依次分别准确称出两个"小烧杯＋试样"的质量，将称量结果记录在表 6-1 中。

4. 结果检验

（1）要求 W_1-W_2 等于第 1 只小烧杯中增加的质量。

（2）要求 W_2-W_3 等于第 2 只小烧杯中增加的质量。如不相等，求出绝对差值，要求称量的绝对差值每份小于 0.4mg，若大于此值实验不合要求。原因可能是基本操作不仔细，或是样品撒在外边。若差值太大，可能是砝码记错，或天平有障碍等等。分析原因后，注意改正，继续反复练习，直到合乎实验要求。

表 6-1　直接称量原始数据

项目	第一份样	第二份样
空烧杯质量/g		
（小烧杯＋试样）质量/g		
试样质量（或烧杯中增加的质量）/g		

表 6-2　减量称量原始数据

项目	第一份样	第二份样
倾样前（称量瓶＋试样）质量 W_1/g		
倾样后（称量瓶＋试样）质量 W_2/g		
试样质量（W_1-W_2）/g		

五、思考题

1. 为什么在天平梁没有托住的情况下，绝对不允许把任何东西放在盘上或从盘上取下？

2. 电光分析天平称量前一般要求调好零点，如偏离零点标线几小格，能否进行称量？

3. 称量时如果屏幕中刻度标尺偏向左方，需要加还是减砝码？如果屏幕中刻度标尺偏向右方，需要加还是减砝码？

4. 写出本次称量后的心得。分析引起误差过大的原因是什么？

5. 减量法称出试样的过程中，若称量瓶内样品吸湿，对称量会造成什么影响？若样品倾入烧杯后再吸湿，对称量是否有影响？

六、注意事项

1. 称量时动作要轻，拿取称量瓶和烧杯，可借助于洁净干燥的纸条，或戴上干净手套。绝不能直接用手接触天平的各部件。

2. 学生初次使用分析天平，操作不熟练，同时对试样质量的估计缺乏经验，因此可在台秤上先进行粗称，然后再在分析天平上称出精确的质量。在称量比较熟练的情况下，应直接在分析天平上进行精确称量。

3. 数据要详细地记录在专用的记录本上，不得用纸片代替，防止丢失。

4. 保持天平内部清洁，称量完毕，天平回零，罩上天平罩，将称量瓶放回原处。

实验 26　容量分析仪器的校准

一、实验目的

1. 掌握滴定管、移液管和容量瓶的使用方法。
2. 练习滴定管、移液管、容量瓶的校准方法和移液管与容量瓶之间相对校准的操作。
3. 了解容量器皿校准的意义。

二、实验原理

滴定管、移液管和容量瓶是分析化学实验中常用量器，它们的准确度是分析化学实验测定结果准确程度的前提，在进行分析化学实验前，应该对所用的容量器具做到心中有数，保证其精度达到实验结果的要求。尤其是进行高精度要求的实验，应使用经过校准的仪器。由此可见，容量器具的校准是一项不可忽视的工作。

由于玻璃具有热胀冷缩的特性，在不同的温度下容量器皿的体积也有所不同。因此，校准玻璃容量器皿时，必须规定一个共同的温度值，这一规定温度值为标准温度。国际上规定玻璃容量器皿的标准温度为 20℃。即在校准时都将玻璃容量器皿的容积校准到 20℃时的实际容积。容量器皿常采用两种校准方法。

1. 相对校准

要求两种容器体积之间有一定的比例关系时，常用相对校准的方法。例如，25mL 移液管量取液体的体积应等于 250mL 容量瓶量取体积的 10%。

2. 绝对校准

绝对校准是测定容量器皿的实际容积。常用的校准方法为衡量法，又叫称量法。即用天平称得容量器皿容纳或放出纯水的质量，然后根据水的密度，计算出该容量器皿在标准温度 20℃时的实际体积。由质量换算成容积时，需考虑三方面的影响：①水的密度随温度的变化；②温度对玻璃器皿容积胀缩的影响；③在空气中称量时空气浮力的影响。

为了方便计算，将上述三种因素综合考虑，得到一个总校准值。经总校准后的纯水密度列于表 6-3。

表 6-3　不同温度下纯水的密度值

（空气密度为 0.0012g/mL，钙钠玻璃体膨胀系数为 $2.6 \times 10^{-5}℃^{-1}$）

温度/℃	密度/(g/mL)	温度/℃	密度/(g/mL)
10	0.9984	21	0.9970
11	0.9983	22	0.9968
12	0.9982	23	0.9966
13	0.9981	24	0.9964
14	0.9980	25	0.9961
15	0.9979	26	0.9959
16	0.9978	27	0.9956
17	0.9976	28	0.9954
18	0.9975	29	0.9951
19	0.9973	30	0.9948
20	0.9972		

实际应用时，只要称出被校准的容量器皿容纳或放出纯水的质量，再除以该温度时纯水的密度值，便是该容量器皿在20℃时的实际容积。

例如：18℃时由滴定管放出10.00mL水，称得其质量为9.97g。查表6-3，得18℃时水的密度为0.9975g/mL，则其实际体积为：9.97/0.9975＝9.99mL。所以滴定管0～10mL刻度这一段容量的校准值为9.99－10.00＝－0.01mL。即在18℃时使用0～10mL这一段滴定管量得的体积标称值比真值少0.01mL。

三、仪器、药品及材料

仪器：电子天平、50mL酸式滴定管、50mL碱式滴定管、250mL容量瓶、100mL容量瓶、25mL移液管、50mL玻璃磨口塞或橡皮塞锥形瓶、普通温度计。

药品：蒸馏水。

材料：洗耳球、凡士林。

四、实验步骤

1. 滴定管的使用

(1) 检漏　加满水至0刻度，静止放在滴定管夹上几分钟，然后用滤纸吸下尖嘴和旋塞位置是否有水。

酸式滴定管漏水必须涂凡士林。其方法：①涂凡士林的位置，套处，小涂大不涂。塞处，大涂小不涂。②涂上薄薄的一层。③沿一个方向旋转成均匀透明的薄膜。④多涂的凡士林必须用滤纸擦掉。

碱式滴定管如果漏水要更换乳胶管或移动玻璃球的位置。

(2) 排空

酸式：下斜15°～30°排空。

碱式：①两边均成45°上翘，45°排空；②手指握住玻璃球上1/3处，否则总会留下一段气泡。

(3) 安放

①滴定管的刻度面向自己；②滴定台离自己15～20cm；③管尖与锥形瓶距离2cm。

(4) 加液与调零　直接加入，不能用移液管或滴管加入。①两指轻轻握住滴定管的无刻度的最上端，让滴定管自然竖直；②"三点一线"慢速放出溶液。

(5) 滴液

① 三指法：即左手的三个指头（大、食、中）内外握住旋塞，右手三个手指握锥形瓶；②锥形瓶稍倾斜，并将管尖伸入到锥形瓶中1cm左右；③顺时针方向旋转锥形瓶。

2. 滴定管的校准

用铬酸洗液洗净1支50mL滴定管，用洁布擦干外壁，倒挂于滴定台上5min以上。打开旋塞，用洗耳球使水从管尖（即流液口）充入，仔细观察液面上升过程中是否变形（即弯液面边缘是否起皱），如变形，应重新洗涤。

洗净的滴定管注入纯水至液面距最高标线以上约5mm处，垂直挂在滴定台上，等待30s后调节液面至0.00mL。取一个洗净晾干的50mL具塞锥形瓶，在电子天平上称准至0.01g。打开滴定管旋塞向锥形瓶中放水，当液面降至被校分度线以上约0.5mL时，等待15s。然后在10s内将液面调节至被校分度线，随即用锥形瓶内壁接触管尖，以除去挂在管尖下的液滴，立即盖上锥形瓶瓶塞进行称量。测量水温后即可计算被校分度线的实际体积，并求出校正值。按表6-4所列体积间隔进行分段校准，每次都从滴定管0.00mL标线开始，每支滴定管重复校准一次。

表 6-4　滴定管校准原始数据记录表

水温_____℃，　　　密度_____g/mL

校准分段 mL	瓶加水质量/g 空瓶_____g		水的质量/g			实际体积 mL	校正值 mL
	①	②	①	②	平均		$\Delta V = V_{20} - V$
0.00~10.00							
0.00~20.00							
0.00~30.00							
0.00~40.00							
0.00~49.99							

以滴定管被校分段线体积为横坐标，相应的校正值为纵坐标，绘出校准曲线。

3. 移液管的使用

（1）移液管无论是移液，还是放液都要保持竖直状态。

（2）转移溶液时，定刻度必须管尖离开液面，且与容器内壁接触。

（3）放液时，尖端与锥形瓶内壁相靠，放完后要停留 3s，并旋转几次。

（4）千万不能用洗耳球吹取移液管中的溶液。

4. 移液管（或单标线吸量管）的校准

用铬酸洗液洗净 25mL 移液管，吸取纯水（盛在烧杯中）至标线以上数毫米，用滤纸片擦干管下端的外壁，将流液口接触烧杯壁，移液管垂直、烧杯倾斜约 30°。调节液面使其最低点与标线相切，然后将移液管移至 50mL 洗净晾干并已称质量的具塞锥形瓶内，使流液口接触磨口以下的内壁（勿接触磨口!），使水沿壁流下，待液面静止后，再等 15s。在放水及等待过程中，移液管要始终保持垂直，流液口一直接触瓶壁，但不可接触瓶内的水，锥形瓶保持倾斜。放完水随即盖上锥形瓶瓶塞进行称量。两次称得的质量之差即为释出纯水的质量。重复操作一次，两次释出纯水的质量之差，不得超过 20mg，否则重做校准。将温度计插入 5~10min，测量水温，读数时不可将温度计下端提出水面（为什么?）。由该温度下纯水的密度，即可计算出该 25mL 移液管的实际体积。测量数据记录在表 6-5 中。

表 6-5　移液管校准原始数据记录表

水温_____℃，　　　密度_____g/mL

次数	空瓶质量/g	瓶加水质量/g	水质量/g	实际体积/mL	校正值/mL
①					
②					

5. 容量瓶的使用

（1）选择大小符合要求的容量瓶。

（2）注意定刻度即可。

（3）摇匀。

（4）转移溶液要多次少量洗涤，尽可能全部转入容量瓶中。

6. 容量瓶的校准

用铬酸洗液洗净一个 100mL 容量瓶，晾干，在电子天平上称准至 0.01g。取下容量瓶注水至标线以上数毫米，等待 2min。用滴管吸出多余的水，使溶液弯月面下缘与刻度线相切，再放到电子天平上称准至 0.01g。然后插入温度计测量水温。两次所称得的质量之差即为该容量瓶所容纳纯水的质量，最后计算该容量瓶的实际体积。

7. 移液管与容量瓶的相对校准

在分析化学实验中，常利用容量瓶配制溶液，并用移液管取出其中一部分进行测定，此时重要的不是知道容量瓶与移液管的准确容量，而是二者的容量是否为准确的整数倍关系。例如用 25mL 移液管从 250mL 容量瓶中取出一份溶液是否确为 1/10，这就需要进行这两件量器的相对校准。它在实际工作中使用较多，但必须在这两件仪器配套使用时才有意义。

将 250mL 容量瓶洗净、晾干（可用几毫升乙醇润洗内壁后倒挂在漏斗板上），用 25mL 移液管准确吸取纯水 10 次至容量瓶中，观察溶液弯月面下缘是否与刻度线相切，若不相切，其间距超过 1mm，应另重新做新标记。经相互校准后的容量瓶与移液管均做上相同记号，配套使用。

五、思考题

1. 容量仪器为什么要校准？
2. 称量纯水所用的具塞锥形瓶，为什么要避免磨口部分和瓶塞沾湿？
3. 本实验称量时，为何只要求称准到 0.01g？
4. 分段校准滴定管时，为何每次都要从 0.00mL 开始？

六、注意事项

1. 容量器皿是以 20℃ 为标准来校准的，使用时则不一定在 20℃，因此，容量器皿的容积以及溶液的体积都会发生改变。由于玻璃的膨胀系数很小，在温度相差不太大时，容量器皿的容积改变可以忽略。稀溶液的密度一般可用相应水的密度来代替。

2. 校准工作是一项技术性较强的工作，操作要正确，所以对实验室有下列要求：①天平的称量误差应小于量器允差的 1/10；②用分度值为 0.1℃ 的温度计；③室内温度变化不超过 1℃/h，室温最好控制在 20±5℃。

3. 铬酸洗液必须回收，千万不能倒入水池，以防污染环境。

实验 27 盐酸溶液和氢氧化钠溶液的配制与标定

一、实验目的

1. 掌握酸碱滴定法的基本原理，练习滴定操作技术。
2. 掌握用基准物质标定标准溶液浓度的原理和方法。

二、实验原理

标准溶液的配制方法有直接法和间接法两种。直接法就是用基准物质配制。间接法就是先配制成近似浓度的溶液，然后再用基准物质或已知准确浓度的标准溶液来标定其准确浓度。

浓盐酸易挥发，固体氢氧化钠有很强的吸水性并吸收空气中的 CO_2，所以不能直接配制成准确浓度的标准溶液，只能用间接法配制。

标定氢氧化钠准确浓度的基准物质很多，有草酸、苯甲酸和邻苯二甲酸氢钾等。最常用的是邻苯二甲酸氢钾，因为其摩尔质量大，易净化，且不易吸收水分，是标定碱的一种良好的基准物质。它与氢氧化钠的反应式为：

$$KHC_8H_4O_4 + NaOH \longrightarrow KNaC_8H_4O_4 + H_2O$$

到达化学计量点时，溶液呈弱碱性，可用酚酞作指示剂。酚酞为一有机弱酸，在酸性溶液中为无色，当碱性离子增加到一定浓度时，溶液即呈粉红色。

标定 HCl 准确浓度常用的基准物质是无水 Na_2CO_3，其反应式为：

$$Na_2CO_3 + 2HCl \longrightarrow 2NaCl + CO_2 + H_2O$$

滴定至反应完全时，溶液 pH 值为 3.89，通常以甲基橙为指示剂。滴定到终点时溶液颜色由黄色变为橙色并保持 30s 不褪色。由于 Na_2CO_3 易吸收空气中的水分，因此应预先在 180℃下使之充分干燥，然后再保存在干燥器中。

HCl 标准溶液与 NaOH 标准溶液，只需标定其中一种，另一种则通过 NaOH 溶液与 HCl 溶液滴定的体积比计算。标定 NaOH 溶液还是标定 HCl 溶液，要看后面的实验是用那种标准溶液来测定未知样品。

三、仪器、药品及材料

仪器：万分之一分析天平、电炉、滴定台、50mL 酸式滴定管、50mL 碱式滴定管、250mL 锥形瓶、5mL 刻度吸管、500mL 烧杯、称量瓶、洗耳球、玻璃棒、洗瓶。

药品：浓 HCl、氢氧化钠（固体）、邻苯二甲酸氢钾（基准物质，固体）、无水碳酸钠（基准物质，固体）、甲基橙指示剂、酚酞指示剂。

材料：称量纸。

四、实验步骤

1. 0.1mol/L HCl 溶液的配制

在一只 500mL 烧杯中加入约 200mL 蒸馏水，用 5mL 刻度吸管吸取 4.17mL 浓 HCl 放入该烧杯中，加蒸馏水稀释至 500mL，玻璃棒搅匀，贮于 500mL 细口玻璃瓶中。

2. 0.1mol/L HCl 溶液的标定

用减量法准确称取 3 份已烘干的无水碳酸钠 $0.1\sim0.2$g（最好 0.15g 左右），置于 3 只 250mL 锥形瓶中，用约 50mL 无二氧化碳的温热蒸馏水使之溶解。冷却后加 2 滴甲基橙指示剂，此时溶液呈黄色。将待标定的 HCl 溶液注入酸式滴定管中，排除气泡后，记录 HCl 溶液初始读数 V_1。用 HCl 溶液滴定，接近终点时，用蒸馏水淋洗锥形瓶壁，然后逐滴滴入 HCl 溶液，直至溶液由黄色变为橙色，并保持 30s 不褪色即为滴定终点，记录 HCl 溶液终止读数 V_2。实验数据记录在表 6-6 中。并用下面的公式计算出 HCl 标准溶液的准确浓度。

$$c_{HCl}(mol/L) = \frac{2m}{V_{HCl} \times 106 \times 10^{-3}}$$

式中　m——称取基准物无水碳酸钠的质量，g；

V_{HCl}——标定 HCl 溶液时所消耗的体积，mL。

3. 0.1mol/L NaOH 溶液的配制

在台秤上迅速称取 2g 氢氧化钠于 500mL 烧杯中，加蒸馏水稀释至 500mL，玻璃棒搅匀，贮于 500mL 具橡皮塞的细口玻璃瓶中或塑料瓶中。

4. 0.1mol/L NaOH 溶液的标定

用减量法在分析天平上精确称取 3 份已在 $105\sim110$℃烘过 1h 以上的分析纯邻苯二甲酸氢钾 $0.4\sim0.6$g（最好 0.5g 左右），置于 250mL 锥形瓶中，用 50mL 无二氧化碳的温热蒸馏

表 6-6 标定 HCl 溶液的原始实验数据

测定次数	①	②	③
倾倒前(无水碳酸钠＋称量瓶)质量/g			
倾倒后(无水碳酸钠＋称量瓶)质量/g			
无水碳酸钠质量/g			
HCl 溶液终读数 V_2/mL			
HCl 溶液初读数 V_1/mL			
V_{HCl}/mL			
c_{HCl}/(mol/L)			
$\bar{c}_{HCl}$/(mol/L)			
相对平均偏差			

水使之溶解。冷却后滴入 2 滴酚酞指示剂,用欲标定的 NaOH 溶液滴定至溶液呈粉红色 30s 内不褪色,即为滴定终点。要求做三个平行样品。实验数据记录在表 6-7 中。用下面的公式计算氢氧化钠溶液的准确浓度。3 份测定的相对平均偏差应小于 0.2％,否则应重复测定。

$$c_{NaOH}(mol/L)=\frac{m}{V_{NaOH}\times204.73\times10^{-3}}$$

式中　m——精确称取基准物邻苯二甲酸氢钾的质量,g;

　　　V_{NaOH}——标定 NaOH 溶液时所消耗的体积,mL。

表 6-7 标定 NaOH 溶液的原始实验数据

测定次数	①	②	③
倾倒前(邻苯二甲酸氢钾＋称量瓶)质量/g			
倾倒后(邻苯二甲酸氢钾＋称量瓶)质量/g			
邻苯二甲酸氢钾质量/g			
NaOH 溶液终读数/mL			
NaOH 溶液初读数/mL			
V_{NaOH}/mL			
c_{NaOH}/(mol/L)			
$\bar{c}_{NaOH}$/(mol/L)			
相对平均偏差			

五、思考题

1. 用滴定管装标准溶液之前,为什么要用标准溶液润洗 2～3 次,所用的锥形瓶是否也需用标准溶液润洗?为什么?

2. 用 50mL 的滴定管,若滴定第一份试液用去 20mL,管内还剩 30mL。滴定第二份试液,也需大约 20mL 时,是继续用剩的溶液滴定,还是将溶液添加至"零"刻度再滴定?为什么?

3. 配制 NaOH 溶液时,应选用何种天平称取固体氢氧化钠试剂?为什么?能否用称量纸称取固体 NaOH?为什么?

4. HCl 和 NaOH 溶液能直接配制准确浓度吗?为什么?

5. 溶解邻苯二甲酸氢钾或无水碳酸钠基准物质时,加水 50mL 应以量筒量取还是用移液管吸取。为什么？

6. 标定 HCl 溶液时为什么要称 0.15g 左右的 Na_2CO_3，称得过多或过少为何不好？

六、注意事项

1. 干燥至恒重的无水碳酸钠有吸湿性，因此在标定中精确称取基准无水碳酸钠时，宜用"减量法"称取，称量要快，并迅速将称量瓶加盖密闭。

2. 在标定盐酸溶液过程中产生二氧化碳，使终点变色不够敏锐。因此，在溶液滴定进行至临近终点时，应将溶液加热煮沸，以除去二氧化碳，待冷至室温后，再继续滴定。

3. 正确使用酸式滴定管，如检查是否漏滴、气泡的排除、近终点如何控制 1 滴、半滴的操作。滴定时不能放线，而应是呈滴的。

4. 滴定终点时必须用洗瓶洗锥形瓶一圈，且颜色在 30s 内不褪色。

5. 滴定管读数必须保留小数点后两位，必须遵守有效数字取舍原则进行估读。

6. 消耗的溶液体积数据之间（平行三个数据）的差值不能大于 0.08mL。

7. 在酸碱滴定中，指示剂的用量很少，仅用 2 滴左右，不能多加。终点是根据酚酞的变色来判断的，酚酞的变色范围是 pH＝8.2～10.0，因此，只要溶液变为粉红色，表明反应已达到化学计量点，30s 内不褪色即可。因为空气中有二氧化碳存在，溶解在水中使其溶液酸度发生改变，当溶液变为粉红色时，过一些时间还会褪色。

8. 烘干邻苯二甲酸氢钾的温度不能超过 125℃，否则少部分基准物质变成了酸酐，用此基准物标定氢氧化钠溶液时，对氢氧化钠溶液准确浓度有影响。

实验 28　碱灰中总碱量的测定（酸碱滴定法）

一、实验目的

1. 掌握碱灰中总碱量测定的原理和方法。

2. 掌握强酸滴定二元弱碱的滴定过程、突跃范围及指示剂的选择。

二、实验原理

碱灰为不纯的 Na_2CO_3，其中混有少量的 NaOH、Na_2SO_4 或 $NaHCO_3$ 等杂质。以甲基橙为指示剂，用盐酸标准溶液滴定时，除 Na_2CO_3 被中和外，NaOH、$NaHCO_3$ 碱性杂质也被中和，因此测定的结果是碱的总量，常用 Na_2O 含量来表示。HCl 滴定 Na_2CO_3 的反应包括以下两步：

$$Na_2CO_3 + HCl = NaHCO_3 + NaCl$$

$$NaHCO_3 + HCl = NaCl + H_2O + CO_2 \uparrow$$

可见反应到第一化学计量点 pH 值约为 8.3，第二化学计量点 pH 值约为 3.9。由于第一化学计量点（pH＝8.3）突跃范围小，终点不敏锐。因此采用第二化学计量点，以甲基橙为指示剂，溶液由黄色变橙色即为终点。总碱量计算公式为：

$$W_{Na_2O} = \frac{c_{HCl} \times V_{HCl} \times 10^{-3} \times M_{Na_2O}}{2m} \times 100\%$$

式中　c_{HCl}——盐酸标准溶液的浓度，mol/L；

V_{HCl}——滴定时消耗盐酸标准溶液的体积，mL；

M_{Na_2O}——Na₂O 的摩尔质量，g/mol；

m——称取碱灰试样的质量，g。

三、仪器、药品及材料

仪器：万分之一分析天平、电炉、50mL 酸式滴定管、滴定台、50mL 量筒、250mL 锥形瓶、洗瓶。

药品：碱灰试样（工业碳酸钠）、0.1000mol/L HCl 标准溶液、甲基橙指示剂。

材料：称量纸。

四、实验步骤

准确称取 0.1550g 碱灰试样（按碱灰中总碱量 Na₂O 含量为 50% 计算）三份分别于 3 只 250mL 锥形瓶中，加 50mL 蒸馏水使之溶解，必要时可稍加热促使溶解，溶解后冷却至室温。滴入 1~2 滴甲基橙指示剂，用 0.1000mol/L HCl 标准溶液滴定至橙色，即为终点。根据称取试样的质量 m、HCl 标准溶液的浓度 c_{HCl} 和滴定时消耗的 HCl 标准溶液体积 V_{HCl}，计算混合碱的总碱量。以 Na₂O 表示。每次测定的结果与平均值的相对偏差不得大于 0.3%。将实验结果填入表 6-8 中。

表 6-8　碱灰中总碱量测定的原始实验数据记录

项　目	测定次数		
	①	②	③
碱灰试样的质量/g			
c_{HCl}/(mol/L)			
HCl 标液终读数/mL			
HCl 标液初读数/mL			
V_{HCl}/mL			
W_{Na_2O}/%			
$\overline{W}_{Na_2O}$/%			
相对平均偏差			

五、思考题

1. 测定碱灰的总碱量能否用酚酞指示剂？为什么？
2. 如果需要测定碱灰中各组分的含量，而且要求准确度稍高一些，应采用什么办法？
3. 假设试样含 95% 的 Na₂CO₃，以 Na₂O 表示的总碱量为多少？
4. 化学计量点的 pH 值为 3.8~3.9，是怎样得到的？

六、注意事项

1. 如时间允许，可另取一份试样先加酚酞指示剂，用 HCl 标准溶液滴定到红色褪去。再加甲基橙指示剂，观察、比较两种指示剂变色的敏锐程度，并说明理由。
2. 该实验的滴定速度宜慢。

实验 29　碱液中 NaOH 与 Na$_2$CO$_3$ 含量的测定（双指示剂酸碱滴定法）

一、实验目的

1. 掌握双指示剂法测定混合碱液中各部分含量的原理、方法和计算。
2. 熟悉甲基橙和酚酞指示剂的使用和终点的变化，了解混合指示剂的使用及其优点。

二、实验原理

双指示剂法就是在同一份碱液中用两种不同的指示剂来分别测定其含量的方法。

常用的两种指示剂是酚酞（pH＝8.2～10.0）和甲基橙（pH＝3.1～4.4），在混合试样中先加酚酞指示剂，溶液呈红色。用盐酸标准溶液滴定至红色刚刚褪去，此时不仅氢氧化钠被完全中和，Na$_2$CO$_3$ 也被滴定成 NaHCO$_3$，记下此时 HCl 标准溶液的消耗量 V_1。再加入甲基橙指示剂，溶液呈黄色，继续用盐酸标准溶液滴定至溶液呈橙红色即为终点，此时 NaHCO$_3$ 被进一步中和为 CO$_2$ 和 H$_2$O，记下此时 HCl 标准溶液的消耗量为 V_2。分析 V_1 和 V_2 的大小，可以确定并计算出试样中各成分的含量。具体情况如下：

V_1＝0，V_2＞0，为 NaHCO$_3$；

V_1＞0，V_2＝0，为 NaOH；

V_1＝V_2，为 Na$_2$CO$_3$；

V_1＜V_2，为 Na$_2$CO$_3$ 和 NaHCO$_3$；

V_1＞V_2，为 NaOH 和 Na$_2$CO$_3$。

本实验是 V_1＞V_2，试样为 Na$_2$CO$_3$ 和 NaOH 的混合物，中和 Na$_2$CO$_3$ 所需 HCl 溶液是分两批加入的，两次用量应该相等。即滴定 Na$_2$CO$_3$ 所消耗的 HCl 溶液的体积为 $2V_2$，而中和 NaOH 所消耗的 HCl 溶液的体积为（V_1－V_2），故计算 NaOH 和 Na$_2$CO$_3$ 含量的公式为：

$$\chi_{NaOH}(g/L)=\frac{(V_1-V_2)\times c_{HCl}\times 40}{V_{试}}$$

$$\chi_{Na_2CO_3}(g/L)=\frac{2V_2\times c_{HCl}\times 106}{2V_{试}}$$

式中　c_{HCl}——HCl 标准溶液的浓度，mol/L；

$\quad\quad V_{试}$——取混合碱液试样的体积，mL。

三、仪器、药品及材料

仪器：万分之一分析天平、50mL 酸式滴定管、10mL 移液管、滴定台、250mL 锥形瓶、洗瓶。

药品：碳酸钠（固体）、氢氧化钠（固体）、0.1000mol/L HCl 标准溶液、酚酞指示剂、甲基橙指示剂。

材料：称量纸。

四、实验步骤

用移液管准确吸取混碱试样 10.00mL 于 250mL 锥形瓶中，加 1～2 滴酚酞指示剂，用 0.1000mol/L HCl 标准溶液滴定至溶液由红色变成无色为第一终点，记下所用 HCl 标准溶液的体积 V_1。再加 1～2 滴甲基橙指示剂，此时溶液呈黄色，继续用 HCl 标准溶液滴定至溶液呈橙红色为第二终点，记下所用 HCl 标准溶液的体积 V_2。平行测定三次，根据测定结果，计算混合碱液中 NaOH 及 Na_2CO_3 的含量。将实验结果填入表 6-9 中。实验的相对平均偏差应小于 0.4%。

表 6-9　碱液中 NaOH 及 Na_2CO_3 含量测定的原始实验数据

项　　目	测定次数		
	①	②	③
HCl 标准溶液的浓度/(mol/L)			
取混合碱液试样的体积/mL			
第一次滴定消耗 HCl 标液的体积 V_1/mL			
第二次滴定消耗 HCl 标液的体积 V_2/mL			
χ_{NaOH}/(g/L)			
χ_{NaOH}/(g/L)			
相对平均偏差			
$\chi_{Na_2CO_3}$/(g/L)			
$\chi_{Na_2CO_3}$/(g/L)			
相对平均偏差			

五、思考题

1. 何谓"双指示剂法"。混合碱的测定原理是什么？

2. 简述双指示剂法的优缺点。

3. 什么叫混合碱？Na_2CO_3 和 $NaHCO_3$ 的混合物能不能采用"双指示剂法"测定其含量？写出测定结果的计算公式。

4. 取等体积的同一烧碱试样两份，一份加酚酞指示剂，另一份加甲基橙指示剂，分别用 HCl 标准溶液滴定，怎样确定 NaOH 和 $NaHCO_3$ 所消耗 HCl 标准溶液的体积？

5. 用 HCl 滴定混合碱液时，将试液在空气中放置一段时间后滴定，将会给测定结果带来什么影响。若到达第一化学计量点前，滴定速度过快或摇动不均匀，对测定结果有何影响。

6. 以下情况对实验有何影响？

（1）滴定完毕后，滴定管下端尖嘴处留有液滴？

（2）滴定过程中，锥形瓶摇动过猛，以致有溶液溅出？

（3）滴定过程中，往锥形瓶中加少量蒸馏水？

六、注意事项

1. 测定混合碱中各组分的含量时，第一滴定终点是用酚酞作指示剂，由于突跃不大，使得终点时指示剂变色不敏锐，再加上酚酞是由红色变为无色不易观察，故终点误差较大。若采用甲酚红和百里酚蓝混合指示剂，终点时由紫色变为玫瑰红色，效果较好。或者用 $NaHCO_3$ 溶液滴入相等量酚酞指示剂作对照确定。

2. 在达到第一终点前，不要因为滴定速度过快，造成溶液中 HCl 溶液局部过浓，引起 CO_2 的损失，带来较大的误差，滴定速度亦不能太慢，摇动要均匀。

3. 双指示剂法测定时，酚酞指示剂可适当多加几滴，否则常因滴定不完全使 NaOH 的测定结果偏低，Na_2CO_3 的测定结果偏高。

4. 近终点时，一定要充分摇动，以防形成 CO_2 的过饱和溶液而使终点提前到达。

实验 30 洗衣粉中聚磷酸盐含量的测定（双指示剂酸碱滴定法）

一、实验目的

1. 掌握酸碱滴定的原理，了解其应用。
2. 掌握双指示剂的使用和滴定操作。

二、实验原理

三聚磷酸钠是洗衣粉中的主要助剂，洗衣粉中聚磷酸盐作为助剂可增强洗涤效果，但会造成水质污染，因此必须限制使用。测定聚磷酸盐含量的容量法有酸碱滴定法、络合滴定法和电位滴定法，本实验介绍酸碱容量滴定法来测定其含量。

洗衣粉中聚磷酸盐在酸性介质中被酸解成正磷酸，调节溶液 pH＝3～4，此时，正磷酸以磷酸二氢根形式存在于溶液中。$H_2PO_4^-$ 的 $K_a＝6.23\times10^{-8}$，作为多元酸，在满足滴定误差≤1％的条件下，可用碱标准溶液直接滴定，至溶液 pH＝8～10 时，磷酸二氢根转变为磷酸一氢根，此时酸碱等摩尔反应，由此可间接测定洗衣粉中聚磷酸盐含量。其反应式如下：

$$Na_5P_3O_{10}＋5HNO_3＋2H_2O ＝＝ 5NaNO_3＋3H_3PO_4$$

$$H_3PO_4＋NaOH ＝＝ NaH_2PO_4＋H_2O$$

$$NaH_2PO_4＋NaOH ＝＝ Na_2HPO_4＋H_2O$$

洗衣粉中聚磷酸盐的百分含量：

$$W(\%)＝\frac{c_{NaOH}\times V_{NaOH}\times M_{Na_5P_3O_{10}}}{3\times m_{试}\times1000}\times100\%$$

式中 c_{NaOH}——氢氧化钠标准溶液的准确浓度，mol/L；

V_{NaOH}——滴定时消耗氢氧化钠标准溶液的体积，mL；

$M_{Na_5P_3O_{10}}$——三聚磷酸钠的摩尔质量，g/mol；

$m_{试}$——所称洗衣粉样品的质量，g。

三、仪器、药品及材料

仪器：50mL 碱式滴定管、50mL 酸式滴定管、250mL 锥形瓶、50mL 量筒、电炉、石棉网、万分之一分析天平。

试剂：0.1mol/L NaOH、6mol/L NaOH、2mol/L HNO_3、0.1mol/L HCl、1％酚酞指示剂、1％甲基橙指示剂、邻苯二甲酸氢钾基准物质。

材料：称量纸、洗衣粉、沸石。

四、实验步骤

1. 0.1mol/L NaOH 溶液的标定

用减量法精确称取三份 0.5g 左右的邻苯二甲酸氢钾基准物，分别倒入三个 250mL 锥形瓶中，加入 50mL 煮沸并冷却的蒸馏水使之溶解，加 2 滴酚酞指示剂，用待标定的 NaOH 溶液滴定至溶液由无色变为微红色，并保持 30s 内不褪色，即为终点。记录滴定前后滴定管中 NaOH 溶液的体积，求得 NaOH 溶液的准确浓度，其各次相对偏差应≤0.5%，否则需重新标定。实验结果记录在表 6-10 中。

$$c_{NaOH}(mol/L) = \frac{m_{邻苯二甲酸氢钾}}{204.73 \times V_{NaOH} \times 10^{-3}}$$

式中　$m_{邻苯二甲酸氢钾}$——精确称取基准物邻苯二甲酸氢钾的质量，g；

$\quad\quad$ 204.73——邻苯二甲酸氢钾的摩尔质量，g/mol；

$\quad\quad V_{NaOH}$——标定 NaOH 溶液准确浓度时消耗的体积，mL。

2. 洗衣粉中聚磷酸盐含量的测定

精确称取洗衣粉试样 1.2000~1.5000g 于 250mL 锥形瓶中，加 50mL 蒸馏水，25mL 2mol/L HNO₃ 溶液，摇匀，再加入几粒沸石，置电炉上小火加热煮腾 20min，取下，冷却至室温。加入一滴甲基橙指示剂，用滴管逐滴加入 6mol/L NaOH 溶液，边加边不断摇动锥形瓶至溶液呈浅黄色为止。再用 0.1mol/L HCl 溶液小心地调节至溶液呈浅粉红色为止以消除过量的 NaOH，然后加入 2 滴酚酞指示剂。用 0.1000mol/L NaOH 标准溶液滴定至溶液呈浅粉红色 30s 内不褪色即为终点，平行测定三次。实验结果记录在表 6-10 中。

表 6-10　洗衣粉中聚磷酸盐含量测定的原始实验数据

项　　目	测定次数		
	①	②	③
精称邻苯二甲酸氢钾的质量/g			
标定 NaOH 浓度时消耗 NaOH 体积/mL			
c_{NaOH}/(mol/L)			
$\bar{c}_{NaOH}$/(mol/L)			
相对平均偏差			
精称洗衣粉的质量/g			
测定洗衣粉时消耗 NaOH 标液体积/mL			
聚磷酸盐含量/%			
聚磷酸盐平均含量/%			
相对平均偏差			

五、思考题

1. 查找有关材料，讨论控制洗衣粉中聚磷酸盐含量对提高洗衣粉质量的意义。

2. 为什么应尽量使滴定终点的颜色与调节 pH 时的颜色接近？

六、注意事项

1. 洗衣粉溶液应用小火加热，并注意防止产生的泡沫溢出。

2. 在低泡洗衣粉中，脂肪酸对结果有干扰。每 1% 的皂片会使结果偏高约 0.33%。因此，在测定低泡洗衣粉的聚磷酸盐含量时，应根据皂片含量对结果进行修正。

3. 染色洗衣粉对终点颜色有干扰，因此该方法不适合测定染色洗衣粉中聚磷酸盐含量。

4. 应尽量使滴定终点的颜色与调节 pH 时的颜色接近，否则将引入正向误差，造成结果偏高。

5. 对于三聚磷酸钠含量较大的超浓缩洗衣粉，因其成分有不均匀性的特点。称取的试样量越少，引入误差的可能性就越大。为此建议对超浓缩洗衣粉宜称取较多的试样，稀释至 250mL 后，再吸取 25mL 稀释液进行测定。

实验 31　铵盐中铵态氮的测定（甲醛-酸碱滴定法）

一、实验目的

1. 了解弱酸强化的基本原理。
2. 掌握甲醛-酸碱滴定法测定铵盐中铵态氮含量的原理和方法。
3. 了解大样的取用原则。

二、实验原理

氮含量的测定方法主要有两种：一种是蒸馏法，也称为凯氏定氮法，适用于无机、有机物质中氮含量的测定，准确度较高。另一种是甲醛法，适用于铵盐中铵态氮的测定，方法简便，生产中广泛应用。

铵盐硫酸铵是农业生产中常用的氮肥，是强酸弱碱盐，可用酸碱滴定法测定其含氮量。但由于 NH_4^+ 的酸性太弱（$K_a=5.6\times10^{-10}$），不符合准确滴定的 $K_ac>10^{-8}$ 基本要求，不能直接用 NaOH 标准溶液准确滴定，需设法强化。

甲醛与铵盐作用，生成的 H^+ 和质子化的六亚甲基四胺酸（$K_a=7.1\times10^{-6}$），均可被 NaOH 标准溶液准确滴定（弱酸 NH_4^+ 被强化），反应如下：

$$4NH_4^+ +6HCHO =\!=\!= (CH_2)_6N_4H^+ +6H_2O+3H^+$$

六亚甲基四胺酸离子

$$(CH_2)_6N_4H^+ +3H^+ +4NaOH =\!=\!= 4H_2O+(CH_2)_6N_4 +4Na^+$$

化学计量点时溶液呈弱碱性（六亚甲基四胺为有机碱，$K_b=1.4\times10^{-9}$），终点时理论的 pH=8.8，可选酚酞作指示剂。由上述反应可知，铵盐与 NaOH 之间的物质的量的关系为：

$$4N\rightarrow 4NH_4^+ \rightarrow 4H^+ \rightarrow 4NaOH$$

若 NH_4^+ 的含量以氮来表示，则测定结果的计算式为：

$$W_N(\%)=\frac{c_{NaOH}\times V_{NaOH}\times10^{-3}\times14}{m_{试样}\times\dfrac{25}{250}}\times100\%$$

式中　c_{NaOH}——NaOH 标准溶液的浓度，mol/L；

V_{NaOH}——滴定时消耗的 NaOH 标准溶液的体积，mL；

$m_{试样}$——为所称试样硫酸铵的质量，g。

因试样不够均匀，所以要多称些试样溶解于容量瓶中，再吸取部分溶液进行测定，这样测定结果的代表性就可大一些，这种取样的方法称为取大样。

三、仪器、药品及材料

仪器：万分之一分析天平、滴定台、碱式滴定管、100mL 烧杯、25mL 移液管、250mL 容量瓶、250mL 锥形瓶、5mL 刻度吸管、洗耳球、洗瓶、玻璃棒。

药品：硫酸铵试样、40％中性甲醛溶液、酚酞指示剂、甲基红指示剂、0.1000mol/L NaOH 标准溶液（浓度见标签）。

材料：称量纸。

四、实验步骤

1. 准确称取 2g 左右（NH₄）₂SO₄ 试样于 100mL 烧杯中，加少量蒸馏水使之溶解。然后定量地转移至 250mL 容量瓶中，用蒸馏水稀释至刻度线，塞上玻塞，摇匀。

2. 用 25mL 移液管准确吸取 3 份上述混匀的试样分别于 3 只 250mL 锥形瓶中，加 1~2 滴甲基红指示剂，如呈现红色则表示硫酸铵试样中含有游离酸，要先用 0.1000mol/L NaOH 标准溶液滴定至溶液呈黄色以中和（NH₄）₂SO₄ 试样中原有的酸。此步不计 NaOH 标准溶液的体积。

3. 加入 5mL 预先已用 NaOH 溶液中和过的 40％的中性甲醛溶液和 2 滴酚酞指示剂，充分摇匀。静置 1min，再用 0.1000mol/L NaOH 标准溶液滴定至溶液呈微红色，并持续 30s 不褪色即为终点。根据 NaOH 标准溶液的浓度和滴定时消耗的体积，计算（NH₄）₂SO₄ 试样中铵态氮的百分含量和测定结果的相对平均偏差。将实验结果记录在表 6-11 中。

表 6-11　铵盐中铵态氮测定的原始实验数据

项　　目	测定次数		
	①	②	③
精称硫酸铵试样的质量/g			
硫酸铵试样总体积/mL			
测定时移取硫酸铵溶液的体积/mL	25.00	25.00	25.00
c_{NaOH}/(mol/L)			
NaOH 标液终读数/mL			
NaOH 标液初读数/mL			
V_{NaOH}/mL			
W_N/％			
$\overline{W}_N$/％			
相对平均偏差			

五、思考题

1. NH_4^+ 为 NH_3 的共轭酸，为什么不能直接用 NaOH 溶液滴定？

2. NH_4NO_3、NH_4Cl 或 NH_4HCO_3 中的含氮量能否用甲醛法测定？

3. 为什么中和甲醛中的游离酸用酚酞指示剂，而中和（NH₄）₂SO₄ 试样中的游离酸用甲基红指示剂？

六、注意事项

1. 因甲醛被空气中的氧气氧化而含有少量的甲酸，铵盐中也可能含有少量的游离酸（决定于制造方法和纯度），为提高分析结果的准确度，在测定前必须进行预处理。

2. 甲醛必须是中性的，取一定量的甲醛以酚酞为指示剂，用 NaOH 溶液中和至微红色（pH≈8）。立即装回试剂瓶中加盖保存，防止大量挥发而污染环境。

3. 若试样中含有游离酸，应事先加 1～2 滴甲基红指示剂，用 NaOH 标准溶液滴定至溶液呈黄色（pH≈6）。以中和 $(NH_4)_2SO_4$ 试样中原有的酸，如果不进行这一步，结果会偏高。因所加的 NaOH 首先中和 $(NH_4)_2SO_4$ 试样中原有的酸，然后再与甲醛反应，生成六亚甲基四胺盐（$K_a = 7.1 \times 10^{-6}$）和强酸，此时消耗 NaOH 标准溶液的体积就会增多，产生正误差。

4. 试样中加入 5mL 40％中性甲醛溶液后，溶液呈红色。因甲基红指示剂变色的 pH 范围为 4.8～6.0，颜色变化由红→黄。加入 40％中性甲醛溶液，溶液呈酸性，所以溶液呈红色。但不影响你后面的滴定，继续进行下面的操作，再加 2 滴酚酞指示剂，充分摇匀。静置 1min，再用 0.1000mol/L NaOH 标准溶液滴定，溶液的颜色由红→黄色→无色→粉红色，即为终点。

5. 甲醛中含有甲醇，有毒，使用时应注意安全。

实验 32　饮用水总硬度的测定（配位滴定法）

一、实验目的

1. 掌握 EDTA 标准溶液的配制和标定。
2. 掌握 EDTA 法测定饮用水总硬度的原理和方法。
3. 了解金属指示剂的特点以及铬黑 T 指示剂、钙指示剂和二甲酚橙指示剂的应用。
4. 了解总硬度测定的意义、硬度表示方法和水样采集方法。

二、实验原理

水的总硬度是指水中钙、镁离子浓度的总和。在水中以碳酸盐及酸式碳酸盐形式存在的钙、镁盐，加热能被分解、析出沉淀而除去，这类盐所形成的硬度称为暂时硬度。而钙、镁的硫酸盐、氯化物或硝酸盐所形成的硬度称为永久硬度。暂硬和永硬的总和称为"总硬"。由钙离子形成的硬度称为"钙硬"，由镁离子形成的硬度称为"镁硬"。

工业用水对水的硬度有一定的要求，如工业锅炉用水，若硬度高，则易在锅炉内壁和蒸汽管道上形成水垢，不仅多耗燃料，而且可能引起锅炉爆炸，所以锅炉用水硬度必须控制。生活饮用水的质量与人们的健康密切相关，饮用水硬度过高：①会影响肠胃的消化功能；②用其烹饪鱼或蔬菜，常因不易煮熟而破坏或降低营养价值；③用其泡茶会改变茶的色香味而降低饮用价值；④用其做豆腐不仅使产量降低，而且会影响其营养成分。

钙、镁离子总量的测定结果常以碳酸钙的量计算水的硬度，我国通常的表示方法是：①用每升水中碳酸钙的毫克数表示；②用水中钙和镁总量的"mmol/L"表示。中国生活饮用水卫生标准中规定硬度（以 $CaCO_3$ 计）不得超过 450mg/L。硬度小于 60mg/L 的水称为软水。各国对水的硬度表示方法不同，国际上硬度的表示方法有如下几种。

① 德国硬度：1 德国硬度相当于 CaO 含量为 10mg/L 或 0.178mmol/L。
② 英国硬度：1 英国硬度相当于 $CaCO_3$ 含量为 1 格令/英加仑或 0.143mmol/L。
③ 法国硬度：1 法国硬度相当于 $CaCO_3$ 含量为 10mg/L 或 0.1mmol/L。
④ 美国硬度：1 美国硬度相当于 $CaCO_3$ 含量为 1mg/L 或 0.01mmol/L。

测定水的硬度用 EDTA（Na_2H_2Y 为乙二胺四乙酸二钠盐）进行配位滴定，即滴定反应为配位反应：

$$Ca^{2+} + [H_2Y]^{2-} \longrightarrow [CaY]^{2-} + 2H^+$$

$$Mg^{2+} + [H_2Y]^{2-} \longrightarrow [MgY]^{2-} + 2H^+$$

反应生成的配离子较稳定，$K_{解离}^{\ominus}$ 较小，如 $[CaY]^{2-}$ 为 2.09×10^{-11}，$[MgY]^{2-}$ 为 2.04×10^{-9}，它们的配位反应进行得较完全。

EDTA 有 6 个配位原子，所以能与金属离子形成配位比为 1:1 的配合物。

EDTA 滴定金属离子需采用指示剂指示滴定终点。测定水的硬度时，一般采用铬黑 T 为指示剂。铬黑 T 是三元有机酸，用 H_3In 表示，在 pH＝8～10 时呈天蓝色 $[HIn]^{2-}$，它与 Ca^{2+}、Mg^{2+} 形成紫红色的配离子 $[CaIn]^-$、$[MgIn]^-$。铬黑 T 与 Ca^{2+}、Mg^{2+} 形成的配离子稳定性比 $[CaY]^{2-}$、$[MgY]^{2-}$ 稳定性差。因此当待测水样在 pH≈10 的缓冲溶液中时，加入铬黑 T 指示剂溶液呈紫红色，用 EDTA 标准溶液滴定，到达滴定终点时发生下面的反应：

$$[CaIn]^- + [H_2Y]^{2-} \longrightarrow [CaY]^{2-} + [HIn]^{2-} + H^+$$

$$[MgIn]^- + [H_2Y]^{2-} \longrightarrow [MgY]^{2-} + [HIn]^{2-} + H^+$$

紫红色　　　　　　　　　　　　　　　　天蓝色

溶液由紫红色变为天蓝色，指示到达滴定终点。根据 EDTA 溶液的浓度和用量，即可计算出水的总硬度。

$$钙镁总量\ c(\text{mmol/L}) = \frac{c_{\text{EDTA}} \times V_{\text{EDTA}}}{V_{试样}} \times 1000$$

式中　c_{EDTA}——EDTA 标准溶液的浓度，mol/L；

　　　　V_{EDTA}——滴定时消耗的 EDTA 标准溶液的体积，mL；

　　　　$V_{试样}$——取水样体积，mL。

三、仪器、药品及材料

仪器：分析天平、台秤、电炉、50mL 酸式滴定管、50mL 移液管、25mL 移液管、250mL 容量瓶、250mL 锥形瓶、洗耳球、500mL 烧杯、100mL 烧杯、5mL 量筒、洗瓶、表面皿。

药品：EDTA、pH≈10 的 NH_3-NH_4Cl 缓冲溶液、铬黑 T 指示剂、2mol/L NaOH、纯金属锌粒、$CaCO_3$ 基准物、(1+1) HCl、(1+1) 氨水、二甲酚橙指示剂、20% 六亚甲基四胺、钙指示剂。

材料：药匙或对折的纸片。

四、实验步骤

1. 0.01mol/L EDTA 溶液的配制

称取 2g 乙二胺四乙酸二钠盐于 500mL 烧杯中，加蒸馏水微热使其完全溶解后稀释至 500mL。如溶液需保存，最好将溶液储存在聚乙烯塑料瓶中。

2. EDTA 溶液的标定

标定 EDTA 的基准物较多，常用纯 $CaCO_3$，也可用纯金属锌标定，其方法如下所述。

(1) 金属锌为基准物质　准确称取 0.17g 左右金属锌（99.99%）于 100mL 烧杯中，加

5mL（1＋1）HCl，立即盖上干净的表面皿，待反应完全后，用水吹洗表面皿及烧杯壁，将溶液转入250mL容量瓶中，用水稀释至刻度，摇匀。用25mL移液管平行移取25.00mL Zn^{2+}标准溶液三份分别于3只250mL锥形瓶中，加2滴二甲酚橙指示剂，先用（1＋1）氨水将溶液由黄色调成橙（或棕）红色，再加25mL蒸馏水。滴加20％六亚甲基四胺至溶液呈稳定的紫红色后再过量3mL，摇匀，用待标定的EDTA溶液滴定至溶液由紫红色变为亮黄色即为终点。计算EDTA溶液的准确浓度。

（2）$CaCO_3$为基准物质 准确称取0.25g左右$CaCO_3$于烧杯中，先用少量的水润湿，盖上干净的表面皿，再加10mL（1＋1）HCl，加热溶解。溶解后用少量水吹洗表面皿及烧杯壁，冷却后，将溶液定量转移到250mL容量瓶中，用水稀释至刻度，摇匀。用25mL移液管平行移取25.00mL Ca^{2+}标准溶液三份分别于3只250mL锥形瓶中，加2mol/L NaOH溶液5mL、钙指示剂（绿豆粒大小）和25mL蒸馏水。摇匀后，用待标定的EDTA溶液滴定至溶液由红色变为蓝色即为终点。计算EDTA溶液的准确浓度。

3．水样采集

采集水样可用硬质玻璃瓶（或聚乙烯容器）。采样前将瓶洗净，采样时用水冲洗3次。采集自来水样时，应先放水数分钟，使积留在水管中的杂质流出，用已洗净的玻璃瓶承接水样500～1000mL，盖好瓶塞备用。也可将水样收集在500mL烧杯中。

4．总硬度测定

用50mL移液管取3份水样分别放入3个250mL锥形瓶中，各加入5mL NH_3-NH_4Cl缓冲溶液和绿豆粒大小的铬黑T指示剂，摇匀，此时溶液呈紫红色（或酒红色），用0.01000mol/L EDTA标准溶液滴定至天蓝色（或纯蓝色），即为终点。计算水的总硬度，以每升水中碳酸钙的毫克数或水中钙镁总量的"mmol/L"表示。实验数据记录在表6-12中。

表6-12 饮用水总硬度测定的原始实验数据

项 目	测定次数		
	①	②	③
c_{EDTA}/(mol/L)			
$V_{试样}$/mL			
EDTA标液终读数/mL			
EDTA标液初读数/mL			
V_{EDTA}/mL			
钙和镁总量 c/(mmol/L)			
$\bar{c}$			
相对平均偏差			

五、思考题

1．中国生活饮用水卫生标准中规定硬度用德国硬度表示时，如何计算？

2．测定自来水中钙镁总量时，如何取样？滴定时所取水样为50mL，能否取少一些，如5mL或10mL？

3．为什么要在缓冲溶液中进行滴定？如果没有缓冲溶液存在，将会导致什么现象发生？

4．在测定水的硬度时，先于三个锥形瓶中加水样，再加氨性缓冲溶液和铬黑T指示剂，然后再一份一份地滴定，这样好不好？为什么？

5．配位滴定法与酸碱滴定法相比，有哪些不同点？操作中应注意哪些问题？

六、注意事项

1. 1mmol/L 的钙镁总量相当于 100.1mg/L 以 $CaCO_3$ 表示的硬度。

2. 由于配位反应的反应速度比中和反应速度慢，所以滴定时的速度不能太快，尤其是接近终点时，出现过渡的蓝紫色，此时要减慢滴定速度，充分摇荡锥形瓶，以免滴定过量。

3. 如有 Fe^{3+}、Al^{3+} 干扰离子，用三乙醇胺掩蔽。Cu^{2+}、Pb^{2+}、Zn^{2+} 等重金属离子用 KCN、Na_2S 或巯基乙酸等掩蔽。

4. 当水样中 Mg^{2+} 含量低时，以铬黑 T 作指示剂测定水中 Ca^{2+}、Mg^{2+} 总量时，终点不明显，常常在水样中先加少量 Mg^{2+}，再用 EDTA 滴定，终点就敏锐。

5. 配位滴定中，加入指示剂的量是否适当对于终点的观察十分重要，宜在实践中总结经验，加以掌握。

实验 33 铅、铋混合液中铅、铋含量的连续测定（配位滴定法）

一、实验目的

1. 掌握利用控制溶液酸度对 Bi^{3+} 和 Pb^{2+} 进行连续测定的原理和方法。
2. 巩固酸效应对配位滴定的影响理论，熟悉二甲酚橙指示剂的应用。

二、实验原理

溶液中 Bi^{3+} 和 Pb^{2+} 均能与 EDTA 形成稳定的 $1:1$ 配合物，其稳定常数分别为 $\lg K_{Bi\text{-}EDTA}=27.94$、$\lg K_{Pb\text{-}EDTA}=18.04$，$\Delta\lg K_{稳}=9.90>6$，两者稳定性相差很大。因此，可以用酸效应，控制不同酸度的方法在同一份试液中连续滴定 Bi^{3+} 和 Pb^{2+}。

在测定中，均以二甲酚橙（XO）作指示剂，XO 在 pH<6 时呈黄色，在 pH>6.3 时呈红色。XO 与 Bi^{3+}、Pb^{2+} 所形成的配合物均呈紫红色，但它们的稳定性与 Bi^{3+}、Pb^{2+} 和 EDTA 所形成的配合物相比要低，即 $K_{Bi\text{-}XO}<K_{Bi\text{-}EDTA}$，$K_{Pb\text{-}XO}<K_{Pb\text{-}EDTA}$，而且 $K_{Bi\text{-}XO}>K_{Pb\text{-}XO}$。

所以测定时，先调节酸度至 $pH\approx1$，进行 Bi^{3+} 的滴定。此时，Bi^{3+} 与 XO 形成紫红色配合物，Pb^{2+} 在此条件下不形成紫红色配合物，然后用 EDTA 标准溶液滴定 Bi^{3+}，溶液由紫红色突变为亮黄色，即为 Bi^{3+} 终点。再用六亚甲基四胺为缓冲溶液，控制溶液 $pH\approx5\sim6$，进行 Pb^{2+} 的滴定。此时 Pb^{2+} 与 XO 形成紫红色配合物，继续用 EDTA 标准溶液滴定至溶液由紫红色突变为亮黄色，即为 Pb^{2+} 终点。

三、仪器、药品及材料

仪器：万分之一分析天平、台秤、电炉、50mL 酸式滴定管、10mL 移液管、25mL 移液管、250mL 容量瓶、250mL 锥形瓶、洗耳球、500mL 烧杯、5mL 量筒、洗瓶、表面皿。

药品：0.02000mol/L EDTA 标准溶液、（1+1）氨水、0.2% 二甲酚橙指示剂、20% 六亚甲基四胺、硝酸铅、硝酸铋。

材料：精密 pH 试纸（pH=0.5～5）。

四、实验步骤

1. 0.02000mol/L EDTA 标准溶液的配制与标定，见实验 32。

2. Bi^{3+} 的滴定

准确移取 10.00mL 铅、铋混合溶液 3 份分别于 3 只 250mL 锥形瓶中，加 100mL 蒸馏水和 2 滴 0.2% 二甲酚橙指示剂，溶液呈紫红色，用 0.02000mol/L EDTA 标准溶液滴定至溶液由紫红色变为棕红色，再滴入 1 滴 EDTA，溶液突变为亮黄色，即为终点，记录消耗 EDTA 标准溶液的体积 V_1（mL）。

3. Pb^{2+} 的滴定

在滴定 Bi^{3+} 后的溶液中再补加 1~2 滴 0.2% 二甲酚橙指示剂，先用（1+1）氨水将溶液由黄色调成橙色，不能多加，否则生成 $Pb(OH)_2$ 沉淀，影响测定。再用 20% 的六亚甲基四胺将溶液调成稳定的紫红色后，再过量 5mL，此时试液的 pH = 5~6。继续用 0.02000mol/L EDTA 标准溶液滴定至溶液由紫红色经棕红色突变至亮黄色即为终点，记录消耗 EDTA 标准溶液的体积 V_2（mL）。平行测定三次，计算混合试液中 Bi^{3+} 和 Pb^{2+} 的含量，实验数据记录在表 6-13 中。

$$Bi^{3+}（g/L）=\frac{c_{EDTA}\times V_{1EDTA}\times 208.98}{10.00}$$

$$Pb^{2+}（g/L）=\frac{c_{EDTA}\times V_{2EDTA}\times 207.20}{10.00}$$

式中　c_{EDTA}——EDTA 标准溶液的浓度，mol/L；

　　　V_{1EDTA}——测定 Bi^{3+} 时消耗 EDTA 标准溶液的体积，mL；

　　　V_{2EDTA}——测定 Pb^{2+} 时消耗 EDTA 标准溶液的体积，mL。

表 6-13　混合试液中 Bi^{3+} 和 Pb^{2+} 含量测定的原始实验数据

项　目	测定次数		
	①	②	③
c_{EDTA}/(mol/L)			
$V_{试样}$/mL		10.00	
滴定 Bi^{3+} 时消耗 EDTA 体积 V_1/mL			
Bi^{3+} 含量/(g/L)			
Bi^{3+} 含量平均值/(g/L)			
相对平均偏差			
滴定 Pb^{2+} 时消耗 EDTA 体积 V_2/mL			
Pb^{2+} 含量/(g/L)			
Pb^{2+} 含量平均值/(g/L)			
相对平均偏差			

五、思考题

1. 能否取等量混合试液两份，一份控制 pH≈1.0 滴定 Bi^{3+}，另一份控制 pH 值为 5~6 滴定 Bi^{3+} 和 Pb^{2+} 总量？为什么？

2. 滴定溶液中 Bi^{3+} 和 Pb^{2+} 时，溶液酸度各控制在什么范围？怎样调节？

3. 能否在同一试液中先滴定 Pb^{2+} 再滴定 Bi^{3+}？

4. 控制酸度时为何用 HNO_3 而不用 HCl 或 H_2SO_4？

六、注意事项

1. 该实验标定 EDTA 标准溶液的基准物质与测定饮用水总硬度时标定 EDTA 标准溶液的基准物质不同。

2. 测定 Bi^{3+} 时若酸度过低，Bi^{3+} 会水解，产生白色沉淀，使终点过早出现，而且会产生回红现象，此时应放置片刻，继续滴定至透明的稳定的亮黄色，即为终点。

3. 测定 Bi^{3+} 和 Pb^{2+} 时一定要注意控制溶液合适的 pH 条件。滴加六亚甲基四胺溶液至试液呈稳定的紫红色后应再过量 5mL。

4. 指示剂应做一份加一份。Bi^{3+} 与 EDTA 的反应速度较慢，所以滴定 Bi^{3+} 时速度不宜过快，而且要充分摇动锥形瓶。

5. 二甲酚橙指示剂在 pH=1 与 pH=5 时的亮黄色略有区别，pH=1 时的颜色不会很明亮。

实验 34　胃舒平药片中 Al_2O_3 及 MgO 含量的测定（配位滴定法）

一、实验目的

1. 学会药片含量测定的前处理方法。
2. 掌握返滴定法测定 Al_2O_3 含量的原理和方法。
3. 掌握沉淀分离的操作技术。

二、实验原理

胃舒平药片为复方制剂，其主要成分是氢氧化铝、三硅酸镁及少量中药颠茄流浸膏，由大量糊精等赋形剂制成片剂。药片中 Al_2O_3 和 MgO 含量的测定可采用 EDTA 配位滴定法。测定原理是先将样品溶解，分离弃去水的不溶性物质，然后取一份试液，调节 pH≈4，定量加入过量的 EDTA 溶液，加热煮沸，使 Al^{3+} 与 EDTA 完全反应：$Al^{3+} + H_2Y^{2-} \longrightarrow AlY^- + 2H^+$。再以二甲酚橙为指示剂，用 Zn 标准溶液返滴定过量 EDTA 从而测定出 Al_2O_3 的含量。另取一份试液，调节 pH≈5.5，使 Al 生成 $Al(OH)_3$ 沉淀分离后，再调节 pH=10，以铬黑 T 为指示剂，用 EDTA 标准溶液滴定滤液中的 Mg：$Mg^{2+} + H_2Y^{2-} \longrightarrow MgY^{2-} + 2H^+$。从而测定出 MgO 的含量。

三、仪器、药品及材料

仪器：万分之一分析天平、台秤、电炉、50mL 酸式滴定管、滴定台、250mL 锥形瓶、洗瓶、250mL 烧杯、100mL 量筒、250mL 容量瓶、10mL 吸量管、5mL 移液管、25mL 移液管、玻璃棒、研钵、漏斗。

药品：0.02000mol/L EDTA 标准溶液、0.02000mol/L Zn^{2+} 标准溶液、20％六亚甲基四胺、2mol/L HCl、6mol/L HCl、6mol/L $NH_3 \cdot H_2O$、（1+2）三乙醇胺、NH_3-NH_4Cl 缓冲溶液、0.2％二甲酚橙指示剂、0.2％甲基红指示剂、酸性铬蓝 K-萘酚绿 B 指示剂、铬黑 T 指示剂、固体 NH_4Cl。

材料：称量纸、定性滤纸、胃舒平药片。

四、实验步骤

1. 胃舒平药片处理

准确称取 10 片胃舒平药片，研细并混合均匀后从中准确称取 0.8g 左右药粉，加入 6mol/L HCl 溶液 10mL，加蒸馏水至 50mL 煮沸，冷却后过滤，用蒸馏水洗涤沉淀，收集滤液及洗涤液于 100mL 容量瓶中，用蒸馏水稀释至刻度。摇匀。

2. Al_2O_3 含量的测定

准确吸取上述滤液 5.00mL 于 250mL 锥形瓶中，加水至 25mL。加入 2 滴二甲酚橙指示剂，滴加 6mol/L NH$_3$·H$_2$O 溶液至溶液呈紫红色，再滴加 2mol/L HCl 溶液至溶液变为黄色后再过量 3 滴，此时溶液 pH≈4。准确加入 0.02000mol/L EDTA 标准溶液 25.00mL，将溶液煮沸5min，冷却后再加入 10mL 20％六亚甲基四胺溶液和 2 滴二甲酚橙指示剂。用 Zn^{2+} 标准溶液滴定至溶液由黄色变为紫红色，即为终点，平行测定 3 次。根据 EDTA 标准溶液加入量和Zn^{2+} 标准溶液滴定体积，计算每片药片中 Al$_2$O$_3$ 的含量。实验结果记录在表 6-14 中。

$$W_{Al_2O_3}(mg/片) = \frac{(c_{EDTA} \times V_{EDTA} - c_{Zn} \times V_{Zn}) \times 101.96}{2 \times \dfrac{5}{250} \times \dfrac{m_{药粉}}{m_{药片}} \times 10}$$

式中　c_{EDTA}——EDTA 标准溶液的准确浓度，mol/L；

$\quad V_{EDTA}$——准确加入 EDTA 标准溶液的体积，即 25.00mL；

$\quad c_{Zn}$——Zn 标准溶液的准确浓度，mol/L；

$\quad V_{Zn}$——测定时消耗 Zn 标准溶液的体积，mL；

$\quad m_{药粉}$——准确称取胃舒平药粉的质量，0.8g 左右；

$\quad m_{药片}$——准确称取 10 片胃舒平药片的质量，g。

3. MgO 含量的测定

准确吸取试液 25.00mL 于 250mL 锥形瓶中，滴加 6mol/L NH$_3$·H$_2$O 溶液至刚出现混浊，再加 6mol/L HCl 溶液至沉淀恰好溶解，加入 2g 固体 NH$_4$Cl，滴加 20％六亚甲基四胺溶液至沉淀出现并过量 15mL，此时溶液 pH≈5.5。加热至 80℃并维持 15min，冷却后过滤，以少量蒸馏水洗涤沉淀数次，收集滤液及洗涤液于 250mL 锥形瓶中。加入（1+2）三乙醇胺溶液 10mL、pH＝10 的 NH$_3$-NH$_4$Cl 缓冲溶液 10mL、甲基红指示剂 1 滴和绿豆粒大小的铬黑 T 指示剂（或酸性铬蓝 K-萘酚绿 B 指示剂），用 EDTA 标准溶液滴定至试液由暗红色变为蓝色，即为终点，平行测定 3 次。根据滴定时消耗 EDTA 标准溶液的体积，即可计算出每片药片中 MgO 的含量。实验结果记录在表 6-14 中。

$$W_{MgO}(mg/片) = \frac{c_{EDTA} \times V_{EDTA} \times 40.31}{\dfrac{25}{250} \times \dfrac{m_{药粉}}{m_{药片}} \times 10}$$

表 6-14　胃舒平药片含量测定的原始实验数据

项　目	测定次数		
	①	②	③
10 片胃舒平药片的质量/g			
胃舒平药粉的质量/g			
c_{EDTA}/(mol/L)			
准确加入 EDTA 标液体积/mL		25.00	
c_{Zn}/(mol/L)			
测定 Al$_2$O$_3$ 含量时消耗 Zn 标液体积/mL			
$W_{Al_2O_3}$/(mg/片)			
$\overline{W}_{Al_2O_3}$/(mg/片)			
相对平均偏差			
测定 MgO 含量时消耗 EDTA 标液体积/mL			
W_{MgO}/(mg/片)			
$\overline{W}_{MgO}$/(mg/片)			
相对平均偏差			

五、思考题

1. 检验自己的实验结果是否与药瓶标签上标注的含量相同，分析误差的原因。
2. 测定铝离子为什么不采用直接滴定法？
3. 测定镁离子为什么加入三乙醇胺？

六、注意事项

1. 试样胃舒平药片中铝镁含量不均匀，为了取具有代表性的样品，所以要将药片研细后进行分析，目的是使测定结果更为准确。
2. 调节溶液 pH 时用六亚甲基四胺溶液比用氨水好，这样可减少 $Al(OH)_3$ 对 Mg^{2+} 的吸附。
3. 测定 MgO 含量时加入 1 滴甲基红指示剂有利于终点的判断。

实验35 高锰酸钾法测定过氧化氢含量

一、实验目的

1. 掌握高锰酸钾法测定过氧化氢含量的原理和方法。
2. 掌握 $KMnO_4$ 溶液的配制和标定，了解自动催化反应。
3. 对 $KMnO_4$ 自身指示剂的特点有所体会。

二、实验原理

过氧化氢（俗名双氧水）是一种常用的消毒剂，在工业、生物和医药等方面广泛应用。H_2O_2 分子中有一个过氧键—O—O—，它在酸性溶液中是一个强氧化剂。相对于 $KMnO_4$ 表现为还原剂。其含量可在强酸性条件下用高锰酸钾标准溶液直接测定。反应式为：

$$5H_2O_2 + 2MnO_4^- + 6H^+ = 2Mn^{2+} + 5O_2\uparrow + 8H_2O$$

根据 $KMnO_4$ 标准溶液的浓度和滴定时所消耗的体积，即可计算 H_2O_2 的含量。$KMnO_4$ 自身作指示剂。此反应可在室温下进行，开始时反应速度较慢，待 Mn^{2+} 生成后，由于其催化作用，反应速度加快。市售的 H_2O_2 约为 30% 的水溶液，极不稳定，所以反应不能加热，滴定时的速度也不能太快，测定前需先用水稀释到一定浓度，以减少取样误差。

三、仪器、药品及材料

仪器：万分之一分析天平、台秤、电炉、水浴锅、50mL 酸式滴定管、滴定台、250mL 锥形瓶、洗瓶、500mL 烧杯、玻璃砂芯漏斗、1mL 吸量管、250mL 容量瓶、25mL 移液管。

药品：$KMnO_4$ 固体、$Na_2C_2O_4$ 固体（AR 或基准试剂）、3mol/L H_2SO_4、1mol/L $MnSO_4$、H_2O_2 样品。

材料：称量纸。

四、实验步骤

1. 0.02mol/L $KMnO_4$ 溶液的配制和标定

（1）配制 用台秤称取 1.7~1.8g 固体 $KMnO_4$，溶在煮沸并冷却的 500mL 蒸馏水中，煮沸 10min，再保持微沸约 1h。静置冷却后用玻璃砂芯漏斗过滤，滤液贮于 500mL 棕色试剂瓶中待标定，残余溶液和沉淀倒掉。

（2）标定　用减量法准确称取 0.15～0.20g 110℃ 烘干过的 $Na_2C_2O_4$ 三份于 250mL 锥形瓶中，用 50mL 蒸馏水溶解后，加 2mol/L H_2SO_4 溶液 15mL，将溶液加热至 75～85℃，用待标定的 $KMnO_4$ 溶液滴定。

应注意以下四个条件：第一，温度。在室温下，上述反应速度缓慢，因此常需将溶液加热至 75～85℃ 进行滴定。滴定完毕时溶液的温度也不应低于 60℃，同时滴定时溶液的温度也不宜太高，超过 90℃，部分 $H_2C_2O_4$ 会发生分解：$H_2C_2O_4 \longrightarrow CO_2 + CO + H_2O$。第二，酸度。溶液应保持足够的酸度。酸度过低，$KMnO_4$ 易分解为 MnO_2；酸度过高，会促使 $H_2C_2O_4$ 分解。第三，滴定速度。由于该反应是一个自动催化反应，随着 Mn^{2+} 的产生，反应速率逐渐加快。特别是滴定开始时，加入第一滴 $KMnO_4$，溶液褪色很慢（溶液中仅存在极少量的 Mn^{2+}），所以开始滴定时，应逐滴缓慢加入，在 $KMnO_4$ 红色没有褪去之前，不急于加入第二滴。待几滴 $KMnO_4$ 溶液加入，反应迅速之后，滴定速度就可以稍快些。如果开始滴定很快，加入的 $KMnO_4$ 溶液来不及与 $C_2O_4^{2-}$ 反应，就会在热的酸性溶液中发生分解，导致标定结果偏低。若滴定前加入少量的 $MnSO_4$ 作催化剂，则滴定一开始，反应就能迅速进行，在接近终点时，滴定速度要缓慢，逐滴加入。第四，滴定终点。用 $KMnO_4$ 溶液滴定至终点后，溶液中出现的粉红色不能持久。因为空气中的还原性物质和灰尘等能与之缓慢作用，使之还原，故溶液的粉红色逐渐褪去。所以，滴定至溶液出现粉红色且 30s 内不褪色，即可认为达到了滴定终点。根据基准物 $Na_2C_2O_4$ 的质量和滴定时所消耗的 $KMnO_4$ 溶液的体积，计算 $KMnO_4$ 溶液的准确浓度及相对平均偏差。结果记录在表 6-15 中，在 H_2SO_4 介质中，$Na_2C_2O_4$ 标定 $KMnO_4$ 的反应：

$$2MnO_4^- + 5C_2O_4^{2-} + 16H^+ \longrightarrow 2Mn^{2+} + 10CO_2 \uparrow + 8H_2O$$

2. H_2O_2 含量的测定

用 1.00mL 吸量管准确吸取 1.00mL H_2O_2 样品（浓度约为 30%），置于 250mL 容量瓶中，加水稀释至刻度，充分摇匀。再用 25mL 移液管移取 25.00mL 上述稀释液置于 250mL 锥形瓶中，加入 10mL 3mol/L H_2SO_4 溶液及 2 滴 1mol/L $MnSO_4$ 溶液，用 $KMnO_4$ 标准溶液滴定至溶液呈粉红色在 30s 内不褪色即为终点，平行测定三次。记录测定时所消耗的 $KMnO_4$ 溶液体积。根据 $KMnO_4$ 标准溶液的浓度和测定时所消耗的体积以及滴定前样品的稀释情况，计算原装瓶样品中 H_2O_2 的含量。实验结果记录在表 6-15 中。

$$\chi_{H_2O_2}(g/L) = \frac{5 \times c_{KMnO_4} \times V_{KMnO_4} \times 34.01}{2 \times 25 \times \frac{1}{250}}$$

$$W_{H_2O_2}(\%) = \frac{5 \times c_{KMnO_4} \times V_{KMnO_4} \times 10^{-3} \times 34.01}{2 \times m_{H_2O_2} \times \frac{25}{250}} \times 100\%$$

式中　$\chi_{H_2O_2}$——过氧化氢的质量浓度，g/L；

　　　$W_{H_2O_2}$——过氧化氢的质量分数，%；

　　　c_{KMnO_4}——$KMnO_4$ 标准溶液的浓度，mol/L；

　　　V_{KMnO_4}——滴定时消耗 $KMnO_4$ 标准溶液的体积，mL；

　　　$m_{H_2O_2}$——H_2O_2 试样的质量，g。

表 6-15　测定过氧化氢含量的原始实验数据记录

项　目	测定次数		
	①	②	③
$Na_2C_2O_4$ 基准试剂质量/g			
标定 KMnO₄ 消耗 KMnO₄ 体积/mL			
c_{KMnO_4} /(mol/L)			
$\bar{c}_{KMnO_4}$ /(mol/L)			
相对平均偏差			
取原装试剂瓶样品 H_2O_2 体积/mL		1.00	
样品 H_2O_2 稀释体积/mL		250	
取稀释试液体积/mL	25.00	25.00	25.00
KMnO₄ 标液终读数/mL			
KMnO₄ 标液初读数/mL			
V_{KMnO_4} /mL			
$\rho_{H_2O_2}$ /(g/L)			
$\chi_{H_2O_2}$ /(g/L)			
$\bar{\chi}_{H_2O_2}$ /(g/L)			
相对平均偏差			
$W_{H_2O_2}$ /%			
$\overline{W}_{H_2O_2}$ /%			
相对平均偏差			

五、思考题

1. 还可以用什么方法测定 H_2O_2？

2. 配制 KMnO₄ 标准溶液时应注意什么？在配制过程中为什么要用玻璃砂芯漏斗过滤，能否用滤纸？

3. 用 $Na_2C_2O_4$ 标定 KMnO₄ 时为什么溶液温度要控制在 75～85℃？为什么开始滴入的紫色消失缓慢，后来却消失得越来越快，直至滴定终点出现稳定的粉红色？

4. H_2O_2 有什么重要性质？使用时应注意什么？

5. 用 KMnO₄ 法测定 H_2O_2 溶液时，能否用 HNO_3、HCl 或 HAc 控制酸度？为什么？

六、注意事项

1. 用硫酸作介质，不能用其他酸。

2. 配制 0.02mol/L KMnO₄ 溶液时，不能直接把 KMnO₄ 固体投入正在沸腾的水中，这样会产生爆沸现象，应将水稍冷却后再放入 KMnO₄ 固体。

3. 标定 KMnO₄ 时需加热，因室温下反应过慢。加热至瓶口有水珠凝结，或看到冒气，但不能过热防止 KMnO₄ 在酸性条件下分解。滴定过程中温度也不能低于 60℃。

4. 严格控制滴定速度，由慢→快→慢，开始反应慢，第一滴红色消失后加第二滴，此后反应加快时可以快滴，但仍是逐滴加入，防止 KMnO₄ 过量分解造成误差，滴定至颜色褪去较慢时再放慢速度。

5. 滴定时防止烫伤，滴完一个再加热另一个。

6. 滴定 H_2O_2 不需要加热，因过氧化氢易分解。

7. 室温下滴定 H_2O_2 时速度更慢，要严格控制速度。

8. 过氧化氢具有强氧化性，使用时避免接触皮肤。

实验 36　无汞重铬酸钾法测定铁矿石中铁含量

一、实验目的

1. 掌握无汞重铬酸钾法测定铁含量的原理和方法，增强环保意识。
2. 掌握铁矿石试样的酸溶法，了解预还原的目的和操作方法。
3. 掌握 $K_2Cr_2O_7$ 标准溶液配制及使用。

二、实验原理

铁矿石的主要成分是 $Fe_2O_3 \cdot xH_2O$，测定铁矿石中铁含量最常用的方法是重铬酸钾法。经典的重铬酸钾法由于使用剧毒的汞盐（$HgCl_2$）而逐渐被淘汰，现广泛采用各种不用汞盐的测铁方法，本实验用 $SnCl_2$-$TiCl_3$ 两种还原剂联合还原铁的无汞测铁法。

其基本原理是：铁矿石试样用热的盐酸分解完全后生成 Fe^{3+}，在体积较小的热溶液中，先用 $SnCl_2$ 将大部分 Fe^{3+} 还原为 Fe^{2+}，溶液由红棕色变为浅黄色。然后以钨酸钠为指示剂，再用 $TiCl_3$ 溶液将剩余的 Fe^{3+} 全部还原成 Fe^{2+}，当 Fe^{3+} 定量还原为 Fe^{2+} 后，过量一滴的 $TiCl_3$ 溶液即可使指示剂中的六价钨还原为蓝色的五价钨化合物，俗称"钨蓝"，故指示溶液呈蓝色。然后滴入少量 $K_2Cr_2O_7$ 溶液，使过量的 $TiCl_3$ 氧化，"钨蓝"刚好褪色，以消除过量还原剂 $TiCl_3$ 的影响。其反应式如下：

$$2Fe^{3+} + Sn^{2+} = 2Fe^{2+} + Sn^{4+}$$

$$Fe^{3+} + Ti^{3+} + H_2O = Fe^{2+} + TiO^{2+} + 2H^+$$

此时试液中的 Fe^{3+} 已被全部还原为 Fe^{2+}。加入硫磷混酸和二苯胺磺酸钠指示剂，用 $K_2Cr_2O_7$ 标准溶液滴定至溶液呈稳定的紫色即为终点，在酸性溶液中，$Cr_2O_7^{2-}$ 滴定 Fe^{2+} 的反应式如下：

$$6Fe^{2+} + Cr_2O_7^{2-} + 14H^+ = 6Fe^{3+} + 2Cr^{3+} + 7H_2O$$

滴定过程中生成的 Fe^{3+} 呈黄色，影响终点的观察，通常加入 H_3PO_4，使之与 Fe^{3+} 结合生成无色的 $[Fe(PO_4)_2]^{3-}$ 配离子，可掩蔽 Fe^{3+} 以消除 Fe^{3+}（黄色）的颜色干扰，便于观察终点。同时由于 $[Fe(PO_4)_2]^{3-}$ 配离子的生成，Fe^{3+} 浓度的降低，其一，使得 Fe^{3+}/Fe^{2+} 电对的条件电极电位降低，滴定突跃范围增大，指示剂二苯胺磺酸钠可在突跃范围内变色，从而减少滴定误差。其二，避免了指示剂二苯胺磺酸钠被 Fe^{3+} 氧化而过早的改变颜色，使滴定终点提前到达的现象，提高了滴定分析的准确性。由滴定时消耗的 $K_2Cr_2O_7$ 标准溶液的体积，即可计算出试样中铁的含量，计算式为：

$$铁的含量(Fe\%) = \frac{c_{K_2Cr_2O_7} \times V_{K_2Cr_2O_7} \times 10^{-3} \times 6 \times 55.85}{m_{试样}} \times 100\%$$

式中　$c_{K_2Cr_2O_7}$——$K_2Cr_2O_7$ 标准溶液的浓度，mol/L；

　　　$V_{K_2Cr_2O_7}$——滴定时消耗的 $K_2Cr_2O_7$ 标准溶液的体积，mL；

　　　$m_{试样}$——精称铁矿石试样的质量，g；

　　　55.85——铁在滴定反应中的摩尔质量，g/mol。

三、仪器、药品及材料

仪器：万分之一分析天平、酸式滴定管、电炉、250mL 锥形瓶、洗瓶、表面皿、玻璃棒。

药品：浓盐酸、10% $SnCl_2$、10% Na_2WO_4、0.2% 二苯胺磺酸钠、1% $KMnO_4$、0.01000mol/L $K_2Cr_2O_7$ 标准溶液、硫磷混酸（将 200mL 浓硫酸缓慢加入 500mL 蒸馏水中，冷却后加入 300mL 浓磷酸，混匀）、6% $TiCl_3$ 溶液（贮于棕色细口瓶中，加入数粒无砷锌粒，放置过夜即可使用）。

材料：铁矿石试样、称量纸。

四、实验步骤

1. 试样的分解

用分析天平准确称取 0.15~0.20g 铁矿石试样 3 份，分别置于 3 个 250mL 锥形瓶中，加少量蒸馏水润湿样品，再加 10~20mL 浓盐酸，盖上表面皿，小火加热至近沸，待铁矿石大部分溶解后，缓缓煮沸 1~2min，以使铁矿石完全分解（即无黑色颗粒状物质存在），这时溶液呈红棕色。用少量蒸馏水吹洗瓶壁和表面皿，加热至沸。

2. Fe^{3+} 的还原

趁热滴加 10% $SnCl_2$ 溶液，边加边摇动锥形瓶，直到溶液由红棕色变为浅黄色，若 $SnCl_2$ 过量，溶液的黄色完全消失呈无色，则应滴入少量 1% $KMnO_4$ 溶液使溶液呈浅黄色。加入 50mL 蒸馏水和 2mL 10% Na_2WO_4 溶液，在锥形瓶摇动下滴加 6% $TiCl_3$ 溶液至出现稳定的蓝色（即 30s 内不褪色），再过量 1 滴。小心地用 $K_2Cr_2O_7$ 标准溶液滴定至蓝色刚刚消失（呈浅绿色或接近无色。不计读数，不能过量）。

3. 滴定

将试样中再加入 50mL 蒸馏水、10mL 硫磷混酸和 2mL 二苯胺磺酸钠指示剂，立即用 0.01000mol/L $K_2Cr_2O_7$ 标准溶液滴定至溶液呈稳定的紫色即为终点，记录所消耗的 $K_2Cr_2O_7$ 标准溶液的体积。平行测定三次，计算试样中 Fe 的含量。实验结果记录在表 6-16 中。

表 6-16　铁矿石中铁含量测定的原始实验数据记录

项　目	测定次数		
	①	②	③
精称样品铁矿石试样的质量/g			
$c_{K_2Cr_2O_7}$/(mol/L)			
$K_2Cr_2O_7$ 标液终读数/mL			
$K_2Cr_2O_7$ 标液初读数/mL			
$V_{K_2Cr_2O_7}$/mL			
Fe/%			
$\overline{Fe}$/%			
相对平均偏差			

五、思考题

1. 简述无汞重铬酸钾法测定铁矿石中铁含量的原理，写出相应的反应方程式及各步注意事项。

2. 先后用 $SnCl_2$ 和 $TiCl_3$ 作还原剂的目的何在？如果不慎加入了过多的 $SnCl_2$ 和 $TiCl_3$ 应怎样处理？

3. 还原 Fe^{3+} 时，为什么要使用两种还原剂，只使用其中一种有何不妥？

4. 滴定前为什么要加入硫磷混酸？

5.试样分解完，加入硫磷混酸和指示剂后为什么必须立即滴定？

六、注意事项

1.试样分解完全后，样品可以放置。用 $SnCl_2$-$TiCl_3$ 还原 Fe^{3+} 至 Fe^{2+} 时，应特别强调，要预处理一份就立即滴定，而不能同时预处理几份并放置，然后再一份一份地滴定。

2.还原 Fe^{3+} 时，必须先用 $SnCl_2$ 还原大部分 Fe^{3+}，剩余的小部分 Fe^{3+} 用 $TiCl_3$ 溶液还原。如果单独用 $TiCl_3$ 溶液还原 Fe^{3+}，引入较多的钛盐，加水稀释时，钛盐水解产生沉淀影响测定，另钛盐价格较贵，提高了分析成本。

3.滴加 Na_2WO_4 溶液时有白色沉淀生成。因为某些非金属元素和某些略带酸性的金属元素在一定条件下，常以水合氧化物形式析出，如 $WO_3 \cdot 3H_2O$，该水合氧化物实际上是其难溶的含氧酸。

$$Na_2WO_4 + 2HCl + H_2O \longrightarrow H_2WO_4 \cdot H_2O \downarrow_{白色} + 2NaCl$$

实验 37　维生素 C 片剂中维生素 C 含量的测定

I.直接碘量法

一、实验目的

1.掌握 $Na_2S_2O_3$ 和 I_2 标准溶液的配制与标定，通过 $Na_2S_2O_3$ 标准溶液的标定掌握间接碘量法的基本原理和操作过程。

2.掌握直接碘量法测定维生素 C 的原理、方法和操作。

二、实验原理

维生素 C 即抗坏血酸是人体重要的维生素之一，它影响胶原蛋白的形成，参与人体多种氧化-还原反应，并且有解毒作用。人体自身不能合成维生素 C，缺乏时会产生坏血病，所以人体必须不断地从食物中摄入，通常还需储存能维持一个月左右的维生素 C。维生素 C 对人体健康的重要作用有：加速术后伤口愈合、增加免疫力、防感冒及病毒和细菌的感染、预防癌症、抗过敏、促进钙和铁的吸收、降低有害的胆固醇、预防动脉硬化、减少静脉中血栓的形成、天然的抗氧化剂和退烧剂。

维生素 C 属水溶性维生素，分子式 $C_6H_8O_6$。分子中的烯二醇基具有还原性，能被 I_2 定量地氧化成二酮基，因而可用淀粉为指示剂，I_2 标准溶液直接测定维生素 C 片剂中维生素 C 含量。其反应式为：

简写为：
$$C_6H_8O_6 + I_2 \rule[0.5ex]{2em}{0.4pt} C_6H_6O_6 + 2HI$$

碱性条件下可使反应向右进行完全，但维生素 C 具有很强的还原性，容易被溶液和空气中的氧气氧化而失效，特别在碱性介质中这种氧化作用更强。因此滴定宜在酸性介质中进行，以减少副反应的发生。因 I^- 在强酸性介质中也易被氧化，故一般选在 pH＝3～5 范围的弱酸性溶液中进行滴定。

三、仪器、药品及材料

仪器：万分之一分析天平、台秤、烘箱、电炉、50mL 酸式滴定管、滴定台、250mL 碘量瓶、250mL 锥形瓶、洗瓶、250mL 烧杯、1L 烧杯、50mL 量筒、5mL 吸量管、25mL 移液管、100mL 容量瓶、玻璃棒、漏斗。

药品：0.1000mol/L $Na_2S_2O_3$ 标准溶液、Na_2CO_3（固体）、0.05000mol/L I_2 标准溶液、0.5％淀粉溶液、基准 $K_2Cr_2O_7$、KI（固体）、20％ H_2SO_4、偏磷酸-醋酸溶液（15g 偏磷酸溶于 40mL 冰醋酸和 450mL 蒸馏水的混合溶液中，于冰箱中可保存 10 天）。

材料：市售维生素 C 片、称量纸、定性滤纸。

四、实验步骤

1. 0.1mol/L $Na_2S_2O_3$ 溶液的配制与标定

（1）配制　称取 26g $Na_2S_2O_3 \cdot 5H_2O$ 或 16g 无水硫代硫酸钠溶于 1L 新煮沸并已冷却的蒸馏水中，加入 0.2g Na_2CO_3，贮于棕色试剂瓶中，在暗处放置 1～2 周后，用 $K_2Cr_2O_7$ 为基准物间接碘量法标定 $Na_2S_2O_3$ 溶液的准确浓度。

（2）标定　准确称取 0.1500g 已在 120℃烘至恒重的基准 $K_2Cr_2O_7$ 于 250mL 碘量瓶中，加入 25mL 蒸馏水使之溶解，再加入 2g 固体 KI 和 20％ H_2SO_4 溶液 20mL，摇匀，于暗处放置 10min，使 $Cr_2O_7^{2-}$ 与 I^- 反应完全。加水稀释至 150mL，用待标定的 0.1mol/L $Na_2S_2O_3$ 溶液滴定至近终点，溶液呈浅黄绿色时再加入 0.5％淀粉指示剂 3mL，继续滴定至溶液蓝色消失变为亮绿色即为终点。同时做空白实验。根据基准 $K_2Cr_2O_7$ 的质量和标定时所消耗的 $Na_2S_2O_3$ 溶液的体积，计算 $Na_2S_2O_3$ 溶液的准确浓度。反应方程式为：

$$6I^- + Cr_2O_7^{2-} + 14H^+ \rule[0.5ex]{2em}{0.4pt} 2Cr^{3+} + 3I_2 + 7H_2O$$
$$2S_2O_3^{2-} + I_2 \rule[0.5ex]{2em}{0.4pt} S_4O_6^{2-} + 2I^-$$

$$c_{Na_2S_2O_3}(\text{mol/L}) = \frac{2 \times 3 \times m_{K_2Cr_2O_7}}{(V_1 - V_2) \times 10^{-3} \times M_{K_2Cr_2O_7}}$$

式中　$m_{K_2Cr_2O_7}$——称取基准 $K_2Cr_2O_7$ 的质量，g；

V_1——标定时所消耗的 $Na_2S_2O_3$ 溶液的体积，mL；

V_2——空白实验滴定时所消耗的 $Na_2S_2O_3$ 溶液的体积，mL；

$M_{K_2Cr_2O_7}$——$K_2Cr_2O_7$ 的摩尔质量，g/mol。

2. 0.05mol/L I_2 溶液的配制与标定

（1）配制　称取 3g KI 于 250mL 烧杯中，加 10mL 去离子水，待 KI 溶解后加入 1.95g I_2。用玻璃棒轻轻研磨至 I_2 全部溶解后，加水稀释至 150mL，转移至棕色试剂瓶中，暗处保存。

（2）标定　以上述 $Na_2S_2O_3$ 为标准溶液标定 I_2。用移液管准确地吸取 0.1000mol/L $Na_2S_2O_3$ 标准溶液 25.00mL 于 250mL 锥形瓶中，加 25mL 蒸馏水和 0.5％淀粉溶液 5mL，

用待标定的 $0.05mol/L$ I_2 溶液滴定至溶液呈浅蓝色，30s 内不褪色即为终点。平行标定三次。根据标定时所消耗的 I_2 溶液的体积，计算 I_2 溶液的准确浓度（要求三次标定的相对偏差不超过 $\pm 0.2\%$）。

$$c_{I_2}(mol/L) = \frac{c_{Na_2S_2O_3} \times 25.00}{2 \times V_{I_2}}$$

式中　$c_{Na_2S_2O_3}$——$Na_2S_2O_3$ 标准溶液的浓度，mol/L；

　　　　V_{I_2}——标定时所消耗的 I_2 溶液的体积，mL。

注意它们的反应方程式是 2:1 的关系。

$$2Na_2S_2O_3 + I_2 == Na_2S_4O_6 + 2NaI(中性或酸性)$$
$$Na_2S_2O_3 + 4I_2 + 10NaOH == 2Na_2SO_4 + 8NaI + 5H_2O(碱性)$$

3. 维生素 C 片试样的准备

准确称取维生素 C 片试样 $1.0000g$，也就是 10 片维生素 C（一片维生素 C 的质量为 $100mg$）。以偏磷酸-醋酸溶液溶解，再用偏磷酸-醋酸溶液定容至 $100mL$ 容量瓶中。摇匀后干过滤，弃去 $10mL$ 初滤液，收集后面的滤液测定。

4. 维生素 C 片含量的测定

用 $25mL$ 移液管准确地吸取上述滤液 $25.00mL$ 于 $250mL$ 锥形瓶中，加 0.5% 淀粉溶液 $5mL$，立即以 $0.05000mol/L$ I_2 标准溶液滴定至溶液呈稳定的浅蓝色 30s 内不褪色即为终点。计算维生素 C 的含量（以 $mg/片$ 表示）。平行测定 3 次，以上实验数据均记录在表 6-17 中。

$$维生素 C 含量(mg/片) = \frac{c_{I_2} \times V_{I_2} \times 176.13}{\frac{25}{100} \times 10}$$

式中　c_{I_2}——I_2 标准溶液的浓度，mol/L；

　　　　V_{I_2}——测定时所消耗的 I_2 标准溶液的体积，mL。

表 6-17　直接碘量法测定维生素 C 含量的原始实验数据

项　目	测定次数		
	①	②	③
称取基准 $K_2Cr_2O_7$ 的质量/g			
标定 $Na_2S_2O_3$ 时消耗 $Na_2S_2O_3$ 溶液的体积/mL			
标定 $Na_2S_2O_3$ 空白实验消耗 $Na_2S_2O_3$ 体积/mL			
$c_{Na_2S_2O_3}$/(mol/L)			
$\bar{c}_{Na_2S_2O_3}$/(mol/L)			
相对平均偏差			
标定 I_2 时消耗 I_2 溶液的体积/mL			
c_{I_2}/(mol/L)			
$\bar{c}_{I_2}$/(mol/L)			
相对平均偏差			
测定维生素 C 片时消耗 I_2 标液体积/mL			
维生素 C 含量/(mg/片)			
维生素 C 平均含量/(mg/片)			
相对平均偏差			

五、思考题

1. 试用标准氧化还原电极电势说明为什么维生素 C 含量可以用直接碘量法测定？（维生素 C 的标准电极电位为 0.18V）

2. 为什么要用偏磷酸-醋酸水溶液溶解及稀释试样？

3. 碘量法的误差来源有哪些？应采取哪些措施减小误差？

六、注意事项

1. 抗坏血酸会缓慢地氧化成脱氢抗坏血酸，所以制备液必须在每次实验时新鲜配制。试样溶解后立即进行滴定，接近终点时的滴定速度不宜过快，溶液呈稳定的浅蓝色即为终点。

2. 配 I_2 液时为什么要加 KI？一方面，I_2 在水中的溶解度小，在较浓的 KI 溶液中溶解度大，所以配 I_2 液时不能过早加水稀释，应先将 I_2 溶于较浓的 KI 溶液中以增大碘的溶解度，待 I_2 全部溶解后，再加水稀释至所要的体积。另一方面，I_2 在固态和溶液中容易挥发，所以要迅速将碘转入 KI 溶液中，必要时可加 2 滴 HCl。

3. 碘与碘化钾间存在如下平衡：$I_2 + I^- \longrightarrow I_3^-$。游离 I_2 容易挥发损失，这是影响碘溶液稳定性的原因之一。因此溶液中应维持适当过量的 I^-，以减少 I_2 的挥发。空气能氧化 I^-，引起 I_2 浓度增加：$4I^- + O_2 + 4H^+ \longrightarrow 2I_2 + 2H_2O$。此氧化作用缓慢，但光、热和酸的作用能加速，因此 I_2 溶液应贮于棕色试剂瓶中置冷暗处保存。I_2 能缓慢腐蚀橡胶和其他有机物，所以 I_2 应避免与这类物质接触。

4. 直接碘量法通常使测定结果偏低，因为不溶物的吸附作用，溶液与空气接触时间长，维生素 C 被氧化。其改进方法的具体实验步骤：在待测液中加入过量的 KI 标准溶液，以淀粉溶液为指示剂，用铜盐标准溶液滴定至溶液呈蓝色即为终点。改进的优点是碘在溶液中一旦生成即被维生素 C 还原，避免了碘挥发造成的误差。感兴趣的同学可以试试。

铜盐 $+ KI \longrightarrow CuI_2$，$2CuI_2 \xrightarrow{\text{不稳定}} Cu_2I_2 + I_2$，碘与维生素 C 反应，KI 浓度不宜过大，10%～20% 为宜，现配，贮于棕色试剂瓶。

5. 由于碘具有挥发性，碘离子易被空气所氧化而使滴定产生误差，又由于碘的腐蚀性，使碘标准溶液的配制和标定比较麻烦。维生素 C 在稀盐酸溶液中，其 pH<3.8 时，维生素 C 吸收曲线比较稳定，在 243nm 波长处有最大吸收的特性，所以可采用紫外分光光度法测定维生素 C 片的含量。感兴趣的同学可以试试。

Ⅱ 间接返滴定碘量法

一、实验目的

1. 掌握直接法配制 KIO_3 标准溶液。
2. 掌握标定 $Na_2S_2O_3$ 标准溶液另一种方法的基本原理和操作过程。
2. 掌握间接返滴定碘量法测定维生素 C 的原理和方法。

二、实验原理

酸性介质中已知量过量的碘酸盐与碘化物反应，产生一个已知量过量的 I_2，过量的 I_2 与维生素 C 迅速反应，最后用淀粉为指示剂，$Na_2S_2O_3$ 为标准溶液返滴定剩余的 I_2，化学反应式如下：

$$IO_3^- + 5I^- + 6H^+ \rightleftharpoons 3I_2 + 3H_2O$$
$$C_6H_8O_6 + I_2 \rightleftharpoons C_6H_6O_6 + 2HI$$
$$I_2 + 2S_2O_3^{2-} \rightleftharpoons 2I^- + S_4O_6^{2-}$$

$$W_{维C}(\%) = \frac{(3c_{KIO_3} \cdot V_{KIO_3} - \dfrac{c_{Na_2S_2O_3} \cdot V_{Na_2S_2O_3}}{2}) \times 10^{-3} \times 176.13}{m_{维C}} \times 100\%$$

式中　c_{KIO_3}——KIO$_3$ 标准溶液的浓度，0.01000mol/L；

$\quad\quad V_{KIO_3}$——准确加入 KIO$_3$ 标准溶液的体积，50.00mL；

$\quad c_{Na_2S_2O_3}$——Na$_2$S$_2$O$_3$ 标准溶液的准确浓度，mol/L；

$\quad V_{Na_2S_2O_3}$——测定时消耗 Na$_2$S$_2$O$_3$ 标准溶液的体积，mL；

$\quad\quad m_{维C}$——2 片维生素 C 的质量，0.2g。

三、仪器、药品及材料

仪器：万分之一分析天平、台秤、电炉、50mL 酸式滴定管、滴定台、50mL 烧杯、1L 烧杯、玻璃棒、250mL 容量瓶、250mL 锥形瓶、洗瓶、50mL 移液管、50mL 量筒。

药品：0.07mol/L Na$_2$S$_2$O$_3$、Na$_2$CO$_3$（固体）、0.01000mol/L KIO$_3$ 标准溶液、KI（固体）、0.5％淀粉溶液、1mol/L H$_2$SO$_4$。

材料：市售维生素 C 片、称量纸。

四、实验步骤

1. 0.01000mol/L KIO$_3$ 标准溶液的配制

精确称取 0.5350g KIO$_3$ 于 50mL 烧杯中，加少量水溶解后转入 250mL 容量瓶中，再用水稀释定容至刻度，摇匀。

2. 0.07mol/L Na$_2$S$_2$O$_3$ 溶液的配制与标定

（1）配制　称取 17.4g Na$_2$S$_2$O$_3$·5H$_2$O 溶于含有 0.1g Na$_2$CO$_3$ 的 1L 刚煮沸并冷却的蒸馏水中，溶解后贮于棕色试剂瓶中。

（2）标定　准确吸取 50.00mL 0.01000mol/L KIO$_3$ 标准溶液于 250mL 锥形瓶中，加 2g 固体 KI 和 5mL 1mol/L H$_2$SO$_4$，摇匀，立即用待标定的 0.07mol/L Na$_2$S$_2$O$_3$ 溶液滴定至溶液呈淡黄色，再加入 2mL 0.5％淀粉指示剂，继续滴定至溶液蓝色消失变为无色即为终点。另取 2 份 50.00mL 0.01000mol/L KIO$_3$ 标准溶液重复上述滴定，根据下面化学反应计量，计算 Na$_2$S$_2$O$_3$ 溶液的准确浓度。实验结果记录在表 6-18 中。

$$IO_3^- + 5I^- + 6H^+ \rightleftharpoons 3I_2 + 3H_2O$$
$$I_2 + 2S_2O_3^{2-} \longrightarrow 2I^- + S_4O_6^{2-}$$

$$c_{Na_2S_2O_3}(mol/L) = \frac{2 \times 3 \times c_{KIO_3} \times V_{KIO_3}}{V_{Na_2S_2O_3}}$$

式中　$V_{Na_2S_2O_3}$——标定 Na$_2$S$_2$O$_3$ 时消耗 Na$_2$S$_2$O$_3$ 溶液的体积，mL。

3. 维生素 C 片试样的分析

在 30mL 1mol/L H$_2$SO$_4$ 溶液中溶解 2 片维生素 C，用玻璃棒轻轻搅拌研碎固体，加 2g 固体 KI 和 50.00mL 0.01000mol/L KIO$_3$ 标准溶液，摇匀，用 0.07000mol/L Na$_2$S$_2$O$_3$ 标准溶液滴定至近终点前，加入 2mL 0.5％淀粉指示剂，继续滴定至溶液蓝色消失变为无色即为终点。平行测定 3 份。结果记录在表 6-18 中。

表 6-18　间接返滴定碘量法测定维生素 C 含量的原始实验数据

项　　目	测定次数		
	①	②	③
KIO₃ 标准溶液的浓度/(mol/L)		0.01000	
加入 KIO₃ 标液的体积/mL		50.00	
标定 Na₂S₂O₃ 时消耗 Na₂S₂O₃ 体积/mL			
$c_{Na_2S_2O_3}$/(mol/L)			
$\bar{c}_{Na_2S_2O_3}$/(mol/L)			
相对平均偏差			
2 片维生素 C 的质量/g		0.2	
测定维生素 C 时消耗 Na₂S₂O₃ 体积/mL			
维生素 C 含量/%			
维生素 C 含量均值/%			
相对平均偏差			

五、思考题

配制 $Na_2S_2O_3$ 溶液时为什么要加入少量的 Na_2CO_3？

六、注意事项

1. 在 1mol/L H_2SO_4 溶液中溶解维生素 C 片时可能有些固体块物质将不溶解，属正常现象不影响测定。

2. 由于细菌淀粉指示剂会很快被分解，所以常常加一些 HgI_2 作为防腐剂，但 Hg 元素剧毒，因而不提倡加防腐剂 HgI_2，最好的方法是现用现配。

实验 38　氯化物中氯含量的测定

I　佛尔哈德返滴定法

一、实验目的

1. 掌握用佛尔哈德返滴定法测定氯化物中氯含量的原理和方法。
2. 掌握 $AgNO_3$ 和 NH_4SCN 标准溶液的配制和标定。

二、实验原理

佛尔哈德法只适用于酸性溶液。在含氯离子的酸性试样中，加入一定量过量的 $AgNO_3$ 标准溶液，定量生成 AgCl 沉淀后，过量的 $AgNO_3$ 以铁铵矾为指示剂，用 NH_4SCN 标准溶液回滴，过量一滴的 NH_4SCN 即与指示剂 Fe^{3+} 反应生成深红色配合物来指示滴定终点。主要包括下列沉淀反应和配位反应：

$$Cl^- + Ag^+ \longrightarrow AgCl \downarrow_{白色} + Ag^+ \quad (K_{sp, AgCl} = 1.8 \times 10^{-10})$$

待测　　过量　　　　　　　　　　剩余量

$$Ag^+ + SCN^- \longrightarrow AgSCN \downarrow_{白色} \quad (K_{sp, AgSCN} = 1.0 \times 10^{-12})$$

剩余量　标液

$$nSCN^- + Fe^{3+} \Longleftrightarrow [Fe(SCN)_n]^{3-n} \quad (n = 1 \sim 6)$$

微过量　　指示剂　　深红色

指示剂用量大小对滴定有影响，一般 Fe^{3+} 浓度控制在 $0.015mol/L$ 为宜。滴定时控制氢离子浓度在 $0.1\sim1mol/L$ 范围，剧烈摇动溶液，并加入硝基苯（有毒）或石油醚或 1,2-二氯乙烷以保护 $AgCl$ 沉淀。使其与溶液隔开，防止 $AgCl$ 沉淀与 SCN^- 发生交换反应而消耗滴定剂。测定时能与 SCN^- 生成沉淀、配合物，或能氧化 SCN^- 的物质均有干扰，但由于酸效应的作用而不影响测定。

三、仪器、药品及材料

仪器：万分之一分析天平、台秤、烘箱、电炉、50mL 棕色酸式滴定管、滴定台、250mL 锥形瓶、洗瓶、500mL 烧杯、250mL 烧杯、50mL 小烧杯、50mL 量筒、5mL 吸量管、10mL 移液管、250mL 容量瓶、玻璃棒。

药品：NaCl 基准试剂、$0.05000mol/L$ $AgNO_3$ 标准溶液、$0.02500mol/L$ NH_4SCN 标准溶液、40％铁铵矾指示剂、5％K_2CrO_4 指示剂、$6mol/L$ HNO_3、氯化钠试样。

材料：称量纸。

四、实验步骤

1. $0.05mol/L$ $AgNO_3$ 溶液的配制与标定

（1）配制　在台秤上称取 $4.25g$ 固体 $AgNO_3$ 溶于 $500mL$ 不含 Cl^- 的蒸馏水中，将溶液转入棕色细口试剂瓶中，置暗处保存，以减缓见光分解。

（2）标定　准确称取 $0.1g$（精确到 $0.1mg$）左右 NaCl 基准试剂于 250mL 锥形瓶中，加 50mL 蒸馏水溶解后，加入 5％K_2CrO_4 指示剂 1mL，在不断摇动下用待标定的 $AgNO_3$ 溶液滴定，至白色沉淀中出现微橙红色即为终点。平行标定 3 份，根据基准 NaCl 的质量和滴定时所消耗的 $AgNO_3$ 溶液的体积，即可计算出 $AgNO_3$ 溶液的准确浓度。

$$c_{AgNO_3}(mol/L)=\frac{m_{NaCl}}{58.5\times V_{AgNO_3}\times10^{-3}}$$

式中　m_{NaCl}——称取基准 NaCl 的质量，g；

V_{AgNO_3}——标定时消耗 $AgNO_3$ 溶液的体积，mL。

2. $0.025mol/L$ NH_4SCN 的配制与标定

（1）配制　称 $0.285g$ NH_4SCN 于 250mL 的烧杯中，加水稀释到 150mL，待标定。

（2）标定　准确地吸取上述 $0.05000mol/L$ $AgNO_3$ 标准溶液 10.00mL 于 250mL 锥形瓶中，加 50mL 蒸馏水、$6mol/L$ HNO_3 溶液 5mL 和 40％铁铵矾指示剂 1mL，然后用待标定的 NH_4SCN 溶液滴定至溶液呈淡红棕色在摇动后也不消失为止（由于 AgSCN 会吸附 Ag^+，所以滴定时要剧烈振荡溶液，直到淡红棕色稳定不变即为终点）。平行标定 3 份，计算 NH_4SCN 溶液的准确浓度。

$$c_{NH_4SCN}(mol/L)=\frac{10.00\times0.0500}{V_{NH_4SCN}}$$

式中　V_{NH_4SCN}——标定时消耗 NH_4SCN 溶液的体积，mL。

3. 氯化物中氯含量的测定

准确称取 $0.5g$ NaCl（精确到 $0.1mg$）试样于 50mL 小烧杯中，加水溶解后，定量转入 250mL 容量瓶中，用水稀释至刻度，摇匀。用移液管移取 10.00mL 氯化物试样于 250mL 锥形瓶中，加 50mL 蒸馏水和 $6mol/L$ HNO_3 溶液 5mL。在不断摇动下，准确地加入

0.05000mol/L AgNO$_3$ 标准溶液 10.00mL。然后加入 2mL 石油醚，用橡皮塞塞住瓶口，剧烈振荡 30s，使 AgCl 沉淀进入石油醚层而与溶液隔开。再加入 2mL 铁铵矾指示剂，用 NH$_4$SCN 标准溶液滴定至溶液呈淡红棕色经轻轻摇动后也不消失即为终点。平行测定 3 份。计算 NaCl 试样中氯离子的含量。实验结果记录在表 6-19 中。

$$\chi_{Cl^-}(g/L) = \frac{(c_{AgNO_3} \times V_{AgNO_3} - c_{NH_4SCN} \times V_{NH_4SCN}) \times 35.5}{V_{试}}$$

$$W_{Cl^-}(\%) = \frac{(c_{AgNO_3} \times V_{AgNO_3} - c_{NH_4SCN} \times V_{NH_4SCN}) \times 10^{-3} \times 35.5}{m_{NaCl} \times \frac{10}{250}} \times 100\%$$

式中　c_{AgNO_3}——AgNO$_3$ 标准溶液的浓度，mol/L；

V_{AgNO_3}——加入 AgNO$_3$ 标准溶液的体积，10.00mL；

c_{NH_4SCN}——NH$_4$SCN 标准溶液的浓度，mol/L；

V_{NH_4SCN}——滴定试样时消耗 NH$_4$SCN 标准溶液的体积，mL；

$V_{试}$——测定试样时所取试样体积，10.00mL；

m_{NaCl}——准确称取 NaCl 试样的质量，0.5g（精确到 0.1mg）。

表 6-19　佛尔哈德法氯含量测定的原始实验数据

项　目	测　定　次　数		
	①	②	③
称取基准 NaCl 的质量/g			
标定 AgNO$_3$ 时消耗 AgNO$_3$ 体积/mL			
c_{AgNO_3}/(mol/L)			
$\bar{c}_{AgNO_3}$/(mol/L)			
相对平均偏差			
标定 NH$_4$SCN 时消耗 NH$_4$SCN 体积/mL			
c_{NH_4SCN}/(mol/L)			
$\bar{c}_{NH_4SCN}$/(mol/L)			
相对平均偏差			
测定 Cl$^-$ 时消耗 NH$_4$SCN 标液体积/mL			
χ_{Cl^-}/(g/L)			
$\bar{\chi}_{Cl^-}$/(g/L)			
相对平均偏差			
W_{Cl^-}/%			
$\bar{W}_{Cl^-}$/%			
相对平均偏差			

五、思考题

1. 佛尔哈德法测氯时，为什么要加入硝基苯或石油醚或 1，2-二氯乙烷？
2. 试讨论酸度对佛尔哈德法测定氯离子含量的影响。
3. 本实验为什么要用硝酸来控制酸度？能否用 HCl 或 H$_2$SO$_4$ 溶液？为什么？

六、注意事项

1. 使用 AgNO$_3$ 不要与皮肤接触，否则由于有机物的还原作用，AgNO$_3$ 在热的皮肤上变黑。
2. 废液倒入废液桶。

3. 因 AgCl 和 AgSCN 沉淀都易吸附 Ag$^+$，故在终点前需剧烈振摇，以减少 Ag$^+$ 吸附量，避免终点过早出现。但要注意，近终点时则要轻轻地摇，因为 AgSCN 沉淀的溶解度比 AgCl 小，剧烈的摇动易使 AgCl 转化为 AgSCN，引入较大的误差。

4. 6mol/L HNO$_3$ 溶液若含有氮的低价氧化物时呈黄色，应煮沸去除氮氧化物。

5. 测 Cl$^-$ 含量加入 AgNO$_3$ 溶液，生成白色 AgCl 沉淀，接近计量点时，AgCl 沉淀要凝聚，振荡溶液，再让其静置片刻，使沉淀沉降，再在清液层滴 1～2 滴 AgNO$_3$，如不生成沉淀，说明 AgNO$_3$ 已过量，这时，再适当过量 5mLAgNO$_3$ 溶液即可。

6. 基准 NaCl 要经 250～350℃ 加热处理，以除去其中的水分。如用未经处理的 NaCl 来标定 AgNO$_3$ 溶液，会使 AgNO$_3$ 标准溶液的浓度偏低。

7. 时间允许感兴趣的同学可测定饮用水中的 Cl$^-$，国标 250mg/L。

Ⅱ. 莫尔法

一、实验目的

1. 掌握莫尔法测定氯离子的方法和原理。
2. 掌握莫尔法测定的反应条件和铬酸钾指示剂的正确使用。

二、实验原理

在中性或弱碱性溶液中，以 K$_2$CrO$_4$ 为指示剂，用 AgNO$_3$ 标准溶液直接滴定待测试样中的 Cl$^-$。由于 AgCl 的溶解度小于 Ag$_2$CrO$_4$，所以当 AgCl 定量沉淀后，微过量的 Ag$^+$ 即与 CrO$_4^{2-}$ 反应生成砖红色的 Ag$_2$CrO$_4$ 沉淀，它与白色的 AgCl 沉淀混在一起，使溶液略带橙红色即为终点。沉淀滴定反应方程式为：

$$Cl^- + Ag^+ \longrightarrow AgCl \downarrow_{白色}(K_{sp,AgCl} = 1.8 \times 10^{-10})$$

$$2Ag^+ + CrO_4^{2-} \longrightarrow Ag_2CrO_4 \downarrow_{砖红色}(K_{sp,Ag_2CrO_4} = 2.0 \times 10^{-12})$$

铬酸根离子的浓度与沉淀形成的快慢有关，必须加入足量的指示剂。而且由于有稍过量的硝酸银与铬酸钾形成铬酸银沉淀的终点较难判断，所以需要用蒸馏水作空白滴定，以作对照判断，使终点色调一致。

三、仪器、药品及材料

仪器：万分之一分析天平、50mL 棕色酸式滴定管、滴定台、250mL 锥形瓶、洗瓶、10mL 移液管、50mL 小烧杯、50mL 量筒、250mL 容量瓶、玻璃棒。

药品：0.01500mol/L AgNO$_3$ 标准溶液、5％K$_2$CrO$_4$ 指示剂、NaCl 试样。

材料：称量纸。

四、实验步骤

1. 0.015mol/L AgNO$_3$ 溶液的配制与标定：见方法Ⅰ。

2. 氯化物中氯含量的测定

准确称取 0.25g NaCl（精确到 0.1mg）试样于 50mL 小烧杯中，加水溶解后，定量转入 250mL 容量瓶中，加水稀释至刻度，摇匀。准确移取 10.00mL 氯化物试样三份，分别置于 250mL 锥形瓶中，加入 40mL 蒸馏水和 5％K$_2$CrO$_4$ 指示剂 1mL。在不断摇动下，用 AgNO$_3$ 标准溶液滴定至溶液呈橙红色即为终点。同时进行空白测定，即取 50.00mL 蒸馏水按上述同样步骤操作测定。根据试样质量，AgNO$_3$ 标准溶液的浓度和滴定中消耗的体积，计算试样中 Cl⁻ 的含量，计算时扣除空白测定所消耗的 AgNO₃ 标准溶液的体积。实验结果记录在表 6-20 中。

$$\chi_{Cl^-}(g/L) = \frac{(V_{AgNO_3,试样} - V_{AgNO_3,空白}) \times c_{AgNO_3} \times 35.45}{10.00}$$

$$W_{Cl^-}(\%) = \frac{(V_{AgNO_3,试样} - V_{AgNO_3,空白}) \times 10^{-3} \times c_{AgNO_3} \times 35.45}{m_{试样} \times \dfrac{10}{250}} \times 100\%$$

式中　c_{AgNO_3}——AgNO₃ 标准溶液的浓度，mol/L；

$V_{AgNO_3,试样}$——测定试样时消耗 AgNO₃ 标准溶液的体积，mL；

$V_{AgNO_3,空白}$——测定空白时消耗 AgNO₃ 标准溶液的体积，mL；

35.45——氯离子（Cl⁻）摩尔质量，g/mol；

$m_{试样}$——准确称取 NaCl 试样的质量，0.25g（精确到 0.1mg）。

表 6-20　莫尔法氯含量测定的原始实验数据

项　目	测　定　次　数		
	①	②	③
称取氯化钠试样质量/g			
移取氯化物试样体积/mL		10.00	
c_{AgNO_3}/(mol/L)			
试样消耗 AgNO₃ 标液体积/mL			
空白消耗 AgNO₃ 标液体积/mL			
χ_{Cl^-}/(g/L)			
χ_{Cl^-}/(g/L)			
相对平均偏差			
W_{Cl^-}/%			
$\overline{W}_{Cl^-}$/%			
相对平均偏差			

五、思考题

1. 配好的 AgNO₃ 溶液为什么要贮于棕色瓶中并置于暗处？AgNO₃ 溶液应装在酸式滴定管内还是碱式滴定管内？为什么？

2. 空白测定有何意义？指示剂 K₂CrO₄ 溶液浓度大小或用量多少对测定结果有何影响？

3. 莫尔法能否以 NaCl 为标准溶液直接滴定 Ag⁺？为什么？

4. 莫尔法测氯时，为什么必须控制溶液的 pH＝6.5～10.5？滴定时为什么要充分摇动锥形瓶？

六、注意事项

1. 在莫尔法中，凡能与 Ag⁺ 形成难溶化合物或配合物的阴离子均干扰测定；有色阳离子影响终点观察；能与 CrO₄²⁻ 形成沉淀的离子也干扰测定。相比较而言，佛尔哈德法在酸性介质中进行滴定，干扰就少得多。但是，尽管莫尔法干扰较多，因其操作简单，测定一般水样中的氯离子时仍多采用莫尔法。

2. 本法滴定既不能在酸性溶液中进行，也不能在强碱性介质中进行。在酸性介质中 CrO₄²⁻ 按下式反应：$2CrO_4^{2-} + 2H^+ \longrightarrow 2HCrO_4^- \longrightarrow Cr_2O_7^{2-} + 2H_2O$，使浓度大大降低，影响等当点时 Ag₂CrO₄ 沉淀的生成。在强碱性介质中 Ag⁺ 将形成 Ag₂O 沉淀。其适应的

pH 值为 6.5~10.5 范围内。如 pH 值不在此范围，可用酚酞作指示剂，以 0.05mol/L H_2SO_4 溶液或 0.2%NaOH 溶液调节到 pH≈8.0。有 NH_4^+ 存在时 pH 则缩小为 6.5~7.2。

3. 指示剂铬酸钾浓度影响终点到达的迟早。在 50~100mL 被滴定液中加入 5%K_2CrO_4 指示剂 1mL，使 CrO_4^{2-} 为 $2.6×10^{-3}$~$5.2×10^{-3}$mol/L。在滴定终点时，硝酸银加入量略过终点，误差不超过 0.1%，可用空白测定消除。

4. 实验结束后，盛装 $AgNO_3$ 的滴定管先用蒸馏水冲洗 2~3 次后再用自来水洗净，以免 AgCl 残留管内。银为贵金属，含 AgCl 的废液应回收处理。

5. 沉淀滴定中，为减少沉淀对被测 Cl^- 的吸附，一般滴定体积以大些为好，故须加水稀释试样。

实验 39　邻二氮杂菲分光光度法测定铁

一、实验目的

1. 掌握邻二氮杂菲分光光度法测定铁的原理和方法。
2. 掌握 721 型分光光度计的构造和使用方法。
3. 学会正确绘制铁的工作曲线。

二、实验原理

邻二氮杂菲（简写为 phen）是测定铁的一种较理想试剂。在 pH=3~9 范围内，Fe^{2+} 与邻二氮杂菲显色反应生成稳定的橙红色配合物 $[Fe(phen)_3]^{2+}$，该配合物在 pH=3~4.5 时最为稳定，避光时可稳定半年，测定波长为 510nm，其摩尔吸收系数 $K_{510}=1.1×10^4$L/(mol·cm)。

Fe^{3+} 与邻二氮杂菲也能生成淡蓝色配合物，因此，在显色前首先用盐酸羟胺（$NH_2OH·HCl$）把 Fe^{3+} 还原成 Fe^{2+}，其反应式如下：

$$2Fe^{3+}+NH_2OH·HCl \longrightarrow 2Fe^{2+}+N_2\uparrow+2H_2O+4H^++2Cl^-$$

测定时通过加缓冲溶液来控制溶液的酸度在 pH≈5。酸度高，反应进行较慢；酸度太低，Fe^{2+} 水解，影响显色。

邻二氮杂菲也能与某些金属离子形成有色配合物而干扰测定，但在不大于铁浓度 10 倍的铜、锌、钴、铬和镍，不干扰测定。所以该方法测定铁具有灵敏度高、选择性高和稳定性好等优点。

三、仪器、药品及材料

仪器：721 型分光光度计、50mL 容量瓶、10mL 吸量管、洗耳球、洗瓶。

药品：每毫升含 100μg 铁标准贮备液、每毫升含 10μg 铁标准使用液（临用前将贮备液稀释 10 倍）、1mol/L NaAc 缓冲溶液、0.1%邻二氮杂菲、10%盐酸羟胺（因其不稳定，需临用时配制）。

材料：坐标纸、擦镜纸。

四、实验步骤

1. 配制铁标准贮备液

准确称取 0.8640g 分析纯 $NH_4Fe(SO_4)_2 \cdot 12H_2O$，溶于 50mL（1＋1）硫酸中，转移至 1000mL 容量瓶中，加水至标线，摇匀，此溶液每毫升含 100μg 铁。

2. 工作曲线的绘制

取 6 只编号的 50mL 容量瓶。依次准确地吸取 10μg/mL 的铁标准使用液 0.00、2.00mL、4.00mL、6.00mL、8.00mL 和 10.00mL 分别于 6 只容量瓶中。加 1.0mL 10％盐酸羟胺溶液，摇匀（目的是将 Fe^{3+} 还原成 Fe^{2+}），经 2min 后，加 5.0mL 1mol/L NaAc（目的是控制溶液 pH≈5），再加 3.00mL 0.1％邻二氮杂菲显色剂，用水稀释至标线，摇匀。显色 10min 后，用 2cm 比色皿，以零浓度试剂空白或蒸馏水为参比，在波长 510nm 处测定各溶液的吸光度，实验结果记录在表 6-21 中。由经过空白校正的吸光度对铁的微克数作图。

表 6-21　铁工作曲线和未知样中铁含量测定的原始实验数据

铁标准使用液体积/mL	铁标准使用液铁质量/μg	吸光度 A	减空白后吸光度 $A-A_0$
0.00	0		
2.00	20		
4.00	40		
6.00	60		
8.00	80		
10.00	100		
工作曲线线性回归方程:y=			相关系数 r=
未知样中铁的吸光度 A:	减空白后吸光度 $A-A_0$:		铁含量/(mg/L):

注：以铁标准使用液铁质量（μg）为横坐标，减空白后吸光度为纵坐标绘制铁工作曲线。

3. 未知样中铁含量的测定

吸取 5.00mL 未知样于 50mL 容量瓶中，按绘制工作曲线同样操作步骤，测定吸光度并作空白校正。注意未知样中铁含量的测定应与铁工作曲线的绘制同时进行。

4. 计算

$$铁(Fe, mg/L) = \frac{m}{V}$$

式中　m——由工作曲线查得的铁含量，μg；

　　　V——取未知样的体积，mL。

五、思考题

1. 标准曲线与工作曲线有何区别？
2. 测定时，加入还原剂、缓冲溶液和显色剂的顺序可否颠倒？为什么？
3. 显色前加入盐酸羟胺的目的是什么？如测定总铁量，是否还要加盐酸羟胺？
4. 如使用配制已久的盐酸羟胺对实验结果有何影响？
5. 本实验中哪些试剂加入量的体积要比较准确？哪些试剂则可以不必？为什么？

六、注意事项

1. 工作曲线的绘制和未知样中铁含量的测定，两项溶液吸光度的测定应同时进行。
2. 显色后尽快测定溶液的吸光度，实验结束后及时将比色皿洗干净，并用滤纸、镜头纸吸干水分，放回原处。
3. 测定各溶液吸光度前，应先检测比色皿的吸光度是否一致，选择吸光度一致的比色皿测定同批样品。

4. 仪器不工作时应打开暗箱，以保护光电管。为防止仪器疲劳，连续使用 2h 后，宜休息 0.5h 后再使用。

5. 测定时，应先用待测溶液润洗比色皿 2～3 次，使测定结果能反映原溶液的浓度。比色皿内所盛溶液不能太满，一般为比色皿高度的 2/3 或 3/4，否则溶液溢出而使仪器受损，溶液装好后，用擦镜纸擦净比色皿外壁，特别是透光面。取放比色皿，应用手指捏住比色皿毛面而不是透光面。

6. 也可以根据最小二乘法原理，计算工作曲线的线性回归方程及相关系数，由回归方程得结果。

7. 分光光度法测定物质含量时，通常要经过取样、显色和测定等步骤。为了使结果有较高的灵敏度和准确度，必须选择适宜的显色反应条件（如溶液酸度、显色剂用量、显色时间、温度、溶剂及共存离子干扰和消除等）和测量吸光度的条件（如测定波长、吸光度范围和参比溶液的选择等）。

8. $A = -\lg T = \lg \dfrac{1}{T}$

实验 40　钡盐中钡含量的测定（硫酸钡重量法）

一、试验目的

1. 掌握硫酸钡重量法测定 $BaCl_2 \cdot 2H_2O$ 中钡含量的原理和方法。
2. 掌握晶形沉淀的沉淀方法和沉淀条件。
3. 掌握沉淀的生成、过滤、洗涤、灼烧和恒重的基本操作技术。

二、实验原理

硫酸钡重量法测定 $BaCl_2 \cdot 2H_2O$ 中钡含量是一种准确度较高的经典方法。先用稀盐酸酸化，加热至近沸，在不断搅动下，缓慢地加入热、稀 H_2SO_4 溶液作沉淀剂，Ba^{2+} 即与 SO_4^{2-} 反应，生成晶形 $BaSO_4$ 沉淀。该沉淀性质非常稳定，干燥后的组成与分子式完全符合。沉淀经陈化、过滤、洗涤、烘干、炭化、灰化和灼烧后，以 $BaSO_4$ 形式称重，从而求得 $BaCl_2 \cdot 2H_2O$ 试样中钡的含量。

$BaSO_4$ 的溶解度很小（$K_{sp} = 1.1 \times 10^{-10}$），100mL 溶液在 25℃时仅溶解 0.25mg，100℃时溶解 0.4mg，利用同离子效应，在有过量沉淀剂存在下，其溶解的量可忽略不计。

为防止生成 $BaCO_3$、BaC_2O_4、$BaCrO_4$、$Ba_3(PO_4)_2$（或 $BaHPO_4$）和 $Ba(OH)_2$ 等沉淀，一般在约 0.05mol/L HCl 溶液中进行沉淀。同时适当提高酸度，增加 $BaSO_4$ 在沉淀过程中的溶解度，以降低其相对过饱和度，有利于获得颗粒较大的纯净而易于过滤的晶形沉淀。溶液中如存在酸不溶物和易被吸附的阳离子，应预先分离或掩蔽，否则产生共沉淀现象，干扰测定。

用 $BaSO_4$ 重量法测定 Ba^{2+} 时，一般用稀 H_2SO_4 作沉淀剂。为了使 $BaSO_4$ 沉淀完全，H_2SO_4 必须过量。由于 H_2SO_4 在高温下可挥发除去，故 $BaSO_4$ 沉淀带下的 H_2SO_4 不至于引起误差，因而沉淀剂可过量 50%～100%。若沉淀的条件控制不好，$BaSO_4$ 易生成细小的晶体，过滤时易穿过滤纸，引起沉淀的损失。因此进行沉淀时，必须注意创造和控制有利于形成较大晶体的条件，如在搅拌条件下将沉淀剂的稀的热溶液慢慢地滴加入试样溶液中，并采用陈化步骤等。

$BaSO_4$ 重量法也广泛用于试样中 SO_4^{2-} 含量的测定，方法原理相同。因沉淀剂 $BaCl_2$ 在高温下灼烧后不易挥发除去，所以只允许过量 $20\%\sim30\%$。

三、仪器、药品及材料

仪器：万分之一分析天平、台秤、电炉、恒温水浴锅、250mL 烧杯、50mL 烧杯、5mL 量筒、洗瓶、表面皿、洗耳球、玻璃棒、滴管、瓷坩埚、坩埚钳、漏斗、马弗炉。

药品：2mol/L H_2SO_4、2mol/L HCl、0.1mol/L $AgNO_3$、固体 $BaCl_2\cdot2H_2O$ 试样。

材料：称量纸、慢速或中速定量滤纸。

四、实验步骤

1. 空坩埚恒重

取两只洁净的瓷坩埚，放在 800～850℃马弗炉中灼烧至恒重。第一次灼烧 40～60min，第二次及以后每次灼烧 20～30min。马弗炉温度不能超过 900℃，否则 $BaSO_4$ 将与炭作用而被还原。

$$BaSO_4 + 4C =\!=\!= BaS + 4CO \uparrow$$

$$BaSO_4 + 4CO =\!=\!= BaS + 4CO_2 \uparrow$$

2. 称样及沉淀的制备

准确称取 0.4～0.6g $BaCl_2\cdot2H_2O$ 试样两份，分别置于两个 250mL 烧杯中，加少量蒸馏水溶解试样后，加入 2mol/L HCl 溶液 2mL，再用蒸馏水稀释至 100mL。盖上表面皿，将溶液加热至近沸，但勿使试液沸腾，以防溅失。为了控制晶形沉淀的条件，除试液应稀释加热外，沉淀剂 H_2SO_4 溶液也要用水适当稀释并加热。所以，取 2mL 2mol/L H_2SO_4 溶液两份，分别置于两只小烧杯中，用水稀释至 30mL，加热至近沸。然后将近沸的两份稀 H_2SO_4 溶液在不断搅拌下，以每秒 1～2 滴的速度用滴管逐滴地分别加入到两份热的氯化钡溶液中，直至两份分别全部加完为止。静置 1～2min 让沉淀沉降，待沉淀下沉后，在上层清液中再加入 1 滴 2mol/L H_2SO_4 溶液，仔细观察沉淀是否完全。若此时无沉淀或浑浊产生，表示沉淀已经完全，否则应再加稀 H_2SO_4 溶液，直至沉淀完全，然后将溶液微沸 10min。盖上表面皿，将玻璃棒靠在烧杯嘴边，玻璃棒切勿拿出，否则损失沉淀。最后在 90℃恒温水浴锅中保温陈化约 1h。也可将沉淀在室温下放置过夜，陈化。

3. 过滤与洗涤

陈化后的沉淀和上清液冷却至室温，用慢速或中速定量滤纸倾泻法过滤。再用热蒸馏水或稀 H_2SO_4 洗涤液（1mL 2mol/L H_2SO_4 溶液稀释至 200mL）洗涤沉淀至洗涤液无 Cl^- 为止。（如何检验？）当沉淀全部转移至滤纸时，最后用淀帚由上至下擦拭烧杯内壁，并用一小片滤纸擦净杯壁。该滤纸片是从折叠滤纸时撕下的小片，此滤纸片也放在漏斗内的滤纸上。

4. 沉淀的灼烧和恒重

将折叠好的沉淀滤纸包置于已在 800～850℃灼烧至恒重的瓷坩埚中，经烘干、炭化和灰化后，再在与空坩埚相同的条件下灼烧至恒重。根据称得的 $BaSO_4$ 质量，计算试样 $BaCl_2\cdot2H_2O$ 中

Ba 的百分含量。实验结果记录在表 6-22 中。

$$W_{Ba}(\%) = \frac{m_{BaSO_4} \times \dfrac{M_{Ba}}{M_{BaSO_4}}}{m_{试样}} \times 100\%$$

式中　m_{BaSO_4}——灼烧至恒重称得的 $BaSO_4$ 质量，g；

　　　M_{Ba}——Ba 的摩尔质量，g/mol；

　　　M_{BaSO_4}——$BaSO_4$ 的摩尔质量，g/mol；

　　　$m_{试样}$——精称试样 $BaCl_2 \cdot 2H_2O$ 的质量，g。

表 6-22　$BaCl_2 \cdot 2H_2O$ 中钡含量测定的原始实验数据

项　　目	测定次数	
	①	②
称取试样 $BaCl_2 \cdot 2H_2O$ 的质量/g		
（坩埚＋$BaSO_4$）质量/g	(1)	(1)
	(2)	(2)
空坩埚质量/g	(1)	(1)
	(2)	(2)
$BaSO_4$ 质量 m_{BaSO_4}/g		
W_{Ba}/%		
$\overline{W}_{Ba}$/%		
相对平均偏差		

五、思考题

1. 沉淀 $BaSO_4$ 时为什么要在稀 HCl 介质中进行？不断搅拌的目的是什么？如果 HCl 溶液浓度太大，将产生什么影响？

2. "恒重"的概念是什么？怎样才能把灼烧后的沉淀称准？

3. 为什么试液和沉淀剂都要预先稀释并加热？

4. 沉淀完毕后，为什么要将沉淀和母液一起在 90℃ 水浴锅中保温陈化 1h 后再进行过滤？

5. 如何判断沉淀是否完全？沉淀剂过量太多，会有什么影响？

6. 为什么沉淀 $BaSO_4$ 时要在热溶液中进行，而在自然冷却后进行过滤？趁热过滤或强制冷却好不好？洗涤沉淀时，洗涤液为什么要少量、多次？为保证 $BaSO_4$ 沉淀的溶解损失不超过 0.1%，洗涤沉淀的用水量最多不超过多少毫升？

7. 用倾泻法过滤有什么优点？

六、注意事项

1. 重量法是用沉淀方法将待测组分从试样中分离出来，再用称重的方法测定该组分含量，沉淀的形成一般要经过晶核的形成和晶核长大两个过程。初生成 $BaSO_4$ 沉淀时，一般晶体细小，它不利于过滤、洗涤，因此在进行晶形沉淀时，应创造和控制有利于形成较大晶体沉淀的条件是该实验的关键。概括为：稀、热、搅、慢、陈，即用稀 HCl 酸化试样，加热近沸，在不断搅拌下缓慢滴加热的稀 H_2SO_4 溶液，放置陈化。

2. 加稀 HCl 酸化，使部分 SO_4^{2-} 成为 HSO_4^-，稍微增大沉淀的溶解度而降低溶液的过饱和度，易生成大颗粒的晶形沉淀，但 HCl 不能加太多，否则生成酸式盐 $Ba(HSO_4)_2$ 而增大沉淀的溶解度，影响测定的准确度。

3. 恒重是指两次灼烧后，称得质量的质量差在 $0.2\sim0.3$mg 之间。空坩埚和沉淀进行恒重时，每次要保持操作的一致性，也即放置相同的冷却时间，相同的称重时间等。沉淀恒重的方法也可按生产单位的操作进行，即将沉淀转到未恒重的空坩埚中，经烘干、炭化和灰化后在 $800\sim850$℃马弗炉中灼烧至恒重。此时"沉淀＋坩埚"质量为 W_1。然后，用毛刷将坩埚中的沉淀刷干净，称出空坩埚的质量 W_2，（W_1-W_2）即为 $BaSO_4$ 沉淀质量。

4. 沉淀在稀溶液中进行，在搅拌下缓慢加入稀沉淀剂，这样溶液的相对过饱和度不大，易形成大颗粒的晶形沉淀。在热溶液中进行沉淀，并不断搅拌，因温度升高可使沉淀的溶解度略增，以降低过饱和度，避免局部过浓现象，同时也减少杂质的吸附。陈化可使小晶体转变为大晶体，减少溶解损失。

5. 检查洗液中有无 Cl^- 的方法：用小试管收集 $1\sim2$mL 洗涤液。加入 1 滴 6mol/L HNO_3 酸化，再加入 2 滴 0.1mol/L $AgNO_3$ 溶液，若无白色沉淀产生，表示 Cl^- 已洗净。

6. 瓷坩埚放入马弗炉前，应用滤纸吸去其底部和周围的水，以免瓷坩埚因骤热而炸裂。沉淀在灼烧时，若空气不充足，$BaSO_4$ 易被滤纸的碳还原为 BaS，使结果偏低，此时可将沉淀用浓 H_2SO_4 润湿，仔细升温，使其重新转变为 $BaSO_4$。注意：把坩埚放入马弗炉或从马弗炉取坩埚时，一定要用坩埚钳，避免烫伤。

7. 正确使用干燥器，用推开法打开盖子，一般不需要将干燥器盖子完全打开，只开到可以放入或取出坩埚即可。灼烧后的坩埚放入干燥器中冷却时，不要将盖子盖严，先排掉一部分热气，否则冷却后干燥器盖子会很难打开。

8. 若采用玻璃砂芯坩埚抽滤 $BaSO_4$ 沉淀，灼烧后称重，虽能缩短分析时间，但准确度较差，仅适用于快速生产分析。

第七章

分析化学定量综合实验

实验 41　电位滴定法测定 H_3PO_4 的 K_{a1} 和 K_{a2}

一、实验目的

1. 掌握酸碱电位滴定法的原理和方法，观察 pH 突跃和酸碱指示剂变色的关系。
2. 学会绘制电位滴定曲线并用作图法求磷酸的化学计量点。
3. 掌握磷酸电位滴定测定 H_3PO_4 的 K_{a1} 和 K_{a2} 的操作及确定终点的方法。

二、实验原理

电位滴定是在滴定过程中指示电极的电位变化或 pH 产生"突跃"来确定终点的定量分析方法。

磷酸是三元酸，其 pK_{a1} 和 pK_{a2} 可用电位滴定法求得。当用 NaOH 标准溶液滴定至剩余磷酸浓度与生成的 $H_2PO_4^-$ 浓度相等，及半中和点时溶液中氢离子浓度就是解离平衡常数 K_{a1}。

$$H_3PO_4 + H_2O \Longrightarrow H_3O^+ + H_2PO_4^-$$

$$K_{a1} = \frac{[H^+][H_2PO_4^-]}{[H_3PO_4]}$$

当 H_3PO_4 的一级解离释放出的 H^+ 被滴定一半时，$[H_3PO_4] = [H_2PO_4^-]$，则 $K_{a1} = [H^+]$，$pK_{a1} = pH$。同理：

$$H_2PO_4^- + H_2O \Longrightarrow H_3O^+ + HPO_4^{2-}$$

$$K_{a2} = \frac{[H^+][HPO_4^{2-}]}{[H_2PO_4^-]}$$

当二级解离出的 H^+ 被中和一半时，$[H_2PO_4^-] = [HPO_4^{2-}]$，则 $K_{a2} = [H^+]$，$pK_{a2} = pH$。

以消耗的 NaOH 标准溶液的体积 $V(mL)$ 为横坐标，相应溶液的 pH 值为纵坐标，绘制 pH-V 滴定曲线，如图 7-1 所示。曲线上有两个滴定突跃，第一个突跃 pH 值为 4.0～5.0，第二个突跃 pH 值为 9.0～10.0。化学计量点用作图法求得，如图 7-2 所示。①在滴定曲线两端平坦转折处作平行且与横坐标成 45°倾斜的切线 Ⅰ、Ⅱ。②作 Ⅰ、Ⅱ 间距离的等分线 Ⅲ，Ⅲ 应与 Ⅰ、Ⅱ 平行且相交滴定曲线于 O 点，O 点即为拐点。O 点垂直相交于 pH 与 V 坐标处分别得到化学计量点的 pH 值和滴定剂 NaOH 体积 $V(mL)$。化学计量点一半的体积

（半中和点的体积）对应的 pH 值，即为 H_3PO_4 的 pK_{a1}。用同样的方法求得 H_3PO_4 的 pK_{a2}。

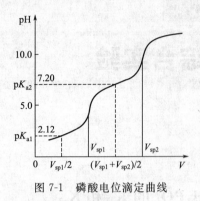

图 7-1　磷酸电位滴定曲线　　　　图 7-2　作图法求磷酸的化学计量点

三、仪器、药品及材料

仪器：pHS-3C 型酸度计、pH 复合电极、磁力搅拌器和磁子、50mL 碱式滴定管、滴定台、25mL 移液管、150mL 烧杯。

药品：0.1000mol/L NaOH 标准溶液、0.05000mol/L H_3PO_4 标准溶液、标准缓冲溶液（pH＝4.003 和 pH＝9.182）、甲基橙指示剂、酚酞指示剂。

材料：坐标纸。

四、实验步骤

1. 按图 7-3 所示正确安装好电位滴定装置。

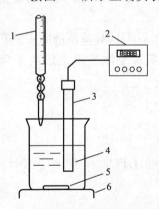

图 7-3　滴定装置连接示意图
1—碱式滴定管；2—pHS-3C 型酸
度计；3—pH 复合电极；
4—0.05000mol/L H_3PO_4 标液；
5—磁子；6—磁力搅拌器

2. 用 pH＝4.003 和 pH＝9.182 两种标准缓冲溶液校正 pHS-3C 型酸度计，洗净 pH 复合电极。

3. 将 0.1000mol/L NaOH 标准溶液装入碱式滴定管中，准确移取 25.00mL 0.05000mol/L H_3PO_4 试样放入 150mL 干燥烧杯中，放入搅拌磁子，插入 pH 复合电极，测定 0.05000mol/L H_3PO_4 溶液的 pH 值。滴入 2 滴甲基橙和 2 滴酚酞指示剂。开启磁力搅拌器，在不断搅拌下用 0.1000mol/L NaOH 标准溶液滴定，开始每加入 2mL 记录一次 pH 值，然后每隔 1mL 记录一次 pH 值。在接近第一计量点和第二计量点时，每次加入的 NaOH 的量应逐渐减少，计量点前后，等体积加入 0.10mL 或 0.05mL NaOH 溶液，记录一次 pH 值，此时可借助甲基橙指示剂的变色来判断第一计量点。然后用 0.1000mol/L NaOH 标准溶液继续滴定，滴定的间隔与第一计量点测定方法相同，当被测试液中出现微红色时，测量要仔细，每次滴入 NaOH 的体积要少，滴定至出现第二次"突跃"。继续滴定，直到测定的 pH≈11.5 方可停止滴定，滴定总次数应在 40 次以上。将实验数据记录在表 7-1 中。

4. 以 V_{NaOH} 为横坐标，pH 值为纵坐标，绘制 pH-V 滴定曲线，用作图法求化学计量点的 pH 值和相应的 NaOH 标准溶液的体积 V(mL)，求出 H_3PO_4 的准确浓度。

5. 根据第一个化学计量点的半中和点的 pH 值，以及第一个化学计量点到第二个化学计量点间的半中和点的 pH 值，求出 H_3PO_4 的 pK_{a1} 和 pK_{a2}，计算出 K_{a1} 和 K_{a2}，并与理论值比较。

表 7-1 H_3PO_4 电位滴定原始实验数据

滴定剂 NaOH 体积/mL	pH 计读数	滴定剂 NaOH 体积/mL	pH 计读数
0.00		11.00	
0.50		12.00	
1.00		15.00	
3.00		17.00	
5.00		18.00	
7.00		19.00	
8.00		19.50	
8.50		19.60	
9.00		19.70	
9.10		19.80	
9.20		19.90	
9.30		20.00	
9.40		20.20	
9.50		20.40	
9.60		20.60	
9.70		20.80	
9.80		21.00	
9.90		21.20	
10.00		21.40	
10.50		21.60	

五、思考题

1. H_3PO_4 有三级酸式解离常数，为什么滴定曲线出现两个突跃，而不是三个。它的第三级解离常数 K_{a3} 可以从滴定曲线上求得吗？

2. 通过实验与数据处理，你如何体会等当点前后若干滴时加入的小份体积以相等体积为好。

3. 通过与理论值比较，请你评价一下 K_{a1} 和 K_{a2} 的准确度。

六、注意事项

1. 滴定剂加入后，要充分搅拌溶液，停止时再测定 pH 值，以得到稳定的读数。

2. 在化学计量点前后，每次应等量小体积加入 NaOH 标准溶液。而且在第二个化学计量点后 pH≈11.5 方可结束。这样在数据处理时较为方便。

3. 滴定过程中尽量少用蒸馏水冲洗，防止溶液过度稀释突跃不明显。

4. 安装仪器，pH 复合电极浸入溶液的深度应适宜，磁子不能碰到电极。电极测定碱溶液时，速度要快，测完后要将电极置于水中复原。

5. 当被滴定液 pH 值达到 7 时，最好用 pH＝9.182 的标准缓冲溶液再校准一次酸度计。

6. 电位滴定法操作较酸碱滴定、配位滴定、氧化还原滴定和沉淀滴定繁琐，但其准确度高。如①酸碱滴定，酚酞指示剂变色范围大，不敏锐，误差较大，但如改用电位滴定 pH 变化终点确定，即使突跃范围较窄的滴定，也能得到准确的结果。②如被测溶液混浊或本身有颜色，以上四种滴定均不能准确测定，可用电位滴定法测定。③电位滴定法还可用来寻找合适指示剂或校正指示剂的终点颜色变化，因此电位滴定法对容量滴定的研究具有一定意义。

实验 42　HCl 和 HAc 混合溶液的电位滴定

一、实验目的

1. 掌握电位滴定法测定强酸和弱酸混合溶液中各组分的含量。
2. 掌握"三切线"作图法确定化学计量点的方法。

二、实验原理

强酸和弱酸混合溶液的滴定要比单一组分的酸碱滴定复杂，因此采用电位滴定法测定。在滴定过程中，随着滴定剂 NaOH 的不断加入，溶液的 pH 值不断在变化。因 HCl 是强酸，当 NaOH 标准溶液滴入混合溶液中时，HCl 组分首先被滴定，达到第一化学计量点时，即出现第一个"突跃"，此时产物为 NaCl＋HAc。继续用 NaOH 标准溶液滴定，HAc 与 NaOH 溶液定量反应，达到第二化学计量点时，形成第二个"突跃"，滴定产物为 NaCl＋NaAc。由滴入的 NaOH 标准溶液的毫升数（V_{mL}）和测得的相应 pH 值，绘制 pH-V 滴定曲线。用"三切线法"作图，可分别确定 HCl 和 HAc 的化学计量点，从而计算出混合溶液中 HCl 和 HAc 各组分的含量。

三、仪器、药品及材料

仪器：pHS-3C 型酸度计、pH 复合电极、磁力搅拌器和磁子、50mL 碱式滴定管、滴定台、25mL 移液管、150mL 烧杯。

药品：0.1000mol/L NaOH 标准溶液、0.02mol/L HCl 与 0.02mol/L HAc 等体积混合溶液、pH＝4.00 和 pH＝6.86 的 pH 标准缓冲溶液、酚酞指示剂、甲基橙指示剂。

材料：坐标纸。

四、实验步骤

1. 按图 7-4 正确安装连接电位滴定装置。

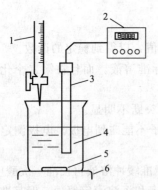

图 7-4　电位滴定装置示意图
1—碱式滴定管；2—pHS-3C 型酸度计；
3—pH 复合电极；
4—0.02mol/L HCl 与 0.02mol/L HAc 等
体积混合溶液；5—磁子；6—磁力搅拌器

2. 洗净 pH 复合电极，先用滤纸将电极上的水滴吸干，再用 pH＝4.00 和 pH＝6.86 的 pH 标准缓冲溶液校正 pHS-3C 型酸度计。

3. 吸取试液 25.00mL 于 150mL 烧杯中，滴入 2 滴甲基橙指示剂，插入电极。在磁力搅拌器搅拌下用 0.1000mol/L NaOH 标准溶液滴定，开始时每滴入 5.00mL 测定一次 pH 值，这样连续滴定两次。然后每隔 2.00mL 测定一次 pH 值，测定三次后，临近第一个突跃范围，每滴入 0.20mL NaOH 测定一次 pH 值，直至溶液从红色变为黄色，约测定 10 次左右。

4. 滴入 1～2 滴酚酞指示剂，继续用 NaOH 标准溶液滴定，先每隔 2.00mL 测定一次 pH 值，测 5 次后再每隔 0.20mL 测定相应的 pH 值。当溶液呈微红色时再多测定几次即可终止实验。实验数据记录在表 7-2 中。

5. 以滴定剂 NaOH 消耗的体积 V 为横坐标，测得的相应 pH 值为纵坐标，绘制 pH-V 滴定曲线。

（1）在曲线的第一个突跃范围内用"三切线"作图法，找出第一个滴定终点时 NaOH 所消耗的体积 V_1，计算 HCl 的含量。

$$\chi_{HCl}(g/L) = \frac{c_{NaOH} \times V_1 \times 36.46}{25.00}$$

（2）在曲线的第二个突跃范围内同样用"三切线"作图法，找出第二个滴定终点时 NaOH 所消耗的体积 V_2，计算 HAc 的含量。

$$\chi_{HAc}(g/L) = \frac{c_{NaOH} \times (V_2 - V_1) \times 46.03}{25.00}$$

式中　c_{NaOH}——NaOH 标准溶液的浓度，mol/L；

　　　V_1——滴定 HCl 时所消耗的 NaOH 标准溶液的体积，mL；

　　　V_2——滴定 HAc 时所消耗的 NaOH 标准溶液的体积，mL。

表 7-2　HCl 和 HAc 混合溶液电位滴定的原始实验数据

滴定剂 NaOH 体积/mL	pH 计读数	滴定剂 NaOH 体积/mL	pH 计读数
0.00		20.00	
5.00		22.00	
10.00		24.00	
12.00		26.00	
14.00		28.00	
16.00		28.20	
16.20		28.40	
16.40		28.60	
16.60		28.80	
16.80		29.00	
17.00		29.20	
17.20		29.40	
17.40		29.60	
17.60		29.80	
17.80		30.00	
18.00		30.20	

五、思考题

1. 滴定过程中 pH 计算值与实验测定值是否应该相等。
2. 你是否有其他方法来确定化学计量点的 pH 值？
3. 电位滴定法测定溶液 pH 时，为什么必须用标准缓冲溶液校正？校正时应注意什么？

六、注意事项

1. 如何用"三切线"作图法求化学计量点的 pH 值。如图 7-5 所示，以滴定剂体积 V_{NaOH} 为横坐标，相应溶液的 pH 值为纵坐标，绘制 NaOH 滴定 HCl 和 HAc 混合溶液的 pH-V 滴定曲线。曲线上呈现出两个滴定突跃，用"三切线法"作图，可以较准确地确定两个突跃范围内各自的滴定终点。即在滴定曲线两端平坦转折处作 AB、CD 两条切线，在曲线"突跃部分"作 EF 切线与 AB 及 CD 两线相交于 Q，P 两点，在 Q，P 两点作 QH，PG 两条线平行横坐标。然后在此两条线之间作垂直线，在垂线一半的"O"点处，作 OO' 线平行于横坐标，"O'"点称为拐点，即为滴定终点（化学计量点）。此"O'"点垂直相交于 pH 值与 V 坐标处分别得到滴定终点时的 pH 值和滴定剂 NaOH 的体积（V_{mL}）。

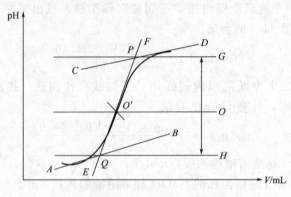

图 7-5　三切线作图法

2. pH 标准缓冲溶液一般可以保存 2 个月。如发现有混浊、发霉等现象时，不能继续使用。

3. 新电极或久置不用的电极使用前应在蒸馏水中浸泡 24～48h，若电极性能太差，则应更换电极。

4. 测量时，应将电极上下端的塞子和帽子拔去。电极不用时，应用帽子将电极下端套住，用塞子将电极上端小孔塞住，以免饱和 KCl 溶液流失。若饱和 KCl 溶液流失较多，应通过电极上端小孔及时补充饱和 KCl 溶液。

实验 43　石灰石（鸡蛋壳）中钙含量的测定

Ⅰ. 高锰酸钾间接滴定法

一、实验目的

1. 掌握 $KMnO_4$ 法间接测定 Ca^{2+} 的原理和方法。
2. 练习沉淀分离中的基本操作技术，如沉淀、过滤和洗涤等。

二、实验原理

石灰石的主要成分是碳酸钙，含氧化钙 40％～50％，较好的石灰石含 CaO 45％～53％，此外还有 SiO_2、Fe_2O_3、Al_2O_3 和 MgO 等杂质。石灰石中钙含量的测定方法主要有高锰酸钾法和配位滴定法，前者干扰少、准确度高，但较费时。后者干扰多，但操作简单。高锰酸钾法测定石灰石中钙含量时先将样品溶于盐酸，加入草酸铵溶液，在中性或碱性介质中生成难溶的草酸钙沉淀，将所得沉淀过滤、洗净，用硫酸溶解，再用高锰酸钾标准溶液滴定生成的草酸，通过钙与草酸的定量关系，间接求出钙的含量。

$$CaCO_3 + 2HCl \longrightarrow 2CaCl_2 + CO_2 \uparrow + H_2O$$
$$Ca^{2+} + C_2O_4^{2-} \longrightarrow CaC_2O_4 \downarrow$$
$$CaC_2O_4 + H_2SO_4 \longrightarrow CaSO_4 + H_2C_2O_4$$
$$2MnO_4^- + 5H_2C_2O_4 + 6H^+ \longrightarrow 2Mn^{2+} + 10CO_2 \uparrow + 8H_2O$$

　　CaC_2O_4 沉淀颗粒细小，易沾污，难于过滤。为了得到纯净而粗大的结晶，通常在含 Ca^{2+} 的酸性溶液中加入饱和 $(NH_4)_2C_2O_4$，由于 $C_2O_4^{2-}$ 浓度很低，而不能生成沉淀，此时向溶液中滴加氨水，溶液中 $C_2O_4^{2-}$ 浓度慢慢增大，这样可以获得颗粒比较粗大的 CaC_2O_4 沉淀。沉淀完全后再稍加陈化，以使沉淀颗粒长大，避免穿滤。pH 值在 3.5～4.5，这样既可避免其他难溶钙盐析出，又不使 CaC_2O_4 溶解度太大。

三、仪器、药品及材料

　　仪器：万分之一分析天平、台秤、电炉、水浴锅、50mL 酸式滴定管、滴定台、250mL 锥形瓶、洗瓶、50mL 量筒、400mL 烧杯、500mL 烧杯、玻璃砂芯漏斗、表面皿、漏斗、研钵、玻璃棒。

　　药品：$KMnO_4$、$Na_2C_2O_4$ 基准试剂、石灰石、2mol/L H_2SO_4、6mol/L HCl、10％柠檬酸铵、甲基橙指示剂、$(NH_4)_2C_2O_4$ 饱和溶液、6mol/L $NH_3 \cdot H_2O$、0.1％ $(NH_4)_2C_2O_4$、0.1mol/L $AgNO_3$。

　　材料：称量纸、慢速滤纸。

四、实验步骤

　　1. 0.02mol/L $KMnO_4$ 标准溶液的配制和标定，见实验 35。

　　2. 样品测定

　　(1) **样品溶解**　用减量法准确称取 0.13～0.18g 石灰石两份分别于 400mL 烧杯中，加少许蒸馏水润湿，搅拌成糊状，盖上表面皿。用滴管自烧杯嘴处滴加 10mL 6mol/L HCl，待气泡停止产生后，小火加热使试样完全分解。冷却后用少量蒸馏水淋洗烧杯内壁及表面皿，加水稀释至 100mL。

　　(2) **沉淀制备**　在样品溶液中加 5mL 10％柠檬酸铵和 2 滴甲基橙指示剂，此时溶液显红色，再加入 20mL 饱和 $(NH_4)_2C_2O_4$ 溶液，加热至 80℃左右，在不断搅拌下滴加 6mol/L $NH_3 \cdot H_2O$ 至溶液由红色变为黄色。将烧杯置于水浴锅中加热陈化 30min 左右，再从水浴锅中取出，冷却至室温。

　　(3) **沉淀过滤和洗涤**　在漏斗上放好滤纸，并做成水柱，将陈化后的溶液用慢速滤纸倾泻法过滤。用冷的 0.1％ $(NH_4)_2C_2O_4$ 溶液洗涤沉淀 3～4 次，再用蒸馏水洗至滤液不含 $C_2O_4^{2-}$ 和 Cl^-，则洗涤完毕。在过滤和洗涤过程中尽量使沉淀留在烧杯中，应多次用水淋洗滤纸上部。

　　(4) **沉淀溶解和滴定**　将洗净的沉淀连同滤纸小心取下展开并贴在原来盛放沉淀的烧杯内壁上，沉淀一端朝下。用 30mL 2mol/L H_2SO_4 将滤纸上的沉淀洗入烧杯内，加水稀释至 100mL，加热至 75～85℃左右，用已标定好的 $KMnO_4$ 标准溶液滴定至溶液呈粉红色时，再将滤纸浸入烧杯溶液中，用玻璃棒轻轻搅拌，若溶液褪色，则继续用 $KMnO_4$ 标准溶液滴定至粉红色 30s 内不褪色即为终点，记下消耗 $KMnO_4$ 标准溶液体积。计算石灰石中钙的百分含量，将实验数据记录在表 7-3 中。

$$W_{Ca}(\%) = \frac{5 \times c_{KMnO_4} \times V_{KMnO_4} \times 10^{-3} \times 40}{2 \times m_{石灰石}} \times 100\%$$

式中　c_{KMnO_4}——$KMnO_4$ 标准溶液的浓度，mol/L；

　　　V_{KMnO_4}——测定样品石灰石时消耗 $KMnO_4$ 标准溶液的体积，mL；

　　　$m_{石灰石}$——称取样品石灰石的质量，g。

表 7-3　高锰酸钾间接滴定法测定石灰石中钙含量的原始实验数据

项　目	测定次数		
	①	②	③
$Na_2C_2O_4$ 基准试剂质量/g			
标定 $KMnO_4$ 消耗 $KMnO_4$ 体积/mL			
c_{KMnO_4}/(mol/L)			
$\bar{c}_{KMnO_4}$/(mol/L)			
相对平均偏差			
样品石灰石质量/g			
$KMnO_4$ 标液终读数/mL			
$KMnO_4$ 标液初读数/mL			
V_{KMnO_4}/mL			
W_{Ca}/%			
$\overline{W}_{Ca}$/%			
相对平均偏差			

五、思考题

1. $KMnO_4$ 标准溶液能否直接配制？为什么？

2. CaC_2O_4 沉淀为什么要先在酸性溶液中加入沉淀剂 $(NH_4)_2C_2O_4$，然后在 80℃ 左右时滴加氨水至甲基橙指示剂变为黄色？

3. CaC_2O_4 沉淀生成后为什么要陈化？

4. CaC_2O_4 沉淀为什么先要用稀的 0.1％ $(NH_4)_2C_2O_4$ 溶液洗涤，再用蒸馏水洗涤？怎样判断沉淀已洗净？

5. 如果将 CaC_2O_4 沉淀和滤纸一起置于 H_2SO_4 溶液中加热，再用 $KMnO_4$ 标准溶液滴定会产生什么影响？

六、注意事项

1. 石灰石先用水润湿是为了防止石灰石加 HCl 时会产生大量 CO_2 气体，将石灰石粉末冲出。

2. 加柠檬酸铵是掩蔽 Fe^{3+}、Al^{3+} 等杂质，以免生成胶体和共沉淀。

3. 要得到 Ca^{2+} 与 $C_2O_4^{2-}$ 之间 1∶1 的计量关系，应使样品酸度控制在 pH＝4。酸度过高 CaC_2O_4 沉淀不完全；酸度过低，会有 $Ca(OH)_2$ 或碱式草酸钙沉淀产生。

4. 加甲基橙指示剂溶液显红色说明溶液呈酸性，在酸性溶液中，加 $(NH_4)_2C_2O_4$ 不应产生沉淀，若产生沉淀说明溶液酸性不足，此时应滴加 6mol/L HCl 至沉淀溶解，但不能多加，否则用氨水调节 pH 时用量较多。

5. 陈化过程中，若溶液变成红色，可补加几滴 6mol/L $NH_3·H_2O$，使溶液刚刚变黄。

6. 先用沉淀剂稀溶液洗涤沉淀，是利用同离子效应，降低沉淀溶解度，以减少溶解损失，并洗去大量杂质。

7. 在酸性溶液中滤纸消耗 $KMnO_4$ 溶液，接触时间越长消耗越多，因此只能在滴定终点前才能将滤纸浸入溶液中。而且不能将滤纸搅碎，应轻轻拨动，使滤纸保持完整。

Ⅱ 配位滴定法

一、实验目的

掌握 EDTA 配位滴定法测定 Ca^{2+} 的原理和方法。

二、实验原理

pH＞12.5 时，Mg^{2+} 生成 $Mg(OH)_2$ 沉淀，用沉淀掩蔽镁离子后，用 EDTA 单独滴定钙离子。钙指示剂与钙离子显红色，灵敏度高，在 pH＝12～13 时滴定钙离子，终点呈指示剂自身的蓝色。终点时反应为：

$$CaInd^- + H_2Y^{2-} + OH^- \longrightarrow CaY^{2-} + HInd^{2-} + H_2O$$

酒红色   无色   纯蓝色

三、仪器、药品及材料

仪器：万分之一分析天平、电炉、50mL 酸式滴定管、滴定台、250mL 锥形瓶、洗瓶、100mL 烧杯、表面皿、250mL 容量瓶、25mL 移液管、玻璃棒。

药品：EDTA、石灰石、6mol/L HCl、10％NaOH、钙指示剂、(1＋1) 三乙醇胺。

材料：称量纸、广泛 pH 试纸。

四、实验步骤

1. 0.02mol/L EDTA 标准溶液的配制和标定，见实验 32。

2. 样品测定

(1) 样品溶解 准确称取石灰石试样 0.5～0.7g，放入 100mL 小烧杯中，加少许蒸馏水润湿，搅拌成糊状，盖上表面皿。用滴管自烧杯嘴处滴加 10mL 6mol/L HCl，待气泡停止发生后，微火加热将其溶解，冷却后用少量蒸馏水淋洗烧杯内壁及表面皿，然后将小烧杯中的溶液转移到 250mL 容量瓶中，定容摇匀。

(2) Ca^{2+} 滴定

① 初步滴定 吸取 25.00mL 试液，以 25mL 水稀释，加 4mL 10％NaOH 溶液，摇匀，使溶液 pH＞12.5，再加入绿豆粒大小的钙指示剂（约 0.01g），用 0.02000mol/L EDTA 标准溶液滴定至溶液由酒红色变为纯蓝色即为终点（快到终点时，必须充分振摇），记录所用 EDTA 标准溶液的体积。

② 正式滴定 吸取 25.00mL 试液，以 25mL 水稀释，加 4mL (1＋1) 三乙醇胺，摇匀后再加入比初步滴定时所用约少 1mL 的 EDTA 标准溶液，再加入 4mL 10％NaOH 溶液，然后再加入绿豆粒大小的固体钙指示剂，继续用 EDTA 标准溶液滴定至终点，记录消耗 EDTA 标准溶液的体积 V(mL)，重复测定 3 次。计算石灰石样品中钙的百分含量，将实验数据填入表 7-4 中。

$$W_{Ca}(\%) = \frac{c_{EDTA} \times V_{EDTA} \times 10^{-3} \times 40}{m_{石灰石} \times \frac{25}{250}} \times 100\%$$

式中 c_{EDTA}——EDTA 标准溶液的浓度，mol/L；

      V_{EDTA}——测定 Ca^{2+} 时消耗 EDTA 标准溶液的体积，mL；

$m_{石灰石}$——称取样品石灰石的质量，g。

表 7-4　配位滴定法测定石灰石中钙含量的原始实验数据

项　目	测定次数		
	①	②	③
样品石灰石质量/g			
样品溶液总体积/mL		250mL	
测定时所取样品溶液体积/mL	25.00	25.00	25.00
EDTA 标液终读数/mL			
EDTA 标液初读数/mL			
V_{EDTA}/mL			
W_{Ca}/%			
$\overline{W}_{Ca}$/%			
相对平均偏差			

五、思考题

1. 试比较 $KMnO_4$ 法和配位滴定法测定 Ca^{2+} 的优缺点。

2. 配位滴定法测定石灰石中钙含量的原理是什么？这时钙、镁共存相互有无干扰？为什么？

3. 本法测定钙含量时，试样中存在少量的铁、铝干扰物用什么方法除去？

六、注意事项

1. 进行初步滴定的目的是为了便于在临近终点时才加入 NaOH 溶液，这样可以减少 $Mg(OH)_2$ 沉淀对 Ca^{2+} 的吸附作用，以防止终点的提前到达。

2. 鸡蛋壳中的主要成分就是石灰石，所以鸡蛋壳中钙含量的测定以上两种方法都适用。

实验 44　复方黄连素片中盐酸小檗含量的测定（氧化还原滴定法）

一、实验目的

1. 掌握剩余滴定法测定盐酸小檗碱含量的原理和方法。
2. 掌握直接法配制 $K_2Cr_2O_7$ 标准溶液和间接法配制 $Na_2S_2O_3$ 标准溶液。
3. 学会干过滤操作。

二、实验原理

复方黄连素片为淡黄色糖衣片，是止泻药类非处方药品，由盐酸小檗碱、木香、白芍、吴茱萸等组成。盐酸小檗碱为毛茛科植物黄连根茎中所含的一种主要生物碱，可由黄连、黄柏或三棵针中提取，也可人工合成。它对细菌只有微弱的抑菌作用，但对痢疾杆菌、大肠杆菌引起的肠道感染有效，广泛用于治疗胃肠炎、细菌性痢疾等肠道感染的抗菌药。卫生部药品标准采用索氏提取器提取后，经柱色谱分离，显色后再用分光光度法测定盐酸小檗碱的含量，较繁琐。本实验以氧化还原反应剩余滴定法对复方黄连素片中盐酸小檗碱含量进行测定，方法简便可靠。

盐酸小檗碱（$C_{20}H_{18}ClNO_4 \cdot 2H_2O$）具有还原性，能与重铬酸钾定量反应，其关系为 $2:1$。因此用过量的重铬酸钾与盐酸小檗碱反应，剩余的重铬酸钾标准溶液再用间接碘量法滴定，反应方程式如下：

$$Cr_2O_7^{2-} + 6I^- + 14H^+ \longrightarrow 2Cr^{3+} + 3I_2 + 7H_2O$$

$$2S_2O_3^{2-} + I_2 \longrightarrow S_4O_6^{2-} + 2I^-$$

三、仪器、药品及材料

仪器：万分之一分析天平、台秤、电炉、50mL 酸式滴定管、滴定台、250mL 碘量瓶、洗瓶、50mL 烧杯、250mL 烧杯、250mL 容量瓶、10mL 吸量管、50mL、100mL 移液管、玻璃棒、研钵、漏斗、小刀、烘箱。

药品：0.01667mol/L $K_2Cr_2O_7$ 标准溶液（或 0.02000mol/L $K_2Cr_2O_7$ 标准溶液）、0.1000mol/L $Na_2S_2O_3$ 标准溶液、6mol/L HCl、0.2%淀粉指示剂、碘化钾（固体）、复方黄连素片（市售）。

材料：称量纸、定性滤纸。

四、实验步骤

1. 配制 0.01667mol/L $K_2Cr_2O_7$ 标准溶液

准确称取 1.2262g $K_2Cr_2O_7$ 于 50mL 烧杯中，加适量蒸馏水溶解，再定量转入 250mL 容量瓶中，用蒸馏水定容至刻度，上下摇匀。

2. 0.1000mol/L $Na_2S_2O_3$ 标准溶液的配制与标定见实验 37。

3. 样品制备

取 20 片黄连素药片，除去糖衣后，精确称重。于研钵中研细后再准确称取 3 片的量，置烧杯中，加沸水 150mL，搅拌使盐酸小檗碱溶解，静置冷却，移入 250mL 容量瓶中。准确加入 0.01667mol/L $K_2Cr_2O_7$ 标准溶液 50.00mL（或 0.02000mol/L $K_2Cr_2O_7$ 标准溶液 40.00mL），加蒸馏水定容至刻度，上下振摇 2min，干过滤。

4. 样品测定

准确移取滤液 100.00mL 于 250mL 碘量瓶中，加 2g 固体碘化钾，振摇使之溶解，再加 6mol/L HCl 溶液 10mL。盖塞，摇匀，在暗处放置 10min。最后用 0.1000mol/L $Na_2S_2O_3$ 标准溶液滴定，至近终点淡黄色时，加入 0.2%淀粉指示剂 2mL，继续滴定至蓝色消失，溶液呈亮绿色即为终点。并将滴定结果用空白试验校正。实验数据记录在表 7-5 中。

小檗碱含量（mg/片）

$$= \frac{2\left[c_{K_2Cr_2O_7} \times V_{K_2Cr_2O_7} \times \dfrac{100}{250} - \dfrac{1}{6}c_{Na_2S_2O_3}(V_{\text{样品},Na_2S_2O_3} - V_{\text{空白},Na_2S_2O_3})\right] \times 407.85}{\dfrac{100}{250} \times 3\ \text{片}}$$

式中　$c_{K_2Cr_2O_7}$ —— $K_2Cr_2O_7$ 标准溶液的准确浓度，mol/L；

$V_{K_2Cr_2O_7}$ —— 准确加入 $K_2Cr_2O_7$ 标准溶液的体积，mL；

$c_{Na_2S_2O_3}$ —— $Na_2S_2O_3$ 标准溶液的准确浓度，mol/L；

$V_{\text{样品},Na_2S_2O_3}$ —— 测定样品时消耗 $Na_2S_2O_3$ 标准溶液的体积，mL；

$V_{\text{空白},Na_2S_2O_3}$ —— 同时做空白校正时消耗 $Na_2S_2O_3$ 标准溶液的体积，mL。

表 7-5   盐酸小檗碱含量测定的实验数据

项　　目	测定次数		
	①	②	③
$c_{K_2Cr_2O_7}$/(mol/L)			
$V_{K_2Cr_2O_7}$/mL			
准确移取滤液体积/mL			
$c_{Na_2S_2O_3}$/(mol/L)			
$V_{样品,Na_2S_2O_3}$/mL			
$V_{空白,Na_2S_2O_3}$/mL			
盐酸小檗碱含量/(gm/片)			
盐酸小檗碱平均含量/(gm/片)			
相对平均偏差			

五、思考题

1. 药瓶标签盐酸小檗碱标示量为 100mg/片，比较自己的实验结果，分析误差的原因。

2. 测定盐酸小檗碱含量的方法很多，请查文献写出其中一种方法的原理和步骤，感兴趣的同学可进行实验比对，并比较两种方法的结果。

六、注意事项

1. 为了掩盖盐酸小檗碱的苦味多制成糖衣片，在测定其含量时一定要除去糖衣后再进行，否则测定结果明显偏低。

2. 通常直接用刀片刮去糖衣，但多数糖衣不易除去，不小心就容易刮去片芯，很难得到完整的片芯，而且操作繁琐、费时、易产生误差。

3. 可采用烘烤法去糖衣，将盐酸小檗碱糖衣片放在玻璃皿内，置 100℃烘箱中烘烤 40min，取出自然放冷，由于衣层的膨胀系数与片芯不同，使得糖衣层与片芯分层，衣层龟裂，糖衣很容易除去，且不损伤片芯。而且盐酸小檗碱性质稳定，100℃不会影响其性质。

实验 45   水泥熟料中 SiO_2、Fe_2O_3、Al_2O_3、CaO 和 MgO 含量的测定

一、实验目的

1. 学会确定试样分析方案，并分步列出测定铁、铝、钙和镁的方法。

2. 掌握重量分析的操作技术。

3. 掌握直接滴定法、返滴定法和差减滴定法。

二、实验原理

在水泥工业中，最常用的硅酸盐水泥熟料主要化学成分为氧化钙、二氧化硅以及少量的氧化铝和氧化铁。其含量大致为：CaO 60%～70%、SiO_2 18%～24%、Al_2O_3 4.0%～9.5%、Fe_2O_3 2.0%～5.5%，其含量总和通常都在 95% 以上。同时，还要求 $MgO<4.5\%$。熟料中 CaO、SiO_2、Al_2O_3 和 Fe_2O_3 不是以单独氧化物存在的，而是由两种或两种以上的氧化物经过高温化学反应生成的多种矿物的集合体。主要矿物组成有硅酸三钙（$3CaO \cdot SiO_2$）、硅酸二钙（$2CaO \cdot SiO_2$）、铝酸三钙（$3CaO \cdot Al_2O_3$）和铁铝酸四钙（$4CaO \cdot Al_2O_3 \cdot Fe_2O_3$）。通常熟料中硅酸三钙和硅酸二钙含量约占 75%，铝酸三钙和铁铝酸四钙的理论含

量约占 22%。硅酸盐水泥熟料加适量石膏共同磨细后，即成硅酸盐水泥。水泥熟料中碱性氧化物占 60%以上，因此易为酸所分解，反应方程式为：

$$2CaO\cdot SiO_2 + 4HCl \longrightarrow 2CaCl_2 + H_2SiO_3 + H_2O$$
$$3CaO\cdot SiO_2 + 6HCl \longrightarrow 3CaCl_2 + H_2SiO_3 + 2H_2O$$
$$3CaO\cdot Al_2O_3 + 12HCl \longrightarrow 3CaCl_2 + 2AlCl_3 + 6H_2O$$
$$4CaO\cdot Al_2O_3\cdot Fe_2O_3 + 20HCl \longrightarrow 4CaCl_2 + 2AlCl_3 + 2FeCl_3 + 10H_2O$$

其中，铁、铝、钙和镁等组分可用酸溶解，酸不溶物即为 SiO_2，经过滤后可在滤液中分别测定铁、铝、钙和镁等组分的含量，由于这 4 种离子都能在一定条件下与 EDTA 形成稳定的配合物，但形成配合物的 $K_{稳}$ 不同，$\lg K_{FeY^-}=24.33$、$\lg K_{AlY^-}=16.11$、$\lg K_{CaY^{2-}}=11.0$、$\lg K_{MgY^{2-}}=8.64$，因此可利用控制酸度、掩蔽和沉淀等方法分别测定。

硅酸是一种很弱的无机酸，在水溶液中绝大部分以溶胶状态存在，用浓酸和加热蒸干等方法处理后，能使绝大部分硅酸水溶胶脱水成水凝胶析出，用沉淀分离的方法把硅酸与水泥中的其他组分分开，重量法测定 SiO_2 的含量。试样分析方案如下面的流程：

(1)

水泥熟料 0.5g $\left\{\begin{array}{l}3CaO\cdot SiO_2\\2CaO\cdot SiO_2\\3CaO\cdot Al_2O_3\\4CaO\cdot Al_2O_3\cdot Fe_2O_3\\MgO\end{array}\right.$ $\xrightarrow[\text{1 滴浓 }HNO_3]{\text{加 }2gNH_4Cl\text{ 和 }3mL\text{ 浓 }HCl}$ $\left\{\begin{array}{l}H_2SiO_3\\Fe^{3+}(黄色)\\Al^{3+}(无色)\\Ca^{2+}(无色)\\Mg^{2+}(无色)\end{array}\right.$ $\xrightarrow[\text{水浴蒸发至近干}]{\text{玻璃棒搅匀}}$

$\xrightarrow[\text{溶解}]{10mL\ (3+97)\ HCl}$ $\xrightarrow[\text{滤液收于 250mL 容量瓶}]{(3+97)\ HCl\text{ 洗涤}}$ $\xrightarrow[950\sim1000^\circ C\text{ 灼烧}]{SiO_2\cdot nH_2O\downarrow}$ $\xrightarrow[\text{称至恒重}]{SiO_2\downarrow}$ 得 W_{SiO_2}

250mL 滤液含 Fe^{3+}、Al^{3+}、Ca^{2+} 和 Mg^{2+}
- $\xrightarrow[\text{溶液酸度 pH}\approx 2\text{、温度约 }70^\circ C]{\text{磺基水杨酸为指示剂}}$ Fe^{3+} 测定(直接滴定法)
- $\xrightarrow[CuSO_4\text{ 回滴法}]{\text{PAN 为指示剂}}$ Al^{3+} 测定(返滴定法)
- $\xrightarrow{\text{固体钙指示剂}}$ Ca^{2+} 测定
- $\xrightarrow{\text{酸性铬蓝 K-萘酚绿 B 指示剂}}$ Mg^{2+} 测定(差减滴定法)

(2) [滤液含 Fe^{3+}、Al^{3+}、Ca^{2+} 和 Mg^{2+} 取 50mL 于 400mL 烧杯] $\xrightarrow{\text{溴甲酚绿指示剂}}$ $\xrightarrow[(1+1)\ HCl\text{ 调至黄色再过 3 滴}]{(1+1)NH_3\cdot H_2O\text{ 调至绿色}}$ $\xrightarrow[70^\circ C]{pH\approx 2}$

$\xrightarrow{\text{磺基水杨酸指示剂}}$ $\left\{\begin{array}{l}Fe\text{-}Sal\ (紫红色)\\Al^{3+}\ (无色)\\Ca^{2+}\ (无色)\\Mg^{2+}\ (无色)\end{array}\right.$ $\xrightarrow{\text{EDTA 滴至亮黄色}}$ $\left\{\begin{array}{l}FeY^-\ (亮黄色)\\Sal\ (无色)\\Al^{3+}\ (无色)\\Ca^{2+}\ (无色)\\Mg^{2+}\ (无色)\end{array}\right.$ → 得 $W_{Fe_2O_3}$

(3) [测铁后的滤液] $\xrightarrow[15mL\ HAc\text{-}NaAc\text{ 缓冲溶液}]{20mL\ 0.01500mol/LEDTA}$ $\xrightarrow[\text{PAN 指示剂}]{\text{煮沸 2min 冷至 }90^\circ C}$ $\left\{\begin{array}{l}PAN(黄色)\\H_2Y^{2-}(过量)\\AlY^-(无色)\\FeY^-(黄色)\\Ca^{2+}、Mg^{2+}(无色)\end{array}\right.$

$$\xrightarrow[\text{CuSO}_4\text{滴至紫红色}]{}\begin{cases}\text{Cu-PAN（红色）}\\\text{CuY}^{2-}\text{（蓝色）}\\\text{AlY}^-\text{（无色）}\\\text{FeY}^-\text{（黄色）}\\\text{Ca}^{2+}\text{、Mg}^{2+}\text{（无色）}\end{cases}\rightarrow \text{得}\ W_{\text{Al}_2\text{O}_3}$$

（4）$\begin{cases}\text{滤液含}\\\text{Fe}^{3+}\text{、Al}^{3+}\text{、}\\\text{Ca}^{2+}\text{和Mg}^{2+}\\\text{取 25mL 于}\\\text{250mL 锥形}\\\text{瓶中}\end{cases}$ $\xrightarrow[\text{加 4mL(1+1)三乙醇胺}]{\text{加水稀释至 50mL}}$ $\xrightarrow[\text{钙指示剂}]{\text{5mL 10\%NaOH}}$ $\begin{cases}\text{Ca-Ind}^-\text{（酒红色）}\\\text{Mg(OH)}_2\downarrow\text{（白色）}\\\text{Fe}^{3+}\text{、Al}^{3+}\text{三乙醇胺配离子（无色）}\end{cases}$

$$\xrightarrow[\text{EDTA滴至纯蓝色}]{}\begin{cases}\text{HInd}^{2-}\text{（纯蓝色）}\\\text{CaY}^{2-}\text{（无色）}\\\text{Mg(OH)}_2\downarrow\text{（白色）}\\\text{Fe}^{3+}\text{、Al}^{3+}\text{三乙醇胺配离子（无色）}\end{cases}\rightarrow\text{得}\ W_{\text{CaO}}$$

（5）$\begin{cases}\text{滤液含 Fe}^{3+}\text{、Al}^{3+}\text{、}\\\text{Ca}^{2+}\text{和 Mg}^{2+}\text{取 25}\\\text{mL 于 250mL 锥形瓶中}\end{cases}$ $\xrightarrow[\text{加 1mL 酒石酸钾钠和 4mL(1+1)三乙醇胺}]{\text{加水稀释至 50mL}}$ $\xrightarrow[\text{酸性铬蓝 K-萘酚绿 B 指示剂}]{\text{5mL NH}_3\text{-NH}_4\text{Cl 缓冲溶液}}$

$\begin{cases}\text{Ca-Ind}^-\text{（酒红色）}\\\text{Mg-Ind}^-\text{（红色）}\\\text{Fe}^{3+}\text{、Al}^{3+}\text{三乙醇胺}\\\quad\text{配离子（无色）}\end{cases}$ $\xrightarrow[\text{EDTA滴至蓝色}]{}$ $\begin{cases}\text{HInd}^{2-}\text{（纯蓝色）}\\\text{CaY}^{2-}\text{（无色）}\\\text{MgY}^{2-}\text{（无色）}\\\text{Fe}^{3+}\text{、Al}^{3+}\text{三乙醇胺}\\\quad\text{配离子（无色）}\end{cases}\rightarrow\text{得}\ W_{\text{CaO+MgO}}$

三、仪器、药品及材料

仪器：50mL 酸式滴定管、250mL 锥形瓶、50mL 量筒、50mL 小烧杯、400mL 大烧杯、25mL 移液管、50mL 移液管、电炉、石棉网、万分之一分析天平、恒温水浴锅、马弗炉、30mL 坩埚、坩埚钳、干燥器、定量滤纸、玻璃棒、表面皿、洗瓶、洗耳球。

药品：水泥熟料、固体 NH_4Cl、浓 HCl、浓 HNO_3、（3+97）HCl、0.05%溴甲酚绿指示剂、（1+1）HCl、（1+1）$NH_3\cdot H_2O$、10%磺基水杨酸、0.01500mol/L EDTA 标准溶液、HAc-NaAc 缓冲溶液、0.2%PAN 指示剂、0.01500mol/L $CuSO_4$ 标准溶液、（1+1）三乙醇胺、10%NaOH、固体钙指示剂、10%酒石酸钾钠、NH_3-NH_4Cl 缓冲溶液、酸性铬蓝 K-萘酚绿 B 指示剂。

材料：称量纸、手套、精密 pH 试纸。

四、实验步骤

1. 空坩埚恒重

将空坩埚放在马弗炉中灼烧，称量，如此反复，直至恒重。

2. SiO_2 的测定

精确称取水泥熟料 0.5000g 左右于 50mL 烧杯中，加 2g 固体 NH_4Cl，玻璃棒搅匀。盖上表面皿，沿杯嘴加 3mL 浓 HCl 和 1 滴浓 HNO_3，玻璃棒搅匀，于沸水浴上蒸发至近干。

加 10mL 热的（3＋97）HCl 分解水泥中的 Ca^{2+}、Al^{3+}、Fe^{3+} 和 Mg^{2+}。定量滤纸过滤，用热的（3＋97）HCl 洗涤沉淀，直至沉淀洗纯，不含杂质。沉淀和定量滤纸移入已恒重的空坩埚中，先放在电炉上由低温烤干到高温灰化，再放入马弗炉内于 950～1000℃高温灼烧 40min，取出，放冷，于干燥器中冷却至室温，称重，如此反复，直至恒重。

$$W_{SiO_2}(\%)=\frac{A-B}{m_试}\times100\%$$

式中　A——已恒重试样和坩埚的质量，g；

　　　B——已恒重空坩埚的质量，g；

　　　$m_试$——精称水泥熟料试样的质量，g。

（1）浓盐酸的作用是盐酸的蒸发带走水溶性硅酸胶中的水分，使水溶性硅酸胶变成水凝胶析出。

（2）恒温水浴锅用于控温 100～110℃范围，温度过高 Al^{3+} 和 Fe^{3+} 易水解成碱式盐沉淀，使 SiO_2 含量偏高，Al_2O_3 和 Fe_2O_3 含量偏低。

（3）固体 NH_4Cl 的作用是 NH_4Cl 的水解需要更多的水，从而就加速了水溶性硅酸胶脱水，促使水溶性硅酸胶变成水凝胶析出。

（4）浓硝酸的作用是使铁全部以 Fe^{3+} 存在。

3. Fe^{3+} 的测定

准确吸取 50.00mL 滤液于 400mL 烧杯中，加 2 滴 0.05％溴甲酚绿指示剂，溶液呈黄色。滴加（1＋1）$NH_3\cdot H_2O$ 调至绿色，再滴加（1＋1）HCl 调至黄色并过量 3 滴，此时溶液的 pH≈2。加热至 70℃取下，加 10 滴 10％磺基水杨酸，以 0.01500mol/L EDTA 标准溶液滴定，开始速度宜快，当溶液由紫红色变成淡紫红色时，滴定速度宜慢，直至溶液变成亮黄色，即为终点。

$$W_{Fe_2O_3}(\%)=\frac{c_{EDTA}\times V_{EDTA}\times M_{Fe_2O_3}\times10^{-3}}{2\times m_试\times\frac{50}{250}}\times100\%$$

式中　c_{EDTA}——EDTA 标准溶液的浓度，mol/L；

　　　V_{EDTA}——滴定时消耗的 EDTA 标准溶液的体积，mL；

　　　$M_{Fe_2O_3}$——Fe_2O_3 的摩尔质量，g/mol。

（1）0.05％溴甲酚绿指示剂不能多加，否则溶液底色黄色太深，影响滴定终点颜色的判断。

（2）溶液酸度对 Fe^{3+} 测定结果有影响。pH<1.5 时，结果偏低；pH>3 时，Fe^{3+} 形成 $Fe(OH)_3\downarrow$（红棕），无明显滴定终点。

（3）Fe^{3+} 与 EDTA 络合反应进行得较慢，所以滴定温度以 60～70℃为宜以加速反应。温度>75℃，一方面 Fe^{3+} 水解成 $Fe(OH)_3\downarrow$（红棕），实验失败，另一方面 Al^{3+} 也与 EDTA 进行络合反应，使 Al^{3+} 含量偏低，Fe^{3+} 含量偏高。温度<50℃，不利于反应，不易掌握滴定终点。

4. Al^{3+} 的测定

在上述测铁溶液中准确地加入 0.01500mol/L EDTA 标准溶液 20.00mL，加蒸馏水稀释至 200mL，玻璃棒搅匀。煮沸 1～2min，使 Al^{3+} 与 EDTA 完全反应。加 15mL pH＝4.3 的 HAc-NaAc 缓冲溶液并调节溶液 pH＝4.3。加 4 滴 0.2％PAN 指示剂，溶液呈黄色。用 0.01500mol/L $CuSO_4$ 标准溶液滴定，Cu^{2+} 就与过量的 EDTA 反应生成淡蓝色配合物，Cu^{2+} 与过量的 EDTA 完全反应后，随着 $CuSO_4$ 标准溶液的滴入，过量 1 滴的 Cu^{2+} 即与

PAN 指示剂反应生成红色配合物。但滴定终点的颜色是亮紫色。

$$W_{Al_2O_3}(\%)=\frac{(c_{EDTA}\times V_{EDTA}-c_{CuSO_4}\times V_{CuSO_4})\times M_{Al_2O_3}\times 10^{-3}}{2\times m_{试}\times\frac{50}{250}}\times 100\%$$

式中 V_{EDTA}——加入过量 0.01500mol/L EDTA 标准溶液的体积，20.00mL；

c_{CuSO_4}——CuSO$_4$ 标准溶液的浓度，mol/L；

V_{CuSO_4}——滴定时消耗的 CuSO$_4$ 标准溶液的体积，mL；

$M_{Al_2O_3}$——Al$_2$O$_3$ 的摩尔质量，g/mol。

(1) Al^{3+} 与 EDTA 的络合反应很慢，不宜直接滴定，通常加过量 EDTA 并煮沸，使 Al^{3+} 与 EDTA 充分反应，再用 CuSO$_4$ 标准溶液返滴过量的 EDTA。通常根据 Al$_2$O$_3$ 的大致含量计算，以 EDTA 过量 10mL 为宜，这样易于观察终点颜色。

(2) PAN 指示剂在溶液 pH=4.3 时呈黄色。

(3) 滴定终点为何是亮紫色？因为溶液中存在三种有色物质，即红色的 Cu-PAN 配合物、蓝色的 Cu-EDTA 配合物和黄色的 Fe-EDTA 配合物，而它们的浓度又在不断变化，所以滴定中颜色的变化较复杂，其变化过程是黄色→绿色→蓝绿色→灰绿色→亮紫色。

5. Ca^{2+} 的测定

准确吸取 25.00mL 滤液于 250mL 锥形瓶中，加蒸馏水稀释至 50mL。加 4mL（1+1）三乙醇胺和 5mL 10%NaOH，摇匀。加绿豆粒大小的固体钙指示剂，再摇匀，此时溶液呈酒红色，用 0.01500mol/L EDTA 标准溶液滴定至纯蓝色即为终点。

$$W_{CaO}(\%)=\frac{c_{EDTA}\times V_{EDTA}\times M_{CaO}\times 10^{-3}}{m_{试}\times\frac{25}{250}}\times 100\%$$

式中 M_{CaO}——CaO 的摩尔质量，g/mol。

钙指示剂先与 Ca^{2+} 形成酒红色 Ca-Ind$^-$ 配离子，但其稳定性不如 CaY^{2-}，随着 EDTA 标准溶液的滴加，EDTA 就不断地夺走 Ca-Ind$^-$ 配离子中的 Ca^{2+}，并形成更稳定的 CaY^{2-} 配离子，使钙指示剂游离出来，显示其自身的蓝色。由于溶液中有 Mg^{2+} 存在，所以滴定终点更明显即纯蓝色。

6. Ca^{2+} 和 Mg^{2+} 的测定

准确吸取 25.00mL 滤液于 250mL 锥形瓶中，加蒸馏水稀释至 50mL。加 1mL 10%酒石酸钾钠和 4mL（1+1）三乙醇胺，摇匀。加 5mL pH=10 的 NH$_3$-NH$_4$Cl 缓冲溶液，摇匀。加绿豆粒大小的酸性铬蓝 K-萘酚绿 B 指示剂，再摇匀，此时溶液呈紫红色，用 0.01500mol/L EDTA 标准溶液滴定至蓝色即为终点。

$$W_{MgO}(\%)=\frac{c_{EDTA}\times[V_{EDTA(Ca^{2+}和Mg^{2+})}-V_{EDTA(Ca^{2+})}]\times M_{MgO}\times 10^{-3}}{m_{试}\times\frac{25}{250}}\times 100\%$$

式中 $V_{EDTA(Ca^{2+}和Mg^{2+})}$——测定 Ca^{2+} 和 Mg^{2+} 时所消耗的 EDTA 标准溶液的体积，mL；

$V_{EDTA(Ca^{2+})}$——测定 Ca^{2+} 时所消耗的 EDTA 标准溶液的体积，mL；

M_{MgO}——MgO 的摩尔质量，g/mol。

K-B 指示剂先与 Ca^{2+} 和 Mg^{2+} 形成酒红色 Ca-Ind$^-$ 配离子和红色 Mg-Ind$^-$ 配离子，但其稳定性不如 CaY^{2-} 和 MgY^{2-}，随着 EDTA 标准溶液的滴加，EDTA 就不断地夺走 Ca-Ind$^-$ 配离子中的 Ca^{2+} 和 Mg-Ind$^-$ 配离子中的 Mg，并形成更稳定的 CaY^{2-} 配离子和 MgY^{2-} 配离子，使 K-B 指示剂游离出来，显示其自身的蓝色。

以上所有实验数据均记录在表 7-6 中。

表 7-6 水泥熟料中各含量测定的实验数据

测定项目	名称	数据	计算公式	结果
SiO₂	$m_{试}$		$W_{SiO_2}(\%)=\dfrac{A-B}{m_{试}}\times100\%$	
	B			
	A			
Fe³⁺	c_{EDTA}		$W_{Fe_2O_3}(\%)=\dfrac{c_{EDTA}\times V_{EDTA}\times M_{Fe_2O_3}\times10^{-3}}{2\times m_{试}\times\frac{50}{250}}\times100\%$	
	V_{EDTA}			
Al³⁺	c_{CuSO_4}		$W_{Al_2O_3}(\%)=\dfrac{(c_{EDTA}\times V_{EDTA}-c_{CuSO_4}\times V_{CuSO_4})\times M_{Al_2O_3}\times10^{-3}}{2\times m_{试}\times\frac{50}{250}}\times100\%$	
	V_{CuSO_4}			
	V_{EDTA}			
Ca²⁺	V_{EDTA}		$W_{CaO}(\%)=\dfrac{c_{EDTA}\times V_{EDTA}\times M_{CaO}\times10^{-3}}{m_{试}\times\frac{25}{250}}\times100\%$	
Ca²⁺ 和 Mg²⁺	$V_{EDTA(Ca^{2+}和Mg^{2+})}$		$W_{MgO}(\%)=\dfrac{c_{EDTA}\times[V_{EDTA(Ca^{2+}和Mg^{2+})}-V_{EDTA(Ca^{2+})}]\times M_{MgO}\times10^{-3}}{m_{试}\times\frac{25}{250}}\times$	
	$V_{EDTA(Ca^{2+})}$		100%	

五、思考题

1. SiO₂ 含量的测定中如何检验沉淀已洗纯，不含杂质。如果沉淀没有洗纯，对实验结果有何影响？最后又如何补救？

2. 根据给出的含量范围和自己的实验结果讨论误差的来源。

3. 什么叫恒重，操作中应注意什么？

六、注意事项

1. 因硅酸盐水泥熟料中还含有其他一些杂质成分，所以五项指标的百分含量之和应小于 100%。

2. 马弗炉应在老师的指导下操作，应小心烫伤。

3. SiO₂、Fe³⁺ 和 Al³⁺ 的测定均要严格控制温度，否则会引起实验误差，甚至造成实验失败。

4. 在 SiO₂ 的测定中，水泥熟料、固体 NH₄Cl、浓盐酸和浓硝酸于沸水浴上蒸发至近干时应在通风橱中进行。

5. 空坩埚和含试样的坩埚放在马弗炉中灼烧、冷却和称量时，注意条件一致。

实验 46 高锰酸盐指数的测定

高锰酸盐指数指在酸性或碱性介质中，以高锰酸钾为氧化剂，处理水样时所消耗的量，以氧的 mg/L 表示。水中的亚硝酸盐、亚铁盐、硫化物等还原性无机物和在此条件下可被氧化的有机物，均可消耗高锰酸钾。因此，高锰酸盐指数常被作为地表水受有机污染物和还原性无机物污染程度的综合指标。

高锰酸盐指数亦称为化学需氧量的高锰酸钾法。由于在规定的条件下，水中有机物只能部分被氧化，并不是理论上的需氧量，也不是反映水体中总有机物含量的尺度。因此，用高锰酸盐指数这一术语作为水质的一项指标，以区别于重铬酸钾法的化学需氧量，更符合客观实际。

Ⅰ 酸性法

一、实验目的

1. 了解环境污染的指标及分析方法。
2. 研究水体被污染的程度。
3. 掌握用酸性高锰酸钾法测定化学需氧量的原理和方法。

二、实验原理

水样加入硫酸使呈酸性后，加入过量的高锰酸钾溶液，水浴加热以加快反应。剩余的高锰酸钾用过量的草酸钠溶液还原，再用高锰酸钾溶液回滴过剩的草酸钠。根据高锰酸钾溶液的消耗量，通过计算求出水样中高锰酸盐指数值。本方法适用于氯离子含量不超过 300mg/L 的水样中 COD 的测定。当水样中高锰酸盐指数超过 10mg/L 时，应将水样稀释后再测定。

三、仪器、药品及材料

仪器：250mL 锥形瓶、50mL 酸式滴定管、恒温水浴锅、10mL 移液管、100mL 量筒、5mL 刻度吸管、洗耳球、定时钟、G-3 玻璃砂芯漏斗、容量瓶、万分之一分析天平。

药品：(1+3) H_2SO_4（趁热滴加高锰酸钾溶液至呈微红色）、0.1mol/L $KMnO_4$ 贮备液、0.01mol/L $KMnO_4$ 使用液（临用前由高锰酸钾贮备液稀释 10 倍）、0.1000mol/L $Na_2C_2O_4$ 标准贮备液、0.01000mol/L $Na_2C_2O_4$ 标准使用液。

四、实验步骤

1. 取 100mL 水样于 250mL 锥形瓶中。如水样中高锰酸盐指数超过 10mg/L 时，应酌情少取，用蒸馏水将水样稀释至 100mL 后再测定。

2. 加 5mL (1+3) H_2SO_4，混匀。

3. 用 10mL 移液管准确地加入 0.01mol/L $KMnO_4$ 使用液 10.00mL，摇匀。立即放入沸水浴中加热 30min（沸水浴液面要高于锥形瓶内反应液的液面）。如在加热过程中 $KMnO_4$ 的紫红色褪去，必须将水样稀释，重新测定。

4. 取下锥形瓶后，立刻准确地加入 0.01000mol/L $Na_2C_2O_4$ 标准溶液 10.00mL，摇匀，待 $KMnO_4$ 的紫红色完全消失后，趁热（温度不应低于 70℃，否则需加热）用 0.01mol/L $KMnO_4$ 溶液滴定至微红色不褪，即为终点。记录 $KMnO_4$ 溶液的消耗量。以 C 代表还原性物质，其反应原理如下：

$$4MnO_4^- + 5C + 12H^+ \longrightarrow 4Mn^{2+} + 5CO_2\uparrow + 6H_2O$$

$$2MnO_4^- + 5C_2O_4^{2-} + 16H^+ \longrightarrow 2Mn^{2+} + 10CO_2\uparrow + 8H_2O$$

5. $KMnO_4$ 溶液浓度的标定。$KMnO_4$ 溶液的浓度不稳定，所以每次做样品时，必须进行校正，求出校正系数 K。方法如下：于上述已滴定完毕的水样趁热（70~80℃）准确地加入 10.00mL 的 0.01000mol/L $Na_2C_2O_4$ 标准溶液，再用 0.01mol/L $KMnO_4$ 溶液滴至微红色，记录消耗 $KMnO_4$ 溶液的体积 V(mL)，则 $KMnO_4$ 溶液的校正系数 $K = \dfrac{10.00}{V}$。

6. 若水样经稀释，应同时取 100mL 蒸馏水，按水样测定步骤进行空白实验。结果计算如下：

（1）水样未经稀释

$$\text{高锰酸盐指数}(O_2,mg/L)=\frac{[(10+V_1)K-10]\times c_{Na_2C_2O_4}\times 8\times 1000}{100}$$

式中　V_1——测定水样时所消耗的 $KMnO_4$ 溶液的体积，mL；

　　　　K——$KMnO_4$ 溶液的校正系数；

　　$c_{Na_2C_2O_4}$——$Na_2C_2O_4$ 标准溶液的浓度，mol/L；

（2）水样经稀释

$$\text{高锰酸盐指数}(O_2,mg/L)=\frac{\{[(10+V_1)K-10]-[(10+V_0)K-10]\times\beta\}\times c_{Na_2C_2O_4}\times 8\times 1000}{V_2}$$

式中　V_0——空白实验中所消耗的 $KMnO_4$ 溶液的体积，mL；

　　　　V_2——取水样体积，mL；

　　　　β——稀释水样中含水的比值。如取样体积为 20.0mL，加 80.0mL 蒸馏水稀释至 100mL，则 $\beta=0.8$。

以上实验数据均记录在表 7-7 中。

表 7-7　酸性高锰酸钾法测定化学需氧量的原始实验数据

项目	测定次数		
	①	②	③
标定 $KMnO_4$ 浓度时消耗的体积 V/mL			
$KMnO_4$ 溶液的校正系数 K			
$c_{Na_2C_2O_4}$ /(mol/L)			
测定水样时消耗 $KMnO_4$ 溶液的体积 V_1/mL			
空白实验消耗 $KMnO_4$ 溶液的体积 V_0/mL			
取水样体积 V_2/mL			
稀释水样中含水的比值 β			
高锰酸盐指数/(mg/L)			
高锰酸盐指数均值/(mg/L)			
相对平均偏差			

五、思考题

1. 高锰酸钾滴定草酸时应注意哪些反应条件？在什么情况下应用碱性高锰酸钾法测定化学需氧量？为什么？

2. 根据国家环境保护部公布的水处理标准中，对所测 COD 值进行讨论是否达到处理标准，如没有达到应采取的措施是什么？

3. 为什么 COD 是衡量水体污染程度的一项重要指标？影响化学需氧量测定结果的因素有哪些？测定化学需氧量的方法种类及适用范围是什么？

4. 为什么要做空白实验？在做空白实验时应注意哪些问题？

六、注意事项

1. 谨慎操作，玻璃器皿易碎，加热后温度高，要防止烫伤。

2. 高锰酸盐指数是一个相对的条件性指标，其测定结果与溶液的酸度、高锰酸钾浓度、加热温度和时间有关。因此，要严格控制反应条件，使结果具有可比性。高锰酸钾不能过早地加好放在那里不加热。

3. 煮沸 30min 后应残留 40％～60％高锰酸钾。如煮沸过程中红色消失或变黄，说明有机物或还原性物质过多，需将水样稀释后重做。回滴过量的草酸钠标准溶液所消耗的高锰酸钾溶液的体积应在 4～6mL，否则需重新再取适量水样测定。

4. 因为一般蒸馏水中常含有若干可以被氧化的物质，所以用蒸馏水稀释水样时，必须测定空白蒸馏水的耗氧量，并在最后结果中减去此部分。

5. 在酸性条件下，草酸钠与高锰酸钾的反应温度应保持在 70～80℃，所以滴定应趁热进行，若溶液温度过低，应加热后再测定。

Ⅱ 碱性法

一、实验目的

掌握用碱性高锰酸钾法测定化学需氧量的原理和方法。

二、实验原理

在碱性条件下，加入一定量高锰酸钾溶液于水样中，并在沸水浴上加热反应一定时间，以氧化水中的还原性无机物和部分有机物。加酸酸化后，加入过量的草酸钠溶液还原剩余的高锰酸钾溶液，再用高锰酸钾溶液滴定过剩的草酸钠溶液至溶液呈微红色。

三、仪器、药品及材料

50％氢氧化钠溶液，其余均同酸性法。

四、实验步骤

1. 取 100mL 待测水样（或酌情少取，用水稀释至 100mL）于 250mL 锥形瓶中，加入 50％NaOH 溶液 0.5mL，摇匀。

2. 准确地加入 0.01mol/L KMnO₄ 溶液 10.00mL，摇匀。将锥形瓶立即放入沸水浴中加热 30min（从水浴重新沸腾计时）。沸水浴液面要高于反应溶液的液面。

3. 从水浴中取出锥形瓶，冷却至 80℃左右，加入 5mL （1＋3） H_2SO_4 并保证溶液呈酸性，摇匀。

4. 准确地加入 0.01000mol/L $Na_2C_2O_4$ 标准溶液 10.00mL，摇匀。

5. 立即用 0.01mol/L 的 KMnO₄ 溶液回滴至微红色即为终点。KMnO₄ 溶液校正系数的测定及最后结果计算均同酸性法。

五、思考题

用酸性法和碱性法同时测定高锰酸盐指数的标准溶液，两种方法的测定结果和标准偏差是否相同。

六、注意事项

1. 50％氢氧化钠溶液贮于聚乙烯瓶中。

2. 高锰酸钾溶液加热煮沸，放置过夜，再用 G-3 玻璃砂芯漏斗过滤，滤液贮于棕色试剂瓶中。

3. 水样采集于玻璃瓶后，应尽快分析。若不能立即分析，应加入硫酸调节 pH＜2，4℃

冷藏保存并在 48h 内测定。

4. 该法适用于氯离子含量高于 300mg/L 的水样。

实验 47　挥发酚的测定（4-氨基安替比林萃取分光光度法）

一、实验目的

1. 掌握饮用水、地表水和工业废水中挥发酚的测定。
2. 掌握 4-氨基安替比林萃取分光光度法测定挥发酚的原理。
3. 学会分液漏斗的使用、蒸馏和萃取操作。

二、实验原理

根据酚类能否与水蒸气一起蒸出，分为挥发酚和不挥发酚。挥发酚通常指沸点在 230℃ 以下的酚类，属一元酚。酚类的分析方法很多，一般用 4-氨基安替比林萃取分光光度法测定挥发酚浓度低于 0.5mg/L 的水样，用 4-氨基安替比林直接分光光度法测定挥发酚浓度高于 0.5mg/L 的水样。本实验介绍萃取分光光度法。

被蒸馏出的酚类化合物，于 pH＝10.0±0.2 介质中，在铁氰化钾存在下，与 4-氨基安替比林反应生成橙红色的安替比林染料，用三氯甲烷萃取后，在 460nm 波长处有最大吸收。

三、仪器、药品及材料

仪器：500mL 全玻璃磨口蒸馏瓶、250mL 容量瓶、蛇形冷凝管、铁架台、十字夹、可调电炉、500mL 分液漏斗、100mL 量筒、250mL 量筒、5mL 刻度吸管、10mL 刻度吸管、721 型分光光度计、万分之一分析天平、小玻璃珠、2cm 比色皿。

药品：无酚蒸馏水、10％CuSO₄、2mol/L H₃PO₄、1％甲基橙指示剂、三氯甲烷、pH ＝10 的缓冲溶液、2％4-氨基安替比林（稳定一周）、8％铁氰化钾（稳定一周）、1.000g/L 酚标准贮备液（稳定一个月）、10.00μg/mL 酚标准中间液（当天配制）、1.00μg/mL 酚标准使用液（稳定 2h）。

材料：脱脂绵、擦镜纸。

四、实验步骤

1. 预蒸馏

（1）取 250mL 水样于 500mL 全玻璃蒸馏瓶中，加数粒玻璃珠以防暴沸，再加数滴甲基橙指示剂，用 2mol/L H₃PO₄ 溶液调节至溶液呈橙红色，若水样未显橙红色，则需继续补加 2mol/L H₃PO₄ 溶液，直到溶液显橙红色。加 5.0mL 10％CuSO₄ 溶液。

（2）连接冷凝器，加热蒸馏，收集馏出液于 250mL 容量瓶中，至蒸馏出约 225mL 时，停止加热，放冷。向蒸馏瓶中加 25mL 蒸馏水，继续蒸馏直至馏出液为 250mL 为止。

2. 标准曲线的绘制

（1）吸取标准系列　于一组 7 个分液漏斗中，分别加入 100mL 蒸馏水，依次加入 0.00mL、0.50mL、2.00mL、4.00mL、6.00mL、8.00mL 和 10.00mL 酚标准使用液，再分别加水至 250mL，混匀。

（2）显色　加 2.0mL 缓冲溶液，混匀，此时溶液 pH＝10.0±0.2，加 1.5mL 2％4-氨

基安替比林溶液，混匀，再加 1.5mL 8％铁氰化钾溶液，充分混匀后，加塞，放置 10min。

（3）萃取 在上述显色的分液漏斗中准确地加入 10.00mL 三氯甲烷，加塞，剧烈振摇 2min，倒置放气，静置分层。用干脱脂棉拭干分液漏斗颈管内壁，于颈管内塞一小团干脱脂棉，将三氯甲烷层通过干脱脂棉团放出，弃去最初滤出的数滴萃取液后，将余下的三氯甲烷直接放入光程为 2cm 的比色皿中。于 460nm 波长处，以三氯甲烷为参比，测定三氯甲烷层的吸光度 A。由标准系列测得的吸光度 A 减去零浓度管的吸光度 A_0，绘制吸光度 A 对苯酚含量（μg）的标准曲线。标准曲线回归方程的相关系数 r 应达到 0.999 以上。将实验数据记录在表 7-8 中。

表 7-8 挥发酚标准曲线和水样测定的原始实验数据

1.00μg/mL 酚标准使用液体积/mL	苯酚/μg	吸光度 A	减空白后吸光度 $A-A_0$
0.00	0		
0.50	0.50		
2.00	2.00		
4.00	4.00		
6.00	6.00		
8.00	8.00		
10.00	10.00		
回归方程:$y=$		相关系数:$r=$	
水样中的苯酚含量 m/μg			
取蒸馏出的馏出液的体积 V/mL			
挥发酚/(mg/L)			

3. 水样的测定

取蒸馏出的馏出液 250mL 于分液漏斗中，按上述绘制标准曲线的同样操作步骤测定水样的吸光度值，再减去空白实验的吸光度值。如水样的吸光度值超过标准曲线的最高点，应稀释后重新测定。

4. 空白实验

用蒸馏水代替水样进行蒸馏后，按水样的实验步骤测定其吸光度值。其结果作为水样测定的空白校正值。空白实验应与水样测定同时进行。结果计算如下：

$$挥发酚（以苯酚计,mg/L）=\frac{m}{V}$$

式中 m——由水样的校正吸光度值，从标准曲线上查得的苯酚含量，μg；

V——取蒸馏出的馏出液的体积，mL。

当计算结果小于 0.1mg/L 时，保留到小数点后四位；当计算结果大于或等于 0.1mg/L 时，保留三位有效数字。

五、思考题

1. 怎样制备无酚蒸馏水？

2. 怎样精制苯酚？

3. 4-氨基安替比林的纯度对空白实验的吸光度值影响较大，有时要对其做提纯处理，请查阅如何提纯 4-氨基安替比林？

六、注意事项

1. 水样中挥发酚经蒸馏后，可以消除颜色和浑浊度等干扰。如水样中含氧化剂、油类、硫化物、有机或无机还原性物质和苯胺类均干扰挥发酚的测定。应在蒸馏前先消除干扰物质。

2. 为避免 pH=10 的缓冲溶液中氨的挥发所引起 pH 的改变，应注意在低温下保存，且取用后立即加塞盖严，并根据使用情况适量配制。

3. 加硫酸铜溶液准备预蒸馏时，如产生较多黑色硫化铜沉淀，应摇匀后静置片刻，待沉淀完全反应后再滴加硫酸铜溶液，直至不再产生沉淀为止。

4. 蒸馏过程中，若发现甲基橙红色褪去，应在蒸馏结束后，放冷，再滴加甲基橙指示剂。若发现蒸馏后残液不呈酸性，则应重新取样，增加磷酸溶液加入量，进行蒸馏。

5. 测定地表水的蒸馏设备不能与测定工业废水的蒸馏设备混用。每次实验前后，都应清洗整个蒸馏设备。

6. 不能用橡胶塞、橡胶管连接蒸馏瓶及冷凝器，以防止对测定产生干扰。

实验 48　甲醛的测定（乙酰丙酮分光光度法）

Ⅰ. 地表水和工业废水

一、实验目的

1. 掌握地表水和工业废水中甲醛的测定方法——乙酰丙酮分光光度法。
2. 了解本方法的最低检出浓度为 0.05mg/L，测定上限为 3.20mg/L。

二、实验原理

在过量铵盐存在下，甲醛与乙酰丙酮反应生成黄色化合物，该黄色化合物在波长 414nm 处有最大吸收。该黄色化合物在 3h 内吸光度保持不变。

三、仪器、药品及材料

仪器：721 型分光光度计、恒温水浴锅、500mL 全玻璃蒸馏器、25mL 比色管、10mL 刻度吸管、5mL 刻度吸管、100mL 量筒、100mL 容量瓶、250mL 碘量瓶、滴定台、酸式滴定管、电炉、铁架台、十字夹、洗耳球、洗瓶。

药品：乙酰丙酮溶液［50g 乙酸铵、6mL 冰醋酸和 0.5mL 乙酰丙酮试剂溶解于 100mL 蒸馏水中（该溶液可在冰箱中稳定储存一个月）］、1.0mg/mL 甲醛标准贮备液、10.0μg/mL 甲醛标准使用液（临用前将贮备液稀释 100 倍）、浓 H_2SO_4、0.05000mol/L $Na_2S_2O_3$ 标准溶液（实验室标好）、0.05mol/L 碘液、6mol/L NaOH、2mol/L H_2SO_4、1% 淀粉溶液。

材料：擦镜纸、1cm 比色皿。

四、实验步骤

1. 甲醛标准贮备液的配制与标定

吸取 2.8mL 甲醛溶液（内含甲醛 36%～38%），用水稀释至 1000mL，摇匀。此溶液每毫升约含 1mg 甲醛。该配制好的溶液置冰箱 4℃ 内可保存半年。

吸取 20.00mL 甲醛标准贮备液于 250mL 碘量瓶中，加 0.05mol/L 碘液 50.0mL 和 6mol/L NaOH 溶液 2.5mL，混匀暗处放置 15min。加 2mol/L H_2SO_4 溶液 5.0mL，混匀暗处再放置 15min。以 0.05000mol/L $Na_2S_2O_3$ 标准溶液进行滴定，滴至溶液呈淡黄色时，加

1mL 淀粉指示剂，继续滴定至溶液蓝色刚好褪去，记下用量 V。

同时，另取 20.00mL 蒸馏水代替甲醛贮备液按上述步骤进行空白实验，记下 $Na_2S_2O_3$ 标准溶液用量 V_0。甲醛标准贮备液的浓度：

$$甲醛(HCHO,mg/L) = \frac{(V_0-V) \times c_{Na_2S_2O_3} \times 15 \times 1000}{20.00}$$

式中 V_0——空白实验消耗 $Na_2S_2O_3$ 标准溶液的体积，mL；

  V——标定甲醛标准贮备液消耗 $Na_2S_2O_3$ 标准溶液的体积，mL；

  $c_{Na_2S_2O_3}$——$Na_2S_2O_3$ 标准溶液的浓度，mol/L；

  15——甲醛$\left(\frac{1}{2}HCHO\right)$的摩尔质量，g/mol。

2. 样品预处理

（1）无色、不浑浊的清洁地表水调至中性后，可直接测定。

（2）受污染的地表水和工业废水按下述方法进行蒸馏。取 100mL 水样于蒸馏瓶内，加 3~5mL 浓 H_2SO_4 及数粒玻璃珠，用 100mL 容量瓶接收馏出液。打开冷凝水，加热，待蒸出约 95mL 馏出液时，停止蒸馏，冷却。再加 15mL 蒸馏水，继续蒸馏，直至馏出液到 100mL 容量瓶刻度线时取下容量瓶。

3. 标准曲线的绘制

取 7 支 25mL 比色管，分别加入 0.00mL、0.50mL、1.00mL、3.00mL、5.00mL、7.00mL 和 10.00mL 甲醛标准使用液，加水至刻度。加显色剂乙酰丙酮溶液 2.50mL，摇匀。于 45~60℃水浴锅中加热 30min，取出冷却。用 1cm 比色皿，在波长 414nm 处，以水为参比测定吸光度。在扣除零浓度管的吸光度后，以吸光度和对应的甲醛含量绘制标准曲线。或用最小二乘法计算直线回归方程，回归方程的相关系数 r 应达到 0.999 以上。将实验数据填入表 7-9 中。

表 7-9 甲醛标准曲线和水样测定的原始实验数据

10.0μg/mL 甲醛标准使用液体积/mL	甲醛/μg	吸光度值	减空白后吸光度值
0.00	0		
0.50	5.0		
1.00	10.0		
3.00	30.0		
5.00	50.0		
7.00	70.0		
10.00	100.0		
回归方程:$y=$		相关系数:$r=$	
水样中的甲醛含量 m/μg			
取水样或馏出液的体积 V/mL			
甲醛/(mg/L)			

4. 水样测定

取 25.0mL 水样或馏出液于 25mL 比色管中（含甲醛在 100μg 以内，否则要稀释）。以下按绘制标准曲线的步骤进行显色和吸光度测定。

用 25.0mL 蒸馏水代替水样，按相同步骤进行空白实验。减去空白实验所测得的吸光度后，从标准曲线上查出水样中的甲醛含量。

$$甲醛(HCHO,mg/L) = \frac{m}{V}$$

式中 m——从标准曲线上查得的水样中的甲醛含量，μg；

　　　V——取水样体积，mL。

五、思考题

1. 请你谈谈甲醛对人体的危害。
2. 甲醛污染主要来源于哪些企业排放的废水？

六、注意事项

1. 清洁地表水甲醛样品采集于硬质玻璃瓶或聚乙烯瓶中，废水甲醛样品采集于硬质玻璃瓶中。采集时应使水样从瓶口溢出后盖上瓶塞塞紧。这样，可避免微生物分解所造成的采样误差。同时，在条件允许时，最好现场采集空白样作为现场采样的质量控制样，能显示出采样过程中环境和运输对水样的影响，这对有机污染物尤其重要。采样后应尽快送实验室进行分析，否则，要在每升样品中加入1mL浓硫酸，使样品的pH≤2，并在24h内进行测定。

2. 在水样预蒸馏时，向水样中加15mL蒸馏水，是为了防止有机物含量高的水样在蒸至最后时，有机物在硫酸介质中发生炭化现象而影响甲醛的测定。

3. 对某些不适于在酸性条件下蒸馏的特殊水样，例如含氰化物较高的废水或染料、制漆废水等，可用氢氧化钠溶液先将水样调至弱碱性（pH≈8），再进行蒸馏。

4. 乙酰丙酮的纯度对空白实验的吸光度有影响。乙酰丙酮应是无色透明的，否则要蒸馏精制。

Ⅱ　环境空气、室内空气和工业废气

一、实验目的

1. 掌握环境空气、室内空气和工业废气中甲醛的测定方法——乙酰丙酮分光光度法。
2. 了解本方法的最低检出浓度为 $0.008mg/m^3$，测定上限为 $800mg/m^3$。

二、实验原理

甲醛气体经水吸收后，在 pH＝6 的乙酸-乙酸铵缓冲溶液中，与乙酰丙酮作用，在沸水浴条件下迅速生成稳定的黄色化合物，在波长413nm处比色测定该黄色化合物的吸光度。

三、仪器、药品及材料

仪器：721 型分光光度计、恒温水浴锅、$0.2\sim1.0L/mim$ 的空气采样器、50mL 或 125mL 多孔玻璃板吸收瓶、气压表、10mL 比色管、10mL 刻度吸管、2mL 刻度吸管、50mL 容量瓶、洗耳球、洗瓶、缓冲瓶。

药品：乙酰丙酮溶液［称 25g 乙酸铵，加少量水溶解，加 3mL 冰醋酸和 0.25mL 新蒸馏的乙酰丙酮，混匀后再用水稀释至 100mL，调整 pH＝6.0（该溶液可在冰箱中稳定储存一个月）］。吸收液：不含有机物的重蒸馏水。1.0mg/mL 甲醛标准贮备液、5.0μg/mL 甲醛标准使用液（临用前用吸收液将贮备液稀释 200 倍，最好稀释两次由贮备液→中间液→使用液）。

材料：擦镜纸、1cm 比色皿。

四、实验步骤

1. 甲醛标准贮备液的配制与标定同地表水和工业废水的测定

2. 气体样品的采集

（1）用 50mL 多孔玻璃板吸收瓶采样就装 20mL 吸收液；用 125mL 多孔玻璃板吸收瓶采样就装 50mL 吸收液。

（2）采样系统由采样缓冲瓶、多孔玻璃板吸收瓶和空气采样器串联组成。根据具体情况以 0.5~1.0L/min 的流量采样，采样时间 10~30min。得气体的采样体积。

（3）记录采样时的气温和气压。实验数据记录在表 7-10 中。

（4）用下面公式将气体的采样体积换算成标准状况下的采样体积。

$$\frac{P_{采样}}{V_{采样} \cdot T_{采样}} = \frac{P_{标准}}{V_{标准} \cdot T_{标准}}$$

$$V_{标准} = \frac{P_{标准} \cdot V_{采样} \cdot T_{采样}}{P_{采样} \cdot T_{标准}}$$

式中　$P_{采样}$——采样时由气压表上读取的大气压，kPa；

　　　$T_{采样}$——采样时的热力学温度，由气压表上读取的气温+273.15，K；

　　　$V_{采样}$——采样体积，L；

　　　$P_{标准}$——标准大气压，101.325kPa；

　　　$T_{标准}$——标准状况下的热力学温度，273.15K。

表 7-10　环境空气、室内空气和工业废气中甲醛测定的原始实验数据

项　　目	数据记录
大气采样流量/(L/mim)	
采样时间/min	
采样体积/L	
采样时的气温/℃	
采样时的热力学温度/K	
采样时的大气压/kPa	
标准大气压/kPa	
标准状态下的热力学温度/K	
标准状态下的采样体积/L	
从标准曲线上查得的甲醛含量 $m/\mu g$	
定容体积 V_1/mL	
测定时取样体积 V_2/mL	
甲醛浓度/(mg/m³)	

3. 标准曲线的绘制

取 7 支 10mL 比色管，分别加入 0.00mL、0.40mL、1.00mL、2.00mL、4.00mL、6.00mL 和 8.00mL 甲醛标准使用液，用吸收液定容至刻度。加入 2.0mL 显色剂乙酰丙酮溶液，摇匀。于沸水浴中加热 3min，取出冷却至室温。用 1cm 比色皿，在波长 413nm 处，以吸收液为参比测定吸光度。在扣除零浓度（试剂空白）管的吸光度后，以校准吸光度为纵坐标，甲醛含量为横坐标，绘制标准曲线。或用最小二乘法计算回归方程，回归方程的相关系数 r 应达到 0.999 以上。实验结果填入表 7-11 中。

4. 样品测定

将采样吸收后的样品溶液移入 50mL 容量瓶中，用吸收液定容至刻度。

取 10.0mL 试样于 10mL 比色管中（含甲醛在 40μg 以内，否则要稀释）。以下按绘制标准曲线的步骤进行显色和吸光度测定。

表 7-11 标准曲线的原始实验数据

5.0μg/mL 甲醛标准使用液体积/mL	甲醛含量/μg	吸光度值	减空白后吸光度值
0.00	0		
0.40	2.0		
1.00	5.0		
2.00	10.0		
4.00	20.0		
6.00	30.0		
8.00	40.0		
回归方程:y=		相关系数:r=	

用现场未采样的空白吸收瓶的吸收液按上述相同步骤进行空白实验。减去空白实验所测得的吸光度后，从标准曲线上查出甲醛含量。样品中的甲醛含量 χ 计算如下:

$$\chi(\mu g) = m \times \frac{V_1}{V_2}$$

式中　m——从标准曲线上查得的甲醛含量，μg;

V_1——定容体积，50mL;

V_2——测定时取样体积，如 10mL。

环境空气、室内空气和工业废气中甲醛浓度计算如下:

$$甲醛浓度(mg/m^3) = \frac{\chi}{V_{标准}}$$

式中　$V_{标准}$——标准状况（0℃，101.325kPa）下所采气体体积，L。

样品测定数据均记录在表 7-10 中。

五、思考题

1. 哪些企业排放甲醛废气?

2. 怎样制取不含有机物的重蒸馏水?

3. 实验中用乙酸-乙酸铵缓冲溶液调节溶液的 pH＝6.0，能否改为乙酸-乙酸钠缓冲溶液?

六、注意事项

1. 显色剂最好现用现配，一般空白吸光度在 0.005 左右，显色剂放置时间长了空白值就会偏高。

2. 做试剂空白实验是为了消除乙酰丙酮本身的颜色。

3. 多孔玻璃板气泡吸收瓶使用前要校正，采样流量 0.5L/min 时，阻力为（6.7±0.7）kPa，单管吸收效率要大于 99%。

4. 样品采完后应贮存在冰箱中，2 天内分析完毕，以防止甲醛被氧化。

5. 日光照射也能使甲醛氧化，因此要用棕色吸收瓶，样品在运输和贮存时都应避光。

第八章

物理化学实验

实验 49　ZnO 与 HCl 溶解熵的测定

影响溶解熵的主要因素有温度、压力、溶质、溶剂的性质和用量等。溶解熵分为积分溶解熵和微分溶解熵。摩尔积分溶解熵（简称积分溶解熵）指在一定温度和压力下，将 1mol 溶质溶解于一定量溶剂中形成一定浓度的溶液时，所吸收或放出的热量。微分溶解熵指在温度、压力及溶液组成不变的条件下，向溶液中加入溶质后的热效应。或者可以理解为将 1mol 溶质溶解于无限大量的某一溶液中所产生的热效应，此时溶液的浓度没有发生变化。积分溶解熵和微分溶解熵的单位都是 J/mol，但是在溶解过程中，前者溶液的浓度是连续变化的，而后者只有微小的变化或者可以视为不变，故积分溶解熵又称变浓溶解熵，微分溶解熵又称为定浓溶解熵。

积分溶解熵可以由实验测定。在绝热容器中测定积分溶解熵的方法一般有两种：一是先用标准物质测出量热计的热容，然后再测定待测物质溶解过程的温度变化，从而求出待测物质的积分溶解熵。二是测定溶解过程中温度的降低，然后由电热法使该体系恢复到起始温度，根据所耗电能计算出热效应。本实验采用第一种方法。

溶解过程的温度变化用 SWC-Ⅱ数字式贝克曼温度计测定。量热法测定积分溶解熵，通常是在具有良好绝热层的量热计中进行。在恒压条件下，由于量热计是绝热系统，溶解过程中所吸收或放出的热全部由系统温度变化反映出来。

一、实验目的

1. 熟悉一些量热学的原理与方法。
2. 测定 ZnO 与 HCl 溶液反应的摩尔溶解熵。
3. 掌握作图外推法求真实温差的原理和方法。
4. 掌握 SWC-Ⅱ数字贝克曼温度计的使用方法。

二、实验原理

量热学的发展，已由测量燃烧熵（氧弹）到测量反应熵（反应量热计）和混合熵（微量热计），测量的热量由上千焦耳到几十焦耳，测量的反应由燃烧反应到络合反应、中和反应、甚至细胞的生化过程，可测温度差由 0.001℃ 到 0.0001℃。本实验在恒温、恒压条件下，用量热计先测定标准物质 KCl 在水中溶解热的温度，根据此温度查得标准物质 KCl 的摩尔溶解焓，计算求得量热计的热容，再由 ZnO 与 HCl 溶液反应得到的温度升高值与热容，计算溶解焓，实验装置如图 8-1 所示。

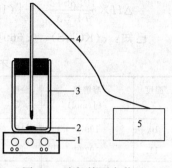

做该实验首先要弄清楚以下概念。

在恒温、恒压条件下，物质的量为 n_B 的溶质 B 溶解于物质的量为 n_A 的溶剂 A 中所产生的热效应 Q 称为 B 的溶解热。

在恒温、恒压条件下，物质的量为 n_B 的溶质 B 溶解于物质的量为 n_A 的溶剂 A，该过程的焓变 $\Delta_{sol}H$ 称为 B 的溶解焓。它在数值上即等于溶解热 Q。

在标准压力下，1mol 溶质 B 溶解于物质的量为 n_A 的溶剂 A，该过程的焓变 ΔH 称为 B 的标准摩尔溶解焓。

在恒温、恒压条件下，1mol 溶质 B 溶解于物质的量为 n_A 的溶剂 A 的热效应 Q 称为积分溶解热。它在数值上即等于标准摩尔溶解焓。

图 8-1　溶解焓测定装置
1—磁力搅拌器；2—搅拌子；
3—量热计；4—传感器；
5—SWC-Ⅱ数字贝克曼温度计

在恒温、恒压条件下，1mol 溶质溶于无限量的某浓度溶液中的热效应 Q 称为微分溶解热。

n_A 摩尔纯溶剂加到某浓度溶液中产生的热效应 Q 称为冲淡热。

恒温、恒压条件下，1mol 纯溶剂加入到无限量某浓度溶液中的热效应称为微分冲淡热。

溶解热与微分冲淡热、微分溶解热的关系为：

$$\Delta_{sol}H = n_A \times 微分冲淡热 + n_B \times 微分溶解热$$

三、仪器、药品及材料

仪器：量热计、SWC-Ⅱ数字贝克曼温度计、500mL 容量瓶、秒表、FA1604 型电子分析天平、85-2 磁力搅拌器。

药品：固体 KCl、固体 ZnO（均为分析纯）、0.2mol/L HCl。

材料：称量纸。

四、实验步骤

溶解焓测定装置如图 8-1 所示。打开 SWC-Ⅱ数字贝克曼温度计的电源开关，预热。将量热计外面的水擦干。

1. 量热计热容的测定

（1）精确称取 10.3542gKCl（KCl 与 H_2O 的摩尔比为 1∶200）。

（2）用 500mL 容量瓶准确量取 500mL 蒸馏水或去离子水倒入量热计，然后将打开的 SWC-Ⅱ数字贝克曼温度计的传感器插入量热计中，盖好盖子。

（3）打开电动磁力搅拌器的搅拌开关，旋转调速旋钮并保持一定的搅拌速度。每隔一分钟记录一次温度，直至温度随时间变化连续六次基本相同，得到 T_1。停止搅拌，但计时间的秒表不停，为什么？

（4）迅速将上述已称好的 KCl 倒入量热计中，盖好盖子。打开电动磁力搅拌器使搅拌速度同（3），当温度一下降，立即读取秒表的读数，每隔一分钟记录一次温度，直至温度随时间变化连续六次基本相同，得到 T_2。停止搅拌。T_2 就是量热计中 KCl 在水中溶解热的温度，根据此温度由表 8-1 查得 KCl 的摩尔溶解热 ΔH，计算求得量热计的热容 C_p。

$$\Delta H \times \frac{10.3542}{74.55} = -[(10.3542 \times c(KCl,S) + 500 \times c(H_2O,l) + c_p)] \times (T_2 - T_1)$$

已知：$c(KCl,S) = 0.669J/(g \cdot K)$；$c(H_2O,l) = 4.184J/(g \cdot K)$。

表8-1　不同温度下，1mol KCl 溶于 200mol 水中的溶解热

温度 /℃	溶解热 /(J/mol)	温度 /℃	溶解热 /(J/mol)	温度 /℃	溶解热 /(J/mol)	温度 /℃	溶解热 /(J/mol)
10	19979	15	19100	20	18297	25	17556
11	19795	16	18933	21	18146	26	17414
12	19623	17	18765	22	17995	27	17272
13	19447	18	18602	23	17849	28	17138
14	19276	19	18443	24	17703	29	17004

2. ZnO 与 HCl 溶液反应的摩尔溶解焓的测定

(1) 精确称取 1～1.2g ZnO（精确至小数点后 4 位）。

(2) 用 500mL 容量瓶准确量取 500mL 0.2mol/L 的 HCl 溶液倒入量热计中，盖好盖子。

(3) 打开磁力搅拌器的搅拌开关，旋转调速旋钮使搅拌速度均匀。每隔一分钟记录一次温度，直至温度随时间变化连续六次基本相同时，停止搅拌，得到 T_1。但计时间的秒表不停，为什么？

(4) 将上述已称好的 ZnO 迅速倒入量热计中，盖好盖子。打开磁力搅拌器使搅拌速度同 (3)，每隔一分钟记录一次温度，直至温度随时间变化连续六次基本相同时，停止搅拌，得到 T_2。则氧化锌与盐酸溶液反应的摩尔溶解焓 ΔH 为：

$$\Delta H = -\frac{[m_{ZnO} \times c(ZnO,s) + \rho_{HCl} \times V_{HCl} \times c(HCl,l) + C_p] \times (T_2 - T_1)}{\frac{m_{ZnO}}{M}}$$

式中　m_{ZnO}——称取固体 ZnO 的质量，g；

$c(ZnO,s)$——固体 ZnO 的比热容，0.46J/(g·K)；

ρ_{HCl}——0.2mol/L HCl 溶液的密度，1.003g/L；

V_{HCl}——取 0.2mol/L HCl 溶液的体积，0.5L；

$c(HCl,l)$——0.2mol/L HCl 溶液的比热容，4.134J/(g·K)；

C_p——量热计热容，J/K；

T_2——反应后溶液温度，K；

T_1——反应前溶液温度，K；

M——固体 ZnO 的摩尔质量，g/mol。

五、数据处理

1. 将测得的实验数据填入表 8-2 中。

精确称取固体 KCl ＿＿＿＿＿＿＿ g；

精确称取固体 ZnO ＿＿＿＿＿＿＿ g；

用 500mL 容量瓶准确量取＿＿＿＿＿＿＿ mL 蒸馏水；

用 500mL 容量瓶准确量取 0.2mol/L HCl ＿＿＿＿＿＿＿ mL。

表 8-2 ZnO 与 HCl 溶解焓测定的实验数据

加水		加固体 KCl 后		加 HCl 溶液		加固体 ZnO 后	
时间/min	温度/℃	时间/min	温度/℃	时间/min	温度/℃	时间/min	温度/℃
1		6.5		1		6.5	
2		7.5		2		7.5	
3		8.5		3		8.5	
4		9.5		4		9.5	
5		10.5		5		10.5	
6		11.5		6		11.5	
$T_1=273.15+$		$T_2=273.15+$		$T_1=273.15+$		12.5	
$\Delta T=$						13.5	
						14.5	
						15.5	
						16.5	
						17.5	
						$T_2=273.15+$	
						$\Delta T=$	

2. 由实验步骤 1 计算量热计的定压热容 C_p。

3. 由实验步骤 2 计算 ZnO 与 HCl 溶液反应的摩尔溶解焓的实验值。

4. 由表 8-3 用状态函数法计算 ZnO 与 HCl 溶液反应的摩尔溶解焓的理论值。

5. 计算该实验的相对误差。

表 8-3 有关的热力学数据

名称	标准生成焓 $\Delta_r H_m^\ominus(298.15\text{K})/(\text{kJ/mol})$	无限稀释溶解焓 $\Delta_{sol} H_m^\infty(B)/(\text{kJ/mol})$
ZnO（s）	−348.3	
ZnCl$_2$（s）	−415.1	−69.33
H$_2$O（l）	−285.83	
HCl（g）	−92.31	−74.48

六、思考题

1. 在本实验中，为什么要用作图外推法求溶解过程的真实温差 ΔT？

2. 如标定过程与测定过程的搅拌速度不同是否对实验结果有影响？

3. 本实验误差产生的原因有哪些？

4. 贝克曼温度计与一般温度计有何不同？

5. 为什么只做膨胀功的绝热系统在等压过程的焓不变？

6. 为什么要测定量热计的热容？

7. 温度和浓度对溶解热有无影响？

七、注意事项

1. "量热计的恒压热容 C_p" 指量热系统在恒压下温度升高 1℃ 所需的热量。在测定反应热之前必须先确定所用量热计的热容 C_p 值，C_p 值随量热系统不同而不同，只有通过与待测系统相同的实验条件由实验来测定，这就是量热计的标定。方法有加热法和标准物质法，本实验采用标准物质法。用 KCl 在水中的积分溶解热（焓）来标定，即在恒温恒压条件下，1mol KCl 溶于 200mol 水中的热效应，此组成接近于无限稀释溶解热。

2. 求反应前后真实的温差 ΔT。由于实验所用量热计并不是严格的绝热系统，在盐类的

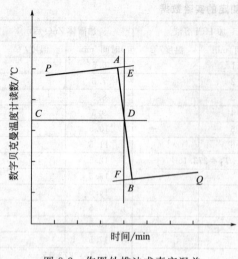

图 8-2　作图外推法求真实温差

溶解过程中量热计不可避免地会与周围环境有微小的热交换，同时由于实验中搅拌操作提供了一定的热量，均导致实验测得的温度偏离真实值。为了消除这些影响，求出溶解前后系统的真实温度变化 ΔT，需要用作图外推法求得真实的温差 ΔT。根据实验数据作温度-时间图，即以实验测得的温度为纵坐标，反应时间为横坐标绘图，如图 8-2 所示。A 点相当于热效应开始之点，B 点相当于热效应结束之点，AB 称为主期，主期以前的 PA 段称为前期，主期以后 BQ 段称为后期。通过 T_A、T_B 两点的中点 C 作平行于横坐标的直线，交于 D 点。通过 D 点作垂线，分别与 PA、QB 的延长线交于 E、F 点，则 EF 线段所代表的温度差即为校正后的真实温差 $\Delta T = T_F - T_E$。

3. KCl 在水中的溶解（标定过程）与 ZnO 在 HCl 水溶液中的反应（测定过程），搅拌速度应当一致。

4. 量热计热容测定后，倒掉废液时注意取出搅拌子，以防丢失，用蒸馏水洗净量热计。实验结束后，同样取出搅拌子、倒掉废液，再用蒸馏水洗净量热计。

5. 试剂称量前要进行研磨，否则可能会因为试剂颗粒过大影响溶解时间。

6. 不要开电动磁力搅拌器的加热开关。

实验 50　液体饱和蒸气压的测定

一、实验目的

1. 掌握静态法测定不同温度下液体饱和蒸气压及液体摩尔气化热的基本原理和方法。

2. 了解纯液体的饱和蒸气压与温度的关系。克劳修斯-克拉贝龙（Clausius-Clapeyron）方程式的意义，学会由图解法求其平均摩尔气化热和正常沸点。

3. 加深对纯液体饱和蒸气压、正常沸点、气液平衡概念的理解。

4. 了解真空泵、恒温槽、气压计的使用及操作注意事项。

二、实验原理

在通常温度下（距离临界温度较远时），纯液体与其蒸气达到平衡时的蒸气压称为该温度下液体的饱和蒸气压，简称为蒸气压。蒸发 1mol 液体所吸收的热量称为该温度下液体的摩尔汽化热。

液体的蒸气压随温度变化而变化，温度升高时蒸气压增大；温度降低时，蒸气压降低，这主要与分子的动能有关。当蒸气压等于外界压力时，液体便沸腾，此时的温度称为沸点。外压不同时，液体沸点将相应改变。当外压为 101.325kPa 时，液体的沸点为该液体的正常沸点。液体的饱和蒸气压与温度的关系可用克劳修斯-克拉贝龙（Clausius-Clapeyron）方程式表示，克-克方程积分得：

$$\lg(\frac{p}{p^{\ominus}}) = -\frac{\Delta_l^g H_m}{2.303RT} + B$$

式中　　R——摩尔气体常数，8.314J/(mol·K)；

　　　　B——积分常数；

　　　　p——液体在温度 T 时的饱和蒸气压，kPa；

　　　　T——热力学温度，K；

　　$\Delta_l^g H_m$——液体摩尔汽化热，kJ/mol。

　　由此式可以看出，以 $\lg\left(\frac{p}{p^{\ominus}}\right)$ 对 $\frac{1}{T}$ 作图得一直线，直线的斜率为 $-\frac{\Delta_l^g H_m}{2.303R}$，由斜率可求算出液体的摩尔汽化热 $\Delta_l^g H_m$。并与文献值比较，计算测量相对误差。

　　测定液体饱和蒸气压常用的方法有静态法、动态法和饱和气流法。本实验采用静态法，指在某一温度下直接测量饱和蒸气压，此法一般适用于蒸气压比较大的液体。用静态法测量不同温度下纯液体饱和蒸气压的实验方法，有升温法和降温法两种，本实验采用降温法，因为降温法比升温法更容易达到平衡。所用仪器的装置组成如图 8-3 所示。

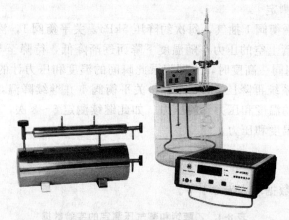

图 8-3　液体饱和蒸气压测定装置

　　液体饱和蒸气压测定装置包括：DP-AW 精密数字压力计（可配套实验管路接口）、2XZ-1 型旋片式真空泵、饱和蒸气压玻璃仪器［样品管（含 U 形等位计）、冷凝管、SYP-Ⅱ玻璃恒温水浴］、不锈钢缓冲储气罐。

　　样品管由 A 球和 U 形管 B、C 组成。样品管上接冷凝管，以橡皮管与压力计相连。A 球内装待测液体，当 A 球的液面上纯粹是待测液体的蒸气，而 B 管与 C 管的液面处于同一水平时，则表示 B 管液面上的（即 A 球液面上的蒸气压）与加在 C 管液面上的外压相等。此时，体系气液两相平衡的温度称为液体在此外压下的沸点。用实验时的大气压减去压力计上的压力，即为该温度下液体的饱和蒸气压。

三、仪器、药品及材料

　　仪器：样品管（含 U 形等位计）、DP-AW 精密数字压力计、2XZ-1 型旋片式真空泵、干燥器、不锈钢缓冲储气罐、SYP-Ⅱ玻璃恒温水浴、电加热器、电磁搅拌器。

　　药品：无水乙醇。

　　材料：铁架台、球形冷凝管、真空橡胶管 $\phi9$、滴管、十字夹。

四、实验步骤

1. 准确读取实验时的大气压值

打开恒温水浴开关，按回差键使之变为 0。打开 DP-AW 精密数字压力计，将单位调为 kPa，按采零键置 0。

2. 检查系统是否漏气

打开饱和蒸气压测定仪冷凝器上端的小玻璃帽，将待测液体无水乙醇装入样品管中（约 15mL），A 球约占 2/3 体积，B 管和 C 管各占 1/2 体积。打开冷凝管上自来水开关（水流不要太大）。开启真空泵电源及平衡阀抽气。

3. 排除 AB 弯管内的空气及测定大气压下的沸点

开进气阀，使体系与大气相通，将恒温水浴加热到 80℃（注意样品管一定要全部浸没水中），AB 弯管内的空气一起从 C 管液面逸出，继续加热 5min 以上，此时可彻底赶净平衡管 AB 弯管内的空气。关加热电源开关，测定大气压下的沸点。水浴中的温度逐渐降低，U 形管右边（C 管）液面开始上升，左边（B 管）液面开始下降，当两管液面达到同一水平时，立即记下此时的温度（即大气压下的沸点）。

4. 饱和蒸气压的测定

关掉进气阀，开平衡阀 1 抽气，每次约降压 5kPa。关平衡阀 1，液体又重新沸腾，此时液体的蒸气压（即 B 管上空的压力）随温度下降而逐渐降低，待降至与 C 管的压力相等时，即 B、C 两管液面达到同一高度时，立即记录此瞬间的温度和压力计的压力。读数后立即再开平衡阀 1 抽气，使系统再降压 5kPa 左右，关平衡阀 1 并继续降温，再待 B、C 两管液面平齐时，记录此瞬间的温度和压力计的压力。如此继续测定 6～8 次，分别记录一系列 B、C 管液面平齐时对应的温度和压力。

五、数据处理

1. 将测得的实验数据填入表 8-4 中。

表 8-4 乙醇饱和蒸气压测定的实验数据

压力/kPa	$\lg(\frac{p}{p^{\ominus}})$	温度/℃	$\frac{1}{T}/K$

2. 根据实验数据作出 $\lg(\frac{p}{p^{\ominus}})$ 对 $\frac{1}{T}$ 图。

3. 计算乙醇在实验温度范围内的平均摩尔汽化热，将计算结果与文献值进行比较，讨论其误差来源。

本实验作图法训练是一重点。作 $\lg(\frac{p}{p^{\ominus}})$ 对 $\frac{1}{T}$ 图应线性良好。标明图名，注意坐标分度、标度、测点标注符清晰可辨、线与轴夹角 45°左右作图误差最小。两点式求直线斜率取用回归线上相距大、分母整数易算的两点。本实验误差要求不大于3%。

六、思考题

1. 简述液体饱和蒸气压的测定原理。测量液体饱和蒸气压的方法主要有哪几种？一般使用哪种测量方法？

2. 液体饱和蒸气压测定前，对体系减压的目的是什么？

3. 测每个温度下的液体饱和蒸气压时，都要对体系抽真空吗？为什么？

4. 液体饱和蒸气压的测定中若发现空气倒灌，应怎样操作以取得正确数据？

5. 饱和蒸气压实验中，减压抽气应使气泡一个一个逸出，若气泡成串逸出有何问题？实验时怎样控制抽气和放气速度。

6. 怎样使用真空泵，开泵和关泵前应注意什么？

7. 为什么AB弯管中的空气要排除干净，怎样操作，怎样防止空气倒灌？如果样品管AB弯管空间中的空气排除不彻底，将对实验结果 $p_{饱和}$ 和 $\Delta_{\mathrm{r}}^{\mathrm{r}} H_{\mathrm{m}}$ 产生什么影响？怎样判断AB弯管空间中的空气已经赶净。

8. 引起本实验误差的因素有哪些？为什么温度愈高测量误差愈大？

七、注意事项

1. 实验中每次递减的压力要逐渐减少（为什么？）。实验完毕后必须先开进气阀使体系和真空泵与大气相通才能再关掉真空泵的电源（为什么？）。

2. 减压系统不能漏气，否则抽气时达不到本实验要求的真空度。所以实验前一定要仔细检漏，保证系统的气密性。

3. 必须充分排除干净AB弯管空间中全部空气，使B管液面上空只含液体的蒸气分子。赶空气过程在第一个测点，须小心控制微微沸腾，否则，过热液体冷凝不住，U形管内液体很快蒸发殆尽，不得不解除真空添液重做。

4. 降温法测定中，当B、C两管中的液面平齐时，读数要迅速，读数完毕应立即打开平衡阀抽气减压，防止空气倒灌。若发生倒灌现象，必须重新排除干净AB弯管内的空气。

5. 实验结束后，待冷却水冷却后再关掉冷却水，取下平衡管，洗净、烘干、备用。

6. 为确保实验测量的准确性，所有数据均需重复测量至少一次，如果两次测量结果偏差较大，应查明原因，并再次测量，直至达到要求。

7. 测定大气压下的沸点就是将DP-AW精密数字压力计调成0.00。

8. 抽气速度要合适，必须防止样品管内液体沸腾过剧，致使B管内液体快速蒸发。

实验51 凝固点降低法测定摩尔质量

一、实验目的

1. 通过实验掌握凝固点降低法测定萘摩尔质量的原理，加深对稀溶液依数性的理解。

2. 掌握溶液凝固点的测定技术。

二、实验原理

溶液的凝固点通常指溶剂和溶质不生成固溶体的情况下，固态纯溶剂和液态溶液成平衡时的温度。

理想稀溶液具有依数性，凝固点降低就是依数性的一种表现。对一定量的某溶剂，其理想稀溶液凝固点下降的数值只与所含溶质的粒子数目有关，而与溶质的特性无关。

假设溶质在溶液中不发生缔合和分解，也不与固态纯溶剂生成固溶体，由热力学理论出发，可导出理想稀溶液的凝固点降低值 ΔT_f 与溶质的质量摩尔浓度成正比：

$$\Delta T_f = K_f m$$

式中　ΔT_f——稀溶液的凝固点降低值，K；

　　　K_f——凝固点降低常数，K·kg/mol；

　　　m——溶质的质量摩尔浓度，mol/kg。

不同溶剂的 K_f 不同，表 8-5 给出部分溶剂的常数值。

表 8-5　部分溶剂的凝固点降低常数值

溶剂	水	醋酸	苯	环己烷	环己醇
T_f^*/K（纯溶剂的凝固点）	273.15	289.75	278.65	279.65	297.05
K_f/(K·kg/mol)	1.86	3.90	5.12	20	39.3

$$\Delta T_f = T_f^* - T_f$$

$$m = 1000 \times \frac{m_2}{M_2 \times m_1}$$

$$M_2 = 1000 \times \frac{K_f \times m_2}{\Delta T_f \times m_1}$$

式中　T_f^*——纯溶剂的凝固点，K；

　　　T_f——稀溶液的凝固点，K；

　　　m_2——溶液中溶质的质量，g；

　　　m_1——溶液中溶剂的质量，g；

　　　M_2——溶质的摩尔质量，g/mol。

称取一定量的溶质 m_2 和溶剂 m_1 配成理想溶液，分别测定纯溶剂和稀溶液的凝固点 T_f^* 和 T_f，再查表 8-5 得溶剂的凝固点降低常数 K_f，通过上面公式即可计算出溶质的摩尔质量 M_2。

物质的摩尔质量是一个重要的物理化学数据。本实验用过冷法测定凝固点降低，过冷法是将液体逐渐冷却，当液体温度到达或稍低于其凝固点时，由于新相形成需要一定的能量，故晶体并不析出，这就是所谓过冷现象。若此时加以搅拌或加入晶种，促使晶核产生，则大量晶体就会很快形成，并放出凝固热，使系统温度迅速回升。当放热与散热达到平衡时，温度不再改变，此固液两相共存的平衡温度就是溶液的凝固点。但过冷太厉害或冰浴温度过低，则凝固热抵偿不了散热，此时温度不能回升到凝固点，在温度低于凝固点时完全凝固，就得不到正确的凝固点。

从相律看，溶剂和溶液的冷却曲线形状不同。对纯溶剂来说，在一定压力下凝固点是固定不变的，因为纯溶剂两相共存时，自由度 $f^* = 1-2+1 = 0$，冷却曲线形状如图 8-4（1）所示，水平线段对应着纯溶剂的凝固点。而溶液的凝固点则不是一个恒定值，因为溶液两相共存时，自由度 $f^* = 2-2+1 = 1$，温度仍可下降，由于溶剂凝固时放出凝固热而使温度回升，并且回升到最高点又开始下降，其冷却曲线如图 8-4（2）所示，不出现水平线段。由于溶剂析出后，剩余溶液浓度逐渐增大，溶液的凝固点也要逐渐下降，在冷却曲线上得不到温度不变的水平线段。如果溶液的过冷程度不大，可以将温度回升的最高值作为溶液的凝固点；若过冷程度太大，则回升的最高温度不是原浓度溶液的凝固点，严格的做法应是作冷却曲线，并按图 8-4（2）中所示的方法加以校正。

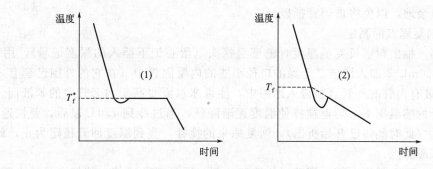

图 8-4　纯溶剂与溶液的冷却曲线

由于真正的平衡浓度很难直接测定，所以实验总是用稀溶液，并控制条件使其晶体析出量很少，用起始浓度代替平衡浓度，对测定结果不会产生显著影响，实验装置如图 8-5 所示。

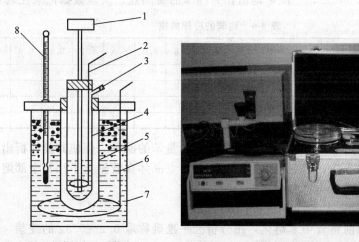

（a）凝固点降低实验示意图　　　　（b）测凝固点降低实验仪器

图 8-5　凝固点降低实验装置

1—贝克曼温度计；2—内管搅棒；3—投料支管；4—凝固点管；

5—空气套管；6—寒剂搅棒；7—冰槽；8—温度计

测定纯溶剂与溶液凝固点之差，由于差值较小，所以测温需用较精密仪器，本实验使用 SWC-Ⅱ数字贝克曼温度计。

三、仪器、药品及材料

仪器：SWC-LG 凝固点测定仪、SWC-Ⅱ数字贝克曼温度计、普通温度计、FA1604 型电子分析天平、25mL 移液管。

药品：苯、萘。

材料：碎冰或颗粒冰。

四、实验步骤

1. 取适量冰与水并调节冰浴温度为 2~3℃。同时不断搅拌并不时补充碎冰，使之保持此温度。一般来讲，冬天宜水多于冰，夏天宜冰、水各半，至于具体多少，要视当时的室内气温进行调节。

2. 如实验装置图 8-5 安装仪器，并插好数字贝克曼温度计的感温探头，注意插入的深度要留有一点余地，以免将玻璃管捅破。

3. 纯溶剂凝固点的测定

(1) 粗测　抽出数字贝克曼温度计的感温探头（留心记下插入的深度记号），用 25mL 移液管取 25.00mL 苯加入清洁、干燥的口径小些的内凝固管中（在它的外围已套有一个空气套管），将装有内管的外管直接浸入冰浴中，注意冰水面要高于内套管中的苯液面。插回贝克曼温度计的感温探头。匀速搅拌使温度逐渐降低，当过冷到 7.0℃ 以后，要快速搅拌，待温度回升后（此时晶体已开始析出），恢复原来的搅拌，直到温度回升稳定为止，此温度即为苯的近似凝固点。

(2) 精测　取出凝固点管，用手捂住管壁片刻，同时不断搅拌，使管中晶体全部熔化，将凝固点管外壁拭干，放在空气套管中，置于冰浴中。先缓慢搅拌，使温度逐渐降低，当温度降至近似凝固点以上 1℃ 时，快速搅拌，打开秒表，每 30s 读一次温度，待温度回升后，再改为缓慢搅拌。直到温度回升并稳定为止，停止读数，记下稳定的温度值。重复测定三次，每次之差不超过 0.006℃，三次平均值作为纯苯的凝固点。实验数据记录在表 8-6 中。

表 8-6　纯苯的冷却数据

时间/mim		0.5	1.0	1.5	2.0	2.5	3.0	3.5	4.0	4.5	5.0	5.5	6.0
温度/K	第一次												
	第二次												
	第三次												
	均值												

如果在测量过程中过冷现象比较严重，可加入少量苯的晶种，促使其晶体析出，温度回升。也可采用留晶种的方法，即在晶体熔化时，留一点晶体在管壁上不让其全部熔化，待体系冷至粗测的最低温度时，再将其拨下。

4. 溶液凝固点的测定

取出凝固点管，如前将管中苯熔化，用分析天平准确称取 0.2～0.3g 的纯萘，自凝固点管的支管加入样品，待全部溶解后，测定溶液的凝固点。测定方法与纯苯相同，先测近似的凝固点，再精确测定。精测时温度降至近似凝固点以上 1℃ 时，每 30s 记一次温度。记录最高和最低温度，在温度回升至最高温度后观察不到温度恒定一段时间的现象（为什么?）。实验数据记录在表 8-7 中。

表 8-7　苯溶液的冷却数据

时间/mim		0.5	1.0	1.5	2.0	2.5	3.0	3.5	4.0	4.5	5.0	5.5	6.0
温度/K	第一次												
	第二次												
	第三次												
	均值												

五、数据处理

1. 由表 8-6 数据，以温度为纵坐标，时间为横坐标按图 8-4 (1) 作图。求出纯苯的凝固点 T_f^*。

2. 由表 8-7 数据，以温度为纵坐标，时间为横坐标按图 8-4 (2) 作图。求出苯溶液凝

固点 T_f。

3. 由表 8-8 苯在不同温度下的密度求出苯的质量。也可用公式 $\rho_t = \rho_0 - 1.0636 \times 10^{-3} t$ 计算所取苯的质量。式中，ρ_t 为温度为 $t°C$ 时苯的密度，g/mL；ρ_0 为温度为 $0°C$ 时苯的密度，取 $0.9001g/mL$；t 为实验时的温度，$°C$。

4. 计算萘的摩尔质量，并与理论值比较，计算相对误差。若误差超过 $\pm 3\%$，实验须重做。考虑称量、移液和温度测量三项误差，分析自己误差的主要来源。

表 8-8　苯在不同温度时的密度（苯的熔点为 $5.4°C$）

温度/℃	10	12	14	16	18	20	22	24	26	28
密度/(g/mL)	0.887	0.886	0.884	0.882	0.880	0.879	0.878	0.876	0.874	0.873

六、思考题

1. 为什么要先测近似凝固点？
2. 根据什么原则考虑加入溶质的量？太多或太少影响如何？
3. 冰浴的温度应调节为 $2 \sim 3°C$，过高或过低有什么影响？
4. 用凝固点降低法测分子量，选择溶剂时应考虑哪些因素？
5. 测定溶液凝固点时若过冷程度太大对结果有何影响？溶液系统和纯溶剂系统的自由度各为多少？
6. 外套管的作用是什么？

七、注意事项

1. 注意控制过冷过程和搅拌速度是做好本实验的关键，每次测定应按要求的速度搅拌，并且测溶剂与溶液凝固点时搅拌条件要完全一致。

2. 注意冰水混合物温度对实验结果也有很大影响，温度过高会导致冷却太慢，温度过低则测不出正确的凝固点。同时注意冰水混合物不要积累得太多而从上面溢出，高温、高湿季节不宜做此实验，因为水蒸气易进入体系中，造成测定结果偏低。不要使苯在管壁结成块状晶体，较简便的方法是将外套管从冰浴中交替地（速度较快）取出和浸入。

3. 实验所用的内套管必须洁净、干燥。

4. 苯易挥发，对结果有较大影响，因此要先做好准备工作再移液，并立即盖好塞子。

5. 称萘时不要将萘随便洒落、遗弃在台面和地上（升华熏人！）。

6. 实验完毕苯液倒入回收瓶。

7. 冰浴的温度不能过低，否则易造成冷却所吸收热量的速度大于凝固放出的速度，则体系温度将继续下降，过冷现象严重，而且凝固的溶剂过多，溶液的浓度变化过大，测得的凝固点偏低，从而影响溶质摩尔质量的测定结果。

8. 贝克曼温度计的感温探头插入装有溶液（剂）的内管后，最好不要从内管中完全拿出，防止溶剂挥发或滴漏，造成溶液浓度发生变化。

9. 加入萘的时候，尽量将萘直接放入溶剂中，注意不要将萘附着在内管壁上，造成溶液浓度的误差。

【教学讨论】

1. 本实验测量的成败关键是控制过冷程度和搅拌速度。理论上，在恒压条件下纯溶剂体系只要两相平衡共存就可达到平衡温度。但实际上只有固相充分分散到液相中，也就是固液两相的接触面相当大时，平衡才能达到。如凝固点管置于空气套管中，温度不断降低达到凝固点后，由于固相是逐渐析出的，此时若凝固热放出速度小于冷却所吸收的热量，则体系温度将不断降低，产生过冷现象。这时应控制过冷程度，采取突然搅拌的方式，使骤然析出的大量微小结晶得以保证两相的充分接触，从而测得固液两相共存的平衡温度。为判断过冷程度，本实验先测近似凝固点，为使过冷状况下大量微晶析出，实验中应规定一定的搅拌方式。对于两组分的溶液体系，由于凝固的溶剂量多少会直接影响溶液的浓度，因此控制过冷程度和确定搅拌速度就更为重要。

2. 严格而论，由于测量仪器的精密度限制，被测溶液的浓度并非符合假定的要求，此时所测得的溶质摩尔质量将随溶液浓度不同而变化。为了获得比较准确的摩尔质量，常用外推法，即以所测的摩尔质量为纵坐标，以溶液浓度为横坐标，外推至溶液浓度为零时，从而得到比较准确的摩尔质量数值。

3. 根据稀溶液依数性，用凝固点降低法测得的是平均摩尔质量。因此在测定大分子物质时必须先除去其中所含溶剂和小分子物质，否则它们将会给结果带来很大影响。

实验 52　部分互溶双液系的液-液相图

一、实验目的

1. 学会用溶解度曲线绘制水与苯酚两组部分互溶体系的液-液平衡相图。
2. 确定该体系的临界溶解温度与该温度下体系的组成。

二、实验原理

在指定温度下部分互溶的双液体系，一般若升高温度其相互溶解度增大，达某温度以上时可以完全互溶，此温度称为临界溶解温度。本实验测定大气压下，水与苯酚体系的相互溶解度曲线及临界溶解温度。

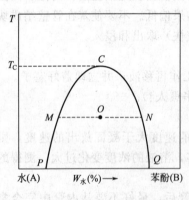

图 8-6　水与苯酚体系的
液-液组成相图

水与苯酚体系在常温下只能部分互溶，分为两层。水（A）与苯酚（B）相图如图 8-6 所示，下层是水中饱和了苯酚，溶解度情况如图中左半支所示。上层是苯酚中饱和了水，溶解度情况如图中右半支所示。升高温度，彼此的溶解度都增加。到达 C 点，界面消失，成为单一液相。C 点温度称为（最高）临界溶解温度。温度高于 T_C，水和苯酚可无限互溶。帽形区外，溶液为单一液相，帽形区内，溶液为两平衡液相。相图概况如下：

PCQ 线外为单相区，$\varphi=1$，$f=2$，水与苯酚可以任意浓度混合，C 点温度以上，液相完全互溶，C 点以内，液相部分互溶。

PC 线以左，苯酚的水溶液，PC 线为苯酚在水中的溶解度曲线。CQ 线以右，水的苯酚溶液，CQ 线为水在苯酚中的溶解度曲线。

PCQ 线内为两相区，$\varphi=2$，$f=1$，区内任意一系统点 O 对应 M、N 两个相点。两相区内，可用杠杆规则计算两液相的量，平衡的两液相称共轭溶液。

温度升高，两液体互溶程度增加，PC 和 CQ 线靠近，交于 C 点，水与苯酚体系 $T_C=$ 339.95K 时，称临界溶解点，相应温度称（最高）临界溶解温度 T_C，高于 T_C，水与苯酚完全互溶。水与苯酚体系相图称为具有最高临界溶解温度的部分互溶的液-液平衡相图。

以温度 T 为纵坐标，组成 $W_B\%$ 为横坐标。在温度-组成图上，根据实验数据标出各温度下两平衡液相组成的点，把这些点连接起来，即得到苯酚在水中的溶解度曲线 PC 和水在苯酚中的溶解度曲线 CQ，也就是水（A）与苯酚（B）相图，如图 8-6 所示。

三、仪器、药品及材料

仪器：FA1604 电子分析天平、HH-4 数显恒温水浴锅、滴定台及 25mL 滴定管、100mL 试管、烧杯。

药品：苯酚。

材料：温度计。

四、实验步骤

1. 接通水浴锅加热电源，使水浴锅温度升到 70℃。

2. 称取 5g 苯酚（准确到 0.1mg）于 100mL 干燥洁净的大试管中，按表 8-9 所列加水量，依次加入试管中，得不同组成的混合物。分别测定混合物由混浊变为清亮时的温度和由清亮变为混浊时的温度。

3. 如第一次往试管里加 2.00mL 蒸馏水，将试管放在水浴锅中加热，搅拌试管中的液体，使两液层充分混合。记下混合物由混浊变为清亮时的温度。

4. 将试管提出水浴，继续搅拌，温度下降，记录混合物由清亮变为混浊的温度并与前面所测温度对照。

5. 每次按表 8-9 加水，重复以上操作。并将实验结果填入表中。

五、数据处理

1. 称取_____ g 苯酚，依次按表中的加水量加入试管内。

表 8-9　水和苯酚部分互溶双液系的实验数据

每次加入水量/mL	体系中水质量分数/%	由混浊变清亮温度/℃	由清亮变混浊温度/℃
2.00			
0.20			
0.25			
0.25			
0.30			
0.30			
5.25			
17.80			
7.75			
3.50			
7.55			
1.50			
1.60			
2.60			

2. 以水质量分数为横坐标，温度为纵坐标，绘出水与苯酚体系的相互溶解度曲线。

3. 在曲线上找出临界溶解温度。

4. 找出该临界溶解温度下体系的组成。

六、思考题

1. 每次加水后是否需要将水浴锅的温度升到 70℃ 左右，然后再慢慢冷却。

2. 为什么苯酚高于 65℃ 时与水互溶？

实验 53   二组分合金体系相图的绘制

一、实验目的

1. 学会用热分析法测绘 Cd-Bi 二组分金属相图，了解固-液相图的基本特点。

2. 掌握 KWL-08 可控升降温电炉、SWKY 型数字控温仪的使用方法。

3. 了解热分析法的实验技术。

二、实验原理

热分析法是相图绘制工作中常用的一种实验方法。将一种金属或合金熔融后，使之均匀冷却，每隔一定时间记录一次温度，表示温度与时间关系的曲线称为冷却曲线或步冷曲线。当熔融体系在均匀冷却过程中无相变化时，其温度将连续均匀下降得到一光滑的冷却曲线。如在冷却过程中体系内发生相变时，则因体系产生的相变热与自然冷却时体系放出的热量相抵偿，冷却曲线就会出现转折或水平线段，转折点所对应的温度，即为该组成合金的相变温度。利用冷却曲线所得到的一系列组成和所对应的相变温度数据，以横轴表示混合物的组成，纵轴上标出开始出现相变的温度，把这些点连接起来，就可绘出相图。

二组分体系的自由度与相的数目的关系为：自由度＝独立组分数－相数＋2

由于一般物质其固、液两相的摩尔体积相差不大，所以固-液相图受外界压力的影响较小，这是它与气-液平衡相图的最大差别。

本实验研究的 Cd-Bi 体系是液体完全互溶，固体完全不互溶。其典型冷却曲线形状大致有如下三种形状，如图 8-7～图 8-9 所示。

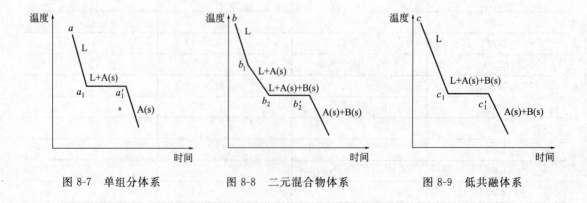

图 8-7　单组分体系　　　　图 8-8　二元混合物体系　　　　图 8-9　低共融体系

图 8-7 体系是单组分体系。在冷却过程中，在 $a\sim a_1$ 段是单相区，只有液相，没有相变发生，温度下降速度较均匀，曲线平滑。冷却到 a_1 时，达到物质的凝固点，有固相开始析出，两相共存，自由度为零，温度保持不变，冷却曲线出现平台（温度不随时间而改变）。当到达 a_1' 点液相完全消失，系统成为单一固相，自由度为 1，此后随着冷却，温度不断下降。如 1 号纯铋和 7 号纯镉样品。

图 8-8 体系是一般二元混合物。在冷却过程中，在 $b\sim b_1$ 段是单相区，只有液相，没有相变发生，温度下降速度较均匀，曲线平滑。冷却到 b_1 时，开始析出 A（s），体系发生部分相变，相变潜热部分补偿环境吸收的热量，从而减慢了体系温度下降速度，步冷曲线出现转折点（拐点），即 $b_1\sim b_2$ 段。继续冷却，固体 A 不断析出，与之平衡的液相中 B 的含量不断增加，温度不断下降。达到 b_2 点时，液相不仅对固相 A 而且对固相 B 也达到饱和，所以两固相开始同时析出，三相共存，自由度为 0，温度保持不变，冷却曲线出现平台。当到达 b_2' 点液相完全消失，系统成为两固相，自由度为 1，此后随着冷却，温度不断下降。如 2 号含镉为 10%、3 号含镉为 20%、5 号含镉为 60%、6 号含镉为 80% 的镉和铋混合物样品。

图 8-9 体系是低共融体系。在冷却过程中，在 $c\sim c_1$ 段是液相区，没有相变发生，温度下降速度较均匀，曲线平滑。达到 c_1 点时，液相对固相 A 和固相 B 同时达到饱和，所以两固相同时析出，三相共存，自由度为零，温度保持不变，冷却曲线出现平台。c_1' 后面和图 8-8 体系 b_2' 点以后的过程相同。如 4 号含镉为 40% 的镉和铋混合物样品。

图 8-10　1~7 号样品的步冷曲线

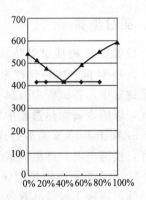

图 8-11　Cd-Bi 体系相图

无论平台还是转折，都反映了相平衡时的温度，把各种不同组成体系的步冷曲线的转折点（拐点）和平台，在温度-组成图上标志出来连成曲线就得到相图。1~7 号样品的步冷曲线及相图如图 8-10 和图 8-11 所示。

热分析法测绘相图是常用的一种实验方法，被测体系必须时时处于或接近相平衡状态，因此必须保证系统的冷却速度足够慢才能得到较好的效果。此外，在冷却过程中，一个新的固相出现以前，常常发生过冷现象，轻微过冷则有利于测量相变温度。但严重过冷现象，会使折（拐）点发生起伏（为一回沟形状），即温度下降到相变点以下，而后又回升上来，使相变温度的确定产生困难。理想状态及有过冷现象的步冷曲线如图 8-12

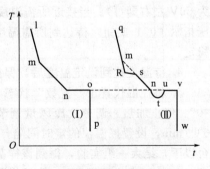

图 8-12　步冷曲线
（Ⅰ）理想状态下的步冷曲线；
（Ⅱ）有过冷现象的步冷曲线

所示。实验装置如图 8-13 所示。

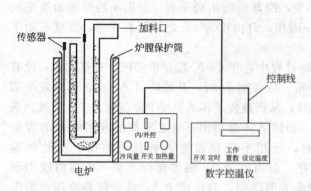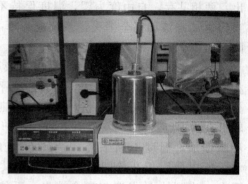

图 8-13 实验装置

三、仪器、药品及材料

仪器：KWL-08 可控升降温电炉、SWKY 型数字控温仪、温度传感器。

药品：镉（化学纯）、铋（化学纯）、石墨粉。

材料：硬质试管、玻璃套管、试管架、棉手套。

四、实验步骤

1. 取 7 个硬质试管依次放在试管架上，1 号试管放入 50g 的铋，7 号试管放入 50g 的镉，2～6 号试管按镉含量为 10％、20％、40％、60％和 80％的镉-铋混合物分别放入相应的硬质试管中，各试管中金属合金的总量为 50g。在 7 个试管样品上方各覆盖一层石墨粉隔绝空气，以防金属加热过程中接触空气而发生氧化。

2. 按图 8-13 实验装置连接仪器，将 SWKY 数字控温仪与 KWL-08 可控升降温电炉连接好，接通电源。将电炉置于外控状态。

3. 预先将不锈钢炉膛保护筒放入炉膛内，然后把套有玻璃套管的温度传感器放入 1 号样品管，再将 1 号样品管放入炉膛保护筒内。将 SWKY 数字控温仪置于"置数"状态，设定温度为 360℃（温度绝对不能超过 400℃，否则仪器烧坏、试管破裂），再将控温仪置于"工作"状态。调节"加热量调节"旋钮使电炉按所需的升温速率进行升温（加热电压一般为 50V 左右即可）。当接近所需温度时，关闭"加热量调节"（逆时针旋到底，此时加热电压指示"0"）旋钮，待达到所需温度时，选择适当的"加热量调节"位置，以保证炉温基本稳定。

4. 待温度达到设定温度后，保持 2～3min。

5. 将控温仪置于"置数"状态，"加热量调节"旋钮逆时针调到底，使加热电压指示"0"，停止加热。调节"冷风量调节"旋钮（电压调到 6V 左右），使冷却速度保持在 4～6℃/min，设置控温仪的定时间隔，每 30s 记录一次温度，直到温度降至 140℃步冷曲线平台以下，结束一组实验，得到该样品的步冷曲线数据。

6. 按以上步骤重复 2～7 号样品的测定，依次测出各样品的步冷曲线数据。实验结束后，将"加热量调节"和"冷风量调节"旋钮逆时针旋到底，关闭 KWL-08 可控升降温电炉和 SWKY 数字控温仪电源开关。

五、数据处理

1. 将所测得的实验数据填入表 8-10。

表 8-10 1～7 号样品步冷曲线的实验数据

Cd 含量/%	0	10	20	40	60	80	100
0.5							
1.0							
1.5							
2.0							
2.5							
3.0							
3.5							
4.0							
4.5							
5.0							
5.5							
6.0							
...							
...							

2. 分别绘出 1～7 号样品的步冷曲线图。

3. 由 1～7 号样品的步冷曲线图，绘制镉-铋二组分体系相图。

4. 注出相图中各区域的相平衡。

六、思考题

1. 对于不同成分混合物的步冷曲线，其水平段有什么不同？

2. 步冷曲线的斜率以及水平段的长短与哪些因素有关？

3. 根据实验结果讨论各步冷曲线的降温速度控制的是否得当。

4. 升温曲线是否也可作相图？

5. 步冷曲线上为什么会出现转折点？纯金属、低共熔混合物及合金的转折点各有几个？曲线形状为何不同？

七、注意事项

1. 金属熔化后，切勿将样品试管横置，以防金属熔液流出烫伤人体。另外，取热样品管时一定要戴手套，且不能从别人的头上或肩上移过，以防样品管突然破裂而烫伤别人。

2. 在测定当前样品冷却曲线的同时，可称量准备下一个样品，以节省时间。

3. 有时纯 Bi（或某个样品）的相变点的温度明显高于正常值，这是因为样品的使用次数过多，组分有部分被氧化的缘故，使得数据有偏差。要完全克服这个问题，技术上有点难度，同学们可以琢磨一下，看怎么样改进才能真正避免。

4. 控制冷却速度，相图是多相体系处于相平衡状态下温度对组成的坐标图。因此要求降温速率缓慢、均匀。在本实验条件下，通过调节"冷风量调节"旋钮以每分钟 4～6℃ 的速率降温，可在 1h 之内完成一个样品的测试。冷却速度的快慢不仅取决于体系和环境温度及体系本身的相变情况，还与炉膛的热容和散热情况有关。散热太慢使实验时间不必要的延长，所以要结合实际情况摸索"冷风量调节"旋钮调至合适的电压。

5. 在测试过程中须保持样品在管中的纯度。另外须避免温度过高导致样品发生氧化变质。通常在样品全部熔化后再升温 50℃ 左右较为适宜，以保证样品完全熔融。待样品熔融后，可轻轻摇晃样品管，使体系的浓度保持均匀。注意电炉升温的惯性需提前降电压。

6. 样品在降温至平台温度时，会出现明显的过冷现象，应该待温度回升出现平台后温度再下降时，才能结束记录。

实验 54　蔗糖的转化

一、实验目的

1. 测定蔗糖转化反应的速率常数和半衰期。
2. 了解反应物浓度与旋光度之间的关系。
3. 了解 WZZ-2B 自动旋光仪的基本原理，掌握旋光仪的正确使用方法。

二、实验原理

蔗糖在水中转化为葡萄糖和果糖，其反应的方程式为：

$$C_{12}H_{22}O_{11}(蔗糖) + H_2O \xrightarrow{H^+} C_6H_{12}O_6(葡萄糖) + C_6H_{12}O_6(果糖)$$

该反应的反应速率与蔗糖的浓度、水的浓度以及催化剂 H^+ 的浓度有关。在催化剂 H^+ 浓度固定的条件下，这个反应是一个二级反应，由于反应时水是大量存在的，尽管有部分水分子参加了反应，但在反应过程中水的浓度变化极小，可近似地认为整个反应过程中水的浓度是恒定的，而且 H^+ 是催化剂，其浓度也保持不变。因此，反应速率只与蔗糖浓度成正比，其浓度与时间的关系，符合一级反应的条件，因此蔗糖转化反应可看作为一级反应。一级反应的速率方程式为：

$$-\frac{dc}{dt} = kc \tag{1}$$

式中，k 为反应速率常数；c 为反应物在时间 t 时的反应物浓度。设 c_0 为反应开始时的浓度，将式（1）积分得：

$$\ln c = -kt + \ln c_0 \tag{2}$$

反应速率还可用半衰期 $t_{1/2}$ 来表示，当反应物浓度为起始浓度一半时所需时间，称为半衰期。

$$t_{1/2} = \frac{\ln 2}{k} = \frac{0.693}{k} \tag{3}$$

式（3）说明一极反应的半衰期只决定于反应速率常数 k，而与起始浓度无关。这是一级反应的一个特点。式（2）可以看出，在不同的时间测定反应物的相应浓度，并以 $\ln c$ 对 t 作图，可得一直线，由直线斜率即可求出反应速率常数 k。

然而反应是不断进行的，要快速分析出反应物的浓度是困难的。但本反应中反应物蔗糖及生成物葡萄糖和果糖都具有旋光性，而且它们的旋光能力不同，所以可以利用体系在反应进程中旋光度的变化来度量反应的进程。测量物质旋光度的仪器称为旋光仪。溶液的旋光度与溶液中所含旋光物质的旋光能力、溶剂性质、溶液浓度、样品管长度、光源波长及温度等均有关系。当其他条件均固定时，旋光度 a 与反应物浓度 c 呈线性关系，即

$$a = \beta c \tag{4}$$

式中，比例常数 β 与物质旋光能力、溶剂性质、溶液浓度、样品管长度、温度等有关。物质的旋光能力用比旋光度来度量，比旋光度可用下式表示：

$$[a]_D^t = \frac{a \cdot 100}{L \cdot c} \tag{5}$$

式中，t 表示实验时的温度；D 表示测定时采用钠灯光源 D 线的波长（即 589nm）；a 为测得的旋光度，(°)；L 为样品管长度，dm；c 为浓度，g/100mL。作为反应物的蔗糖是右旋性物质，其比旋光度 $[a]_D^t = 66.6°$，生成物中的葡萄糖也是右旋性物质，其比旋光度 $[a]_D^t = 52.9°$。但果糖是左旋性物质，其比旋光度 $[a]_D^t = -91.9°$。由于生成物中果糖的左旋性比葡萄糖的右旋性大，所以生成物呈左旋性质。因此，随着反应的进行，体系的右旋角不断减小，反应至某一瞬间，体系的旋光度恰好等于零，而后就变成左旋，直至蔗糖完全转化，这时左旋角达到最大值 a_∞。

设体系最初旋光度为：　$a_0 = \beta_反 c_0$（蔗糖尚未转化，$t=0$） $\tag{6}$

体系最终的旋光度为：$a_\infty = \beta_生 c_0$（蔗糖已完全转化，$t=\infty$） $\tag{7}$

式（6）、式（7）中 $\beta_反$、$\beta_生$ 分别为反应物与生成物的比例常数。当时间为 t 时，已经起反应的蔗糖浓度为 c，此时旋光度为 a_t，则

$$a_t = \beta_反 c + \beta_生 (c_0 - c) \tag{8}$$

由式（6）、式（7）、式（8）联立可得：

$$c_0 = \frac{a_0 - a_\infty}{\beta_反 - \beta_生} = \beta(a_0 - a_\infty) \tag{9}$$

$$c = \frac{a_t - a_\infty}{\beta_反 - \beta_生} = \beta(a_t - a_\infty) \tag{10}$$

将式（9）、式（10）代入式（2）即得：

$$\lg(a_t - a_\infty) = -\frac{k}{2.303}t + \lg(a_0 - a_\infty) \tag{11}$$

以 $\lg(a_t - a_\infty)$ 对 t 作图可得一直线，由直线斜率即可求得反应速率常数 k。

WZZ-2B 自动旋光仪如图 8-14 所示。

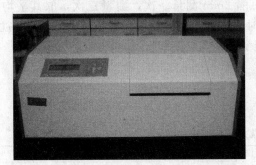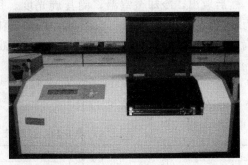

图 8-14　WZZ-2B 自动旋光仪

三、仪器、药品及材料

仪器：WZZ-2B 自动旋光仪、HH-2 数显恒温水浴锅、台秤、50mL 移液管、洗耳球、150mL 带塞的锥形瓶。

药品：蔗糖（分析纯）、3mol/L HCl。

材料：秒表。

四、实验步骤

1. 熟悉旋光仪的构造、原理和使用方法。将仪器电源插头插入 220V 交流电源，打开电

源开关，钠光灯需经 5min 预热，使之发光稳定。打开直流开关，灯亮为正常。打开示数开关，调节零位手轮使旋光示值为零。

2. 旋光仪零点校正

蒸馏水为非旋光性物质，可以用来校正旋光仪的零点（即 $a=0$ 时仪器对应的刻度）。校正时，先洗净旋光管，将管的一端加上盖子，由另一端向管内灌满蒸馏水，在上面形成一凸面，然后盖上玻璃片和套盖，玻璃片紧贴于旋光管，勿使漏水，管内应尽量避免有水泡存在。若有微小气泡，应设法赶至管的凸肚部分。然后用滤纸将管外的水擦干，再用擦镜纸将旋光管两端的玻璃片擦净，将旋光管放入旋光仪的样品室内，凸肚一端位于靠光源方，盖上箱盖，按退零按钮，使显示屏上读数为零。注意标记旋光管安放的位置和方向。

3. 蔗糖水解反应过程中旋光度的测定

用普通天平称取 10g 蔗糖于锥形瓶内，加 50mL 蒸馏水使蔗糖溶解。若溶液混浊，则需要过滤，在另一锥形瓶中加入 50mL 3mol/L HCl，将两个锥形瓶一起浸入恒温槽内恒温 5～10min。将恒温槽中 50mL HCl 溶液迅速倾入 50mL 蔗糖溶液中（注意：不要将蔗糖溶液加入 HCl 溶液中，为什么？），立即按下秒表，作为反应起点。用此混合液少许洗旋光管 2～3 次后，装满旋光管，旋上套盖，管中如有气泡，可由加液口赶出。用滤纸将旋光管外部擦干，用镜头纸擦净旋光管两端的玻璃片，立即放入旋光仪中，按相同的位置和方向放入样品室，盖好箱盖。按测量按钮，测量各时间的旋光度，数据由显示屏上读出。第一个数据要求在离开始反应起始时间 1～2min 内读取，在反应开始 15min 内，每分钟测量一次。以后由于反应物浓度降低，反应速度变慢，可以将每次测量的时间间隔适当放宽。从反应开始大约需要连续测量 1h，一直测量到旋光度为负值为止。

4. a_∞ 的测量

通常有两种方法。一是将反应液放置 48h 以上，让其反应完全后测 a_∞。二是反应完毕后，把锥形瓶内剩余的反应混合液置于 50～60℃ 水浴锅中恒温 40min，使其加速反应至完全，然后取出，冷却至室温，测其旋光度。每隔 2min 测量一次，测量三次，取其平均值，即为 a_∞ 值。前一种方法时间太长，为了缩短时间，本实验采用后一种方法。但必须注意水浴锅温度不可过高，否则将产生副反应，溶液变黄。

五、数据处理

1. 将实验结果填入表 8-11 中。

表 8-11 蔗糖转化反应的实验数据

t/min	a_t	$a_t - a_\infty$	$\lg(a_t - a_\infty)$

2. 以 $\lg(a_t - a_\infty)$ 对 t 作图，从图上判断反应的级数，并求出反应速率常数 k。

3. 计算蔗糖转化的半衰期。

六、思考题

1. 在测量旋光度之前为什么要对旋光仪进行零点校正？在蔗糖转化过程中所测的旋光度 a_t 是否还要进行零点校正？

2. 一级反应有哪些特点？为什么配制蔗糖溶液可用普通天平称量？为什么加入的酸量要严格准确？

3. a_∞ 测不准（偏高或偏低）对 k 值有何影响？

4. 试估计本实验的误差，怎样减少实验误差？

5. 溶液的旋光度与哪些因素有关？

6. 盐酸倒入蔗糖溶液中，测得的第一个点是不是 a_0？为什么？

7. 旋光仪的复测键一般只在测 a_∞ 时使用，能否在测 a_t 时使用？

8. 蔗糖水解反应速度与哪些反应条件有关？该反应按一级反应进行的条件是什么？

9. 某人测 a_∞ 时，发现反应溶液变为浅黄色，这是由于什么原因？

10. 当 HCl 溶液迅速倒入蔗糖溶液中时，起始溶液的旋光度为右旋还是左旋？随着反应的进行，旋光度怎样变化？为什么？

七、注意事项

1. 装样品时，旋光管管盖旋至不漏液即可，不要用力过猛，以免压碎玻璃片，玻璃受力造成的应力对旋光度有影响。

2. 测定 a_∞ 时，通过加热使反应速度加快转化完全。但加热温度不要超过 60℃，加热过程中要防止水的挥发致使溶液浓度变化，使测得的 a_∞ 值有偏差。

3. 由于酸对仪器有腐蚀，操作时应特别注意，避免酸液滴漏到仪器上。实验结束后必须立即将旋光管洗净。

4. 温度对反应速率常数的测定影响很大，所以应严格控制反应温度是做好本实验的关键。

5. 钠灯不宜长久开启，间隔时间长，不用时应关闭，以免损伤。

实验 55　乙酸乙酯皂化反应

一、实验目的

1. 学会用电导法测定乙酸乙酯皂化反应的速率常数 k，并由所测 k 值计算反应活化能 E_a。

2. 掌握 DDS-307 型电导率仪的使用方法。

3. 了解二级反应的特征，掌握用图解法求二级反应的反应速率常数。

二、实验原理

乙酸乙酯与碱的反应称为皂化反应，它是一个典型的二级反应，其反应方程式为：

$$CH_3COOC_2H_5 + NaOH \longrightarrow CH_3COONa + C_2H_5OH$$

$t=0$ 时	c_0	c_0	0	0	（反应开始）
$t=t$ 时	c_0-c_x	c_0-c_x	c_x	c_x	
$t \to \infty$ 时	$\to 0$	$\to 0$	$\to c_0$	$\to c_0$	（反应结束）

二级反应的速率与反应物的浓度有关，若反应物的起始浓度均为 c_0，则反应时间为 t 时，反应所产生的生成物的浓度均为 c_x，则反应速率方程为：

$$\frac{\mathrm{d}c_x}{\mathrm{d}t} = k(c_0-c_x)^2 \tag{1}$$

式（1）中，k 为反应速率常数，其值决定于温度，式（1）积分得：

$$k = \frac{1}{t} \cdot \frac{c_x}{c_0(c_0-c_x)} \tag{2}$$

若以 $\dfrac{c_x}{c_0-c_x}$ 对 t 作图可得一直线，这就是二级反应的特征。通过实验测出不同 t 时的 c_x 值，再将 c_0 代入式（2），即可求得反应速率常数 k 值。

在乙酸乙酯皂化反应中，参加导电的离子有 OH^-、Na^+ 和 CH_3COO^-。由于反应体系是很稀的水溶液，可认为 CH_3COONa 是全部电离的。因此，反应前后 Na^+ 的浓度不变。OH^- 的迁移率比 CH_3COO^- 的大得多，随着反应的进行，仅仅是导电能力很强的 OH^- 逐渐被导电能力弱的 CH_3COO^- 所取代，致使溶液的电导率逐渐减小。因此，可用电导率仪测量皂化反应进程中电导值 G 随时间的变化关系，从而达到跟踪反应物浓度随时间而变化的目的。

本实验采用电导法测定乙酸乙酯皂化反应进程中电导值 G 随时间的变化来反映不同时刻反应物的浓度。采用电导法的条件是反应物与生成物的电导值 G 相差很大。对于皂化反应，由于溶液中导电能力强的 OH^- 逐渐被导电能力弱的 CH_3COO^- 所取代，所以溶液的电导逐渐下降（溶液中 $CH_3COOC_2H_5$ 与 C_2H_5OH 的导电能力都很小，可忽略不计）。亦即溶液电导值 G 的变化是与反应物浓度变化相对应的。因此用电导率仪测定溶液在不同时刻的电导值 G，进而可求算出反应速率常数 k。

在电解质稀溶液中，可近似地认为电导值 G 与浓度 c 呈正比关系，而且溶液的电导值 G 等于各电解质离子电导值之和（即溶液总电导为各电解质电导之和）。

在一定范围内，可以认为体系电导值的减少量与 CH_3COONa 浓度 c_x 的增加量成正比，即

$$t=t \text{ 时}: c_x = \beta(G_0-G_t) \tag{3}$$

$$t=\infty \text{ 时}: c_0 = \beta(G_0-G_\infty) \tag{4}$$

G_0、G_t、G_∞ 分别为溶液起始、t 时和反应终了时的电导值，β 为比例常数。将式（3）、式（4）代入式（2）得：

$$\frac{G_0-G_t}{G_t-G_\infty} = ckt \tag{5}$$

由式（5）直线方程式可知，只要测出 G_0、G_∞ 以及一组 G_t 值，再以 $\dfrac{G_0-G_t}{G_t-G_\infty}$ 对 t 作图，可得一条直线，由直线的斜率便可求得反应速率常数 k 值，k 的单位为 $L/(min \cdot mol)$。

通过实验再测定另一个温度下的反应速率常数，根据 Arrhenius 方程，即可求得反应活化能 E_a。

$$\ln \frac{k_2}{k_1} = \frac{E_a}{R}\left(\frac{T_2-T_1}{T_1 T_2}\right) \tag{6}$$

式中　E_a——反应活化能，kJ/mol；

　　　R——摩尔气体常数，$R = 8.314 \text{J}/(\text{mol} \cdot \text{K})$；

　　　k_1——温度为 T_1 时测得的反应速率常数；

　　　k_2——温度为 T_2 时测得的反应速率常数。

DDS-307 型电导率仪如图 8-15 所示。

图 8-15　DDS-307 型电导率仪

三、仪器、药品及材料

仪器：DDS-307 型电导率仪、DJS-1 型电导电极、HH-4 数显恒温水浴锅、电导池、10mL 移液管 2 支（分别贴上 0.02mol/L NaOH、0.02mol/L CH₃COOC₂H₅）。

药品：0.02000mol/L NaOH 标准溶液（由邻苯二甲酸氢钾标定得到）、0.01000mol/L NaOH 标准溶液（由 0.02000mol/L NaOH 标液稀释一倍）、0.02000mol/L CH₃COOC₂H₅ 标准溶液（依据 0.02000mol/L NaOH 标液精确称量）、0.01000mol/L CH₃COONa 标准溶液。

材料：秒表。

四、实验步骤

1. DDS-307 型电导率仪的使用、校正及注意事项参见第二章五。

2. 将恒温水浴锅的温度调至室温，先测定 0.01000mol/L NaOH 标准溶液的电导率值，每隔 2min 读一次数据，读取三次，取其平均值，即为 G_0。然后测定 0.02000mol/L NaOH 标准溶液与 0.02000mol/L CH₃COOC₂H₅ 标准溶液等体积混合的一组电导率值 G_t，每隔 2min 记录一次数据，直至电导值基本不变，约需 45min～1h。最后再测定 0.01000mol/L CH₃COONa 标准溶液的电导率 G_∞。

3. 将恒温水浴锅的温度调至室温＋10℃，重复上述实验步骤 2，得另一个温度下的 G_0、G_t 和 G_∞。

五、数据处理

1. 将实验结果填入表 8-12 中。

表 8-12　不同温度下不同时刻 t 所对应的电导率实验值

t/min	G_t		$G_0 - G_t$		$G_t - G_\infty$		$\dfrac{G_0 - G_t}{G_t - G_\infty}$	
	室温/℃	室温＋10℃	室温/℃	室温＋10℃	室温/℃	室温＋10℃	室温/℃	室温＋10℃
0								
2								
4								
6								
8								
10								
12								
14								
16								
18								

续表

t/min	G_t		G_0-G_t		G_t-G_∞		$\dfrac{G_0-G_t}{G_t-G_\infty}$	
	室温/℃	室温+10℃	室温/℃	室温+10℃	室温/℃	室温+10℃	室温/℃	室温+10℃
20								
22								
24								
26								
28								
30								
32								
34								
36								
38								
40								
42								
44								
∞								

2. 温度为室温时，以 $\dfrac{G_0-G_t}{G_t-G_\infty}$ 对 t 作图，得一条直线，由直线的斜率便可求得反应速率常数 k_1。

3. 温度为室温+10℃时，再以 $\dfrac{G_0-G_t}{G_t-G_\infty}$ 对 t 作图，得另一条直线，由直线的斜率便可求得反应速率常数 k_2。

4. 根据 Arrhenius 方程，即可求得反应的活化能 E_a。

六、思考题

1. 为什么乙酸乙酯溶液要现用现配？
2. 为什么所配 NaOH 和乙酸乙酯必须是稀溶液？
3. 本实验若反应物浓度配不准，反应级数会增加吗？
4. 本实验是根据哪种离子随着反应进程电导率变化减小而设计的？
5. 为什么通常以 0.01000mol/L NaOH 标准溶液的电导率值作为 G_0？
6. 反应起始时间必须是绝对时间吗？为什么？
7. 为什么通常以 0.01000mol/L CH_3COONa 标准溶液的电导率值作为 G_∞？

七、注意事项

1. 夏天做该实验时要掌握好恒温槽控温。
2. 配好的 NaOH 标准溶液要防止空气中 CO_2 气体的进入。
3. 乙酸乙酯标准溶液浓度和 NaOH 标准溶液浓度必须相同。
4. 乙酸乙酯标准溶液需临时配制，配制时动作要迅速，以减少挥发损失。如果配制溶液时乙酸乙酯挥发了，致使其浓度与 NaOH 溶液的浓度不一致，会导致作图时数据点不在直线上。
5. 测定 G_0、G_t 和 G_∞ 时，每次更换测量溶液，先用蒸馏水或去离子水冲洗铂黑电极和电导池，再用被测定的标准溶液淋洗三次。

实验56 电导法测定乙酸解离常数

一、实验目的

1. 掌握电导法测定一元弱酸的解离度和解离平衡常数。
2. 掌握溶液电导、电导率、摩尔电导率 Λ_m 和极限摩尔电导率 Λ_∞ 等基本概念。
3. 巩固 DDS-307 型电导率仪的使用方法。

二、实验原理

根据 Arrhenius 解离理论，弱电解质与强电解质不同，弱电解质在溶液中仅部分解离，离子和未解离的分子之间存在着动态平衡。如在乙酸水溶液中，设 c 为乙酸的原始浓度，α 为解离度，其表达式为：

$$\text{HAc(aq)} \rightleftharpoons \text{H}^+(\text{aq}) + \text{Ac}^-(\text{aq})$$

解离刚开始时浓度 $\quad c \qquad\qquad 0 \qquad\qquad 0$

解离平衡时浓度 $\quad c-c\alpha \qquad c\alpha \qquad c\alpha$

$$K_\alpha^\ominus(\text{HAc}) = \frac{(c\alpha)^2}{c-c\alpha} = \frac{c\alpha^2}{1-\alpha} \tag{1}$$

通过测定溶液的电导率得解离度，从而求得解离平衡常数。

导体导电能力的大小用电导 $G(\text{S})$，即电阻 $R(\Omega)$ 的倒数来度量，其关系为：

$$G = \frac{1}{R} = \kappa\left(\frac{A}{l}\right) \tag{2}$$

式中，κ 为电导率，表示两极间的距离 l 相距为 1m，两极的面积 A 为 1m^2 时两个电极之间溶液的电导。单位是 S/m。

在两电极的溶液之间含有 1mol 的电解质，两极相距为 1m 时所具有的电导率为摩尔电导率，记为 Λ_m，摩尔电导率 Λ_m 与电导率 κ 之间的关系为：

$$\Lambda_m = \frac{\kappa}{c} \tag{3}$$

Λ_m 随浓度而变，其变化规律对强弱电解质是不同的。对弱电解质来说，当溶液无限稀释时，可看作完全解离，这时溶液的摩尔电导率为极限摩尔电导率，记为 Λ_∞。温度一定时，Λ_∞ 为一定值，某浓度时极限摩尔电导率 Λ_∞ 与解离度 α 之间的关系为：

$$\alpha = \frac{\Lambda_m}{\Lambda_\infty} \tag{4}$$

将式(4) 代入式(1) 得：

$$K_\alpha^\ominus(\text{HAc}) = \frac{c\alpha^2}{1-\alpha} = \frac{c\Lambda_m^2}{\Lambda_\infty(\Lambda_\infty - \Lambda_m)} \tag{5}$$

因此测定不同浓度下乙酸溶液的电导率 κ，代入式(3) 得 Λ_m，再将 Λ_m 代入式(5) 即得到 $K_\alpha^\ominus(\text{HAc})$。

三、仪器、药品及材料

仪器：DDS-307 型电导率仪、DJS-1 型电导电极、容量瓶、移液管、烧杯。
药品：0.5000mol/L HAc 标准溶液（由实验室标定其准确浓度）、电导水（重蒸馏水）。

材料：碎滤纸。

四、实验步骤

按照 DDS-307 型电导率仪的使用方法，测定 0.5000mol/L HAc 标准溶液的电导率，并依次稀释四次，共计测得五个不同浓度的 HAc 标准溶液的电导率值（注意：由稀到浓的次序）。

五、数据处理

1. 将实验数据记录在表 8-13 中，同时将计算结果也填入表 8-13 中。

表 8-13　电导法测定乙酸解离度和解离平衡常数的实验结果

电极常数_____；室温_____℃；该温度下的极限摩尔电导率 $\Lambda_\infty = $_____ S·m²/mol

编号	1	2	3	4	5
$c(HAc)/(mol/L)$					
$\kappa/(S/m)$					
$\Lambda_m = \dfrac{\kappa}{c}/(S \cdot m^2/mol)$					
$\alpha = \dfrac{\Lambda_m}{\Lambda_\infty}$					
$K_\alpha^{\ominus}(HAc) = \dfrac{c\alpha^2}{1-\alpha}$					

2. 不同温度下无限稀释时乙酸溶液的极限摩尔电导率 Λ_∞ 见表 8-14。

表 8-14　不同温度下无限稀释时乙酸溶液的极限摩尔电导率 Λ_∞

温度/℃	0	18	25	30
$\Lambda_\infty/(S \cdot m^2/mol)$	0.0245	0.0349	0.03907	0.04218

六、思考题

1. 什么叫溶液的电导，电导率、摩尔电导率 Λ_m 和极限摩尔电导率 Λ_∞？
2. 溶液的电导率、摩尔电导率与溶液浓度的关系怎样？
3. 为何要测电导池常数？如何测定？

七、注意事项

1. 若室温不同于表 8-14 中所列温度，极限摩尔电导率 Λ_∞ 用内插法求得。
2. 电导率 κ 的单位是 S/m，电导率仪上读出的电导率 κ 的单位是 μS/cm，计算时注意换算。

实验 57　电动势的测定及其应用

一、实验目的

1. 掌握对消法测定原电池电动势的原理和电位差计的正确使用方法。

2. 学会几种电极的制备和处理方法。

3. 通过原电池电动势的测定求算标准电极电势、难溶盐的溶度积和热力学函数。

二、实验原理

凡是能使化学能转变为电能的装置都称之为电池（或原电池）。原电池由正、负两极和电解质组成。电池在放电过程中，正极上发生还原反应，负极则发生氧化反应，电池反应是电池中所有反应的总和。电池除可用作电源外，还可用它来研究构成此电池的化学反应的热力学性质，进而又可求得其他热力学参数。但须注意，测量原电池电动势首先要求被测电池反应本身是可逆的，同时要求电池必须在可逆情况下工作。可逆电池应满足：①电池反应可逆，亦即电池电极反应可逆；②电池中不允许存在任何不可逆的液接界；③电池必须在可逆的情况下工作，即充放电过程必须在平衡态下进行，亦即允许通过电池的电流为无限小。

因此在制备可逆电池、测定可逆电池电动势时应符合上述三个条件。在用电化学方法研究化学反应的热力学性质时，所设计的电池应尽量避免出现液接界，在精确度不高的测量中，常用正负离子迁移数比较接近的盐类构成"盐桥"来消除液接电位。用电位差计测量电动势也可满足通过电池电流为无限小的条件。测定可逆电池的电动势在物理化学实验中占有重要地位，应用十分广泛，在各种版本物理化学教材中均有叙述。

可逆电池的电动势可看作正、负两个电极的电势之差。设正极电势为 φ^+，负极电势为 φ^-，则：电池电动势 $E = \varphi^+ - \varphi^-$。电极电势的绝对值无法测定，手册上所列的电极电势均为相对电极电势，即以标准氢电极（其电极电势规定为零）作为标准，与待测电极组成一电池，所测电池电动势就是待测电极的电极电势。由于氢电极使用不便，常用另外一些易制备、电极电势稳定的电极作为参比电极，如甘汞电极、银-氯化银电极等。

电池电动势不能用伏特计直接测量，因为电池与伏特计连接后有电流通过，就会在电极上发生电极极化，结果使电极偏离平衡状态。另外，电池本身有内阻，所以伏特计测量得到的仅仅是不可逆电池的端电压。测量电池电动势只能在无电流通过电池的情况下进行，用对消法（又叫补偿法）来测定电动势。对消法的原理是在待测电池上并联一个大小相等、方向相反的外加电势差，这样待测电池中没有电流通过，外加电势差的大小即等于待测电池的电动势。对消法测电动势常用的仪器为电位差计，电位差计由三个回路组成：工作电流回路、标准回路和测量回路。

对消法测量电池电动势的特点是：当被测电动势和测量回路的相应电势在电路中完全对消时，测量回路与被测量回路之间无电流通过，所以测量线路不消耗被测量线路的能量，这样被测量线路的电动势不会因为接入电位差计而发生任何变化。同时也不需要测出工作回路中的电流数值。

本实验用 SDC-Ⅱ数字电位差综合测试仪，如图 8-16 所示。它将 UJ 系列电位差计、光电检流计、标准电池等集成一体，采用误差对消法，也称误差补偿法测量原理设计的一种电压测量仪器，它综合了标准电压和测量电路于一体。它具有内外基准、测量准确度高、性能可靠、数字显示直观清晰等优点。测量电路的输入端采用高输入阻抗器件（阻抗 $\geqslant 10^{14}\Omega$），故流入的电流 I＝被测电动势/输入阻抗（几乎为零），不会影响待测电动势的大小。实验装置如图 8-17 所示。

1. 求金属电极的标准电极电势（如锌电极、铜电极）

 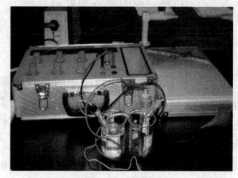

图 8-16　SDC-Ⅱ数字电位差综合测试仪　　　　　　　图 8-17　实验装置

将待测电极与饱和甘汞电极组成如下电池：

$$Hg\,|\,Hg_2Cl_2\,|\,KCl(饱和溶液)\,\|\,M^{n+}(a_\pm)\,|\,M$$

电池电动势：　　$E=\varphi^+-\varphi^-=\varphi^\ominus(M^{n+}/M)+\dfrac{RT}{nF}\ln a(M^{n+})-\varphi(饱和甘汞)$

式中，已设液接电势为零。$\varphi^\ominus(M^{n+}/M)$ 为金属电极的标准电极电势；F 为法拉第常数；n 为电极反应中电子得失数。通过实验测定电池的电动势 E 值，再根据 φ(饱和甘汞)和溶液中金属离子的活度即可求得该金属的标准电极电势 $\varphi^\ominus(M^{n+}/M)$。

2. 求难溶盐 AgCl 的溶度积 K_{sp}

设计电池：Ag|KCl(0.01mol/L)与饱和 AgCl 溶液 ‖ AgNO$_3$(0.01mol/L) | Ag

(饱和 KNO$_3$ 盐桥)

$$E^\ominus=E+\frac{RT}{F}\ln\frac{1}{a_{Ag^+}\cdot a_{Cl^-}} \tag{1}$$

在纯水中 AgCl 溶解度极小，故活度积就等于溶度积，即

$$-E^\ominus=\frac{RT}{F}\ln K_{sp} \tag{2}$$

式(2) 代入式(1) 化简得：

$$\lg K_{sp}=\lg(a_{Ag^+})+\lg(a_{Cl^-})-\frac{EF}{2.303RT} \tag{3}$$

通过实验测定电池电动势 E 值，再根据公式(3) 即可求得 K_{sp}。

3. 求电池内化学变化的 $\Delta_r G_m$、$\Delta_r H_m$ 和 $\Delta_r S_m$

化学反应热效应的测定，电化学法比热化学法更精确、更可靠。在恒温、恒压、可逆条件下，用对消法测定电池电动势 E，即可得到电池反应的吉布斯自由能的改变值。

$$\Delta_r G_m=-nEF \tag{4}$$

根据吉布斯-亥姆霍兹公式

$$\Delta_r G_m-\Delta_r H_m=T\left(\frac{\partial \Delta_r G_m}{\partial T}\right)_p=-T\Delta_r S_m \tag{5}$$

将式(4) 代入式(5) 得：

$$\begin{cases} \Delta_r H_m = -nEF + nFT(\dfrac{\partial E}{\partial T})_p \\[3mm] \Delta_r S_m = nF(\dfrac{\partial E}{\partial T})_p \end{cases} \tag{6}$$

因此，按照化学反应设计成一个电池，分别测定电池在各个温度下的电动势，作 E-T 图，由曲线斜率可求得任一温度下的 $(\dfrac{\partial E}{\partial T})_p$ 值，利用公式（4）和式（6），即可求得该电池反应的热力学函数 $\Delta_r G_m$、$\Delta_r H_m$ 和 $\Delta_r S_m$。

三、仪器、药品及材料

仪器：SDC-Ⅱ数字电位差综合测试仪、稳压电源、银电极、铜电极、锌电极、饱和甘汞电极、半电池管、烧杯。

药品：0.01mol/L ZnSO₄、0.1mol/L ZnSO₄、0.01mol/L CuSO₄、0.1mol/L CuSO₄、0.01mol/L KCl、0.01mol/L AgNO₃、0.1mol/L AgNO₃。

材料：饱和 KCl 盐桥、饱和 KNO₃ 盐桥、砂纸。

四、实验步骤

1. 打开 SDC-Ⅱ数字电位差综合测试仪，预热 15min。连接电池到 SDC-Ⅱ数字电位差综合测试仪，注意正负极。使用"内标"或"外标"方法校验（详细见第二章十二仪器使用方法）。为了保证所测电池电动势的正确，必须严格遵守仪器的正确使用方法。在室温下测量电池电动势，10min 内测定 3 次，记录数据。

2. 以饱和 KCl 溶液为盐桥，分别测定下列六个原电池的电动势

（1）饱和甘汞电极 ‖ ZnSO₄(0.1mol/L)｜Zn

（2）饱和甘汞电极 ‖ ZnSO₄(0.01mol/L)｜Zn

（3）饱和甘汞电极 ‖ CuSO₄(0.1mol/L)｜Cu

（4）饱和甘汞电极 ‖ CuSO₄(0.01mol/L)｜Cu

（5）Zn｜ZnSO₄(0.1mol/L) ‖ CuSO₄(0.1mol/L)｜Cu

（6）Zn｜ZnSO₄(0.01mol/L) ‖ CuSO₄(0.01mol/L)｜Cu

3. 以饱和 KNO₃ 溶液为盐桥，测定其电池电动势

Ag｜KCl(0.01mol/L)与饱和 AgCl 溶液 ‖ AgNO₃(0.01mol/L)｜Ag

4. 测定不同温度下电池的电动势，此时可调节恒温槽温度在 15～50℃ 之间，每隔 5～10℃ 测定一次电动势。方法同上，每改变一次温度，须待热平衡后才能测定。

5. 电极制备

（1）锌电极　先用细砂纸擦去锌电极表面上的氧化层，再用 6mol/L H₂SO₄ 溶液浸洗锌电极 30s 以进一步除去表面上的氧化层，用蒸馏水洗净后，浸入饱和硝酸亚汞溶液中 5s，使锌电极表面上形成一层均匀的锌汞齐，取出后再用蒸馏水洗净，插入 0.1mol/L ZnSO₄ 溶液的电解池中。（注意：锌电极不能直接用锌棒。因为锌棒中不可避免含有其他金属杂质，在溶液中本身会成为微电池，即溶液中氢离子在锌棒的杂质上放电，锌被氧化。以锌棒直接作为电极将严重影响测量结果。锌汞齐化的目的是消除金属表面机械应力不同的影响，以获得重复性较好的电动势。此时锌的活度仍等于 1，氢在汞上的超电势较大，在该实验条件下不会释放出氢气。故锌汞齐化后易建立平衡。）

（2）铜电极　将铜电极先用细砂纸擦去表面上的氧化层，再用 6mol/L HNO₃ 溶液浸洗铜电极 30s 以进一步除去表面上的氧化层。用蒸馏水洗净后，置于电镀液中进行电镀，电流

密度控制在 $10mA/cm^2$ 左右。电镀 20min，使铜电极表面上有一层均匀的新鲜铜，取出再用蒸馏水洗净。将已处理好的铜电极插入 $0.1mol/L\ CuSO_4$ 溶液的电解池中。

(3) 银电极　将两根银丝用细砂纸轻轻打磨至露出新鲜的金属光泽，用蒸馏水洗净。再用浓氨水浸洗后，取出用蒸馏水洗净。然后浸入稀硝酸溶液中片刻，取出再用蒸馏水洗净。将洗净的两根银丝分别插入盛有镀银液的瓶中，控制电流为 0.3mA，镀 1h，得白色紧密的镀银电极两只。把处理好的两根银丝浸入同样浓度的 $AgNO_3$ 溶液中，测定电池电动势，如果电池电动势不接近于 0（允许相差 1～2mV），则银丝必须重新处理。

五、数据处理

1. 计算时遇到电极电位公式(式中 t 为℃) 如下：

$$\varphi(饱和甘汞) = 0.24150 - 7.61 \times 10^{-4}(t - 25)$$

$$\varphi^{\ominus}(Q \cdot QH_2) = 0.6994 - 7.4 \times 10^{-4}(t - 25)$$

$$\varphi^{\ominus}(AgCl) = 0.2224 - 6.45 \times 10^{-4}(t - 25)$$

2. 计算时有关电解质离子的平均活度系数 $\gamma_{\pm}$（25℃）如下：

$0.1mol/L\ AgNO_3$	$\gamma_{\pm}(AgNO_3) = 0.734$
$0.01mol/L\ AgNO_3$	$\gamma_{\pm}(AgNO_3) = 0.902$
$0.01mol/L\ KCl$	$\gamma_{\pm}(KCl) = 0.901$
$0.1mol/L\ CuSO_4$	$\gamma_{\pm}(CuSO_4) = 0.16$
$0.01mol/L\ CuSO_4$	$\gamma_{\pm}(CuSO_4) = 0.40$
$0.1mol/L\ ZnSO_4$	$\gamma_{\pm}(ZnSO_4) = 0.150$
$0.01mol/L\ ZnSO_4$	$\gamma_{\pm}(ZnSO_4) = 0.387$

六、思考题

1. 电位差计是根据什么原理来测量未知电池电动势的？
2. 电位差计共有几个回路？名称各是什么？作用各是什么？
3. 为何测电动势要用对消法，对消法的原理是什么？
4. 盐桥有什么作用？对盐桥溶液有什么要求？盐桥里有气泡时如何处理？
5. 在测原电池电动势实验中，使用饱和甘汞电极应注意什么？为什么？

七、注意事项

1. 为了判断所测的电动势是否为平衡电势，一般应在 15min 左右的时间内，等间隔地测量 7～8 个数据。若这些数据在平均值附近摆动，偏差小于 ±0.5mV，则可认为已达平衡，取最后三个数据的平均值作为该电池的电动势。

2. 在电极处理过程中，各步骤间电极均需用蒸馏水洗净。酸洗、电镀后电极不宜在空气中暴露时间过长，否则会使镀层氧化，应将电极立即洗净并插入电解池中，用溶液浸没，并超出 1cm 左右，同时尽快进行测量。

3. 电位差计接线时，应注意不要将线路极性接反了。

4. 测量前可根据电化学基本知识，初步估算待测电池的电动势大小，以便在测量时迅速找到平衡点，避免电极极化。

5. 用盐桥消除液体接触电势。在两种不同溶液的界面上存在的电势差称为液体接界电势或扩散电势，产生的原因是液体中离子的扩散速度不同而引起的，液体接界电势的大小和符号与电解质的本性及活度有关，通常使用盐桥来消除液体接界电势。注意盐桥不能漏液、断路、有气泡或 KCl 不饱和。

6. 注意在恒温的条件下测试。夏天气温高，饱和甘汞电极内无 KCl 晶体而未发现会导致测定值异常。

实验 58　溶液表面吸附的测定

一、实验目的

1. 掌握最大泡压法测定表面张力的原理，了解影响表面张力测定的因素。

2. 测定不同浓度正丁醇溶液的表面张力，计算表面吸附量，由表面张力的实验数据求正丁醇分子在表面所占据的理论面积 $S_{理}$ 和实际面积 $S_{实}$，以加深对溶液吸附理论的理解。

3. 了解表面张力的性质，表面自由能的意义以及表面张力和吸附的关系。

二、实验原理

1. 表面自由能

从热力学观点来看，液体表面缩小是一个自发过程，这是使体系总自由能减少的过程，欲使液体产生新的表面 ΔA，就需对其做功，其大小与 ΔA 成正比。即：

$$-W = \sigma \Delta A \tag{1}$$

如果 $\Delta A = 1\text{m}^2$，则 $-W = \sigma$，是在恒温恒压下形成 1m^2 新表面所需的可逆功，故 σ 称为液体比表面吉布斯自由能，其单位为 J/m^2。若把 σ 看作为作用在界面上每单位长度边缘上的力，称为表面张力，其单位是 N/m。它表示了液体表面自动缩小趋势的大小。液体的表面张力与温度有关，温度愈高，表面张力愈小。到达临界温度时，液体与气体不分，表面张力趋近于零。

2. 溶液的表面吸附

液体的表面张力也与液体的纯度有关，在一定温度下纯液体的表面张力为定值，当加入溶质形成溶液时，表面张力发生变化，其变化的大小决定于溶质的性质和加入量的多少。根据能量最低原理，溶质能降低溶剂的表面张力时，表面层中溶质的浓度比溶液内部大。反之，溶质使溶剂的表面张力升高时，它在表面层中的浓度比在内部的浓度低，这种表面浓度与溶液内部浓度不同的现象叫做溶液的表面吸附。在一定的温度和压力下，溶质的吸附量与溶液的表面张力及溶液的浓度有关。Gibbs 用热力学的方法推导出它们之间的关系式为：

$$\Gamma = -\frac{c}{RT} \times \left(\frac{\text{d}\sigma}{\text{d}c}\right)_T \tag{2}$$

式中　Γ——溶质在表面吸附量，mol/m^2；

R——摩尔气体常数，8.314J/(mol·K)；

c——吸附达到平衡时溶质在介质中的浓度，mol/L；

T——热力学温度，K；

σ——溶液的表面张力，N/m。

当 $\left(\dfrac{\mathrm{d}\sigma}{\mathrm{d}c}\right)_T > 0$ 时，$\varGamma < 0$，称为负吸附。表明加入溶质使液体表面张力升高，溶液表面层的浓度小于内部的浓度，此类物质称为非表面活性物质。非表面活性物质浓度达一定值，溶液界面形成饱和单分子层吸附。当 $\left(\dfrac{\mathrm{d}\sigma}{\mathrm{d}c}\right)_T < 0$ 时，$\varGamma > 0$，称为正吸附。本实验测定正吸附情况，表明加入溶质使液体表面张力下降，溶液表面层的浓度大于内部的浓度，此类物质称为表面活性物质。表面活性物质具有显著的不对称结构，它是由亲水的极性基团和憎水的非极性基团构成。对于有机化合物来说，表面活性物质的极性部分一般为—NH_3^+、—OH^-、—SH、—$COOH$ 和—SO_2OH 等，正丁醇就属这类化合物。它们在水溶液中表面排列的情形随其在溶液中的浓度不同而有所差异，这可由图 8-18 看出。图 8-18（1）和（2）是不饱和层中分子的排列，图 8-18（3）是饱和层分子的排列。当浓度很小时，溶液分子平躺在溶液表面上。当界面上被吸附分子的浓度增大时，分子的极性基团取向溶液内部，而非极性基团基本上取向空间，也即它的排列方式在改变着。当浓度增加到一定程度时，被吸附了的表面活性物质分子占据了所有表面形成单分子的饱和吸附层，其分子排列方式如图 8-18（3）所示。

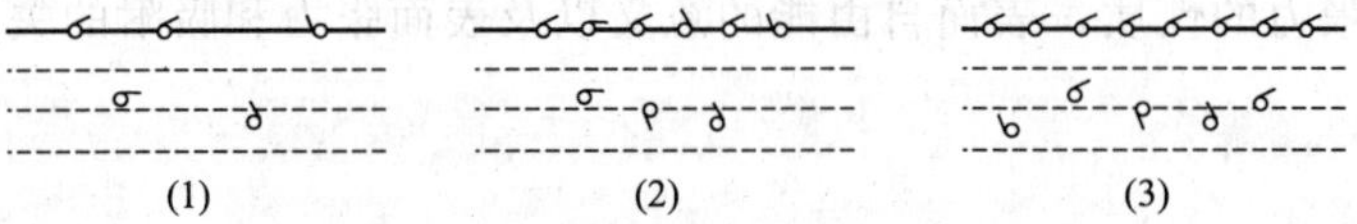

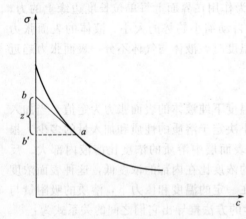

图 8-18　被吸附的分子在界面上的排列图

随着表面活性物质分子在界面上越来越紧密地排列，界面的表面张力就越来越小。以表面张力对浓度作图，得到 σ-c 曲线，如图 8-19 所示。从图中可以看出，开始 σ 随 c 的增加而迅速下降，以后的变化比较缓慢。在 σ-c 曲线上任选一点 a 作切线，经过切点 a 作平行于横坐标的直线，交纵坐标于 b' 点。

以 z 表示切线和平行线在纵坐标上截距间的距离，则 $z = -c \times \left(\dfrac{\mathrm{d}\sigma}{\mathrm{d}c}\right)_T$ 再代入式（2），即可求出不同浓度时的吸附量 $\varGamma$：

$$\varGamma = \dfrac{Z}{RT} \qquad (3)$$

取曲线上不同的点，就可得出不同的 $\varGamma$ 值，从而就可作出吸附等温线。

3. 饱和吸附与溶质分子的面积。

在一定温度下，吸附量与浓度之间的关系由朗缪尔（Langmuir）吸附等温方程式表示。

$$\dfrac{c}{\varGamma} = \dfrac{c}{\varGamma_\infty} + \dfrac{1}{K\varGamma_\infty} \qquad (4)$$

图 8-19　表面张力和浓度关系图

式中，$\varGamma_\infty$ 为饱和吸附量，即表面被吸附物铺满一层分子时的 $\varGamma$。K 为经验常数，与溶质的表面活性大小有关。若以 $\dfrac{c}{\varGamma}$-c 作图可以得到一条直线，由直线斜率的倒数即可求出 $\varGamma_\infty$。

如果以 N 代表 $1m^2$ 表面上溶质的分子数，则：$N = \varGamma_\infty N_A$，式中 N_A 为阿伏伽德罗常数。由此可得每个溶质分子在表面上所占据的理论面积 $S_{理}$ 和实际面积 $S_{实}$。

$$S_{理}=\frac{1}{\Gamma_\infty N_A} \tag{5}$$

$$S_{实}=\frac{10^{18}}{\Gamma N_A+100\times(cN_A)^{\frac{2}{3}}} \tag{6}$$

因此，测定不同浓度正丁醇溶液的表面张力，从 $\sigma\text{-}c$ 曲线上求出不同浓度的吸附量 Γ，再从 $\frac{c}{\Gamma}-c$ 直线上求出 Γ_∞，即可计算出溶质分子的 $S_{理}$ 和 $S_{实}$。

4. 最大泡压法

测定液体表面张力的方法很多，如毛细管升高法、滴重法、环法、滴外形法等。本实验用最大泡压法测定正丁醇水溶液的表面张力，其实验装置和原理如图 8-20 所示。

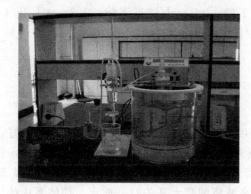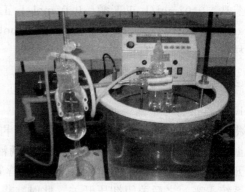

图 8-20　实验装置图

将待测表面张力的液体装于表面张力仪中，使毛细管下端端面与被测液体液面相切，液面即沿毛细管上升。打开抽气瓶（滴液漏斗）的活塞缓缓放水抽气，毛细管内液面上受到一个比张力仪瓶中液面上大的压力，当此压力差——附加压力（$\Delta p=\Delta p_{大气}-\Delta p_{系}$）在毛细管端面上产生的作用力稍大于毛细管口液体的表面张力时，气泡就从毛细管口脱出。此附加压力与表面张力成正比，与气泡的曲率半径成反比，其关系式为：

$$\Delta p=\frac{2\sigma}{r} \tag{7}$$

式中　Δp——附加压力，N/m² 或 Pa；

　　　σ——表面张力，N/m；

　　　r——气泡的曲率半径，m。

如果毛细管半径很小，则形成的气泡基本上是球形。当气泡开始形成时，表面几乎是平的，这时曲率半径最大。随着气泡的形成，曲率半径逐渐变小，直到形成半球形，这时曲率半径 r 和毛细管半径 R 相等，曲率半径达最小值。根据式（7），这时附加压力达最大值。气泡进一步长大，r 变大，附加压力则变小，直到气泡逸出。根据式（7），$R=r$ 时的最大附加压力为：

$$\Delta p_{最大}=\frac{2\sigma}{r}\text{或}\sigma=\frac{r}{2}\Delta p_{最大} \tag{8}$$

用同一根毛细管分别测定两种液体的表面张力 σ_1 和 σ_2，则 $\sigma_1=\frac{r}{2}\Delta p_1$，$\sigma_2=\frac{r}{2}\Delta p_2$，

$$\frac{\sigma_1}{\sigma_2}=\frac{\Delta p_1}{\Delta p_2}$$

$$\sigma_1 = \frac{\sigma_2}{\Delta p_2} \Delta p_1 = K \Delta p_1 \tag{9}$$

式中，Δp_1 和 Δp_2 为气泡脱出的一瞬间由数字压力计上读取的读数；K 为毛细管常数，可由实验测得的 Δp_2 数据和已知的 σ_2 数据求得。

对同一根毛细管而言，如果以纯水为标准作为某已知表面张力的液体，则另一种液体的表面张力就可通过式（9）计算。

三、仪器、药品及材料

仪器：DP-AW 表面张力实验装置、DP-AW 精密数字压力计、SYP-Ⅱ 玻璃恒温水浴、洗耳球、滴管、样品管、毛细管、滴液抽气瓶、500mL 烧杯。

药品：0.02mol/L 正丁醇、0.05mol/L 正丁醇、0.1mol/L 正丁醇、0.2mol/L 正丁醇、0.3mol/L 正丁醇、0.4mol/L 正丁醇、0.5mol/L 正丁醇。

材料：铁架台、自由夹、真空橡胶管。

四、实验步骤

1. 仪器准备与检漏

将表面张力仪和毛细管先用洗液洗净，再用自来水和蒸馏水漂洗，按图 8-20 接好。接通恒温水浴电源，调节恒温槽至 25℃。在滴液瓶中盛入水，将毛细管插入样品管中，打开卸压开关，从侧管中加入蒸馏水，使毛细管管口刚好与液面相切。接入恒温水恒温 5min后，系统采零，之后关闭卸压开关。此时，将滴液瓶的滴水开关打开放水，使体系内的压力降低，观察液面有气泡产生即可关闭滴水开关。待压力数值趋于稳定，且在 2～3min 内，压力计上的读数保持定值，说明系统气密性良好。如压力计上的读数不能保持定值，则须重新连接管路系统，系统气密性确定后，才能进行下面实验。

2. 毛细管常数的测量

缓慢打开滴水开关，调节滴水开关使精密数字压力计显示值逐个递增，尽可能让气泡从毛细管底部慢慢放出（注意控制水流出的速度，使气泡由毛细管端面成单泡逸出，且每个气泡形成的时间不少于 8s）。待气泡均匀稳定的放出时，也即当气泡刚脱离毛细管口的一瞬间，立即读取压力计中最大压力差的读数。为了减小误差，可测定 3 次，取其平均值。再由手册中查出实验温度时，水的表面张力 σ，根据式（9）即可求得毛细管常数 K 值。

3. 正丁醇溶液表面张力的测定

按上述同样方法，对不同浓度的正丁醇溶液进行测量，从稀到浓的次序分别测定各自的最大压力差。每次测量前必须用少量被测溶液洗涤测定管，尤其是毛细管部分，以确保毛细管内外溶液浓度一致。

五、数据处理

1. 纯水和不同浓度正丁醇溶液压力差的实验数据记录在表 8-15 中。

2. 计算毛细管常数 K 和不同浓度正丁醇溶液的表面张力 σ，结果填入表 8-15 中。在方格坐标纸上绘制 σ-c 等温曲线图。

3. 在 σ-c 曲线上取 7 个点，如表 8-16 所示，分别作切线求得相应的 Z 值，并求出 Γ 和 $\frac{c}{\Gamma}$，计算结果填入表 8-16 中。

表 8-15　纯水和不同浓度正丁醇溶液的压力差

室温_____℃；标准液纯水的表面张力_____N/m＝_____J/m²

正丁醇浓度/(mol/L)	重复几次测定的压力差/mmH₂O	压力差均值/mmH₂O	表面张力 σ/(J/m²)
0.02			
0.05			
0.1			
0.2			
0.3			
0.4			
0.5			
标准液纯水			毛细管常数 $K＝$

表 8-16　实验数据计算表

正丁醇浓度/(mol/L)	σ-c 曲线上查得 Z 值/(J/m²)	表面吸附量 Γ/(mol/m²)	$\dfrac{c}{\Gamma}$/m⁻¹
0.05			
0.10			
0.15			
0.20			
0.30			
0.40			
0.45			

4. 绘制 $\dfrac{c}{\Gamma}$－c 等温线图，由直线斜率求出 Γ_∞，并计算理论面积 $S_{理}$ 和实际面积 $S_{实}$。

六、思考题

1. 有哪些因素影响表面张力测定结果？如何减小以致消除这些因素对实验结果的影响？

2. 用最大泡压法测定表面张力时，为什么要读取最大压力差？如果气泡逸出得很快，或几个气泡同时逸出，对实验结果有无影响？

3. 在测定中如果抽气速度过快，对测定结果有何影响？

4. 毛细管端面为何必须调节到恰好与液面相切，否则对实验结果有影响？

5. 实验所选用的毛细管的半径大小对测定有何影响？若毛细管不清洁会不会影响测定结果？

6. 本实验为何要测定毛细管常数？毛细管常数与温度有关吗？

七、注意事项

1. 毛细管一定要清洗干净，否则气泡不能连续稳定地通过，而使压力计读数不稳定。另毛细管应保持垂直，其管口刚好与液面相切。

2. 控制好出泡速度，不要使气泡一连串地逸出，读取压力计的压差时，应取气泡单个逸出时的最大压力差。

3. 洗涤毛细管时不能用热风吹干或烘烤，以避免毛细管的结构发生变化。

4. 仪器系统不能漏气。

5. 连接压力计与毛细管及滴液漏斗的乳胶管不能有水等阻塞物，否则压力无法传递到毛细管，无气泡逸出。

6. 每测完一种样品，要将样品管中的测量溶液倒入相应浓度的回收瓶中，供下一轮实验做清洗样品管用。全部样品做完后，将毛细管和样品管用自来水和蒸馏水彻底洗净。

7. 由于测定的次数较多，请同学们细心操作，切勿将毛细管、样品管、减压瓶以及各连接的玻璃损坏。若乳胶管不易套玻璃管时，可用少量蒸馏水润湿再套，切忌用力过猛而损坏仪器、伤了手指。

附 录

附录一　市售常用酸碱试剂的浓度和含量

试剂	密度/(g/mL)	浓度/(mol/L)	含量/%
浓硫酸	1.84	18	95～98
稀硫酸	1.12	2	17
浓硝酸	1.41	16	65～68
稀硝酸	1.07	2	12
浓盐酸	1.19	12	36～38
稀盐酸	1.03	2	7
浓磷酸	1.71	14.7	85
稀磷酸	1.05	1	9
浓高氯酸	1.75	11.6	70～72
稀高氯酸	1.12	2	19
冰醋酸	1.05	17.5	优级纯99.8,分析纯99.5,化学纯99.0
稀醋酸	1.02	2	12
氢溴酸	1.38	7	40
氢碘酸	1.70	7.5	57
浓氢氟酸	1.13	23	40
浓氨水	0.88	14.8	25～28
稀氨水		2	3.5
浓氢氧化钠	1.44	14.4	41
稀氢氧化钠	1.09	2.2	8
氢氧化钙水溶液			0.15
氢氧化钡水溶液		0.1	2

附录二　酸、碱解离常数

1. 无机酸在水溶液中的解离常数（25℃）

序号	名称	化学式	K_a	pK_a
1	偏铝酸	$HAlO_2$	6.3×10^{-13}	12.20
2	亚砷酸	H_3AsO_3	6.0×10^{-10}	9.22
3	砷酸	H_3AsO_4	$K_1=6.3\times10^{-3}$	2.20
			$K_2=1.05\times10^{-7}$	6.98
			$K_3=3.2\times10^{-12}$	11.50
4	硼酸	H_3BO_3	$K_1=5.8\times10^{-10}$	9.24
			$K_2=1.8\times10^{-13}$	12.74
			$K_3=1.6\times10^{-14}$	13.80
5	次溴酸	$HBrO$	2.4×10^{-9}	8.62
6	氢氰酸	HCN	6.2×10^{-10}	9.21
7	碳酸	H_2CO_3	$K_1=4.2\times10^{-7}$	6.38
			$K_2=5.6\times10^{-11}$	10.25
8	次氯酸	$HClO$	3.2×10^{-8}	7.50
9	氢氟酸	HF	6.61×10^{-4}	3.18
10	锗酸	H_2GeO_3	$K_1=1.7\times10^{-9}$	8.78
			$K_2=1.9\times10^{-13}$	12.72
11	高碘酸	HIO_4	2.8×10^{-2}	1.56
12	亚硝酸	HNO_2	5.1×10^{-4}	3.29
13	次磷酸	H_3PO_2	5.9×10^{-2}	1.23
14	亚磷酸	H_3PO_3	$K_1=5.0\times10^{-2}$	1.30
			$K_2=2.5\times10^{-7}$	6.60
15	磷酸	H_3PO_4	$K_1=7.52\times10^{-3}$	2.12
			$K_2=6.31\times10^{-8}$	7.20
			$K_3=4.4\times10^{-13}$	12.36
16	焦磷酸	$H_4P_2O_7$	$K_1=3.0\times10^{-2}$	1.52
			$K_2=4.4\times10^{-3}$	2.36
			$K_3=2.5\times10^{-7}$	6.60
			$K_4=5.6\times10^{-10}$	9.25
17	氢硫酸	H_2S	$K_1=1.3\times10^{-7}$	6.88
			$K_2=7.1\times10^{-15}$	14.15
18	亚硫酸	H_2SO_3	$K_1=1.23\times10^{-2}$	1.91
			$K_2=6.6\times10^{-8}$	7.18
19	硫酸	H_2SO_4	$K_1=1.0\times10^{3}$	-3.00
			$K_2=1.02\times10^{-2}$	1.99
20	硫代硫酸	$H_2S_2O_3$	$K_1=2.52\times10^{-1}$	0.60
			$K_2=1.9\times10^{-2}$	1.72
21	氢硒酸	H_2Se	$K_1=1.3\times10^{-4}$	3.89
			$K_2=1.0\times10^{-11}$	11.0
22	亚硒酸	H_2SeO_3	$K_1=2.7\times10^{-3}$	2.57
			$K_2=2.5\times10^{-7}$	6.60
23	硒酸	H_2SeO_4	$K_1=1\times10^{3}$	-3.00
			$K_2=1.2\times10^{-2}$	1.92
24	硅酸	H_2SiO_3	$K_1=1.7\times10^{-10}$	9.77
			$K_2=1.6\times10^{-12}$	11.80
25	亚碲酸	H_2TeO_3	$K_1=2.7\times10^{-3}$	2.57
			$K_2=1.8\times10^{-8}$	7.74

2. 有机酸在水溶液中的解离常数（25℃）

序号	名称	化学式	K_a	pK_a
1	甲酸	HCOOH	1.8×10^{-4}	3.75
2	乙酸	CH_3COOH	1.74×10^{-5}	4.76
3	乙醇酸	$CH_2(OH)COOH$	1.48×10^{-4}	3.83
4	草酸	$(COOH)_2$	$K_1 = 5.4 \times 10^{-2}$	1.27
			$K_2 = 5.4 \times 10^{-5}$	4.27
5	甘氨酸	$CH_2(NH_2)COOH$	1.7×10^{-10}	9.78
6	一氯乙酸	$CH_2ClCOOH$	1.4×10^{-3}	2.86
7	二氯乙酸	$CHCl_2COOH$	5.0×10^{-2}	1.30
8	三氯乙酸	CCl_3COOH	2.0×10^{-1}	0.70
9	丙酸	CH_3CH_2COOH	1.35×10^{-5}	4.87
10	丙烯酸	$CH_2=CHCOOH$	5.5×10^{-5}	4.26
11	乳酸（丙醇酸）	$CH_3CHOHCOOH$	1.4×10^{-4}	3.86
12	丙二酸	$HOCOCH_2COOH$	$K_1 = 1.4 \times 10^{-3}$	2.85
			$K_2 = 2.2 \times 10^{-6}$	5.66
13	2-丙炔酸	$HC\equiv CCOOH$	1.29×10^{-2}	1.89
14	甘油酸	$HOCH_2CHOHCOOH$	2.29×10^{-4}	3.64
15	丙酮酸	$CH_3COCOOH$	3.2×10^{-3}	2.49
16	α-丙氨酸	CH_3CHNH_2COOH	1.35×10^{-10}	9.87
17	β-丙氨酸	$CH_2NH_2CH_2COOH$	4.4×10^{-11}	10.36
18	正丁酸	$CH_3(CH_2)_2COOH$	1.52×10^{-5}	4.82
19	异丁酸	$(CH_3)_2CHCOOH$	1.41×10^{-5}	4.85
20	3-丁烯酸	$CH_2=CHCH_2COOH$	2.1×10^{-5}	4.68
21	异丁烯酸	$CH_2=C(CH_2)COOH$	2.2×10^{-5}	4.66
22	反-丁烯二酸（富马酸）	$HOCOCH=CHCOOH$	$K_1 = 9.3 \times 10^{-4}$	3.03
			$K_2 = 3.6 \times 10^{-5}$	4.44
23	顺-丁烯二酸（马来酸）	$HOCOCH=CHCOOH$	$K_1 = 1.2 \times 10^{-2}$	1.92
			$K_2 = 5.9 \times 10^{-7}$	6.23
24	酒石酸	$HOCOCH(OH)CH(OH)COOH$	$K_1 = 1.04 \times 10^{-3}$	2.98
			$K_2 = 4.55 \times 10^{-5}$	4.34
25	正戊酸	$CH_3(CH_2)_3COOH$	1.4×10^{-5}	4.86
26	异戊酸	$(CH_3)_2CHCH_2COOH$	1.67×10^{-5}	4.78
27	2-戊烯酸	$CH_3CH_2CH=CHCOOH$	2.0×10^{-5}	4.70
28	3-戊烯酸	$CH_3CH=CHCH_2COOH$	3.0×10^{-5}	4.52
29	4-戊烯酸	$CH_2=CHCH_2CH_2COOH$	2.10×10^{-5}	4.68
30	戊二酸	$HOCO(CH_2)_3COOH$	$K_1 = 1.7 \times 10^{-4}$	3.77
			$K_2 = 8.3 \times 10^{-7}$	6.08
31	谷氨酸	$HOCOCH_2CH_2CH(NH_2)COOH$	$K_1 = 7.4 \times 10^{-3}$	2.13
			$K_2 = 4.9 \times 10^{-5}$	4.31
			$K_3 = 4.4 \times 10^{-10}$	9.36
32	正己酸	$CH_3(CH_2)_4COOH$	1.39×10^{-5}	4.86
33	异己酸	$(CH_3)_2CH(CH_2)_3COOH$	1.43×10^{-5}	4.85
34	(E)-2-己烯酸	$H(CH_2)_3CH=CHCOOH$	1.8×10^{-5}	4.74
35	(E)-3-己烯酸	$CH_3CH_2CH=CHCH_2COOH$	1.9×10^{-5}	4.72
36	己二酸	$HOCOCH_2CH_2CH_2CH_2COOH$	$K_1 = 3.8 \times 10^{-5}$	4.42
			$K_2 = 3.9 \times 10^{-6}$	5.41
37	柠檬酸	$HOCOCH_2C(OH)(COOH)CH_2COOH$	$K_1 = 7.4 \times 10^{-4}$	3.13
			$K_2 = 1.7 \times 10^{-5}$	4.76
			$K_3 = 4.0 \times 10^{-7}$	6.40
38	苯酚	C_6H_5OH	1.1×10^{-10}	9.96

续表

序号	名称	化学式	K_a	pK_a
39	邻苯二酚	$(o)C_6H_4(OH)_2$	$K_1=3.6\times10^{-10}$	9.45
			$K_2=1.6\times10^{-13}$	12.80
40	间苯二酚	$(m)C_6H_4(OH)_2$	$K_1=3.6\times10^{-10}$	9.30
			$K_2=8.71\times10^{-12}$	11.06
41	对苯二酚	$(p)C_6H_4(OH)_2$	1.1×10^{-10}	9.96
42	2,4,6-三硝基苯酚	$2,4,6-(NO_2)_3C_6H_2OH$	5.1×10^{-1}	0.29
43	葡萄糖酸	$CH_2OH(CHOH)_4COOH$	1.4×10^{-4}	3.86
44	苯甲酸	C_6H_5COOH	6.3×10^{-5}	4.20
45	水杨酸	$C_6H_4(OH)COOH$	$K_1=1.05\times10^{-3}$	2.98
			$K_2=4.17\times10^{-13}$	12.38
46	邻硝基苯甲酸	$(o)NO_2C_6H_4COOH$	6.6×10^{-3}	2.18
47	间硝基苯甲酸	$(m)NO_2C_6H_4COOH$	3.5×10^{-4}	3.46
48	对硝基苯甲酸	$(p)NO_2C_6H_4COOH$	3.6×10^{-4}	3.44
49	邻苯二甲酸	$(o)C_6H_4(COOH)_2$	$K_1=1.1\times10^{-3}$	2.96
			$K_2=4.0\times10^{-6}$	5.40
50	间苯二甲酸	$(m)C_6H_4(COOH)_2$	$K_1=2.4\times10^{-4}$	3.62
			$K_2=2.5\times10^{-5}$	4.60
51	对苯二甲酸	$(p)C_6H_4(COOH)_2$	$K_1=2.9\times10^{-4}$	3.54
			$K_2=3.5\times10^{-5}$	4.46
52	1,3,5-苯三甲酸	$C_6H_3(COOH)_3$	$K_1=7.6\times10^{-3}$	2.12
			$K_2=7.9\times10^{-5}$	4.10
			$K_3=6.6\times10^{-6}$	5.18
53	苯基六羧酸	$C_6(COOH)_6$	$K_1=2.1\times10^{-1}$	0.68
			$K_2=6.2\times10^{-3}$	2.21
			$K_3=3.0\times10^{-4}$	3.52
			$K_4=8.1\times10^{-6}$	5.09
			$K_5=4.8\times10^{-7}$	6.32
			$K_6=3.2\times10^{-8}$	7.49
54	癸二酸	$HOOC(CH_2)_8COOH$	$K_1=2.6\times10^{-5}$	4.59
			$K_2=2.6\times10^{-6}$	5.59
55	乙二胺四乙酸(EDTA)	$[(HOOCCH_2)_2NCH_2]_2$	$K_1=1.0\times10^{-2}$	2.00
			$K_2=2.14\times10^{-3}$	2.67
			$K_3=6.92\times10^{-7}$	6.16
			$K_4=5.5\times10^{-11}$	10.26

3. 无机碱在水溶液中的解离常数（25℃）

序号	名称	化学式	K_b	pK_b
1	氢氧化铝	$Al(OH)_3$	1.38×10^{-9}	8.86
2	氢氧化银	$AgOH$	1.10×10^{-4}	3.96
3	氢氧化钙	$Ca(OH)_2$	$K_1=3.72\times10^{-3}$	2.43
			$K_2=3.98\times10^{-2}$	1.40
4	氨水	$NH_3\cdot H_2O$	1.78×10^{-5}	4.75
5	肼(联氨)	N_2H_4	$K_1=9.55\times10^{-7}$	6.02
			$K_2=1.26\times10^{-15}$	14.90
6	羟氨	NH_2OH	9.12×10^{-9}	8.04
7	氢氧化铅	$Pb(OH)_2$	$K_1=9.55\times10^{-4}$	3.02
			$K_2=3.0\times10^{-8}$	7.52
8	氢氧化锌	$Zn(OH)_2$	9.55×10^{-4}	3.02

4. 有机碱在水溶液中的解离常数（25℃）

序号	名称	化学式	K_b	pK_b
1	甲胺	CH_3NH_2	4.17×10^{-4}	3.38
2	尿素（脲）	$CO(NH_2)_2$	1.5×10^{-14}	13.82
3	乙胺	$CH_3CH_2NH_2$	4.27×10^{-4}	3.37
4	乙醇胺	$H_2N(CH_2)_2OH$	3.16×10^{-5}	4.50
5	乙二胺	$H_2N(CH_2)_2NH_2$	$K_1 = 8.51 \times 10^{-5}$	4.07
			$K_2 = 7.08 \times 10^{-8}$	7.15
6	二甲胺	$(CH_3)_2NH$	5.89×10^{-4}	3.23
7	三甲胺	$(CH_3)_3N$	6.31×10^{-5}	4.20
8	三乙胺	$(C_2H_5)_3N$	5.25×10^{-4}	3.28
9	丙胺	$C_3H_7NH_2$	3.70×10^{-4}	3.43
10	异丙胺	$i\text{-}C_3H_7NH_2$	4.37×10^{-4}	3.36
11	1,3-丙二胺	$NH_2(CH_2)_3NH_2$	$K_1 = 2.95 \times 10^{-4}$	3.53
			$K_2 = 3.09 \times 10^{-6}$	5.51
12	1,2-丙二胺	$CH_3CH(NH_2)CH_2NH_2$	$K_1 = 5.25 \times 10^{-5}$	4.28
			$K_2 = 4.05 \times 10^{-8}$	7.39
13	三丙胺	$(CH_3CH_2CH_2)_3N$	4.57×10^{-4}	3.34
14	三乙醇胺	$(HOCH_2CH_2)_3N$	5.75×10^{-7}	6.24
15	丁胺	$C_4H_9NH_2$	4.37×10^{-4}	3.36
16	异丁胺	$C_4H_9NH_2$	2.57×10^{-4}	3.59
17	叔丁胺	$C_4H_9NH_2$	4.84×10^{-4}	3.32
18	己胺	$H(CH_2)_6NH_2$	4.37×10^{-4}	3.36
19	辛胺	$H(CH_2)_8NH_2$	4.47×10^{-4}	3.35
20	苯胺	$C_6H_5NH_2$	3.98×10^{-10}	9.40
21	苄胺	C_7H_9N	2.24×10^{-5}	4.65
22	环己胺	$C_6H_{11}NH_2$	4.37×10^{-4}	3.36
23	吡啶	C_5H_5N	1.48×10^{-9}	8.83
24	六亚甲基四胺	$(CH_2)_6N_4$	1.35×10^{-9}	8.87
25	2-氯酚	C_6H_5ClO	3.55×10^{-6}	5.45
26	3-氯酚	C_6H_5ClO	1.26×10^{-5}	4.90
27	4-氯酚	C_6H_5ClO	2.69×10^{-5}	4.57
28	邻氨基苯酚	$(o)H_2NC_6H_4OH$	$K_1 = 5.2 \times 10^{-5}$	4.28
			$K_2 = 1.9 \times 10^{-5}$	4.72
29	间氨基苯酚	$(m)H_2NC_6H_4OH$	$K_1 = 7.4 \times 10^{-5}$	4.13
			$K_2 = 6.8 \times 10^{-5}$	4.17
30	对氨基苯酚	$(p)H_2NC_6H_4OH$	$K_1 = 2.0 \times 10^{-4}$	3.70
			$K_2 = 3.2 \times 10^{-6}$	5.50
31	邻甲苯胺	$(o)CH_3C_6H_4NH_2$	2.82×10^{-10}	9.55
32	间甲苯胺	$(m)CH_3C_6H_4NH_2$	5.13×10^{-10}	9.29
33	对甲苯胺	$(p)CH_3C_6H_4NH_2$	1.20×10^{-9}	8.92
34	8-羟基喹啉（20℃）	$8\text{-}HOC_9H_6N$	6.5×10^{-5}	4.19
35	二苯胺	$(C_6H_5)_2NH$	7.94×10^{-14}	13.1
36	联苯胺	$H_2NC_6H_4C_6H_4NH_2$	$K_1 = 5.01 \times 10^{-10}$	9.30
			$K_2 = 4.27 \times 10^{-11}$	10.37

附录三 化合物溶度积常数

化合物	溶度积常数	化合物	溶度积常数	化合物	溶度积常数
醋酸盐		氢氧化物		CdS	8.0×10^{-27}
AgAc	1.94×10^{-3}	AgOH	2.0×10^{-8}	CoS(α-型)	4.0×10^{-21}
卤化物		Al(OH)$_3$(无定形)	1.3×10^{-33}	CoS(β-型)	2.0×10^{-25}
AgBr	5.0×10^{-13}	Be(OH)$_2$(无定形)	1.6×10^{-22}	Cu$_2$S	2.5×10^{-48}
AgCl	1.8×10^{-10}	Ca(OH)$_2$	5.5×10^{-6}	CuS	6.3×10^{-36}
AgI	8.3×10^{-17}	Cd(OH)$_2$	5.27×10^{-15}	FeS	6.3×10^{-18}
BaF$_2$	1.84×10^{-7}	Co(OH)$_2$(粉红色)	1.09×10^{-15}	HgS(黑色)	1.6×10^{-52}
CaF$_2$	5.3×10^{-9}	Co(OH)$_2$(蓝色)	5.92×10^{-15}	HgS(红色)	4×10^{-53}
CuBr	5.3×10^{-9}	Co(OH)$_3$	1.6×10^{-44}	MnS(晶形)	2.5×10^{-13}
CuCl	1.2×10^{-6}	Cr(OH)$_2$	2×10^{-16}	NiS	1.07×10^{-21}
CuI	1.1×10^{-12}	Cr(OH)$_3$	6.3×10^{-31}	PbS	8.0×10^{-28}
Hg$_2$Cl$_2$	1.3×10^{-18}	Cu(OH)$_2$	2.2×10^{-20}	SnS	1×10^{-25}
Hg$_2$I$_2$	4.5×10^{-29}	Fe(OH)$_2$	8.0×10^{-16}	SnS$_2$	2×10^{-27}
HgI$_2$	2.9×10^{-29}	Fe(OH)$_3$	4×10^{-38}	ZnS	2.93×10^{-25}
PbBr$_2$	6.60×10^{-6}	Mg(OH)$_2$	1.8×10^{-11}	磷酸盐	
PbCl$_2$	1.6×10^{-5}	Mn(OH)$_2$	1.9×10^{-13}	Ag$_3$PO$_4$	1.4×10^{-16}
PbF$_2$	3.3×10^{-8}	Ni(OH)$_2$(新制备)	2.0×10^{-15}	AlPO$_4$	6.3×10^{-19}
PbI$_2$	8.4×10^{-9}	Pb(OH)$_2$	1.2×10^{-15}	CaHPO$_4$	1×10^{-7}
SrF$_2$	4.33×10^{-9}	Sn(OH)$_2$	1.4×10^{-28}	Ca$_3$(PO$_4$)$_2$	2.0×10^{-29}
碳酸盐		Sr(OH)$_2$	9×10^{-4}	Cd$_3$(PO$_4$)$_2$	2.53×10^{-33}
Ag$_2$CO$_3$	8.45×10^{-12}	Zn(OH)$_2$	1.2×10^{-17}	Cu$_3$(PO$_4$)$_2$	1.40×10^{-37}
BaCO$_3$	5.1×10^{-9}	草酸盐		FePO$_4 \cdot 2H_2O$	9.91×10^{-16}
CaCO$_3$	3.36×10^{-9}	Ag$_2$C$_2$O$_4$	5.4×10^{-12}	MgNH$_4$PO$_4$	2.5×10^{-13}
CdCO$_3$	1.0×10^{-12}	BaC$_2$O$_4$	1.6×10^{-7}	Mg$_3$(PO$_4$)$_2$	1.04×10^{-24}
CuCO$_3$	1.4×10^{-10}	CaC$_2$O$_4 \cdot H_2O$	4×10^{-9}	Pb$_3$(PO$_4$)$_2$	8.0×10^{-43}
FeCO$_3$	3.13×10^{-11}	CuC$_2$O$_4$	4.43×10^{-10}	Zn$_3$(PO$_4$)$_2$	9.0×10^{-33}
Hg$_2$CO$_3$	3.6×10^{-17}	FeC$_2$O$_4 \cdot 2H_2O$	3.2×10^{-7}	其他盐	
MgCO$_3$	6.82×10^{-6}	Hg$_2$C$_2$O$_4$	1.75×10^{-13}	[Ag$^+$][Ag(CN)$_2$]$^-$	7.2×10^{-11}
MnCO$_3$	2.24×10^{-11}	MgC$_2$O$_4 \cdot 2H_2O$	4.83×10^{-6}	Ag$_4$[Fe(CN)$_6$]	1.6×10^{-41}
NiCO$_3$	1.42×10^{-7}	MnC$_2$O$_4 \cdot 2H_2O$	1.70×10^{-7}	Cu$_2$[Fe(CN)$_6$]	1.3×10^{-16}
PbCO$_3$	7.4×10^{-14}	PbC$_2$O$_4$	8.51×10^{-10}	AgSCN	1.03×10^{-12}
SrCO$_3$	5.6×10^{-10}	SrC$_2$O$_4 \cdot H_2O$	1.6×10^{-7}	CuSCN	4.8×10^{-15}
ZnCO$_3$	1.46×10^{-10}	ZnC$_2$O$_4 \cdot 2H_2O$	1.38×10^{-9}	AgBrO$_3$	5.3×10^{-5}
铬酸盐		硫酸盐		AgIO$_3$	3.0×10^{-8}
Ag$_2$CrO$_4$	1.12×10^{-12}	Ag$_2$SO$_4$	1.4×10^{-5}	Cu(IO$_3$)$_2 \cdot H_2O$	7.4×10^{-8}
Ag$_2$Cr$_2$O$_7$	2.0×10^{-7}	BaSO$_4$	1.1×10^{-10}	KHC$_4$H$_4$O$_6$(酒石酸氢钾)	3×10^{-4}
BaCrO$_4$	1.2×10^{-10}	CaSO$_4$	9.1×10^{-6}	Al(8-羟基喹啉)$_3$	5×10^{-33}
CaCrO$_4$	7.1×10^{-4}	Hg$_2$SO$_4$	6.5×10^{-7}	K$_2$Na[Co(NO$_2$)$_6$] $\cdot$ H$_2$O	2.2×10^{-11}
CuCrO$_4$	3.6×10^{-6}	PbSO$_4$	1.6×10^{-8}	Na(NH$_4$)$_2$[Co(NO$_2$)$_6$]	4×10^{-12}
Hg$_2$CrO$_4$	2.0×10^{-9}	SrSO$_4$	3.2×10^{-7}	Ni(丁二酮肟)$_2$	4×10^{-24}
PbCrO$_4$	2.8×10^{-13}	硫化物		Mg(8-羟基喹啉)$_2$	4×10^{-16}
SrCrO$_4$	2.2×10^{-5}	Ag$_2$S	6.3×10^{-50}	Zn(8-羟基喹啉)$_2$	5×10^{-25}

注：本数据摘自 [1] D. R. Lide. Handbook of Chemistry and Physics [M]. 78th. edition. Boca Raton：CRC Press, 1997～1998. [2] J. A. Dean. Lange's Handbook of Chemistry [M]. 13th. edition. New York：McGraw-Hill, 1985.

附录四 配合物稳定常数

1. 金属-无机配位体配合物的稳定常数（25℃，离子强度 $I=0$，β_n 表示累积稳定常数）

序号	配位体	金属离子	配位体数目 n	$\lg\beta_n$
1	NH_3	Ag^+	1,2	3.24,7.05
		Au^{3+}	4	10.3
		Cd^{2+}	1,2,3,4,5,6	2.65,4.75,6.19,7.12,6.80,5.14
		Co^{2+}	1,2,3,4,5,6	2.11,3.74,4.79,5.55,5.73,5.11
		Co^{3+}	1,2,3,4,5,6	6.7,14.0,20.1,25.7,30.8,35.2
		Cu^+	1,2	5.93,10.86
		Cu^{2+}	1,2,3,4,5	4.31,7.98,11.02,13.32,12.86
		Fe^{2+}	1,2	1.4,2.2
		Hg^{2+}	1,2,3,4	8.8,17.5,18.5,19.28
		Mn^{2+}	1,2	0.8,1.3
		Ni^{2+}	1,2,3,4,5,6	2.80,5.04,6.77,7.96,8.71,8.74
		Pd^{2+}	1,2,3,4	9.6,18.5,26.0,32.8
		Pt^{2+}	6	35.3
		Zn^{2+}	1,2,3,4	2.37,4.81,7.31,9.46
2	Br^-	Ag^+	1,2,3,4	4.38,7.33,8.00,8.73
		Bi^{3+}	1,2,3,4,5,6	2.37,4.20,5.90,7.30,8.20,8.30
		Cd^{2+}	1,2,3,4	1.75,2.34,3.32,3.70
		Ce^{3+}	1	0.42
		Cu^+	2	5.89
		Cu^{2+}	1	0.30
		Hg^{2+}	1,2,3,4	9.05,17.32,19.74,21.00
		In^{3+}	1,2	1.30,1.88
		Pb^{2+}	1,2,3,4	1.77,2.60,3.00,2.30
		Pd^{2+}	1,2,3,4	5.17,9.42,12.70,14.90
		Rh^{3+}	2,3,4,5,6	14.3,16.3,17.6,18.4,17.2
		Sc^{3+}	1,2	2.08,3.08
		Sn^{2+}	1,2,3	1.11,1.81,1.46
		Tl^{3+}	1,2,3,4,5,6	9.7,16.6,21.2,23.9,29.2,31.6
		U^{4+}	1	0.18
		Y^{3+}	1	1.32
3	Cl^-	Ag^+	1,2,3,4	3.04,5.04,5.04,5.30
		Bi^{3+}	1,2,3,4	2.44,4.7,5.0,5.6
		Cd^{2+}	1,2,3,4	1.95,2.50,2.60,2.80
		Co^{3+}	1	1.42
		Cu^+	2,3	5.5,5.7
		Cu^{2+}	1,2	0.1,-0.6
		Fe^{2+}	1	1.17
		Fe^{3+}	2	9.8
		Hg^{2+}	1,2,3,4	6.74,13.22,14.07,15.07
		In^{3+}	1,2,3,4	1.62,2.44,1.70,1.60
		Pb^{2+}	1,2,3	1.42,2.23,3.23
		Pd^{2+}	1,2,3,4	6.1,10.7,13.1,15.7
		Pt^{2+}	2,3,4	11.5,14.5,16.0
		Sb^{3+}	1,2,3,4,5,6	2.26,3.49,4.18,4.72,4.72,4.11
		Sn^{2+}	1,2,3,4	1.51,2.24,2.03,1.48
		Tl^{3+}	1,2,3,4	8.14,13.60,15.78,18.00
		Th^{4+}	1,2	1.38,0.38
		Zn^{2+}	1,2,3,4	0.43,0.61,0.53,0.20
		Zr^{4+}	1,2,3,4	0.9,1.3,1.5,1.2

序号	配位体	金属离子	配位体数目 n	$\lg\beta_n$
4	CN^-	Ag^+	1,2,3,4	—,21.1,21.7,20.6
		Au^+	2	38.3
		Cd^{2+}	1,2,3,4	5.48,10.60,15.23,18.78
		Cu^+	1,2,3,4	—,24.0,28.59,30.30
		Fe^{2+}	6	35.0
		Fe^{3+}	6	42.0
		Hg^{2+}	4	41.4
		Ni^{2+}	4	31.3
		Zn^{2+}	1,2,3,4	5.3,11.70,16.70,21.60
5	F^-	Al^{3+}	1,2,3,4,5,6	6.11,11.12,15.00,18.00,19.40,19.80
		Be^{2+}	1,2,3,4	4.99,8.80,11.60,13.10
		Bi^{3+}	1	1.42
		Co^{2+}	1	0.4
		Cr^{3+}	1,2,3	4.36,8.70,11.20
		Cu^{2+}	1	0.9
		Fe^{2+}	1	0.8
		Fe^{3+}	1,2,3,5	5.28,9.30,12.06,15.77
		Ga^{3+}	1,2,3	4.49,8.00,10.50
		Hf^{4+}	1,2,3,4,5,6	9.0,16.5,23.1,28.8,34.0,38.0
		Hg^{2+}	1	1.03
		In^{3+}	1,2,3,4	3.70,6.40,8.60,9.80
		Mg^{2+}	1	1.30
		Mn^{2+}	1	5.48
		Ni^{2+}	1	0.50
		Pb^{2+}	1,2	1.44,2.54
		Sb^{3+}	1,2,3,4	3.0,5.7,8.3,10.9
		Sn^{2+}	1,2,3	4.08,6.68,9.50
		Th^{4+}	1,2,3,4	8.44,15.08,19.80,23.20
		TiO^{2+}	1,2,3,4	5.4,9.8,13.7,18.0
		Zn^{2+}	1	0.78
		Zr^{4+}	1,2,3,4,5,6	9.4,17.2,23.7,29.5,33.5,38.3
6	I^-	Ag^+	1,2,3	6.58,11.74,13.68
		Bi^{3+}	1,2,3,4,5,6	3.63,—,—,14.95,16.80,18.80
		Cd^{2+}	1,2,3,4	2.10,3.43,4.49,5.41
		Cu^+	2	8.85
		Fe^{3+}	1	1.88
		Hg^{2+}	1,2,3,4	12.87,23.82,27.60,29.83
		Pb^{2+}	1,2,3,4	2.00,3.15,3.92,4.47
		Pd^{2+}	4	24.5
		Tl^+	1,2,3	0.72,0.90,1.08
		Tl^{3+}	1,2,3,4	11.41,20.88,27.60,31.82
7	OH^-	Ag^+	1,2	2.0,3.99
		Al^{3+}	1,4	9.27,33.03
		As^{3+}	1,2,3,4	14.33,18.73,20.60,21.20
		Be^{2+}	1,2,3	9.7,14.0,15.2
		Bi^{3+}	1,2,4	12.7,15.8,35.2
		Ca^{2+}	1	1.3
		Cd^{2+}	1,2,3,4	4.17,8.33,9.02,8.62
		Ce^{3+}	1	4.6
		Ce^{4+}	1,2	13.28,26.46

序号	配位体	金属离子	配位体数目 n	$\lg\beta_n$
7	OH^-	Co^{2+}	1,2,3,4	4.3,8.4,9.7,10.2
		Cr^{3+}	1,2,4	10.1,17.8,29.9
		Cu^{2+}	1,2,3,4	7.0,13.68,17.00,8.5
		Fe^{2+}	1,2,3,4	5.56,9.77,9.67,8.58
		Fe^{3+}	1,2,3	11.87,21.17,29.67
		Hg^{2+}	1,2,3	10.6,21.8,20.9
		In^{3+}	1,2,3,4	10.0,20.2,29.6,38.9
		Mg^{2+}	1	2.58
		Mn^{2+}	1,3	3.9,8.3
		Ni^{2+}	1,2,3	4.97,8.55,11.33
		Pa^{4+}	1,2,3,4	14.04,27.84,40.7,51.4
		Pb^{2+}	1,2,3	7.82,10.85,14.58
		Pd^{2+}	1,2	13.0,25.8
		Sb^{3+}	2,3,4	24.3,36.7,38.3
		Sc^{3+}	1	8.9
		Sn^{2+}	1	10.4
		Th^{3+}	1,2	12.86,25.37
		Ti^{3+}	1	12.71
		Zn^{2+}	1,2,3,4	4.40,11.30,14.14,17.66
		Zr^{4+}	1,2,3,4	14.3,28.3,41.9,55.3
8	NO_3^-	Ba^{2+}	1	0.92
		Bi^{3+}	1	1.26
		Ca^{2+}	1	0.28
		Cd^{2+}	1	0.40
		Fe^{3+}	1	1.0
		Hg^{2+}	1	0.35
		Pb^{2+}	1	1.18
		Tl^+	1	0.33
		Tl^{3+}	1	0.92
9	$P_2O_7^{4-}$	Ba^{2+}	1	4.6
		Ca^{2+}	1	4.6
		Cd^{3+}	1	5.6
		Co^{2+}	1	6.1
		Cu^{2+}	1,2	6.7,9.0
		Hg^{2+}	2	12.38
		Mg^{2+}	1	5.7
		Ni^{2+}	1,2	5.8,7.4
		Pb^{2+}	1,2	7.3,10.15
		Zn^{2+}	1,2	8.7,11.0
10	SCN^-	Ag^+	1,2,3,4	4.6,7.57,9.08,10.08
		Bi^{3+}	1,2,3,4,5,6	1.67,3.00,4.00,4.80,5.50,6.10
		Cd^{2+}	1,2,3,4	1.39,1.98,2.58,3.6
		Cr^{3+}	1,2	1.87,2.98
		Cu^+	1,2	12.11,5.18
		Cu^{2+}	1,2	1.90,3.00
		Fe^{3+}	1,2,3,4,5,6	2.21,3.64,5.00,6.30,6.20,6.10
		Hg^{2+}	1,2,3,4	9.08,16.86,19.70,21.70
		Ni^{2+}	1,2,3	1.18,1.64,1.81
		Pb^{2+}	1,2,3	0.78,0.99,1.00
		Sn^{2+}	1,2,3	1.17,1.77,1.74
		Th^{4+}	1,2	1.08,1.78
		Zn^{2+}	1,2,3,4	1.33,1.91,2.00,1.60

续表

序号	配位体	金属离子	配位体数目 n	$\lg\beta_n$
11	$S_2O_3^{2-}$	Ag^+	1,2,3	8.82,13.46,14.15
		Cd^{2+}	1,2	3.92,6.44
		Cu^+	1,2,3	10.27,12.22,13.84
		Fe^{3+}	1	2.10
		Hg^{2+}	1,2,3,4	—,29.44,31.90,33.24
		Pb^{2+}	2,3	5.13,6.35
12	SO_4^{2-}	Ag^+	1	1.3
		Ba^{2+}	1	2.7
		Bi^{3+}	1,2,3,4,5	1.98,3.41,4.08,4.34,4.60
		Fe^{3+}	1,2	4.04,5.38
		Hg^{2+}	1,2	1.34,2.40
		In^{3+}	1,2,3	1.78,1.88,2.36
		Ni^{2+}	1	2.4
		Pb^{2+}	1	2.75
		Pr^{3+}	1,2	3.62,4.92
		Th^{4+}	1,2	3.32,5.50
		Zr^{4+}	1,2,3	3.79,6.64,7.77

2. 金属-有机配位体配合物的稳定常数
（表中离子强度都是在有限的范围内，$I\approx0$。β_n 表示累积稳定常数）

序号	配位体	金属离子	配位体数目 n	$\lg\beta_n$
1	乙二胺四乙酸 （EDTA） $[(HOOCCH_2)_2NCH_2]_2$	Ag^+	1	7.32
		Al^{3+}	1	16.11
		Ba^{2+}	1	7.78
		Be^{2+}	1	9.3
		Bi^{3+}	1	22.8
		Ca^{2+}	1	11.0
		Cd^{2+}	1	16.4
		Co^{2+}	1	16.31
		Co^{3+}	1	36.0
		Cr^{3+}	1	23.0
		Cu^{2+}	1	18.7
		Fe^{2+}	1	14.83
		Fe^{3+}	1	24.23
		Ga^{3+}	1	20.25
		Hg^{2+}	1	21.80
		In^{3+}	1	24.95
		Li^+	1	2.79
		Mg^{2+}	1	8.64
		Mn^{2+}	1	13.8
		$Mo(V)$	1	6.36
		Na^+	1	1.66
		Ni^{2+}	1	18.56
		Pb^{2+}	1	18.3
		Pd^{2+}	1	18.5
		Sc^{2+}	1	23.1
		Sn^{2+}	1	22.1
		Sr^{2+}	1	8.80
		Th^{4+}	1	23.2

序号	配位体	金属离子	配位体数目 n	$\lg\beta_n$
1	乙二胺四乙酸 （EDTA） $[(HOOCCH_2)_2NCH_2]_2$	TiO^{2+}	1	17.3
		Tl^{3+}	1	22.5
		U^{4+}	1	17.50
		VO^{2+}	1	18.0
		Y^{3+}	1	18.32
		Zn^{2+}	1	16.4
		Zr^{4+}	1	19.4
2	乙酸 CH_3COOH	Ag^+	1,2	0.73,0.64
		Ba^{2+}	1	0.41
		Ca^{2+}	1	0.6
		Cd^{2+}	1,2,3	1.5,2.3,2.4
		Ce^{3+}	1,2,3,4	1.68,2.69,3.13,3.18
		Co^{2+}	1,2	1.5,1.9
		Cr^{3+}	1,2,3	4.63,7.08,9.60
		$Cu^{2+}(20℃)$	1,2	2.16,3.20
		In^{3+}	1,2,3,4	3.50,5.95,7.90,9.08
		Mn^{2+}	1,2	9.84,2.06
		Ni^{2+}	1,2	1.12,1.81
		Pb^{2+}	1,2,3,4	2.52,4.0,6.4,8.5
		Sn^{2+}	1,2,3	3.3,6.0,7.3
		Tl^{3+}	1,2,3,4	6.17,11.28,15.10,18.3
		Zn^{2+}	1	1.5
3	乙酰丙酮 $CH_3COCH_2CH_3$	$Al^{3+}(30℃)$	1,2	8.6,15.5
		Cd^{2+}	1,2	3.84,6.66
		Co^{2+}	1,2	5.40,9.54
		Cr^{2+}	1,2	5.96,11.7
		Cu^{2+}	1,2	8.27,16.34
		Fe^{2+}	1,2	5.07,8.67
		Fe^{3+}	1,2,3	11.4,22.1,26.7
		Hg^{2+}	2	21.5
		Mg^{2+}	1,2	3.65,6.27
		Mn^{2+}	1,2	4.24,7.35
		Mn^{3+}	3	3.86
		$Ni^{2+}(20℃)$	1,2,3	6.06,10.77,13.09
		Pb^{2+}	2	6.32
		$Pd^{2+}(30℃)$	1,2	16.2,27.1
		Th^{4+}	1,2,3,4	8.8,16.2,22.5,26.7
		Ti^{3+}	1,2,3	10.43,18.82,24.90
		V^{2+}	1,2,3	5.4,10.2,14.7
		$Zn^{2+}(30℃)$	1,2	4.98,8.81
		Zr^{4+}	1,2,3,4	8.4,16.0,23.2,30.1
4	草酸 $HOOCCOOH$	Ag^+	1	2.41
		Al^{3+}	1,2,3	7.26,13.0,16.3
		Ba^{2+}	1	2.31
		Ca^{2+}	1	3.0
		Cd^{2+}	1,2	3.52,5.77
		Co^{2+}	1,2,3	4.79,6.7,9.7
		Cu^{2+}	1,2	6.23,10.27
		Fe^{2+}	1,2,3	2.9,4.52,5.22
		Fe^{3+}	1,2,3	9.4,16.2,20.2

续表

序号	配位体	金属离子	配位体数目 n	$\lg\beta_n$
4	草酸 HOOCCOOH	Hg^{2+}	1	9.66
		Hg_2^{2+}	2	6.98
		Mg^{2+}	1,2	3.43,4.38
		Mn^{2+}	1,2	3.97,5.80
		Mn^{3+}	1,2,3	9.98,16.57,19.42
		Ni^{2+}	1,2,3	5.3,7.64,8.5
		Pb^{2+}	1,2	4.91,6.76
		Sc^{3+}	1,2,3,4	6.86,11.31,14.32,16.70
		Th^{4+}	4	24.48
		Zn^{2+}	1,2,3	4.89,7.60,8.15
		Zr^{4+}	1,2,3,4	9.80,17.14,20.86,21.15
5	乳酸 $CH_3CHOHCOOH$	Ba^{2+}	1	0.64
		Ca^{2+}	1	1.42
		Cd^{2+}	1	1.70
		Co^{2+}	1	1.90
		Cu^{2+}	1,2	3.02,4.85
		Fe^{3+}	1	7.1
		Mg^{2+}	1	1.37
		Mn^{2+}	1	1.43
		Ni^{2+}	1	2.22
		Pb^{2+}	1,2	2.40,3.80
		Sc^{2+}	1	5.2
		Th^{4+}	1	5.5
		Zn^{2+}	1,2	2.20,3.75
6	水杨酸 $C_6H_4(OH)COOH$	Al^{3+}	1	14.11
		Cd^{2+}	1	5.55
		Co^{2+}	1,2	6.72,11.42
		Cr^{2+}	1,2	8.4,15.3
		Cu^{2+}	1,2	10.60,18.45
		Fe^{2+}	1,2	6.55,11.25
		Mn^{2+}	1,2	5.90,9.80
		Ni^{2+}	1,2	6.95,11.75
		Th^{4+}	1,2,3,4	4.25,7.60,10.05,11.60
		TiO^{2+}	1	6.09
		V^{2+}	1	6.3
		Zn^{2+}	1	6.85
7	磺基水杨酸 $HO_3SC_6H_3(OH)COOH$	Al^{3+} (0.1mol/L)	1,2,3	13.20,22.83,28.89
		Be^{2+} (0.1mol/L)	1,2	11.71,20.81
		Cd^{2+} (0.1mol/L)	1,2	16.68,29.08
		Co^{2+} (0.1mol/L)	1,2	6.13,9.82
		Cr^{3+} (0.1mol/L)	1	9.56
		Cu^{2+} (0.1mol/L)	1,2	9.52,16.45
		Fe^{2+} (0.1mol/L)	1,2	5.9,9.9
		Fe^{3+} (0.1mol/L)	1,2,3	14.64,25.18,32.12
		Mn^{2+} (0.1mol/L)	1,2	5.24,8.24
		Ni^{2+} (0.1mol/L)	1,2	6.42,10.24
		Zn^{2+} (0.1mol/L)	1,2	6.05,10.65

续表

序号	配位体	金属离子	配位体数目 n	$\lg\beta_n$
8	酒石酸 (HOOCCHOH)$_2$	Ba^{2+}	2	1.62
		Bi^{3+}	3	8.30
		Ca^{2+}	1,2	2.98,9.01
		Cd^{2+}	1	2.8
		Co^{2+}	1	2.1
		Cu^{2+}	1,2,3,4	3.2,5.11,4.78,6.51
		Fe^{3+}	1	7.49
		Hg^{2+}	1	7.0
		Mg^{2+}	2	1.36
		Mn^{2+}	1	2.49
		Ni^{2+}	1	2.06
		Pb^{2+}	1,3	3.78,4.7
		Sn^{2+}	1	5.2
		Zn^{2+}	1,2	2.68,8.32
9	丁二酸 HOOCCH$_2$CH$_2$COOH	Ba^{2+}	1	2.08
		Be^{2+}	1	3.08
		Ca^{2+}	1	2.0
		Cd^{2+}	1	2.2
		Co^{2+}	1	2.22
		Cu^{2+}	1	3.33
		Fe^{3+}	1	7.49
		Hg^{2+}	2	7.28
		Mg^{2+}	1	1.20
		Mn^{2+}	1	2.26
		Ni^{2+}	1	2.36
		Pb^{2+}	1	2.8
		Zn^{2+}	1	1.6
10	硫脲 H$_2$NC(=S)NH$_2$	Ag$^+$	1,2	7.4,13.1
		Bi^{3+}	6	11.9
		Cd^{2+}	1,2,3,4	0.6,1.6,2.6,4.6
		Cu$^+$	3,4	13.0,15.4
		Hg^{2+}	2,3,4	22.1,24.7,26.8
		Pb^{2+}	1,2,3,4	1.4,3.1,4.7,8.3
11	乙二胺 H$_2$NCH$_2$CH$_2$NH$_2$	Ag$^+$	1,2	4.70,7.70
		Cd^{2+}(20℃)	1,2,3	5.47,10.09,12.09
		Co^{2+}	1,2,3	5.91,10.64,13.94
		Co^{3+}	1,2,3	18.7,34.9,48.69
		Cr^{2+}	1,2	5.15,9.19
		Cu$^+$	2	10.8
		Cu^{2+}	1,2,3	10.67,20.0,21.0
		Fe^{2+}	1,2,3	4.34,7.65,9.70
		Hg^{2+}	1,2	14.3,23.3
		Mg^{2+}	1	0.37
		Mn^{2+}	1,2,3	2.73,4.79,5.67
		Ni^{2+}	1,2,3	7.52,13.84,18.33
		Pd^{2+}	2	26.90
		V^{2+}	1,2	4.6,7.5
		Zn^{2+}	1,2,3	5.77,10.83,14.11

续表

序号	配位体	金属离子	配位体数目 n	$\lg\beta_n$
12	吡啶 C_5H_5N	Ag^+	1,2	1.97,4.35
		Cd^{2+}	1,2,3,4	1.40,1.95,2.27,2.50
		Co^{2+}	1,2	1.14,1.54
		Cu^{2+}	1,2,3,4	2.59,4.33,5.93,6.54
		Fe^{2+}	1	0.71
		Hg^{2+}	1,2,3	5.1,10.0,10.4
		Mn^{2+}	1,2,3,4	1.92,2.77,3.37,3.50
		Zn^{2+}	1,2,3,4	1.41,1.11,1.61,1.93
13	甘氨酸 H_2NCH_2COOH	Ag^+	1,2	3.41,6.89
		Ba^{2+}	1	0.77
		Ca^{2+}	1	1.38
		Cd^{2+}	1,2	4.74,8.60
		Co^{2+}	1,2,3	5.23,9.25,10.76
		Cu^{2+}	1,2,3	8.60,15.54,16.27
		$Fe^{2+}(20℃)$	1,2	4.3,7.8
		Hg^{2+}	1,2	10.3,19.2
		Mg^{2+}	1,2	3.44,6.46
		Mn^{2+}	1,2	3.6,6.6
		Ni^{2+}	1,2,3	6.18,11.14,15.0
		Pb^{2+}	1,2	5.47,8.92
		Pd^{2+}	1,2	9.12,17.55
		Zn^{2+}	1,2	5.52,9.96
14	2-甲基-8-羟基喹啉 （50%二噁烷）	Cd^{2+}	1,2,3	9.00,9.00,16.60
		Ce^{3+}	1	7.71
		Co^{2+}	1,2	9.63,18.50
		Cu^{2+}	1,2	12.48,24.00
		Fe^{2+}	1,2	8.75,17.10
		Mg^{2+}	1,2	5.24,9.64
		Mn^{2+}	1,2	7.44,13.99
		Ni^{2+}	1,2	9.41,17.76
		Pb^{2+}	1,2	10.30,18.50
		UO_2^{2+}	1,2	9.4,17.0
		Zn^{2+}	1,2	9.82,18.72

注：1. 数据摘自 R. H. Petrucci，W. S. Harwood，F. G. Herring. General Chemistry：Principles and Modern Applications，8ed. New Jersey：Prentice Hall Press，2002.

2. 络合反应的平衡常数用配合物稳定常数表示，又称配合物形成常数。此常数值越大，说明形成的配合物越稳定。其倒数用来表示配合物的解离程度，称为配合物的不稳定常数。

附录五　标准电极电势表（25℃，101.325kPa）

1. 在酸性溶液中

电对	电极反应	$E^\ominus/V$
Li^+/Li	$Li^+ + e^- \Longrightarrow Li$	-3.0401
Cs^+/Cs	$Cs^+ + e^- \Longrightarrow Cs$	-3.026
Rb^+/Rb	$Rb^+ + e^- \Longrightarrow Rb$	-2.98
K^+/K	$K^+ + e^- \Longrightarrow K$	-2.931
Ba^{2+}/Ba	$Ba^{2+} + 2e^- \Longrightarrow Ba$	-2.912
Sr^{2+}/Sr	$Sr^{2+} + 2e^- \Longrightarrow Sr$	-2.89

续表

电对	电极反应	$E^{\ominus}/V$
Ca^{2+}/Ca	$Ca^{2+}+2e^-\rightleftharpoons Ca$	-2.868
Na^+/Na	$Na^++e^-\rightleftharpoons Na$	-2.71
La^{3+}/La	$La^{3+}+3e^-\rightleftharpoons La$	-2.379
Mg^{2+}/Mg	$Mg^{2+}+2e^-\rightleftharpoons Mg$	-2.372
Ce^{3+}/Ce	$Ce^{3+}+3e^-\rightleftharpoons Ce$	-2.336
H_2/H^-	$H_2(g)+2e^-\rightleftharpoons 2H^-$	-2.23
$[AlF_6]^{3-}/Al$	$[AlF_6]^{3-}+3e^-\rightleftharpoons Al+6F^-$	-2.069
Th^{4+}/Th	$Th^{4+}+4e^-\rightleftharpoons Th$	-1.899
Be^{2+}/Be	$Be^{2+}+2e^-\rightleftharpoons Be$	-1.847
U^{3+}/U	$U^{3+}+3e^-\rightleftharpoons U$	-1.798
HfO^{2+}/Hf	$HfO^{2+}+2H^++4e^-\rightleftharpoons Hf+H_2O$	-1.724
Al^{3+}/Al	$Al^{3+}+3e^-\rightleftharpoons Al$	-1.662
Ti^{2+}/Ti	$Ti^{2+}+2e^-\rightleftharpoons Ti$	-1.630
ZrO_2/Zr	$ZrO_2+4H^++4e^-\rightleftharpoons Zr+2H_2O$	-1.553
$[SiF_6]^{2-}/Si$	$[SiF_6]^{2-}+4e^-\rightleftharpoons Si+6F^-$	-1.24
Mn^{2+}/Mn	$Mn^{2+}+2e^-\rightleftharpoons Mn$	-1.185
Cr^{2+}/Cr	$Cr^{2+}+2e^-\rightleftharpoons Cr$	-0.913
Ti^{3+}/Ti^{2+}	$Ti^{3+}+e^-\rightleftharpoons Ti^{2+}$	-0.9
H_3BO_3/B	$H_3BO_3+3H^++3e^-\rightleftharpoons B+3H_2O$	-0.8698
TiO_2/Ti	$TiO_2+4H^++4e^-\rightleftharpoons Ti+2H_2O$	-0.86
Te/H_2Te	$Te+2H^++2e^-\rightleftharpoons H_2Te$	-0.793
Zn^{2+}/Zn	$Zn^{2+}+2e^-\rightleftharpoons Zn$	-0.7618
Ta_2O_5/Ta	$Ta_2O_5+10H^++10e^-\rightleftharpoons 2Ta+5H_2O$	-0.750
Cr^{3+}/Cr	$Cr^{3+}+3e^-\rightleftharpoons Cr$	-0.744
Nb_2O_5/Nb	$Nb_2O_5+10H^++10e^-\rightleftharpoons 2Nb+5H_2O$	-0.644
As/AsH_3	$As+3H^++3e^-\rightleftharpoons AsH_3$	-0.608
U^{4+}/U^{3+}	$U^{4+}+e^-\rightleftharpoons U^{3+}$	-0.607
Ga^{3+}/Ga	$Ga^{3+}+3e^-\rightleftharpoons Ga$	-0.549
H_3PO_2/P	$H_3PO_2+H^++e^-\rightleftharpoons P+2H_2O$	-0.508
H_3PO_3/H_3PO_2	$H_3PO_3+2H^++2e^-\rightleftharpoons H_3PO_2+H_2O$	-0.499
$CO_2/H_2C_2O_4$	$2CO_2+2H^++2e^-\rightleftharpoons H_2C_2O_4$	-0.49
Fe^{2+}/Fe	$Fe^{2+}+2e^-\rightleftharpoons Fe$	-0.447
Cr^{3+}/Cr^{2+}	$Cr^{3+}+e^-\rightleftharpoons Cr^{2+}$	-0.407
Cd^{2+}/Cd	$Cd^{2+}+2e^-\rightleftharpoons Cd$	-0.4030
Se/H_2Se	$Se+2H^++2e^-\rightleftharpoons H_2Se(aq)$	-0.399
PbI_2/Pb	$PbI_2+2e^-\rightleftharpoons Pb+2I^-$	-0.365
Eu^{3+}/Eu^{2+}	$Eu^{3+}+e^-\rightleftharpoons Eu^{2+}$	-0.36
$PbSO_4/Pb$	$PbSO_4+2e^-\rightleftharpoons Pb+SO_4^{2-}$	-0.3588
In^{3+}/In	$In^{3+}+3e^-\rightleftharpoons In$	-0.3382
Tl^+/Tl	$Tl^++e^-\rightleftharpoons Tl$	-0.336
Co^{2+}/Co	$Co^{2+}+2e^-\rightleftharpoons Co$	-0.28
H_3PO_4/H_3PO_3	$H_3PO_4+2H^++2e^-\rightleftharpoons H_3PO_3+H_2O$	-0.276
$PbCl_2/Pb$	$PbCl_2+2e^-\rightleftharpoons Pb+2Cl^-$	-0.2675
Ni^{2+}/Ni	$Ni^{2+}+2e^-\rightleftharpoons Ni$	-0.257
V^{3+}/V^{2+}	$V^{3+}+e^-\rightleftharpoons V^{2+}$	-0.255
H_2GeO_3/Ge	$H_2GeO_3+4H^++4e^-\rightleftharpoons Ge+3H_2O$	-0.182
AgI/Ag	$AgI+e^-\rightleftharpoons Ag+I^-$	-0.15224
Sn^{2+}/Sn	$Sn^{2+}+2e^-\rightleftharpoons Sn$	-0.1375
Pb^{2+}/Pb	$Pb^{2+}+2e^-\rightleftharpoons Pb$	-0.1262
CO_2/CO	$CO_2(g)+2H^++2e^-\rightleftharpoons CO+H_2O$	-0.12

电对	电极反应	$E^{\ominus}/\text{V}$
P/PH_3	$P(\text{white})+3H^++3e^-\Longleftrightarrow PH_3(g)$	-0.063
Hg_2I_2/Hg	$Hg_2I_2+2e^-\Longleftrightarrow 2Hg+2I^-$	-0.0405
Fe^{3+}/Fe	$Fe^{3+}+3e^-\Longleftrightarrow Fe$	-0.037
H^+/H_2	$2H^++2e^-\Longleftrightarrow H_2$	0.0000
$AgBr/Ag$	$AgBr+e^-\Longleftrightarrow A+Br^-$	0.07133
$S_4O_6^{2-}/S_2O_3^{2-}$	$S_4O_6^{2-}+2e^-\Longleftrightarrow 2S_2O_3^{2-}$	0.08
TiO^{2+}/Ti^{3+}	$TiO^{2+}+2H^++e^-\Longleftrightarrow Ti^{3+}+H_2O$	0.1
S/H_2S	$S+2H^++2e^-\Longleftrightarrow H_2S(aq)$	0.142
Sn^{4+}/Sn^{2+}	$Sn^{4+}+2e^-\Longleftrightarrow Sn^{2+}$	0.151
Sb_2O_3/Sb	$Sb_2O_3+6H^++6e^-\Longleftrightarrow 2Sb+3H_2O$	0.152
Cu^{2+}/Cu^+	$Cu^{2+}+e^-\Longleftrightarrow Cu^+$	0.153
$BiOCl/Bi$	$BiOCl+2H^++3e^-\Longleftrightarrow Bi+Cl^-+H_2O$	0.1583
SO_4^{2-}/H_2SO_3	$SO_4^{2-}+4H^++2e^-\Longleftrightarrow H_2SO_3+H_2O$	0.172
SbO^+/Sb	$SbO^++2H^++3e^-\Longleftrightarrow Sb+H_2O$	0.212
$AgCl/Ag$	$AgCl+e^-\Longleftrightarrow Ag+Cl^-$	0.22233
$HAsO_2/As$	$HAsO_2+3H^++3e^-\Longleftrightarrow As+2H_2O$	0.248
Hg_2Cl_2/Hg	$Hg_2Cl_2+2e^-\Longleftrightarrow 2Hg+2Cl^-(\text{饱和 KCl})$	0.26808
BiO^+/Bi	$BiO^++2H^++3e^-\Longleftrightarrow Bi+H_2O$	0.320
UO_2^{2+}/U^{4+}	$UO_2^{2+}+4H^++2e^-\Longleftrightarrow U^{4+}+2H_2O$	0.327
$HCNO/(CN)_2$	$2HCNO+2H^++2e^-\Longleftrightarrow (CN)_2+2H_2O$	0.330
VO^{2+}/V^{3+}	$VO^{2+}+2H^++e^-\Longleftrightarrow V^{3+}+H_2O$	0.337
Cu^{2+}/Cu	$Cu^{2+}+2e^-\Longleftrightarrow Cu$	0.3419
ReO_4^-/Re	$ReO_4^-+8H^++7e^-\Longleftrightarrow Re+4H_2O$	0.368
Ag_2CrO_4/Ag	$Ag_2CrO_4+2e^-\Longleftrightarrow 2Ag+CrO_4^{2-}$	0.4470
H_2SO_3/S	$H_2SO_3+4H^++4e^-\Longleftrightarrow S+3H_2O$	0.449
Cu^+/Cu	$Cu^++e^-\Longleftrightarrow Cu$	0.521
I_2/I^-	$I_2+2e^-\Longleftrightarrow 2I^-$	0.5355
I_3^-/I^-	$I_3^-+2e^-\Longleftrightarrow 3I^-$	0.536
$H_3AsO_4/HAsO_2$	$H_3AsO_4+2H^++2e^-\Longleftrightarrow HAsO_2+2H_2O$	0.560
Sb_2O_5/SbO^+	$Sb_2O_5+6H^++4e^-\Longleftrightarrow 2SbO^++3H_2O$	0.581
TeO_2/Te	$TeO_2+4H^++4e^-\Longleftrightarrow Te+2H_2O$	0.593
UO_2^+/U^{4+}	$UO_2^++4H^++e^-\Longleftrightarrow U^{4+}+2H_2O$	0.612
$HgCl_2/Hg_2Cl_2$	$2HgCl_2+2e^-\Longleftrightarrow Hg_2Cl_2+2Cl^-$	0.63
$[PtCl_6]^{2-}/[PtCl_4]^{2-}$	$[PtCl_6]^{2-}+2e^-\Longleftrightarrow [PtCl_4]^{2-}+2Cl^-$	0.68
O_2/H_2O_2	$O_2+2H^++2e^-\Longleftrightarrow H_2O_2$	0.695
$[PtCl_4]^{2-}/Pt$	$[PtCl_4]^{2-}+2e^-\Longleftrightarrow Pt+4Cl^-$	0.755
H_2SeO_3/Se	$H_2SeO_3+4H^++4e^-\Longleftrightarrow Se+3H_2O$	0.74
Fe^{3+}/Fe^{2+}	$Fe^{3+}+e^-\Longleftrightarrow Fe^{2+}$	0.771
Hg_2^{2+}/Hg	$Hg_2^{2+}+2e^-\Longleftrightarrow 2Hg$	0.7973
Ag^+/Ag	$Ag^++e^-\Longleftrightarrow Ag$	0.7996
OsO_4/Os	$OsO_4+8H^++8e^-\Longleftrightarrow Os+4H_2O$	0.8
NO_3^-/N_2O_4	$2NO_3^-+4H^++2e^-\Longleftrightarrow N_2O_4+2H_2O$	0.803
Hg^{2+}/Hg	$Hg^{2+}+2e^-\Longleftrightarrow Hg$	0.851
SiO_2/Si	$(\text{quartz})SiO_2+4H^++4e^-\Longleftrightarrow Si+2H_2O$	0.857
Cu^{2+}/CuI	$Cu^{2+}+I^-+e^-\Longleftrightarrow CuI$	0.86
$HNO_2/H_2N_2O_2$	$2HNO_2+4H^++4e^-\Longleftrightarrow H_2N_2O_2+2H_2O$	0.86
Hg^{2+}/Hg_2^{2+}	$2Hg^{2+}+2e^-\Longleftrightarrow Hg_2^{2+}$	0.920
NO_3^-/HNO_2	$NO_3^-+3H^++2e^-\Longleftrightarrow HNO_2+H_2O$	0.934
Pd^{2+}/Pd	$Pd^{2+}+2e^-\Longleftrightarrow Pd$	0.951
NO_3^-/NO	$NO_3^-+4H^++3e^-\Longleftrightarrow NO+2H_2O$	0.957

续表

电对	电极反应	$E^{\ominus}/V$
HNO_2/NO	$HNO_2+H^++e^-\rightleftharpoons NO+H_2O$	0.983
HIO/I^-	$HIO+H^++2e^-\rightleftharpoons I^-+H_2O$	0.987
VO_2^+/VO^{2+}	$VO_2^++2H^++e^-\rightleftharpoons VO^{2+}+H_2O$	0.991
$V(OH)_4^+/VO^{2+}$	$V(OH)_4^++2H^++e^-\rightleftharpoons VO^{2+}+3H_2O$	1.00
$[AuCl_4]^-/Au$	$[AuCl_4]^-+3e^-\rightleftharpoons Au+4Cl^-$	1.002
H_6TeO_6/TeO_2	$H_6TeO_6+2H^++2e^-\rightleftharpoons TeO_2+4H_2O$	1.02
N_2O_4/NO	$N_2O_4+4H^++4e^-\rightleftharpoons 2NO+2H_2O$	1.035
N_2O_4/HNO_2	$N_2O_4+2H^++2e^-\rightleftharpoons 2HNO_2$	1.065
IO_3^-/I^-	$IO_3^-+6H^++6e^-\rightleftharpoons I^-+3H_2O$	1.085
Br_2/Br^-	$Br_2(aq)+2e^-\rightleftharpoons 2Br^-$	1.0873
SeO_4^{2-}/H_2SeO_3	$SeO_4^{2-}+4H^++2e^-\rightleftharpoons H_2SeO_3+H_2O$	1.151
ClO_3^-/ClO_2	$ClO_3^-+2H^++e^-\rightleftharpoons ClO_2+H_2O$	1.152
Pt^{2+}/Pt	$Pt^{2+}+2e^-\rightleftharpoons Pt$	1.18
ClO_4^-/ClO_3^-	$ClO_4^-+2H^++2e^-\rightleftharpoons ClO_3^-+H_2O$	1.189
IO_3^-/I_2	$2IO_3^-+12H^++10e^-\rightleftharpoons I_2+6H_2O$	1.195
$ClO_3^-/HClO_2$	$ClO_3^-+3H^++2e^-\rightleftharpoons HClO_2+H_2O$	1.214
MnO_2/Mn^{2+}	$MnO_2+4H^++2e^-\rightleftharpoons Mn^{2+}+2H_2O$	1.224
O_2/H_2O	$O_2+4H^++4e^-\rightleftharpoons 2H_2O$	1.229
Tl^{3+}/T^+	$Tl^{3+}+2e^-\rightleftharpoons Tl^+$	1.252
$ClO_2/HClO_2$	$ClO_2+H^++e^-\rightleftharpoons HClO_2$	1.277
HNO_2/N_2O	$2HNO_2+4H^++4e^-\rightleftharpoons N_2O+3H_2O$	1.297
$Cr_2O_7^{2-}/Cr^{3+}$	$Cr_2O_7^{2-}+14H^++6e^-\rightleftharpoons 2Cr^{3+}+7H_2O$	1.33
$HBrO/Br^-$	$HBrO+H^++2e^-\rightleftharpoons Br^-+H_2O$	1.331
$HCrO_4^-/Cr^{3+}$	$HCrO_4^-+7H^++3e^-\rightleftharpoons Cr^{3+}+4H_2O$	1.350
Cl_2/Cl^-	$Cl_2(g)+2e^-\rightleftharpoons 2Cl^-$	1.35827
ClO_4^-/Cl^-	$ClO_4^-+8H^++8e^-\rightleftharpoons Cl^-+4H_2O$	1.389
ClO_4^-/Cl_2	$ClO_4^-+8H^++7e^-\rightleftharpoons 1/2Cl_2+4H_2O$	1.39
Au^{3+}/Au^+	$Au^{3+}+2e^-\rightleftharpoons Au^+$	1.401
BrO_3^-/Br^-	$BrO_3^-+6H^++6e^-\rightleftharpoons Br^-+3H_2O$	1.423
HIO/I_2	$2HIO+2H^++2e^-\rightleftharpoons I_2+2H_2O$	1.439
ClO_3^-/Cl^-	$ClO_3^-+6H^++6e^-\rightleftharpoons Cl^-+3H_2O$	1.451
PbO_2/Pb^{2+}	$PbO_2+4H^++2e^-\rightleftharpoons Pb^{2+}+2H_2O$	1.455
ClO_3^-/Cl_2	$ClO_3^-+6H^++5e^-\rightleftharpoons 1/2Cl_2+3H_2O$	1.47
$HClO/Cl^-$	$HClO+H^++2e^-\rightleftharpoons Cl^-+H_2O$	1.482
BrO_3^-/Br_2	$BrO_3^-+6H^++5e^-\rightleftharpoons 1/2Br_2+3H_2O$	1.482
Au^{3+}/Au	$Au^{3+}+3e^-\rightleftharpoons Au$	1.498
MnO_4^-/Mn^{2+}	$MnO_4^-+8H^++5e^-\rightleftharpoons Mn^{2+}+4H_2O$	1.507
Mn^{3+}/Mn^{2+}	$Mn^{3+}+e^-\rightleftharpoons Mn^{2+}$	1.5415
$HClO_2/Cl^-$	$HClO_2+3H^++4e^-\rightleftharpoons Cl^-+2H_2O$	1.570
$HBrO/Br_2$	$HBrO+H^++e^-\rightleftharpoons 1/2Br_2(aq)+H_2O$	1.574
NO/N_2O	$2NO+2H^++2e^-\rightleftharpoons N_2O+H_2O$	1.591
H_5IO_6/IO_3^-	$H_5IO_6+H^++2e^-\rightleftharpoons IO_3^-+3H_2O$	1.601
$HClO/Cl_2$	$HClO+H^++e^-\rightleftharpoons 1/2Cl_2+H_2O$	1.611
$HClO_2/HClO$	$HClO_2+2H^++2e^-\rightleftharpoons HClO+H_2O$	1.645
NiO_2/Ni^{2+}	$NiO_2+4H^++2e^-\rightleftharpoons Ni^{2+}+2H_2O$	1.678
MnO_4^-/MnO_2	$MnO_4^-+4H^++3e^-\rightleftharpoons MnO_2+2H_2O$	1.679
$PbO_2/PbSO_4$	$PbO_2+SO_4^{2-}+4H^++2e^-\rightleftharpoons PbSO_4+2H_2O$	1.6913
Au^+/Au	$Au^++e^-\rightleftharpoons Au$	1.692
Ce^{4+}/Ce^{3+}	$Ce^{4+}+e^-\rightleftharpoons Ce^{3+}$	1.72
N_2O/N_2	$N_2O+2H^++2e^-\rightleftharpoons N_2+H_2O$	1.766

电对	电极反应	$E^{\ominus}/V$
H_2O_2/H_2O	$H_2O_2+2H^++2e^-\rightleftharpoons 2H_2O$	1.776
Co^{3+}/Co^{2+}	$Co^{3+}+e^-\rightleftharpoons Co^{2+}(2mol/LH_2SO_4)$	1.83
Ag^{2+}/Ag^+	$Ag^{2+}+e^-\rightleftharpoons Ag^+$	1.980
$S_2O_8^{2-}/SO_4^{2-}$	$S_2O_8^{2-}+2e^-\rightleftharpoons 2SO_4^{2-}$	2.010
O_3/H_2O	$O_3+2H^++2e^-\rightleftharpoons O_2+H_2O$	2.076
F_2O/H_2O	$F_2O+2H^++4e^-\rightleftharpoons H_2O+2F^-$	2.153
FeO_4^{2-}/Fe^{3+}	$FeO_4^{2-}+8H^++3e^-\rightleftharpoons Fe^{3+}+4H_2O$	2.20
O/H_2O	$O(g)+2H^++2e^-\rightleftharpoons H_2O$	2.421
F_2/F^-	$F_2+2e^-\rightleftharpoons 2F^-$	2.866
	$F_2+2H^++2e^-\rightleftharpoons 2HF$	3.053

2. 在碱性溶液中

电对	电极反应	$E^{\ominus}/V$
$Ca(OH)_2/Ca$	$Ca(OH)_2+2e^-\rightleftharpoons Ca+2OH^-$	-3.02
$Ba(OH)_2/Ba$	$Ba(OH)_2+2e^-\rightleftharpoons Ba+2OH^-$	-2.99
$La(OH)_3/La$	$La(OH)_3+3e^-\rightleftharpoons La+3OH^-$	-2.90
$Sr(OH)_2\cdot 8H_2O/Sr$	$Sr(OH)_2\cdot 8H_2O+2e^-\rightleftharpoons Sr+2OH^-+8H_2O$	-2.88
$Mg(OH)_2/Mg$	$Mg(OH)_2+2e^-\rightleftharpoons Mg+2OH^-$	-2.690
$Be_2O_3^{2-}/Be$	$Be_2O_3^{2-}+3H_2O+4e^-\rightleftharpoons 2Be+6OH^-$	-2.63
$HfO(OH)_2/Hf$	$HfO(OH)_2+H_2O+4e^-\rightleftharpoons Hf+4OH^-$	-2.50
H_2ZrO_3/Zr	$H_2ZrO_3+H_2O+4e^-\rightleftharpoons Zr+4OH^-$	-2.36
$H_2AlO_3^-/Al$	$H_2AlO_3^-+H_2O+3e^-\rightleftharpoons Al+4OH^-$	-2.33
$H_2PO_2^-/P$	$H_2PO_2^-+e^-\rightleftharpoons P+2OH^-$	-1.82
$H_2BO_3^-/B$	$H_2BO_3^-+H_2O+3e^-\rightleftharpoons B+4OH^-$	-1.79
HPO_3^{2-}/P	$HPO_3^{2-}+2H_2O+3e^-\rightleftharpoons P+5OH^-$	-1.71
SiO_3^{2-}/Si	$SiO_3^{2-}+3H_2O+4e^-\rightleftharpoons Si+6OH^-$	-1.697
$HPO_3^{2-}/H_2PO_2^-$	$HPO_3^{2-}+2H_2O+2e^-\rightleftharpoons H_2PO_2^-+3OH^-$	-1.65
$Mn(OH)_2/Mn$	$Mn(OH)_2+2e^-\rightleftharpoons Mn+2OH^-$	-1.56
$Cr(OH)_3/Cr$	$Cr(OH)_3+3e^-\rightleftharpoons Cr+3OH^-$	-1.48
$[Zn(CN)_4]^{2-}/Zn$	$[Zn(CN)_4]^{2-}+2e^-\rightleftharpoons Zn+4CN^-$	-1.26
$Zn(OH)_2/Zn$	$Zn(OH)_2+2e^-\rightleftharpoons Zn+2OH^-$	-1.249
$H_2GaO_3^-/Ga$	$H_2GaO_3^-+H_2O+2e^-\rightleftharpoons Ga+4OH^-$	-1.219
ZnO_2^{2-}/Zn	$ZnO_2^{2-}+2H_2O+2e^-\rightleftharpoons Zn+4OH^-$	-1.215
CrO_2^-/Cr	$CrO_2^-+2H_2O+3e^-\rightleftharpoons Cr+4OH^-$	-1.2
Te/Te^{2-}	$Te+2e^-\rightleftharpoons Te^{2-}$	-1.143
PO_4^{3-}/HPO_3^{2-}	$PO_4^{3-}+2H_2O+2e^-\rightleftharpoons HPO_3^{2-}+3OH^-$	-1.05
$[Zn(NH_3)_4]^{2+}/Zn$	$[Zn(NH_3)_4]^{2+}+2e^-\rightleftharpoons Zn+4NH_3$	-1.04
WO_4^{2-}/W	$WO_4^{2-}+4H_2O+6e^-\rightleftharpoons W+8OH^-$	-1.01
$HGeO_3^-/Ge$	$HGeO_3^-+2H_2O+4e^-\rightleftharpoons Ge+5OH^-$	-1.0
$[Sn(OH)_6]^{2-}/HSnO_2^-$	$[Sn(OH)_6]^{2-}+2e^-\rightleftharpoons HSnO_2^-+H_2O+3OH^-$	-0.93
SO_4^{2-}/SO_3^{2-}	$SO_4^{2-}+H_2O+2e^-\rightleftharpoons SO_3^{2-}+2OH^-$	-0.93
Se/Se^{2-}	$Se+2e^-\rightleftharpoons Se^{2-}$	-0.924
$HSnO_2^-/Sn$	$HSnO_2^-+H_2O+2e^-\rightleftharpoons Sn+3OH^-$	-0.909
P/PH_3	$P+3H_2O+3e^-\rightleftharpoons PH_3(g)+3OH^-$	-0.87
NO_3^-/N_2O_4	$2NO_3^-+2H_2O+2e^-\rightleftharpoons N_2O_4+4OH^-$	-0.85
H_2O/H_2	$2H_2O+2e^-\rightleftharpoons H_2+2OH^-$	-0.8277
$Cd(OH)_2/Cd$	$Cd(OH)_2+2e^-\rightleftharpoons Cd+2OH^-$	-0.809
$Co(OH)_2/Co$	$Co(OH)_2+2e^-\rightleftharpoons Co+2OH^-$	-0.73
$Ni(OH)_2/Ni$	$Ni(OH)_2+2e^-\rightleftharpoons Ni+2OH^-$	-0.72

电对	电极反应	$E^{\ominus}/V$
AsO_4^{3-}/AsO_2^-	$AsO_4^{3-}+2H_2O+2e^-\Longrightarrow AsO_2^-+4OH^-$	-0.71
Ag_2S/Ag	$Ag_2S+2e^-\Longrightarrow 2Ag+S^{2-}$	-0.691
AsO_2^-/As	$AsO_2^-+2H_2O+3e^-\Longrightarrow As+4OH^-$	-0.68
SbO_2^-/Sb	$SbO_2^-+2H_2O+3e^-\Longrightarrow Sb+4OH^-$	-0.66
ReO_4^-/ReO_2	$ReO_4^-+2H_2O+3e^-\Longrightarrow ReO_2+4OH^-$	-0.59
SbO_3^-/SbO_2^-	$SbO_3^-+H_2O+2e^-\Longrightarrow SbO_2^-+2OH^-$	-0.59
ReO_4^-/Re	$ReO_4^-+4H_2O+7e^-\Longrightarrow Re+8OH^-$	-0.584
$SO_3^{2-}/S_2O_3^{2-}$	$2SO_3^{2-}+3H_2O+4e^-\Longrightarrow S_2O_3^{2-}+6OH^-$	-0.58
TeO_3^{2-}/Te	$TeO_3^{2-}+3H_2O+4e^-\Longrightarrow Te+6OH^-$	-0.57
$Fe(OH)_3/Fe(OH)_2$	$Fe(OH)_3+e^-\Longrightarrow Fe(OH)_2+OH^-$	-0.56
S/S^{2-}	$S+2e^-\Longrightarrow S^{2-}$	-0.47627
Bi_2O_3/Bi	$Bi_2O_3+3H_2O+6e^-\Longrightarrow 2Bi+6OH^-$	-0.46
NO_2^-/NO	$NO_2^-+H_2O+e^-\Longrightarrow NO+2OH^-$	-0.46
$[Co(NH_3)_6]^{2+}/Co$	$[Co(NH_3)_6]^{2+}+2e^-\Longrightarrow Co+6NH_3$	-0.422
SeO_3^{2-}/Se	$SeO_3^{2-}+3H_2O+4e^-\Longrightarrow Se+6OH^-$	-0.366
Cu_2O/Cu	$Cu_2O+H_2O+2e^-\Longrightarrow 2Cu+2OH^-$	-0.360
$Tl(OH)/Tl$	$Tl(OH)+e^-\Longrightarrow Tl+OH^-$	-0.34
$[Ag(CN)_2]^-/Ag$	$[Ag(CN)_2]^-+e^-\Longrightarrow Ag+2CN^-$	-0.31
$Cu(OH)_2/Cu$	$Cu(OH)_2+2e^-\Longrightarrow Cu+2OH^-$	-0.222
$CrO_4^{2-}/Cr(OH)_3$	$CrO_4^{2-}+4H_2O+3e^-\Longrightarrow Cr(OH)_3+5OH^-$	-0.13
$[Cu(NH_3)_2]^+/Cu$	$[Cu(NH_3)_2]^++e^-\Longrightarrow Cu+2NH_3$	-0.12
O_2/HO_2^-	$O_2+H_2O+2e^-\Longrightarrow HO_2^-+OH^-$	-0.076
$AgCN/Ag$	$AgCN+e^-\Longrightarrow Ag+CN^-$	-0.017
NO_3^-/NO_2^-	$NO_3^-+H_2O+2e^-\Longrightarrow NO_2^-+2OH^-$	0.01
SeO_4^{2-}/SeO_3^{2-}	$SeO_4^{2-}+H_2O+2e^-\Longrightarrow SeO_3^{2-}+2OH^-$	0.05
$Pd(OH)_2/Pd$	$Pd(OH)_2+2e^-\Longrightarrow Pd+2OH^-$	0.07
$S_4O_6^{2-}/S_2O_3^{2-}$	$S_4O_6^{2-}+2e^-\Longrightarrow 2S_2O_3^{2-}$	0.08
HgO/Hg	$HgO+H_2O+2e^-\Longrightarrow Hg+2OH^-$	0.0977
$[Co(NH_3)_6]^{3+}/[Co(NH_3)_6]^{2+}$	$[Co(NH_3)_6]^{3+}+e^-\Longrightarrow [Co(NH_3)_6]^{2+}$	0.108
$Pt(OH)_2/Pt$	$Pt(OH)_2+2e^-\Longrightarrow Pt+2OH^-$	0.14
$Co(OH)_3/Co(OH)_2$	$Co(OH)_3+e^-\Longrightarrow Co(OH)_2+OH^-$	0.17
PbO_2/PbO	$PbO_2+H_2O+2e^-\Longrightarrow PbO+2OH^-$	0.247
IO_3^-/I^-	$IO_3^-+3H_2O+6e^-\Longrightarrow I^-+6OH^-$	0.26
ClO_3^-/ClO_2^-	$ClO_3^-+H_2O+2e^-\Longrightarrow ClO_2^-+2OH^-$	0.33
Ag_2O/Ag	$Ag_2O+H_2O+2e^-\Longrightarrow 2Ag+2OH^-$	0.342
$[Fe(CN)_6]^{3-}/[Fe(CN)_6]^{4-}$	$[Fe(CN)_6]^{3-}+e^-\Longrightarrow [Fe(CN)_6]^{4-}$	0.358
ClO_4^-/ClO_3^-	$ClO_4^-+H_2O+2e^-\Longrightarrow ClO_3^-+2OH^-$	0.36
$[Ag(NH_3)_2]^+/Ag$	$[Ag(NH_3)_2]^++e^-\Longrightarrow Ag+2NH_3$	0.373
O_2/OH^-	$O_2+2H_2O+4e^-\Longrightarrow 4OH^-$	0.401
IO^-/I^-	$IO^-+H_2O+2e^-\Longrightarrow I^-+2OH^-$	0.485
$NiO_2/Ni(OH)_2$	$NiO_2+2H_2O+2e^-\Longrightarrow Ni(OH)_2+2OH^-$	0.490
MnO_4^-/MnO_4^{2-}	$MnO_4^-+e^-\Longrightarrow MnO_4^{2-}$	0.558
MnO_4^-/MnO_2	$MnO_4^-+2H_2O+3e^-\Longrightarrow MnO_2+4OH^-$	0.595
MnO_4^{2-}/MnO_2	$MnO_4^{2-}+2H_2O+2e^-\Longrightarrow MnO_2+4OH^-$	0.60
AgO/Ag_2O	$2AgO+H_2O+2e^-\Longrightarrow Ag_2O+2OH^-$	0.607
BrO_3^-/Br^-	$BrO_3^-+3H_2O+6e^-\Longrightarrow Br^-+6OH^-$	0.61
ClO_3^-/Cl^-	$ClO_3^-+3H_2O+6e^-\Longrightarrow Cl^-+6OH^-$	0.62
ClO_2^-/ClO^-	$ClO_2^-+H_2O+2e^-\Longrightarrow ClO^-+2OH^-$	0.66
$H_3IO_6^{2-}/IO_3^-$	$H_3IO_6^{2-}+2e^-\Longrightarrow IO_3^-+3OH^-$	0.7
ClO_2^-/Cl^-	$ClO_2^-+2H_2O+4e^-\Longrightarrow Cl^-+4OH^-$	0.76

续表

电对	电极反应	$E^{\ominus}/V$
BrO^-/Br^-	$BrO^- + H_2O + 2e^- \rightleftharpoons Br^- + 2OH^-$	0.761
ClO^-/Cl^-	$ClO^- + H_2O + 2e^- \rightleftharpoons Cl^- + 2OH^-$	0.841
ClO_2/ClO_2^-	$ClO_2(g) + e^- \rightleftharpoons ClO_2^-$	0.95
O_3/OH^-	$O_3 + H_2O + 2e^- \rightleftharpoons O_2 + 2OH^-$	1.24

注:1. 本数据摘自[1]D. R. Lide. Handbook of Chemistry and Physics[M]. 78th. edition. Boca Raton:CRC Press,1997~1998. [2]J. A. Dean. Lange's Handbook of Chemistry[M]. 13th. edition. New York:McGraw-Hill,1985。

2. 表中所列的标准电极电势是相对于标准氢电极电势的值。标准氢电极电势被规定为零伏特(0.0V)。

附录六　酸碱指示剂

1. 常用酸碱指示剂

指示剂	变色范围 pH	pK_{HIn}	颜色 酸	碱	浓度	用量 滴/10mL 试液
百里酚蓝（第一次变色）	1.2~2.8	1.65	红	黄	0.1%的20%乙醇溶液	1~2
甲基黄	2.9~4.0	3.3	红	黄	0.1%的90%乙醇溶液	1
甲基橙	3.1~4.4	3.4	红	黄	0.05%的水溶液	1
溴酚蓝	3.0~4.6	4.1	黄	蓝紫	0.1%的20%乙醇溶液或其钠盐水溶液	1
溴甲酚绿	3.8~5.4	4.9	黄	蓝	0.1%的95%乙醇溶液	1
甲基红	4.4~6.2	5.0	红	黄	0.1%的60%乙醇溶液或其钠盐水溶液	1
溴甲酚紫	5.2~6.8	6.3	黄	紫	0.1%的20%乙醇溶液	1
溴百里酚蓝	6.2~7.6	7.3	黄	蓝	0.05%的20%乙醇溶液	1
中性红	6.8~8.0	7.4	红	黄	0.1%的60%乙醇溶液	1
酚红	6.7~8.4	7.9	黄	红	0.1%的60%乙醇溶液或其钠盐水溶液	1
酚酞	8.0~10.0	9.1	无	红	0.1%的95%乙醇溶液	1~3
百里酚蓝（第二次变色）	8.0~9.6	8.9	黄	蓝	见第一次变色	
百里酚酞	9.4~10.6	10.0	无	蓝		1~2

2. 酸碱混合指示剂

指示剂名称	组成	pH 变色点	颜色 酸	碱	浓度
甲基黄	1:1	3.28	蓝紫	绿	0.1%乙醇溶液
亚甲基蓝					0.1%乙醇溶液
甲基橙	1:1	4.3	紫	绿	0.1%水溶液
苯胺蓝					0.1%水溶液
溴甲酚绿	3:1	5.1	酒红	绿	0.1%乙醇溶液
甲基红					0.2%乙醇溶液
溴甲酚绿钠盐	1:1	6.1	黄绿	蓝紫	0.1%水溶液
氯酚红钠盐					0.1%水溶液
中性红	1:1	7.0	蓝紫	绿	0.1%乙醇溶液
亚甲基蓝					0.1%乙醇溶液
中性红	1:1	7.2	玫瑰	绿	0.1%乙醇溶液
溴百里酚蓝					0.1%乙醇溶液
甲酚红钠盐	1:3	8.3	黄	紫	0.1%水溶液
百里酚蓝钠盐					0.1%水溶液
酚酞	1:2	8.9	绿	紫	0.1%乙醇溶液
甲基绿					0.1%乙醇溶液

指示剂名称	组成	pH变色点	颜色		浓度
			酸	碱	
酚酞	1:1	9.9	无色	紫	0.1%乙醇溶液
百里酚酞					0.1%乙醇溶液
百里酚酞	2:1	10.2	黄	紫	0.1%乙醇溶液
茜素黄					0.1%乙醇溶液

注:混合酸碱指示剂要保存在深色瓶中。

附录七 氧化还原指示剂

指示剂名称	变色点电位 $E^{\ominus}/V$	颜色变化		配置方法
		氧化型	还原型	
中性红	0.24	红	无色	0.05%的60%乙醇溶液
亚甲基蓝	0.36	蓝	无色	0.05%水溶液
变胺蓝	0.59(pH=2)	无色	蓝	0.05%水溶液
二苯胺	0.76	紫	无色	1%的浓硫酸溶液
二苯胺磺酸钠	0.85	紫红	无色	0.5%水溶液(如溶液浑浊,可滴加少量盐酸)
N-邻苯氨基苯甲酸	1.08	紫红	无色	0.1g指示剂加20mL5%的Na_2CO_3溶液,用水稀释至100mL
邻二氮菲-Fe(II)	1.06	浅蓝	红	0.025mol/L的水溶液(1.485g邻二氮菲加0.695g$FeSO_4 \cdot 7H_2O$,溶于100mL水中)
5-硝基邻二氮菲-Fe(II)	1.25	浅蓝	紫红	0.025mol/L的水溶液(1.608g 5-硝基邻二氮菲加0.695g$FeSO_4 \cdot 7H_2O$,溶于100mL水中)

注:指示剂变色时的电极电位。$[H^+]=1mol/L$,即pH=0。

附录八 沉淀与金属指示剂

指示剂名称	颜色		配制方法
	游离态	化合态	
铬酸钾	黄	砖红	5%水溶液
硫酸铁铵	无色	血红	40%水溶液,加数滴浓H_2SO_4
荧光黄	绿色荧光	玫瑰红	0.5%的乙醇溶液
铬黑T(EBT)	蓝	酒红	(1)0.2g铬黑T溶于15mL三乙醇胺及5mL甲醇中 (2)1g铬黑T与100gNaCl(或KNO₃)研细,混匀
钙指示剂(NN)	蓝	酒红	0.5g钙指示剂与100gNaCl研细,混匀
二甲酚橙(XO)	黄	红	0.5%水溶液
K-B指示剂	蓝	红	0.5g酸性铬蓝K加1.25g萘酚绿B,再加25gK_2SO_4研细,混匀
磺基水杨酸(SSA)	无	红	1%水溶液
1-(2-吡啶偶氮)-2-萘酚(PAN)	黄	红	0.2%的乙醇溶液
邻苯二酚紫(PV)	紫	蓝	0.1%水溶液
钙镁试剂	红	蓝	0.5%水溶液

附录九　常用缓冲溶液的配制

缓冲溶液组成	缓冲液 pH 值	配制方法
一氯乙酸-氢氧化钠	2.8	取 200g 一氯乙酸溶于 200mL 水中，加 40g 氢氧化钠溶解后，再用水稀释至 1L
邻苯二甲酸氢钾-盐酸	2.9	取 500g 邻苯二甲酸氢钾溶于 500mL 水中，加 80mL 浓盐酸，再用水稀释至 1L
醋酸-锂盐	3.0	取 50mL 冰醋酸，加 800mL 水混合后，用氢氧化锂调节 pH 至 3.0，再用水稀释至 1L
磷酸-三乙胺	3.2	取 4mL 磷酸和 7mL 三乙胺，加 50％甲醇稀释至 1L，再用磷酸调节 pH 至 3.2
一氯乙酸-醋酸钠	3.5	取 250mL 2mol/L 一氯乙酸，加 500mL 1mol/L 醋酸钠，混匀
醋酸-醋酸钠	3.6	取 20.4g 醋酸钠，加 80mL 冰醋酸，再用水稀释至 1L
醋酸-醋酸钠	3.7	取 20g 醋酸钠溶于 300mL 水中，加 1mL 溴酚蓝指示剂和 60～80mL 冰醋酸，至溶液从蓝色转变为纯绿色，再用水稀释至 1L
醋酸-醋酸钠	3.8	取 13mL 2mol/L 醋酸钠和 87mL 2mol/L 醋酸，加 0.5mL 含铜 1mg/1mL 的硫酸铜溶液，再用水稀释至 1L
枸橼酸-磷酸氢二钠	4.0	甲液：取 21g 枸橼酸或 19.2g 无水枸橼酸溶于 1L 水中；乙液：取 71.63g 磷酸氢二钠溶于 1L 水中。取 61.45mL 甲液与 38.55mL 乙液混合，摇匀
醋酸-醋酸钾	4.3	取 14g 醋酸钾，加 20.5mL 冰醋酸，再用水稀释至 1L
醋酸-醋酸铵	4.5	取 77g 醋酸铵溶于 200mL 水中，加 60mL 冰醋酸，再用水稀释至 1L
醋酸-醋酸钠	4.7	取 83g 醋酸钠溶于水，加 60mL 冰醋酸，再用水稀释至 1L
醋酸-醋酸钠	5.0	取 120g 醋酸钠溶于水，加 60mL 冰醋酸，再用水稀释至 1L
醋酸-醋酸铵	5.0	取 250g 醋酸铵溶于水，加 25mL 冰醋酸，再用水稀释至 1L
六亚甲基四胺-盐酸	5.4	取 40g 六亚甲基四胺溶于 200mL 水中，加 10mL 浓盐酸，再用水稀释至 1L
醋酸-醋酸钠	6.0	取 54.6g 醋酸钠，加 20mL 1mol/L 醋酸溶解后，再用水稀释至 500mL
醋酸-醋酸铵	6.0	取 600g 醋酸铵溶于水，加 20mL 冰醋酸，再用水稀释至 1L
巴比妥-氯化钠	7.8	取 5.05g 巴比妥钠，加 3.7g 氯化钠及少量水使之溶解，另取 0.5g 明胶加水适量，加热溶解后并入上述溶液中。然后用 0.2mol/L 盐酸调节 pH 至 7.8，再用水稀释至 500mL
硼砂-氯化钙	8.0	取 0.572g 硼砂和 2.94g 氯化钙加水溶解后，用约 2.5mL 1mol/L 盐酸调节 pH 至 8.0，再用水稀释至 1L
氨-氯化铵	8.0	取 100g 氯化铵溶于水，加 7mL 浓氨水，再用水稀释至 1L
氨-氯化铵	9.0	取 70g 氯化铵溶于水，加 48mL 浓氨水，再用水稀释至 1L
氨-氯化铵	9.2	取 54g 氯化铵溶于水，加 63mL 浓氨水，再用水稀释至 1L
氨-氯化铵	9.5	取 54g 氯化铵溶于水，加 126mL 浓氨水，再用水稀释至 1L
氨-氯化铵	10.0	取 54g 氯化铵溶于水，加 350mL 浓氨水，再用水稀释至 1L

　　注：1. 缓冲溶液配制后可用 pH 试纸检验。如 pH 不对，可用共轭酸或碱调节。如 pH 要调节精确时，可用 pH 酸度计调节。

　　2. 如需增加或减少缓冲溶液的缓冲容量时，可相应增加或减少共轭酸碱对物质的量，再调节之。

附录十 元素的相对原子质量

序数	元素		相对原子质量符号	序数	元素		相对原子质量符号	序数	元素		相对原子质量符号
	名称	符号			名称	符号			名称	符号	
1	氢	H	1.0079	40	锆	Zr	91.22	79	金	Au	197.0
2	氦	He	4.003	41	铌	Nb	92.91	80	汞	Hg	200.6
3	锂	Li	6.941	42	钼	Mo	95.96	81	铊	Tl	204.38
4	铍	Be	9.012	43	锝	Tc	[97.91]	82	铅	Pb	207.2
5	硼	B	10.81	44	钌	Ru	101.1	83	铋	Bi	209.0
6	碳	C	12.02	45	铑	Rh	102.9	84	钋	Po	[209]
7	氮	N	14.01	46	钯	Pd	106.4	85	砹	At	[210]
8	氧	O	16.00	47	银	Ag	107.9	86	氡	Rn	[222]
9	氟	F	19.00	48	镉	Cd	112.4	87	钫	Fr	[223]
10	氖	Ne	20.18	49	铟	In	114.8	88	镭	Ra	[226]
11	钠	Na	22.99	50	锡	Sn	118.7	89	锕	Ac	[227]
12	镁	Mg	24.31	51	锑	Sb	121.8	90	钍	Th	232.0
13	铝	Al	26.98	52	碲	Te	127.6	91	镤	Pa	231.0
14	硅	Si	28.09	53	碘	I	126.9	92	铀	U	238.0
15	磷	P	30.97	54	氙	Xe	131.3	93	镎	Np	[237]
16	硫	S	32.07	55	铯	Cs	132.9	94	钚	Pu	[244]
17	氯	Cl	35.45	56	钡	Ba	137.3	95	镅	Am	[243]
18	氩	Ar	39.95	57	镧	La	138.91	96	锔	Cm	[247]
19	钾	K	39.10	58	铈	Ce	140.12	97	锫	Bk	[247]
20	钙	Ca	40.08	59	镨	Pr	140.91	98	锎	Cf	[251]
21	钪	Sc	44.96	60	钕	Nd	144.24	99	锿	Es	[252]
22	钛	Ti	47.87	61	钷	Pm	[145]	100	镄	Fm	[257]
23	钒	V	50.94	62	钐	Sm	150.4	101	钔	Md	[258]
24	铬	Cr	52.00	63	铕	Eu	152.0	102	锘	No	[259]
25	锰	Mn	54.94	64	钆	Gd	157.3	103	铹	Lr	[262]
26	铁	Fe	55.85	65	铽	Tb	158.9	104	𬬻	Rf	[261]
27	钴	Co	58.93	66	镝	Dy	162.5	105	𬭊	Db	[262]
28	镍	Ni	58.69	67	钬	Ho	164.9	106	𬭳	Sg	[266]
29	铜	Cu	63.55	68	铒	Er	167.3	107	𬭛	Bh	[264]
30	锌	Zn	65.38	69	铥	Tm	168.9	108	𬭶	Hs	[277]
31	镓	Ga	69.72	70	镱	Yb	173.0	109	鿏	Mt	[268]
32	锗	Ge	72.63	71	镥	Lu	175.0	110	𫟼	Ds	[271]
33	砷	As	74.92	72	铪	Hf	178.5	111	𬬭	Rg	[272]
34	硒	Se	78.96	73	钽	Ta	180.9	112	鿔	Cn	[285]
35	溴	Br	79.90	74	钨	W	183.8	113		Uut	[284]
36	氪	Kr	83.80	75	铼	Re	186.2	114		Uuq	[289]
37	铷	Rb	85.47	76	锇	Os	190.2	115		Uup	[288]
38	锶	Sr	87.62	77	铱	Ir	192.2	116		Uuh	[292]
39	钇	Y	88.91	78	铂	Pt	195.1	117		Uus	[291]

注：1. 本相对原子质量表按照原子序数排列。

2. 本表数据源自 2011 年 IUPAC 元素周期表（IUPAC 2011 standard atomic weights），以 $^{12}C=12$ 为标准。

3. 本表方括号内的原子质量为放射性元素的半衰期最长的同位素质量数。

4. 113～117 号元素数据未被 IUPAC 确定。

参 考 文 献

[1] 高明慧. 文科化学实验 [M]. 北京：科学出版社，2012.

[2] 高明慧. 无机化学实验 [M]. 合肥：中国科学技术大学出版社，2011.

[3] 高明慧. 化学与人类文明实验指导书 [M]. 杭州：浙江大学出版社，2009.

[4] 中国环境监测总站《环境水质监测质量保证手册》编写组. 环境水质监测质量保证手册 [M]. 2 版. 北京：化学工业出版社，1994.

[5] 国家环境保护局科技标准司. 大气环境分析方法标准工作手册 [M]. 1998.

[6] 国家环境保护总局《水和废水监测分析方法》编委会. 水和废水监测分析方法 [M]. 4 版. 北京：中国环境科学出版社，2002.

[7] 大连理工大学无机化学教研室. 无机化学实验 [M]. 2 版. 北京：高等教育出版社，2003.

[8] 四川大学化工学院，浙江大学化学系. 分析化学实验 [M]. 3 版. 北京：高等教育出版社，2002.

[9] 北京大学化学学院物理化学实验教学组. 物理化学实验 [M]. 4 版. 北京：北京大学出版社，2002.

[10] 徐家宁，等. 无机化学和化学分析实验 [M]. 北京：高等教育出版社，2006.